难降解废水高级氧化技术

全学军　徐云兰　程治良　著

化学工业出版社
·北京·

《难降解废水高级氧化技术》重点讲解了 TiO_2 光催化、液膜光电催化、电化学氧化、臭氧氧化、类 Fenton 催化等高级氧化技术。全书分为六章，主要内容包括：高级氧化技术及其应用研究现状、TiO_2 光催化反应技术及其应用、液膜光电催化反应技术及其应用、电化学氧化技术及其在垃圾渗滤液处理中的应用、$O_3/Ca(OH)_2$ 氧化反应新体系及其应用、类 Fenton 催化材料的制备及其应用。

《难降解废水高级氧化技术》可供环境、化工、水处理等相关领域从事教学、科研、生产的技术人员参考。

图书在版编目（CIP）数据

难降解废水高级氧化技术/全学军，徐云兰，程治良著. —北京：化学工业出版社，2018.8（2020.10 重印）

ISBN 978-7-122-32493-1

Ⅰ. ①难… Ⅱ. ①全…②徐…③程… Ⅲ. ①废水-氧化降解 Ⅳ. ①X703

中国版本图书馆 CIP 数据核字（2018）第 138358 号

责任编辑：徐雅妮　丁建华　　　　文字编辑：汲永臻

责任校对：杜杏然　　　　装帧设计：关　飞

出版发行：化学工业出版社（北京市东城区青年湖南街 13 号　邮政编码 100011）

印　　装：北京虎彩文化传播有限公司

710mm×1000mm　1/16　印张 19½　字数 331 千字　2020 年 10 月北京第 1 版第 2 次印刷

购书咨询：010-64518888　　售后服务：010-64518899

网　　址：http://www.cip.com.cn

凡购买本书，如有缺损质量问题，本社销售中心负责调换。

定　　价：99.00 元

前言

目前，随着我国社会和经济的不断发展，环境问题也日益突出，水污染问题越发严重，尤其是印染、造纸、制革、电镀、农药、化工、医药等行业排放的工业废水，常含有苯系、硝基苯系、卤代化合物、杀虫剂、偶氮染料、酚类、内分泌干扰物等难降解有机污染物，常规的生化处理无法将其彻底降解或去除。因此，研究人员研发了 TiO_2 光催化、电化学氧化、Fenton 氧化等高级氧化技术，可以有效降解这类有机污染物，甚至能将其彻底矿化为水和 CO_2。

多年来，重庆理工大学资源环境化工与新材料团队在难降解废水处理领域开展了探索研究工作，研发了大量的环境催化新材料和新型高级氧化反应器，主要包括臭氧微泡催化氧化技术及装备、液膜光电催化氧化材料及装备、AC/Fe 类芬顿催化氧化新材料、电化学脱胶技术、多通道电化学氧化反应器、稀土掺杂 TiO_2 新材料、TiO_2 光催化过程超声、超重力强化技术及装备等。

《难降解废水高级氧化技术》是重庆理工大学资源环境化工与新材料团队在该领域多年研究成果的总结，内容涉及 TiO_2 光催化反应技术及其应用、液膜光电催化反应技术及其应用、电化学氧化技术及其在垃圾渗滤液处理中的应用、$O_3/Ca(OH)_2$ 氧化反应新体系及其应用，以及类 Fenton 催化材料的制备及其应用。本书可供环境工程、化学工程、水污染治理等相关领域从事教学、科研、生产的技术人员参考。

本书由全学军、徐云兰、程治良著，全学军负责全书的策划、指导和编写，具体编写分工为：第 1 章由程治良编写，第 2 章由程治良、赵清华、王富平、叶长英、周文、桑雪梅、熊彦淇、杨露编写，第 3 章由徐云兰编写，第 4 章由陈波、谭怀琴、葛淑萍编写，第 5 章由罗丹、晏云鹏、程雯编写，第 6 章由周文、程治良编写。秦险峰、叶鹏、黄小雪、成臣等研究生对书稿进行了校对。本书是集体智慧和辛勤劳动的结晶，值出版之际，我们向为本书出版做出贡献的所有同志表示最诚挚的感谢！

由于编者水平有限，尤其是对一些探索性的问题研究还不够深入、系统，因此本书难免存在疏漏之处，敬请广大读者批评指正。

著　者

2018 年 3 月

目录

第3章 液膜光电催化反应技术及其应用 /089

第 4 章 电化学氧化技术及其在垃圾渗滤液处理中的应用 /175

第 6 章 类 Fenton 催化材料的制备及其应用 /283

第1章

高级氧化技术及其应用研究现状

我国的水环境污染问题比较严重，工业废水中含有大量有毒有害难降解有机物，如有机农药、多环芳烃、偶氮染料、内分泌干扰物等，严重危害生态环境和人类健康。

本章主要介绍难降解有机废水的产生及其处理技术、高级氧化技术的原理和优缺点、主要高级氧化技术在废水处理中的应用研究进展。

1.1 难降解有机废水的产生及污染现状

据2016年中国环境状况公报统计，全国地表水劣Ⅴ类水质断面比例为8.6%；112个国家重点监测湖泊、水库中，劣Ⅴ类水质个数为9个，占8.0%。此外，我国地下水污染较严重，2016年全国225个地级市地下水监测点中，水质较差级和极差级分别占45.4%和14.7%。工业废水是我国水体污染的重要源头，具有排放量大、浓度高、毒性大、可生化性差、难降解等特点。2016年我国共排放工业废水1.99×10^6万吨，工业源废水中COD和氨氮排放量分别达到293.45万吨和21.74万吨；2015年我国共排放461.33万吨总氮、54.68万吨总磷、1.52万吨石油类污染物、988.21t挥发酚和146.86t氰化物等。印染、农药、造纸、制革、电镀、化工、炼油、炼焦、医药、垃圾焚烧发电厂等工业产生的废水中，常常含有苯系、硝基苯系、卤代化合物、偶氮染料、酚类等有机难降解污染物，具有致癌、致畸、致突变“三致”作用，且常规的生化处理，无法将其彻底降解或去除。本节将重点介绍内分泌干扰物废水、染料废水以及垃圾渗滤液的排放与污染现状。

1.1.1 内分泌干扰物废水

工业废水排放的有机污染物中有一类被称为内分泌干扰物（endocrine disrupting chemicals，EDCs）的有机污染物。根据美国环保署（US EPA）的定义，EDCs是指一类通过干扰生物体自身激素的合成、分泌、转运、结合、活性作用、代谢降解，进而影响生物体自身稳定、后代的繁殖和生长以及其他行为的外源性物质。EDCs的种类较多，一般可分为天然雌雄激素类（雌酮E1、雄甾酮A等）、天然孕激素类（孕酮P等）、植物雌激素（大豆异黄酮、香豆雌酚等）、农药类（除草剂，如除草醚、莠去津等；杀虫剂，如氯丹、甲萘威等；杀线虫剂，如呋喃丹、涕灭威等）和化工原料类（双酚

A、烷基酚类、邻苯二甲酸盐类等)。

EDCs 对包括人类在内的生物体健康产生危害，主要表现为以下几个方面的毒性作用：①致癌作用，EDCs 可导致乳腺癌、精巢癌、卵巢癌等各种激素依赖性癌症；②对免疫系统产生不利影响；③干扰神经细胞的活动，可能影响其传导能力；④对生殖系统产生危害，导致男性精子数量减少以及女性月经紊乱，不育不孕概率增大等。

化工原料 EDCs 类产量较大，2008 年双酚 A 的全球产量高达 320 万吨，应用也比较广泛，如表 1.1 所示。全国许多水环境中均检出 μg/L 至 mg/L 浓度级别的 EDCs。Peng 等在珠江干流水样中检测出了 μg/L 级的 BPA、壬基酚等内分泌干扰物。Shi 等对长江三角洲地区的长江、淮河和太湖地表和地下水样进行检测，研究发现在该地区的作为饮用水的 2 级地表水和地下水的水样中检出了 BPA 和辛基酚等内分泌干扰物。通过雌激素活性测试发现，长江和淮河的水样中潜在毒性最高，雌激素当量可达 2.2ng E_2/L，高于无毒性作用的要求的 1.5ng E_2/L，而 BPA 是地表水中雌激素效应的主要来源物质。Lee 团队对中国台湾的 16 条主要河流的水样和河底土样，进行分析检测，绝大部分河流水样和河底沉积土样中检出了 BPA 和壬基酚，水样中两者含量分别为 0.01～44.64μg/L、0.02～3.94μg/L，靠近 8 个工业园区的阿里河中样品 BPA 和壬基酚含量最高。

表 1.1　化工原料类内分泌干扰物应用领域

内分泌干扰物种类	主要用途	最终产品
双酚 A	生产聚碳酸酯、环氧树脂、不饱和聚酯-苯乙烯树脂、阻燃剂、抗氧化剂、橡胶化学品单体	电子元件、医疗设备、泵、阀门、管道、食品罐、饮料罐、防老化剂、粉末涂料、汽车透镜、玻璃遮光材料、建筑材料、包装材料等
烷基酚类	可用来生成烷基酚聚氧乙烯醚	洗涤剂、塑料制品、颜料、杀虫剂、化妆品等
邻苯二甲酸盐类	主要用来生产塑料制品	化妆品、人造皮革、PVC 塑料、汽车产品、食品包装、医疗设备、玩具、电线电缆等

1.1.2 染料废水

纺织工业在印染等过程中会使用大量染料和助剂，产生大量的染料废水，污染也比较严重。据统计，全球每年染料的产量高达 7×10^5t 以上，其中 70%为含有偶氮键（—N═N—）的偶氮染料，在染料加工和使用过程中，约1%～20%的染料会流失，以染料废水的形式排入水环境中。我国每年未有效处理就排入水环境中的染料废水高达1.6×10^9t以上，引起了较严重的环境问题。

随着纺织工业的不断发展，大量新的染料不断合成，目前，染料种类可达数万种。根据染料的用途和化学结构等，可简单将染料分为如下几类，如表1.2所示。由表可知，常见染料多为偶氮类、联苯胺类、蒽醌类等，具有毒性、致癌、致突变等危害。另外，染料废水还具有如下特点：

表1.2 染料的分类、特点以及用途

染料种类	特点	主要用途
酸性染料	水溶性较好，一般为偶氮、蒽醌、三苯基甲烷、吡啶、氧杂蒽、硝基、亚硝基等类染料	用于尼龙、羊毛、丝织品、改性聚丙烯树脂、皮革、印刷等
阳离子染料或碱性染料	溶于水后产生带颜色的阳离子，一般为青色素、氮蒽、噁嗪等类染料	用于丝织品、羊毛、棉织品、纸品、聚丙烯腈、改性尼龙、改性聚酯等
分散染料	大多属于水不溶性的非离子型染料，一般需要分散剂助染，多含有偶氮键、蒽醌、苯乙烯基、硝基等	用于聚酯、尼龙、纤维素、醋酸纤维素、腈纶的染色等
直接染料	水溶性阴离子染料，大部分属于聚合偶氮化合物，以及1,2-二苯乙烯、苯二甲蓝、噁嗪等类	可用于棉织品、人造丝、皮革、纸制品、尼龙
活性染料	这类染料可与纤维形成共价键，一般含有偶氮键、蒽醌等发色基团，吸收光谱带较窄	一般用于棉织品、纤维以及羊毛和尼龙
含硫染料	具有中间体结构，成本低、着色迅速	用于棉织品、人造丝、聚酰胺纤维、丝织品、皮革、纸制品等
还原染料	属于水不溶性、蒽醌(含多环醌)、靛蓝类染料	用于棉织品、纤维素纤维、人造丝和羊毛

（1）废水的色度较高

染料一般均带有偶氮、蒽醌等发色基团，废水的颜色很深，色度一般可达500～500000倍，感觉性很差，并且高色度阻碍阳光和氧气的传递，污染较重。

（2）结构稳定，生化降解性差

染料分子一般均含有苯环等基团，分子结构稳定，BOD_5/COD值较小，可生化性差，此外，生化处理还可能产生毒性更大的芳香胺。

（3）成分复杂，盐分、重金属含量高

染料废水一般主要由印染过程中排放，印染过程中需要加入大量的印染助剂，导致染料废水除了含有无机盐，还含有铁、镍、铜、铬、镉、铅、砷等。

（4）水质变动大

纺织工业过程中的工序不同，所排放的废水不同，不同工序在不同时候排放的废水量也不同，从而导致染料废水水质变化很大，成分、pH 等波动也较大，废水需要生物法、物化法多级处理。

1.1.3 垃圾渗滤液

2016 年我国城市和县城生活垃圾清运量达到 2.7 亿吨，较 2015 年增加 5%。生活垃圾产量仍在逐年增加。城市生活垃圾中餐厨垃圾所占比例较大，生活垃圾水分含量高，垃圾渗滤液产生量一般为垃圾量的 10%左右，北方由于气候干旱而偏低，在南方瓜果食用的高峰季节，渗滤产量最高可达垃圾量的 20%～30%。过高的含水量导致垃圾热值偏低，一般在 4000～7000kJ/kg之间，仅为发达国家的 40%左右，远低于发达国家 8400～17000kJ/kg 的垃圾热值。为提高热值，垃圾在入炉焚烧前，一般会在贮坑中停留2～7d，以使垃圾充分发酵脱水，因而产生了大量垃圾渗滤液。垃圾渗滤液是垃圾焚烧处理过程中产生的二次污染物，其具有色度高、水质变化大、成分复杂、有机污染物和重金属含量高、难以生物降解等特点。垃圾渗滤液的水质特征如下：

① 水质复杂。渗滤液中含有多种污染物，有报道称曾在渗滤液中检测到 93 种有机物，其中 22 种被列入我国环境污染物黑名单。

② COD、BOD_5 和氨氮浓度高。渗滤液中 COD 和 BOD 极高，COD 可高达 90000mg/L 以上，BOD 达 38000mg/L 以上，氨氮最高可达 2000mg/L。

③ 固形物质、盐含量较高。渗滤液中固形物可达 20000mg/L，重金属含量也非常高，电导率高。

④ 水质、水量变化大。垃圾焚烧厂渗滤液水质水量的变化很大，影响垃圾渗滤液水质和水量的因素主要是垃圾的性质、季节和气象（降雨量等）等。

⑤ 色度深，有恶臭，成分十分复杂，其中含有大量对生态环境和健康有害的难于生物降解的物质，使人体产生恶心、头晕甚至尿血等症状。

垃圾渗滤液中含有很多具有“三致”（致癌、致畸、致突变）作用的有机污染物，其中多种有机污染物被列为我国环境优先污染物，如苯酚类、有机氯农药等。这些化合物会对动、植物的生长造成毒害，对人类的神经、免疫系统也会造成不可修复的损害。另外，垃圾渗滤液如果处理不当会对地表水和地下水造成严重污染，通过水体的传播，毒性有机物会深入环境，破坏生态，进而在更广范围影响动、植物生长及人类健康。

1.2 难降解废水物化处理法及其优缺点

垃圾渗滤液、内分泌干扰物废水、偶氮染料废水等难降解废水，毒性较大且采用常规的生化法无法对其进行彻底降解和解毒，需要研究其他物化处理方法来处理这类废水。本节主要对目前常用的物化处理方法的原理、研究进展、优缺点等进行介绍。

1.2.1 吸附法

吸附法是指采用吸附剂将废水中的污染物，通过物理、化学等作用转移至吸附剂的表面或孔道内，以达到去除目的的废水处理方法。吸附法因处理效果较好、成本较低等优点常用于废水处理，吸附法适用范围也十分广泛，可用于重金属、染料、EDCs、农药等多种难降解污染物的处理。目前的研究主要集中于开发低成本的吸附剂，除了传统的活性炭、沸石、膨润土等，农业产物如锯末、木质材料、稻壳等；工业废弃物，如飞灰、红泥、活性污泥等；海洋材料，如海草、海藻、海产品加工废弃物等也可用于废水处理。

吸附法的缺点在于处理过程易受到其他离子的影响，不适合复杂废水的处理；另外吸附剂再生成本比较高，有些吸附剂再生困难；此外，吸附只是将污染物从一种体系转移至另一种体系中，并没有降解。所吸附的污染物还需进行额外的降解处理，增加处理成本，且如不及时处理，还会造成二次污染。

1.2.2 膜分离法

膜分离技术主要以压力差为推动力，使得水分子可渗透通过膜，而分子量较大的污染物不能通过膜，来实现污染物与水分子的分离。该处理技术具有出水水质高、运行费用低、不添加任何有害物质、操作简单等优点。膜分离法依据膜孔大小以及分离的尺寸不同，可以分为微滤、超滤、纳滤和反渗透，如表 1.3 所示。

分子量较大的有机污染物，膜分离法处理截留率比较高、效果较好。He 等采用超滤膜对活性艳蓝染料废水进行处理，当渗透通量为 63.2 $L/(m^2 \cdot h)$时，目标污染物的截留率为 99.0%，操作压力、染料浓度和流速

表 1.3 膜分离处理过程的分类与区别

膜参数	微滤	超滤	纳滤	反渗透
膜孔排布	对称或不对称分布	不对称分布	对称与不对称混合分布	不对称或混合分布
膜厚度	10～150μm	150μm	表层＜1μm，内层约为150μm	表层＜1μm，内层约为150μm
膜孔大小	0.05～10μm	1～100nm	约2nm	＜2nm
分离原理	筛分原理	筛分原理	筛分与静电排斥原理	空间排斥与静电排斥原理
膜材料类别	聚合材料、陶瓷材料	聚合材料、陶瓷材料	聚酰胺材料	三乙酸纤维素、芳香聚酰胺、聚酰胺、聚乙烯醚、聚乙烯脲

增大，有利于膜分离；目标污染物截留率增大，温度升高不利于分离处理；pH 则对分离效果无影响。而对重金属、氨氮等分子量较小的无机污染物，则需要膜孔更小的纳滤膜才能实现分离，且截留效果也有所降低。Murthy 等研究表明，对初始浓度为 5μg/L 的 Ni^{2+}、Cd^{2+} 采用纳滤分离，最大截留率达 98.94%和 82.69%，分离过程符合基于不可逆热力学过程和薄膜理论的 Spiegler-Kedem 模型。

目前，大部分纳滤、反渗透膜仍然需要从国外引进，造成膜分离技术的投资成本较高，且截留的浓缩废水需要进一步处理。膜分离法只适宜成分简单、悬浮物含量较少的简单废水的处理，不适宜用来处理复杂废水，也不适宜作为废水生化处理后的深度处理技术，因为后两种废水中含有大量的纳米级的生物胶体物质，易于使膜受到污染，大大缩短膜的寿命，增大运行成本。

1.2.3 常规氧化法

物理法一般只能通过吸附、截留等技术手段使污染物从废水中分离出来，但要使其降解，甚至彻底矿化为无毒的 H_2O 和 CO_2，就必须采用化学氧化法来实现。通过直接加入 H_2O_2、O_3、O_2、Cl_2 等化学氧化剂来实现污染物氧化降解的方法，称为常规氧化处理法。常规氧化法应用较早，使用范围广泛，处理量大，易于实现工业化。缺点在于处理成本较高，加入的化学试剂有毒，需要妥善处理废气、废渣，处理效率仍有待提高。

1.2.4 高级氧化法

高级氧化技术（advanced oxidation processes，AOPs）是相对常规氧化而言的，一般是指通过产生大量的羟基自由基（·OH）等强氧化性基团使目标污染物降解，甚至矿化的废水处理技术。主要包括芬顿（Fenton）/光芬顿法、光催化氧化法、光电催化法、臭氧氧化法、H_2O_2/UV 法、电化学氧化法、超声处理法等。几种主要高级氧化技术的原理与优缺点，如表 1.4 所示。

表 1.4　常见高级氧化技术的原理与优缺点

方法	主要原理	优点	缺点
芬顿氧化法	$Fe^{2+}+H_2O_2 \longrightarrow Fe^{3+}+OH^-+\cdot OH$	反应迅速、氧化和矿化效果较好	pH 值需要严格限定在 2～3 之间，产生大量 $Fe(OH)_3$ 污泥需要处理等
光芬顿法	$Fe(OH)^{2+}+h\nu \longrightarrow Fe^{2+}+\cdot OH$ $Fe^{2+}+H_2O_2 \longrightarrow Fe^{3+}+OH^-+\cdot OH$	反应迅速、氧化和矿化效果较好，释放的热和 O_2 可强化传质	pH 严格限定、需要加入化学试剂、污泥需要处理等
臭氧氧化法	$O_3+OH^- \longrightarrow HO_2^-+O_2$ $O_3+HO_2^- \longrightarrow \cdot OH+O_2^-+O_2$ $O_3+O_2^- \longrightarrow O_3^-+O_2$ $O_3^-+H_2O \longrightarrow \cdot OH+O_2+OH^-$	安全，无污泥，臭氧效率高，易于实现自动化和工业化	能耗较高，不易实现废水大规模处理
TiO_2光催化法	$TiO_2+h\nu \longrightarrow (e^-+h^+)TiO_2$ $O_2+e^- \longrightarrow \cdot O_2^-$ $OH^-+h^+ \longrightarrow \cdot OH$ $e^-+h^+ \longrightarrow$ 热量	安全无毒、可利用太阳光以节约能耗、处理效率高、可矿化污染物解毒、无二次污染	粉末催化剂易团聚、不易分离回收，催化剂易老化、失活，效率仍需提高
光电催化技术	$TiO_2+h\nu \longrightarrow (e^-+h^+)TiO_2$，通过外加电场，将光生电子驱赶至反向电极表面，阻止空穴与电子复合	安全、无毒、可利用太阳光，一般效率同等条件下的 TiO_2 光催化过程	尚未大规模工业化，电极效率尚待提高
H_2O_2/UV	$H_2O_2+h\nu \longrightarrow 2\cdot OH$	安全、无污泥	光源利用率低、处理效率较低
电化学法	$H_2O \longrightarrow H^++\cdot OH+e^-$ $OH^- \longrightarrow \cdot OH+e^-$ $H_2O+e^- \longrightarrow [H]+OH^-$ $2Cl^- \longrightarrow Cl_2+2e^-$	处理效果较好、易于实现工业化和自动化	能耗较高，靠产生活性氯进行间接氧化，有产生卤代化合物增大毒性的风险
超声法	$H_2O+US \longrightarrow \cdot OH+\cdot H$	反应过程迅速、可矿化污染物，属于不加入化学试剂的清洁处理技术	能耗较高、有产生辐射的风险、不易实现废水大规模处理

1.3　高级氧化技术在难降解废水中的应用进展

1.3.1　TiO_2光催化技术

TiO_2多相光催化技术，作为一种可利用太阳能的绿色、无污染技术，广泛用于重金属、染料废水、EDCs 废水、除草剂/杀虫剂等各种污染物的处理。该技术的工程化应用涉及两方面的问题：①高效、易于分离的 TiO_2 光催化制备；②光能利用率高、易于工业化放大、操作简便的光催化反应器研究。绝大部分的应用研究主要基于这两个方面展开。

1.3.1.1 TiO_2光催化剂研究进展

第一代 TiO_2光催化剂主要是纳米级的 TiO_2颗粒，以德国 Degussa 公司的 P25-TiO_2为代表。这类光催化剂具有较大的比表面积、光响应范围比较宽、电子-空穴复合率低、光催化效率高等特点，用于染料等污染物降解和矿化效果较好。然而这类光催化剂的最大问题是光催化剂几乎无法从废水中分离出来，无法重复利用。因此 Janus 等提出应采用既考虑光催化性能又考虑沉降性能的“实际光催化效率”（practical efficiency）来作为光催化剂优劣的评判指标。

为了提高 TiO_2光催化剂活性和沉降性能，学者们开展了贵金属、过渡金属、稀土金属等掺杂、负载型以及 TiO_2微球的第二代 TiO_2光催化剂的研究。金属掺杂可延迟、阻断光激发产生的空穴-电子对复合，拓展光响应区域至可见光区域、提高催化剂吸附和沉降性能等。负载型 TiO_2沉降性能较好，可反复回收利用，可利用的载体种类较多，有活性炭、沸石、玻璃珠、石英玻璃管、玻璃、光导纤维等。微球 TiO_2光催化剂往往具有微孔和介孔结构，比表面积较高，光催化剂活性较高。Zheng 等采用乙醇水热法合成了层级 TiO_2微球，比表面积最高可达 325.3m^2/g，并含有介孔结构，用来处理 20mg/L 的甲基橙废水，400℃煅烧的微球材料性能优于 P25-TiO_2，前者仅需 30min 即可 100%降解甲基橙，后者需要 40min。

前两代 TiO_2光催化剂属于零维结构，而 TiO_2光催化剂研究逐步深入至多维结构。主要包括纳米和微米级的一维 TiO_2棒/管/纤维；二维 TiO_2层级薄板；甚至三维 TiO_2交联体等。多维结构的 TiO_2光催化剂比表面积更大，对污染物的吸附能力更强，光催化活性更高。Liu 等采用恒电势阳极氧化法制备了高度有序的 TiO_2纳米管，采用其光电催化降解苯酚，效果优于具有同样厚度和几何面积的 P25-TiO_2粒子薄膜。这主要是因为二维 TiO_2纳米管提高了电子转移效率，降低了电子和空穴的复合。但多维 TiO_2光催化剂位阻较大，多用于气相中污染物的光催化处理。

1.3.1.2 TiO_2光催化反应器研究进展

TiO_2光催化反应器能为光催化反应提供高效、稳定的反应空间和环境，

其设计与制造是 TiO_2 多相光催化技术工业化应用的基础。TiO_2 光催化反应器依据光催化剂存在方式的不同主要可以分为悬浮浆态反应器、固定床反应器、流化床反应器以及填充床反应器；依据光源与废水的相对位置，可以分为光源内置式反应器、光源外置式反应器以及导光式反应器；依据操作方式可以分为间接式反应器和连续式反应器；依据光源种类的不同，又可以分为自然光源反应器和人造光源反应器。不同类型光催化反应器的特点如表 1.5 所示。

表 1.5　光催化反应器的分类和特点

分类方式	类别	特点
催化剂存在方式	悬浮浆态反应器	光源、光催化剂、废水互相接触面积大，无传质限制，光催化剂易团聚失活、需回收
	固定床反应器	光催化剂负载于载体上，因而无须分离回收，但易于脱落、流失，且光源、光催化剂、废水互相接触面积较小，传质有限制
	流化床反应器	光催化剂为微米级或负载于颗粒上，易于分离，传质限制较小，负载催化剂易失活、脱落
	填充床反应器	光催化剂无须分离，但相互之间对光源有遮蔽作用，传质限制较大
光源与废水相对位置	光源内置式反应器	光源可全方位对体系辐射，光源利用率高
	光源外置式反应器	光源无法全方位辐射，光源利用率低
	导光式反应器	催化剂负载于载体上，载体可传递光源，光强度不均匀，光催化剂易于脱落、流失，且光源、光催化剂、废水互相接触面积较小，传质有限制
操作方式	间接式反应器	一般为批式处理，应用受限，停留时间不受限制
	连续式反应器	连续式处理，适合工业化应用 停留时间较短，影响处理效果
光源种类	自然光源反应器	一般可分为聚光型和非聚光型，聚光型反应器效率高、投资大、反应速率快；非聚光型反应器投资较低、简单、反应速率较慢，两种类型均受天气影响大
	人造光源反应器	光源波长强度可控，不受天气影响，但需要消耗电源，增大处理成本

不同光催化反应体系和反应器均有一定的优点和局限（如表 1.5 所示）。目前 TiO_2 光催化反应器的发展趋势在于设计能与其他方法结合，强化光催化处理过程的反应器，以提高光催化处理效率，并采用计算机流体力学（CFD）软件模拟辅助设计，以实现反应体系中气、液、光等单元合理设置。Saien 等设计的超声强化光催化反应器，可有效避免浆态体系中 TiO_2 光催化剂的团聚，用于苯乙烯-丙烯酸共聚体的降解和矿化，具有协同效应，效果优于两个单独的处理技术之和，反应 60min，污染物的降解率和矿化率可分别达 96%和 91%。

1.3.2　光电催化反应技术

通常 TiO_2 光催化技术通过紫外光的照射，TiO_2 颗粒会激发产生电子

(e^-)和空穴(h^+)对。产生的空穴具有强氧化性,可直接氧化污染物。另外,空穴和电子也能与液相中的 O_2 和 H_2O 等作用生成强氧化性的 ·OH 和 ·O_2^- 等。但空穴和电子容易复合,以能量的形式散失,且复合时间很短,一般小于 10ns。为了阻止电子和空穴的复合,研究人员研发了通过外加直流电压,通过外电压将光生电子驱赶至反向电极表面的 TiO_2 光电催化技术,大大提高了氧化处理效果,其原理如图 1.1 所示。常用的 TiO_2 光催化剂有 TiO_2 纳米管、TiO_2 纳米阵列、TiO_2 纳米带、TiO_2 纳米棒、TiO_2 薄膜等,以及采用 B、N 等非金属元素,Cr、Cu、Fe、Ag、Au 等金属元素以及 SiO_2、WiO_3、SnO_2、Cu_2O 等氧化物掺杂 TiO_2 材料等。TiO_2 光电催化技术核心在于研制 TiO_2 膜电极,目前主要有溶胶-凝胶法、化学气相沉积法、电化学沉积法、热胶黏合法、水热合成法、磁控溅射法等。为了更好地将 TiO_2 光电催化技术用于工业实际中,光电催化反应器的研制也是研究的重点,目前主要有悬浮态光电极反应器、固定化膜光电极反应器和透明固定化膜电极反应器、液膜光电催化反应器等。目前,该技术在多种难降解有机废水中均得到了研究与应用。主要包括:①染料废水,TiO_2 光电催化技术可用于各种不同种类染料废水的处理,包括偶氮染料废水、蒽醌类染料废水、杂环类染料废水以及孔雀石等芳甲烷染料废水的处理;②化工废水,包括酚类废水、苯胺类废水、有机酸废水、杀虫剂废水、除草剂废水、表面活性剂废水等;③制药废水,包括金霉素、四环素、土霉素、三氯生、阿昔洛韦、氧氟沙星、磺胺甲噁唑、双氯芬酸等;④垃圾渗滤液。

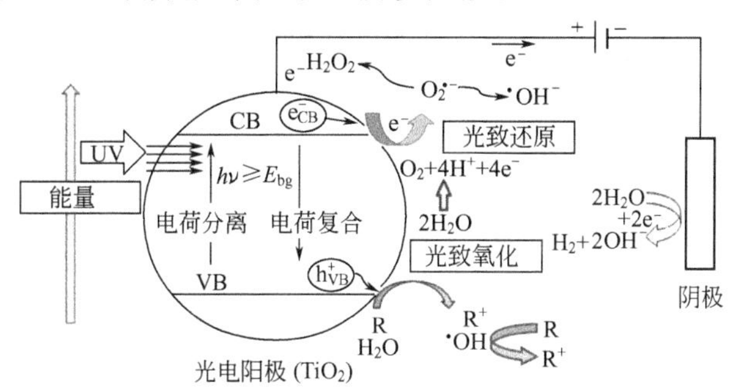

图 1.1 TiO_2 光电催化技术原理图

1.3.3 电化学氧化技术

电化学方法分为直接电解和间接电解两种。直接的电化学氧化作用,通过阳极的电催化作用,使有机物氧化为 CO_2 与 H_2O 等无机物质。而间接氧化作用有两种：第一，在阳极上进行水的羟基化反应，形成氧化性极强的羟基自由基，随后，生成的羟基自由基在阳极附近进攻水相中的持久性有机污染物，发生复杂的自由基链反应，生成苯醌、苹果酸等一系列中间产物，部分中间产物最终形成 CO_2 与 H_2O；第二，电解中形成具有较强氧化性的物质，如电解将废水中的 Cl^- 氧化生成氧化电位较高、半衰期较短的 ClO·，能直接矿化或转变成其他氧化剂对有机物发生作用。间接氧化是通过阳极氧化介质离子生成强氧化剂，进而间接氧化水中的有机污染物，从而强化氧化过程，提高降解效率。当废水中存在氯化物时，可利用间接电化学氧化实现难降解有机污染物的去除。一般氯化物的浓度需要大于 3g/L，这种方式费用低，活性氯可以有效氧化降解多种有机和无机的污染物，应用范围较广。

电化学氧化技术的关键在于电极材料的选择和电化学反应器设计，它直接影响着有机物降解效率的高低。

1.3.3.1 电化学反应器

实现电化学反应的设备或装置称为电化学反应器。不同结构、功能及特点的电化学反应器，在降解环境污染物方面也存在明显的差异，各种结构特殊的电化学反应器的特点见表 1.6。电化学反应器作为一种特殊的化学反应器，按照结构通常可分为：箱式电化学反应器、压滤机式或板框式电化学反应器和结构特殊的电化学反应器。电化学反应器按其工作方式可分：简单的间歇反应器、活塞流反应器和连续搅拌箱式反应器。活塞流反应器和连续搅拌箱式反应器属于单程反应器，转化率有限。这两种反应器电解液流速较低，传质速率也低，反应的产物和反应热量积累。为此提出更有效的措施是：间歇再循环，首先，间歇反应器的电解液可通过一个贮槽再回到反应器；其次是将反应器串联，即可实现高效连续动态的废水处理过程。电化学反应器还可以根据电极的形状分为二维和三维电极反应器。

表 1.6 各种结构特殊的电化学反应器的特点

名称	欧姆压降	传质速度	比电极面积	名称	欧姆压降	传质速度	比电极面积
薄膜反应器或涓流塔反应器	高	高	大	流化床电化学反应器	较高	较低	很大
毛细间隙反应器	低	低	小	叠层电化学反应器	低	高	小
旋转电极反应器	高	高	小	零极距电化学反应器	低	低	小
泵吸式电化学反应器	低	高	小	SPE 电化学反应器	低	低	小
固定床电化学反应器	较高	较低	很大	带有湍流促进器的电化学反应器	高	高	小

1.3.3.2 电极材料

常规的金属电极有不锈钢、Pt 及其他贵金属。其中，镍和不锈钢只能在有限的外加电位与 pH 介质中使用，而 Pt 等贵金属价格昂贵，限制了它们的应用范围。石墨、碳素电极对污染物具有化学惰性，导电和导热性能均好，价格比较便宜，比表面积也大，但是它们的吸附性可导致其被污染，Gattrell 等用网状玻碳电极氧化苯酚，研究发现反应速率开始很大，但因为电极表面被不可溶的生成物所掩盖，其速率很快迅速下降。石墨和碳类电极用作阳极材料，它们在酸性溶液中，还会因阳极析氧反应而造成损耗。

相比于贵金属电极成本高、碳素电极易损耗和被污染，钛基涂层电极拥有较大的优势，它具有阳极尺寸稳定、工作电压低、耐腐蚀性强、析氧电位高等优点。自 20 世纪 80 年代以来，国内外关于钛基涂层电极的研究较多，其中以 Ti/PbO_2、Ti/SnO_2电极的研究较多。Vicent 等用 Pt 阳极氧化降解苯酚，TOC 的去除率仅为 38%，但采用 SnO_2涂层电极氧化，TOC 的去除率高达 90%。多元氧化物钛基阳极材料的研究近几年得到较快发展。它们大多是基于 Ti/SnO_2电极和 Ti/PbO_2电极的强化和改性。如复合 PbO_2/聚吡咯电极，它是将亲水性的 PbO_2活性位点与疏水性的聚吡咯非活性位点结合起来，从而提高有机污染物的转化和电氧化效率。Correa-Lozano 以 Ti/IrO_2为基体，用热解喷涂法形成 SnO_2-Sb_2O_5涂层，IrO_2具有较高的电极稳定性，且其与 SnO_2和 TiO_2晶形一致，该中间层的存在可增加电极的寿命。20 世纪 90 年代后期，掺 B 金刚石薄膜电极（BBD 电极）开始受到重视，并被认为是去除废水中有机污染物的理想电极。Femandes 使用 BBD 电极电化学氧化降解偶氮染料酸性橙 7（AO7），测得色度和 COD 去除率都高达 90% 以上，BBD 电极是目前公认相当有应用前景的电极，但存在价格昂贵的问题，如何降低成本将是该技术的发展方向。

1.3.4 臭氧氧化技术

臭氧氧化处理废水有直接反应和间接反应两种途径，直接反应是臭氧分子直接与有机污染物反应，选择性较高，难以氧化难降解有机物；间接反应是臭氧在碱、光照或催化剂等存在的条件下，产生强氧化性的羟基自由基（·OH），·OH 与有机污染物发生加合、取代、电子转移和断键等反应，能够使污水中的有机污染物氧化降解为小分子物质或直接矿化。一般来说，当自由基链反应受到抑制时，直接氧化是臭氧反应的主要步骤。臭氧氧化处理工艺单独使用时，一般以直接氧化途径为主，存在选择性氧化和处理不彻底等缺点，同时臭氧在水中的溶解度比较低，稳定性差，接触时间短，利用率低等。因此一般通过引入其他的能量或者强化手段，使氧化体系产生具有强氧化性和无选择性的羟基自由基。这些工艺主要包括 O_3/紫外、O_3/超声、催化臭氧氧化等高级氧化工艺。

1.3.4.1 O_3/光催化（UV）技术

光催化臭氧氧化技术主要通过 O_3 在紫外光作用下产生的具有强氧化性的·OH 氧化降解有机污染物，该方法能有效提高臭氧氧化处理染料的能力。Peyton 等研究总结了 UV/O_3 复合时，第一步产生 H_2O_2，所产生 H_2O_2 在紫外光辐射下进一步产生羟基自由基的过程。Lu 等分别用紫外光催化（UV）、O_3 氧化和 UV-O_3 对甲基橙染料废水进行处理，处理 150min 后其脱色率分别为 94.8%、94.2% 和 95.1%，COD 去除率分别为 46.23%、44.54% 和 71.17%。Hsing 等采用 UV-O_3 工艺，在 pH＝7，O_3 浓度为 45mg/L 条件下处理酸性橙 6 染料废水，废水 TOC 去除率为 65%。众多研究表明，O_3/UV 氧化法比单独臭氧氧化处理效果更佳，因形成了·OH，O_3/UV 氧化法能降解臭氧难以降解的有机物，使大多数有机物矿化成 CO_2 和水，但染料废水体系色度较大，紫外光难以穿透照射，从而限制了 O_3/UV 法的工业化发展。

1.3.4.2 O_3/超声（US）技术

超声波（US）能够加快 O_3 的分解和传质，提高·OH 与有机物的反应速率和效率。沈钢等采用 O_3/US 法对活性艳红 KE-3B 进行了降解研究，结果表明，分别采用 O_3/US、单独臭氧氧化和单独超声处理活性艳红 KE-3B 模拟的废水 5min 后，染料去除率分别为 97%、73% 和 5%，结果表明超声技术能够强化臭氧氧化降解 KE-3B，两者耦合的处理技术结果优于单独臭氧氧化和单独超声处理。Song 等采用 O_3/US 体系处理直接红 23，在模拟染料浓度为 100mg/L，臭氧用量为 3.2g/h，pH 为 8 条件下，处理 2min，脱色率达 100%。He 等采用 US、O_3 和 O_3/US 处理活性蓝 19，在模拟染料浓度为 500mg/L，臭氧用量为 3.8g/h，超声功率为 88W/L 条件下，废水 TOC 去除一级速率常数分别为 3.4×10^{-4}、5.9×10^{-3} 和 8.2×10^{-3}，O_3/US 联合技术可明显提高废水降解速率。

1.3.4.3 催化臭氧氧化法技术

（1）金属离子催化剂

金属离子催化剂主要有：Fe^{2+}、Fe^{3+}、Mn^{2+}、Ni^{2+}、Co^{2+}、Cd^{2+}、Cr^{3+}等。Okawa等研究了Fe^{3+}催化臭氧氧化去除乙酸中的2,4-二氯苯酚，研究发现当2,4-二氯苯酚初始浓度为50mg/L时，加入30mg/L的Fe^{3+}后，2,4-二氯苯酚的去除率可由单独臭氧氧化的63%提高到97%左右。金属离子催化臭氧氧化过程主要包括以下两种途径：金属离子促进臭氧分解产生·OH，利用其强氧化性降解有机物；金属离子与有机物络合，最终被O_3直接氧化。

（2）金属氧化物催化剂

以金属氧化物为主要催化活性组分的臭氧氧化催化剂，其催化效率的高低取决于金属催化剂的选取及其制备工艺。通常Mn_3O_4、Al_2O_3、CeO_2、TiO_2、MgO等催化剂催化效果较好。金属氧化物催化臭氧氧化的作用机理主要有两种：一是固体催化剂促使臭氧分解并产生高活性的羟基自由基，从而氧化降解臭氧本身难降解的有机物，提高COD和TOC的去除率；二是吸附和催化协同作用。Moussavi等采用MgO/O_3催化体系处理偶氮染料活性红198，与单独臭氧氧化（SOP）作用相比，MgO/O_3催化体系加快了活性红198的降解速率，加入5g/L的MgO催化臭氧处理染料废水（初始浓度为200mg/L），完全脱色仅需9min，而SOP中完全脱色需要30min，MgO/O_3催化处理体系还大大提高了染料废水的可生化性。金属氧化物催化剂以固态形式存在，固液分离容易、操作方便且催化臭氧分解效率高，能有效矿化有机污染物。随着研究的深入，已制备出很多能满足不同处理要求的具有代表性的催化剂。

（3）碳质材料催化剂

碳质材料具有丰富的活性点位、发达的孔隙结构、较强的吸附能力和良好的电子传递性质，可用于催化臭氧氧化的碳材料具有代表性的有活性炭（AC）、改性活性炭（mGAC）、多壁碳纳米管（MWCNTs）等。碳质材料应用在催化臭氧氧化过程中，取得较好的催化效果，尤其是对有颜色的染料废水处理。Faria等在臭氧氧化体系中加入AC，处理含RY3染料的废水，活性炭对RY3染料吸附能力较小，但活性炭的加入却加速了染料的矿化度、增大了TOC去除率。活性炭具有催化作用，但其催化效果较差。有研究者认为活性炭表面的碱性基团的数量影响了其催化能力。通过向活性炭中加入化学物质或高温煅烧来调控活性炭表面的酸碱度，对其进行修饰，He等将修饰处理后的GAC用于臭氧氧化体系处理含RB5的废水，反应1h，TOC去除率达到74.7%，是单独臭氧工艺（SOP）的5.4倍，染料矿化度大大提升。多壁碳纳米管（MWCNTs）是具有纳米级横截面的中孔管状材料，并形成以中孔为主的传质空间，具有许多特殊的物理和化学性质，如良好的电子传递性，用于臭氧催化体系取得了良好效果。Zhang等在臭氧氧化体系中加入MWCNTs处理含亚甲基蓝废水，在pH=9的条件下，该体系反应速率是SOP的两倍。具备完整表面石墨结构的MWCNTs有良好的电子传递性能，利于氧化反应过程中电子转移，从而提高反应速率，但MWCNTs价格较贵。

碳质材料催化臭氧氧化体系具有除污性能强、臭氧利用率高和无金属溶出的特点，应用广泛。但随着循环使用次数的增加，碳表面的碱性基团不断消耗，酚羟基、羧基和羰基等酸性含氧基团持续累积，石墨层电子密度降低，从而降低体系的催化能力。

（4）负载型催化剂

将主催化剂、助催化剂负载在载体上所制成的催化剂称为负载型催化剂。所用载体可分为天然载体和人工合成载体，天然载体因其比表面积及细孔结构限制应用较少。常用的人工合成载体有氧化铝、分子筛、活性炭等。氧化铝载体一般由氢氧化铝加热脱水得到，该过程中温度、压力等条件不同，可得到不同晶型的氧化铝，常用载体主要是γ-Al_2O_3、η-Al_2O_3和α-Al_2O_3。分子筛载体一般是以Na_2SiO_3和$NaAlO_2$为原料在碱性溶液中成胶，在适当温度、压力下转化为晶体再煅烧而成。常见分子筛载体有介孔SBA-15、MS3A、ZSM-5等。

Huang等采用Mn-Cu/Al_2O_3催化臭氧氧化处理实际制革废水，结果表明，与单独的臭氧工艺相比，Mn-Cu/Al_2O_3催化臭氧氧化处理1h，废水中COD去除率增加了29.3%，其反应速率最高可达单独臭氧催化氧化的2.3倍。He等采用Fe-Mn-O_3/GAC催化体系处理活性黑5（RB5）染料废水，反应1h，TOC去除率达到74.7%，矿化度明显提升。与金属氧化物相比，负载型金属氧化物普遍具有较高的比表面积，且活性组分分散均匀。活性成分与载体间相互作用强，很大程度上降低了浸出率，提高了利用率。在处理难降解有机废水过程中多采用纳米晶体氧化物作为负载体。一方面，纳米晶体比表面积大、表面活性中心多，增加了化学反应的接触面，有利于化学反应的进行，同时也增大了吸附作用；另一方面，能降低催化剂结合能，提高反应速率。

1.3.5 Fenton/类 Fenton 氧化技术

Fenton 反应最早于 1876 年被发现，其主要原理是通过金属离子，典型的如 Fe^{2+}，催化 H_2O_2分解产生强氧化性 · OH，反应如式(1.1) 和式(1.2)所示。

$$H_2O_2 + Fe^{2+} + H^+ \longrightarrow \cdot OH + Fe^{3+} + H_2O \quad \text{酸性条件下} \tag{1.1}$$

$$H_2O_2 + Fe^{2+} \longrightarrow \cdot OH + Fe^{3+} + OH^- \quad \text{中性条件下} \tag{1.2}$$

Fenton 氧化技术因具有氧化效果好、过程简单、常温常压操作、安全无毒等优点，广泛应用于染料废水、农药废水、纺织废水、制药废水、酚类废水以及餐厨废水等各类废水的处理。

然而 Fenton 技术也存在运行成本较高、适宜 pH 范围窄（pH 值为 3 左右）、过程产生大量的铁污泥，以及均相催化剂 Fe^{2+} 循环利用较困难、出水中 Fe^{2+} 含量高等缺点。为了克服传统 Fenton 反应存在的缺点，学者们研发了其他催化剂来替代 Fe^{2+}，主要有 Fe^{3+}、FeS_2、磁性 Fe_3O_4、Cu^{2+}/Cu^+、纳米 Fe 等，或负载铁催化剂，如 Fe^{2+}/AC、Fe^{2+}/磁性 NdFeB-AC 等，这类技术通称为类 Fenton 反应技术。与 Fenton 技术相比，类 Fenton 反应技术具有 pH 范围宽、催化剂可回收利用、处理出水水质好可达标排放、处理成本低等优势。类 Fenton 反应技术发展的方向主要在于研制各种先进的催化剂，总结起来主要有如下几类：①复合物、负载型催化剂，Fe^{2+}/AC、α-Fe_2O_3/S、CuO/Al、FeOOH-C、Cu/MCM-41、TiO_2/玻璃球、层状Fe-钛酸盐等；②纳米材料催化剂，包括纳米零价铁、纳米 α-Fe_2O_3、纳米 CuO、纳米 Fe_3O_4、纳米 $Bi_2Fe_4O_9$ 等；③均相离子或离子配体催化剂，主要有 Fe^{3+}、Cu^{2+}、Mn^{2+}、Co^{2+}、Ag^+ 等，以及无机和有机的配体与这些离子形成的配合物催化剂等，配体主要有腐殖酸、EDTA、乙二胺二琥珀酸、柠檬酸、草酸等；④天然矿物，包括黑电气石、黄铁矿（FeS_2）、赤铁矿（α-Fe_2O_3）、磁铁矿（Fe_3O_4）、针铁矿（α-FeOOH）、水铁矿、纤铁矿等；⑤工业废弃物，如粉煤灰和酸性矿浆。

另外，为了进一步强化 Fenton 及类 Fenton 过程的传质和反应效率等，学者们研发了光源、电场、超声场、微波场与 Fenton 及类 Fenton 过程耦合的光-Fenton 技术、电-Fenton 技术、超声-Fenton 技术和微波-Fenton 技术，以及多场耦合的超声-光-Fenton 技术、超声-电-Fenton 技术、光-电-Fenton 技术，耦合过程中产生了协同效应，处理效果优于单独每一种处理技术，且有利于难降解有机物彻底矿化为无毒的CO_2和H_2O，但也增大了处理成本。目前，该研究领域的主要发展方向在于研制高效地实现多场协同、传质、传热以及经济、简便的耦合场反应器。

参 考 文 献

[1] 中华人民共和国环境保护部. 中国环境状况公报，2016.

[2] Takht Ravanchi M, Kaghazchi T, Kargari A. Application of membrane separation processes in petrochemical industry: A review [J]. Desalination, 2009, 235 (1): 199-244.

[3] Peng X, Yu Y, Tang C, et al. Occurrence of steroid estrogens, endocrine-disrupting phenols, and acid pharmaceutical residues in urban riverine water of the pearl river delta, south china [J]. The Science of the total environment, 2008, 397 (1-3): 158-166.

[4] Shi W, Hu G, Chen S, et al. Occurrence of estrogenic activities in second-grade surface water and ground water in the yangtze river delta China [J]. Environmental Pollution, 2013, 181: 31-37.

[5] Lee C-C, Jiang L-Y, Kuo Y-L, et al. The potential role of water quality parameters on occurrence of nonylphenol and bisphenol a and identification of their discharge sources in the river ecosystems [J]. Chemosphere, 2013, 91 (7): 904-911.

[6] Xu X-R, Li H-B, Wang W-H, et al. Degradation of dyes in aqueous solutions by the fenton process [J]. Chemosphere, 2004, 57 (7): 595-600.

[7] Weber E J, Adams R L. Chemical- and sediment-mediated reduction of the azo dye disperse blue 79 [J]. Environmental Science & Technology, 1995, 29 (5): 1163-1170.

[8] Gupta V K, Suhas. Application of low-cost adsorbents for dye removal-a review [J]. Journal of Environmental Management, 2009, 90 (8): 2313-2342.

[9] Ali I, Asim M, Khan T A. Low cost adsorbents for the removal of organic pollutants from wastewater [J]. Journal of Environmental Management, 2012, 113: 170-183.

[10] Ahmaruzzaman M. Industrial wastes as low-cost potential adsorbents for the treatment of wastewater laden with heavy metals [J]. Advances in Colloid and Interface Science, 2011, 166 (1): 36-59.

[11] He Y, Li G, Wang H, et al. Effect of operating conditions on separation performance of reactive dye solution with membrane process [J]. Journal of Membrane Science, 2008, 321(2): 183-189.

[12] Murthy Z V P, Chaudhari L B. Separation of binary heavy metals from aqueous solutions by nanofiltration and characterization of the membrane using spiegler-kedem model [J]. Chemical Engineering Journal, 2009, 150 (1): 181-187.

[13] Song G, Wang J, Chiu C-A, et al. Biogenic nanoscale colloids in wastewater effluents [J]. Environmental Science & Technology, 2010, 44 (21): 8216-8222.

[14] Klavarioti M, Mantzavinos D, Kassinos D. Removal of residual pharmaceuticals from aqueous systems by advanced oxidation processes [J]. Environment International, 2009, 35 (2): 402-417.

[15] Bethi B, Sonawane S H, Bhanvase B A, et al. Nanomaterials-based advanced oxidation processes for wastewater treatment: A review [J]. Chemical Engineering and Processing: Process Intensification, 2016, 109: 178-189.

[16] Janus M, Tryba B, Inagaki M, et al. New preparation of a carbon-TiO_2 photocatalyst by carbonization of n-hexane deposited on TiO_2 [J]. Applied Catalysis B: Environmental, 2004, 52 (1): 61-67.

[17] Teh C M, Mohamed A R. Roles of titanium dioxide and ion-doped titanium dioxide on photocatalytic degradation of organic pollutants (phenolic compounds and dyes) in aqueous solutions: A review [J]. Journal of Alloys and Compounds, 2011, 509 (5): 1648-1660.

[18] Zheng Z, Huang B, Qin X, et al. Strategic synthesis of hierarchical TiO_2 microspheres with enhanced photocatalytic activity [J]. Chemistry-A European Journal, 2010, 16 (37): 11266-11270.

[19] Nakata K, Fujishima A. TiO_2 photocatalysis: Design and applications [J]. Journal of Photochemistry and Photobiology C: Photochemistry Reviews, 2012, 13 (3): 169-189.

[20] Liu Z, Zhang X, Nishimoto S, et al. Highly ordered TiO_2 nanotube arrays with controllable length for photoelectrocatalytic degradation of phenol [J]. The Journal of Physical Chemistry C, 2008, 112 (1): 253-259.
[21] McCullagh C, Robertson P K J, Adams M, et al. Development of a slurry continuous flow reactor for photocatalytic treatment of industrial waste water [J]. Journal of Photochemistry and Photobiology A: Chemistry, 2010, 211 (1): 42-46.
[22] Zhang Z, Wu H, Yuan Y, et al. Development of a novel capillary array photocatalytic reactor and application for degradation of azo dye [J]. Chemical Engineering Journal, 2012, 184: 9-15.
[23] Vella G, Imoberdorf G E, Sclafani A, et al. Modeling of a TiO_2-coated quartz wool packed bed photocatalytic reactor [J]. Applied Catalysis B: Environmental, 2010, 96 (3): 399-407.
[24] Cassano A E, Alfano O M. Reaction engineering of suspended solid heterogeneous photocatalytic reactors [J]. Catalysis Today, 2000, 58 (2): 167-197.
[25] Saien J, Delavari H, Solymani A R. Sono-assisted photocatalytic degradation of styrene-acrylic acid copolymer in aqueous media with nano titania particles and kinetic studies [J]. Journal of Hazardous Materials, 2010, 177 (1): 1031-1038.
[26] Daghrir R, Drogui P, Robert D. Photoelectrocatalytic technologies for environmental applications [J]. Journal of Photochemistry and Photobiology A: Chemistry, 2012, 238: 41-52.
[27] Meng X, Zhang Z, Li X. Synergetic photoelectrocatalytic reactors for environmental remediation: A review [J]. Journal of Photochemistry and Photobiology C: Photochemistry Reviews, 2015, 24: 83-101.
[28] Garcia-Segura S, Brillas E. Applied photoelectrocatalysis on the degradation of organic pollutants in wastewaters [J]. Journal of Photochemistry and Photobiology C: Photochemistry Reviews, 2017, 31: 1-35.
[29] Wang P, Lau I W, Fang H H. Electrochemical oxidation of leachate pretreated in an upflow anaerobic sludge blanket reactor [J]. Environmental technology, 2001, 22 (4): 373-381.
[30] 李绍芬. 反应工程 [M]. 北京：化学工业出版社，2006：323-334.
[31] Gattrell M, Kirk D W. The electrochemical oxidation of aqueous phenol at a glassy carbon electrode [J]. The Canadian Journal of Chemical Engineering, 1990, 68 (6): 997-1003.
[32] Vicent F, Moralló N E, Quijada C, et al. Characterization and stability of doped SnO_2 anodes [J]. Journal of Applied Electrochemistry, 1998, 28 (6): 607-612.
[33] Correa-Lozano B, Comninellis C, Battisti A D. Service life of Ti/SnO_2-Sb_2O_5 anodes [J]. Journal of Applied Electrochemistry, 1997, 27 (8): 970-974.
[34] Fernandes A, Morão A, Magrinho M, et al. Electrochemical degradation of c. I. Acid orange 7 [J]. Dyes & Pigments, 2004, 61 (3): 287-296.
[35] Pugazhenthiran N, Sathishkumar P, Murugesan S, et al. Effective degradation of acid orange 10 by catalytic ozonation in the presence of Au-Bi_2O_3 nanoparticles [J]. Chemical Engineering Journal, 2011, 168 (3): 1227-1233.
[36] Peyton G R, Glaze W H. Destruction of pollutants in water with ozone in combination with ultraviolet radiation. 3. Photolysis of aqueous ozone [M]. F. Meiner, 1982.
[37] Lü X-f, Ma H-r, Zhang Q, et al. Degradation of methyl orange by uv, O_3 and UV/O_3 systems: Analysis of the degradation effects and mineralization mechanism [J]. Research on Chemical Intermediates, 2013, 39 (9): 4189-4203.
[38] Hsing H J, Chiang P C, Chang E E, et al. The decolorization and mineralization of acid orange 6 azo dye in aqueous solution by advanced oxidation processes: A comparative study [J]. Journal of Hazardous Materials, 2007, 141 (1): 8-16.
[39] 沈钢，应海燕，张海明，等. 水溶液中活性艳红 ke-3b 的臭氧超声联合脱除 [J]. 环境工程学报，2008，2 (12)：1659-1662.
[40] Song S, Ying H, He Z, et al. Mechanism of decolorization and degradation of ci direct red 23 by ozonation combined with sonolysis [J]. Chemosphere, 2007, 66 (9): 1782-1788.
[41] He Z, Lin L, Song S, et al. Mineralization of c. I. Reactive blue 19 by ozonation combined with sonolysis: Performance optimization and degradation mechanism [J]. Separation & Purification Technology, 2008, 62 (2): 376-381.

[42] Okawa K, Tsai T Y, Nakano Y, et al. Effect of metal ions on decomposition of chlorinated organic substances by ozonation in acetic acid [J]. Chemosphere, 2005, 58 (4): 523-527.
[43] Moussavi G, Mahmoudi M. Degradation and biodegradability improvement of the reactive red 198 azo dye using catalytic ozonation with mgo nanocrystals [J]. Chemical Engineering Journal, 2009, 152 (1): 1-7.
[44] Faria P C C, Órfão J J M, Pereira M F R. Activated carbon and ceria catalysts applied to the catalytic ozonation of dyes and textile effluents [J]. Applied Catalysis B Environmental, 2009, 88 (3): 341-350.
[45] He H, Wu D, Lv Y, et al. Enhanced mineralization of aqueous reactive black 5 by catalytic ozonation in the presence of modified gac [J]. Desalination & Water Treatment, 2015, 57 (32): 1-10.
[46] Liu Z-Q, Ma J, Cui Y-H, et al. Effect of ozonation pretreatment on the surface properties and catalytic activity of multi-walled carbon nanotube [J]. Applied Catalysis B: Environmental, 2009, 92 (3): 301-306.
[47] Zhang S, Wang D, Quan X, et al. Multi-walled carbon nanotubes immobilized on zero-valent iron plates (fe0-cnts) for catalytic ozonation of methylene blue as model compound in a bubbling reactor [J]. Separation & Purification Technology, 2013, 116 (37): 351-359.
[48] Huang G, Pan F, Fan G, et al. Application of heterogeneous catalytic ozonation as a tertiary treatment of effluent of biologically treated tannery wastewater [J]. J Environ Sci Health A Tox Hazard Subst Environ Eng, 2016, 51 (8): 626-633.
[49] Kušić H, Božić A L, Koprivanac N. Fenton type processes for minimization of organic content in coloured wastewaters: Part i: Processes optimization [J]. Dyes & Pigments, 2007, 74 (2): 380-387.
[50] Ramirez J H, Costa C A, Madeira L M. Experimental design to optimize the degradation of the synthetic dye orange ii using fenton's reagent [J]. Catalysis Today, 2005, 107: 68-76.
[51] Munoz M, Pedro Z M D, Casas J A, et al. Preparation of magnetite-based catalysts and their application in heterogeneous fenton oxidation-a review [J]. Applied Catalysis B Environmental, 2015, 176-177: 249-265.
[52] Wang N, Zheng T, Zhang G, et al. A review on fenton-like processes for organic wastewater treatment [J]. Journal of Environmental Chemical Engineering, 2016, 4 (1): 762-787.
[53] Babuponnusami A, Muthukumar K. Advanced oxidation of phenol: A comparison between fenton, electro-fenton, sono-electro-fenton and photo-electro-fenton processes [J]. Chemical Engineering Journal, 2012, 183 (4): 1-9.

第 2 章

TiO_2光催化反应技术及其应用

TiO_2光催化技术是近40年兴起的、新的污水处理技术，其起源可追溯至20世纪70年代。1972年日本的Fujishma和Honda两位学者在《Nature》上撰文首次报道了TiO_2单晶电极在紫外光照射下可以分解水制备氢。此后，TiO_2多相光催化技术作为一种可利用太阳能的绿色、无污染技术，广泛用于重金属、染料废水、EDCs废水、除草剂/杀虫剂等污染物的处理。该技术的工程化应用涉及两方面的问题：①高效、易于分离、可见光响应的TiO_2光催化剂的制备；②光能利用率高、易于工业化放大、操作简便的光催化反应器的研究。

重庆理工大学资源环境化工与新材料团队10余年以来，围绕着新型TiO_2光催化剂的制备、高效TiO_2光催化反应器的研制、TiO_2光催化处理过程的强化三个方面，开展了大量的基础及应用基础研究。本章将重点介绍稀土掺杂TiO_2和微球形TiO_2光催化剂制备及性能、多层光源内置式光催化反应器、旋转液膜式光催化反应器、超声强化TiO_2光催化处理过程、超重力强化TiO_2光催化处理过程等方面的研究成果。

2.1 稀土掺杂TiO_2光催化剂及其性能

二氧化钛由于具有较高的光催化活性以及优良的理化性能，在材料科学和环境工程领域受到了广泛研究。TiO_2光催化剂的应用需要紫外光照射，用以产生使有机物降解的光生电子和空穴。然而，太阳光中大约只有3%～4%的紫外光。

迄今为止，为了提高TiO_2光催化剂活性，采用了多种方法对其进行改性，如掺杂其他金属或非金属元素，在多数情况下可增大对光波长的吸收范围，且大大提高其光催化活性。其中，镧系元素具有独特的电子结构，其f轨道可以和多种有机物官能团（酸、胺、醛类、醇类和硫醇类等）按照Lewis酸碱理论形成络合物，增大有机污染物在催化剂表面的吸附量，用其掺杂对于改善TiO_2的光催化活性具有独特的作用。目前，稀土元素掺杂主要采用溶胶-凝胶法实现，该过程一般需要成本相对较高的钛醇盐，如钛酸丁酯等作原料，而且需要大量的有机溶剂，如甲醇和乙醇等作为合成介质。本工作旨在探索以廉价易得的四氯化钛和稀土硝酸盐为原料，用共沉淀-煅烧法制备镧系稀土掺杂TiO_2光催化剂（La^{3+}-TiO_2）的可行性和效果，为建立低成本的稀土掺杂TiO_2光催化剂制备工艺奠定了基础，并研究了将其应用于光催化灭菌处理。

2.1.1 材料制备与活性评价方法

2.1.1.1 稀土掺杂TiO_2的制备

采用共沉淀法和溶胶-凝胶法分别制备了7种（La、Pr、Eu、Gd、Sm、Yb、Nd）不同稀土掺杂的二氧化钛。

(1) 共沉淀法制备稀土掺杂TiO_2

首先配制约1mol/L的$TiCl_4$（AR）水溶液，放入4℃冰箱中过夜，待溶液稳定后，用重量法标定溶液浓度。按化学计量加入1.0%（质量分数）稀土硝酸盐（AR），完全溶解后形成透明的混合溶液。在强烈机械搅拌下向混合溶液中缓慢加入7mol/L的氨水（AR）溶液，使溶液中金属离子水解生成$TiO(OH)_2$和稀土氢氧化物的混合沉淀，当溶液的pH值高于9.33（7种稀土的完全沉淀pH值都小于9.33）时，停止加入氨水溶液。此时，混合溶液中的稀土元素被认为已经完全沉淀[$c(La^{3+})<10^{-5}$mol/L]。之后，室温下继续搅拌反应体系30min，以便获得组成均匀的共沉淀产物，将共沉淀产物静置、离心，并用0.5mol/L的稀氨水溶液充分洗涤沉淀中的NH_4^+和Cl^-，直至除去沉淀中的Cl^-（大约7次），洗涤之后的共沉淀产物在70℃下真空干燥24h，并研磨成粉末。再将干燥粉末在800℃下在电炉中煅烧2h，然后样品随炉冷却至室温，取出后用玛瑙研钵充分研磨，得到共沉淀法制备的稀土掺杂二氧化钛样品。

(2) 溶胶-凝胶法制备稀土掺杂TiO_2

按照摩尔比$n(TBT):n(C_2H_5OH):n(H_2O)=1:20:0.8$，在搅拌条件下，将一定量的钛酸丁酯（TBT）溶解在2/3的乙醇中制得溶液A，然后将剩余的1/3乙醇与水混合形成醇水溶液，并在此溶液中溶解1.0%（质量分数）的稀土硝酸盐（AR）形成溶液B。将溶液A用硝酸调节其pH值为1～2，并继续搅拌10min，然后在强烈机械搅拌下，将溶液B缓慢加入溶液A中生成透明的淡黄色溶胶，之后继续搅拌反应30min，所得到的溶胶在室温下（25～30℃）放置约24h形成凝胶，然后将其在60℃下干燥24h，以便除去其中的水分和有机溶剂得到干凝胶，将干凝胶研磨成粉，并于600℃下在电炉中焙烧2h。随炉冷却至室温后，取出研磨得到稀土掺杂二氧化钛样品。

2.1.1.2 稀土掺杂 TiO_2 光催化活性评价

为了消除氧传递的影响，光催化反应在一个体积为 300mL 的气升式反应器中进行（图 2.1），以罗丹明 B 的光催化降解来评价样品活性。以 11W 紫外灯为光源，两侧对称照射，距离反应器 10cm，紫外灯发射光波波长和相对光强度分布如图 2.2 所示。处理溶液体积 200mL，初始浓度为 10mg/L 或 25mg/L，光催化剂用量 0.40g，气体流量 0.8L/min。光催化降解 1h 后离心，取上清液用龙尼柯（上海）仪器有限公司 UV-2000 型紫外可见分光光度计在 $\lambda=553$nm 处测定罗丹明 B 的浓度。

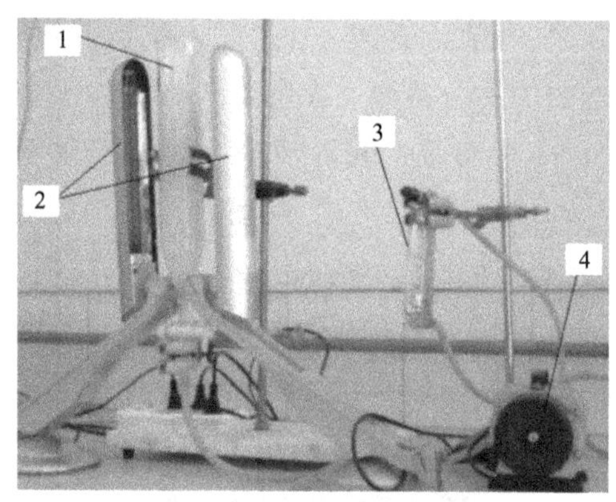

图 2.1 光催化性能评价装置

1—光催化反应器；2—紫外灯；

3—玻璃转子流量计；4—气泵

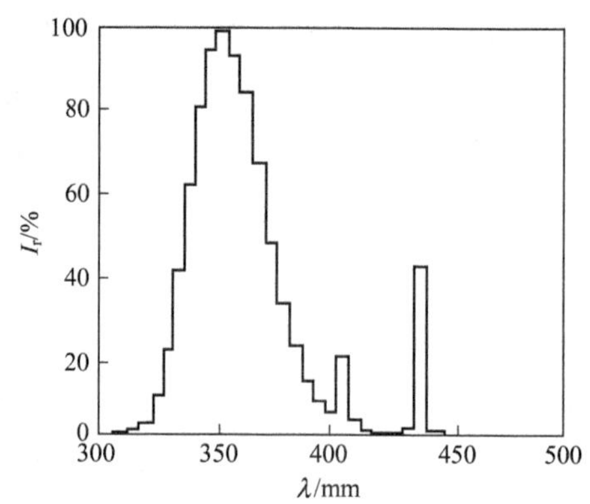

图 2.2 紫外灯发射光波波长

及其相对光强度分布图

2.1.1.3 TiO_2 光催化过程速率常数的计算

在大多数情况下，其催化降解速率方程可表示为 Langmuir-Hinshelwood 动力学模型。表示式如下：

$$r_R=-\frac{dc_t}{dt}=k_1k_2c_t/(1+k_2c) \tag{2.1}$$

式中，c_t 为溶液浓度，mg/L；k_1 为反应速率常数，mg/(L·min)；k_2 为平衡吸附常数，L/mg；t 为时间，min。

当吸附分子在 TiO_2 材料表面吸附浓度很低或吸附很弱时，即 $k_2c\ll1$ 时，式(2.1) 简化为 $r_R=k_1k_2c_t$，反应动力学表现为一级反应；反之，当吸附分子在催化剂表面吸附浓度很高或吸附很强时，即 $k_2c\gg1$ 时，式(2.1) 简化为 $r_R=k_1$，反应速率与分子浓度无关，反应动力学表现为零级反应。

当反应物初始浓度很低时，式(2.1) 可以简化为$-\frac{dc_t}{dt}=k_1k_2c_t$，做适当的数学变换后可得：

$$\ln(c_0/c)=k_1k_2t=Kt \tag{2.2}$$

式中，K 为表观速率常数，式(2.2) 已应用于许多光催化反应，反应速率满足一级反应动力学，其中 K 表示表观动力学常数，与入射光辐射强度、反应体系组成、反应器几何尺寸等许多因素相关。

2.1.1.4 光催化抗菌实验

(1) 大肠杆菌的培养方法

取 3L 的烧杯一个，分别称量胰蛋白胨 20g，NaCl 20g，酵母膏 10g，加入 2L 的去离子水，搅拌均匀，取 500mL 培养液加入锥形瓶中，分别取三次装到三个锥形瓶中，分别称取三份 10g 的琼脂加入三个锥形瓶中作为固体培养基，剩下的 500mL 液体培养基分别装到 5 个小锥形瓶中，每个装 100mL 作为液体培养基和对照。把配置分装好的培养基和洗净的培养皿、EP 管、枪头放入高压蒸汽灭菌锅中灭菌（121℃，20min），灭菌完取出备用，将大肠杆菌用接种环接种于 100mL 的液体 LB 培养基中，37℃，200r/min 震荡培养 18h 后作为种子液，菌体 OD600 值为 0.8 左右，适合使用。

(2) 抗菌性能评价方法

抑菌圈是福莱明发现青霉素的过程中提出的一个概念。他发现，接种了青霉的培养皿中，青霉的周围不生长细菌，而在远离青霉的地方有细菌生

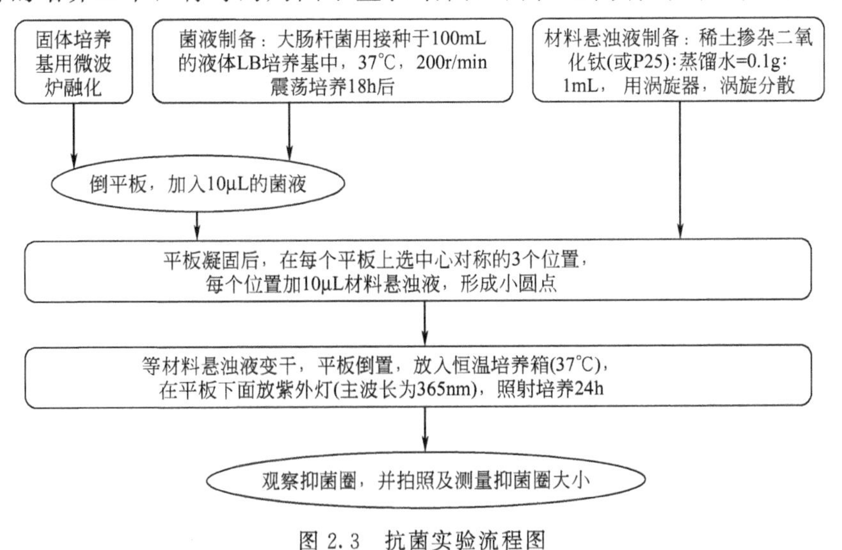

图 2.3 抗菌实验流程图

长。不生长细菌的地方，是一个以青霉菌落为圆心的一个规则的圆，这个圆圈被福莱明称为抑菌圈。本工作通过测定抑菌圈大小来评价稀土掺杂 TiO_2 光催化过程的杀菌效果，实验流程图如图 2.3 所示。

2.1.2 镧掺杂 TiO_2 光催化剂性能及表征

2.1.2.1 镧掺杂 TiO_2 的光催化活性

光催化降解罗丹明 B 的结果如图 2.4 所示。在 TiO_2 中掺少量的 La^{3+} (La/TiO_2 的质量比值为 0～0.02) 能提高其光催化活性。与溶胶-凝胶法相比，共沉淀法制备的 La^{3+}-TiO_2 光催化剂催化活性明显提高，其效果与热处理温度和掺杂量均有很大的关系。从图 2.4 的结果可以看出，共沉淀法的最佳煅烧温度为 700～800℃，溶胶-凝胶法为 600℃。高于或低于此温度范围都会引起光催化活性下降。钱斯文等研究了溶胶-凝胶法制备的 La^{3+}-TiO_2 光催化剂的微观结构和光催化活性，得到的最佳热处理温度也为 600℃，和本研究结果一致。另外，Ranjit 等采用溶胶-凝胶法制备 La^{3+}-TiO_2 催化剂的最佳热处理温度为 550℃，接近本实验的最佳温度。

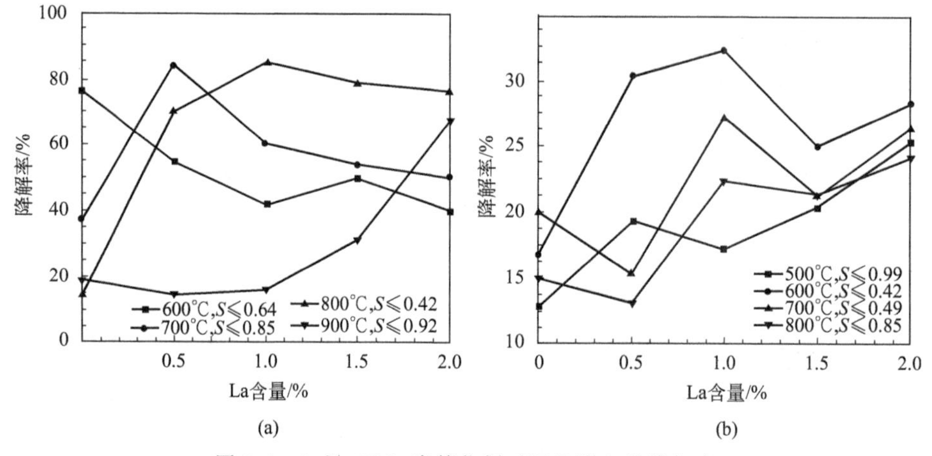

图 2.4 La^{3+}-TiO_2 光催化剂对罗丹明 B 的降解率

（S 是指实验数据的标准差）

(a) 共沉淀法；(b) 溶胶-凝胶法

镧的掺杂量是一个影响光催化活性的重要因素。Li 等用溶胶-凝胶法得到的最佳掺镧量分别为 0.5%（质量分数）和 1.2%（质量分数）。这说明，镧的最佳掺杂量可能与具体制备条件有关。本研究中，从图 2.4 可以看出，采用溶胶-凝胶法在最佳煅烧温度 600℃下的最佳掺镧量为 0.5%～1.0%

（质量分数），这和上述研究结果吻合。另外，共沉淀法在700～800℃焙烧2h，得到的La^{3+}-TiO_2光催化剂活性最高，与之对应的最佳掺镧量也是0.5%～1.0%（质量分数）（图2.4），这和溶胶-凝胶法结果也是一致的。

光催化活性不同主要是由于光催化剂具有不同的理化性质。因此，为了深入分析产生这种差异的原因，并提高对制备过程的认识理解，为制备性能更加优良的催化剂提供理论依据，本研究对两种制备方法在最佳制备条件下得到的典型样品进行了比较系统的理化性能测试分析。

2.1.2.2 镧掺杂TiO_2的吸附性能

从图2.4可看出，共沉淀法的最佳制备条件为掺镧量1.0%（质量分数）、焙烧温度800℃，相应的催化剂记为COP1.0%La-TiO_2-800。溶胶-凝胶法的最佳制备条件为掺镧量1.0%（质量分数）、焙烧温度600℃，相应的催化剂记为SG1.0%La-TiO_2-600。为研究光催化活性差异产生的原因，对最佳条件制备的两个典型光催化剂样品进行了避光吸附实验。根据Langmuir模型：$c/\Gamma=c/\Gamma_{max}+1/(K_a\Gamma_{max})$（其中$c$表示溶液中罗丹明B的平衡浓度，mg/L），拟合得到最佳样品的饱和吸附容量Γ_{max}和吸附平衡常数K_a，如表2.1所示。可以看出，催化剂对罗丹明B的吸附与Langmuir吸附方程非常吻合。与溶胶-凝胶法相比，共沉淀法制备的催化剂样品饱和吸附容量较低，但吸附平衡常数却几乎相等。根据L-H关系式：$R=kKc/(1+Kc)$（其中R表示反应速率，k表示速率常数，K表示吸附平衡常数），共沉淀法和溶胶-凝胶法制备的最佳光催化剂具有相近的吸附平衡常数，说明其吸附对整个反应速率应具有几乎相同的作用。即导致罗丹明B降解率发生明显差异的根本原因在于反应速率常数k，而k是由催化剂内在的物理和化学性质决定的。

表2.1 La^{3+}-TiO_2对罗丹明B的饱和吸附容量和吸附平衡常数

样品	Γ_{max}/(mg/g)	K_a/(L/mg)	R^2
COP1.0%La-TiO_2-800	0.1091	0.1742	0.9807
SG1.0%La-TiO_2-600	0.1658	0.1774	0.956

2.1.2.3 镧掺杂TiO_2的晶型结构

图2.5为共沉淀法和溶胶-凝胶法制备样品的XRD图，可以看出COP1.0%La-TiO_2-800和SG1.0%La-TiO_2-600都是以锐钛矿相为主，含少

量金红石型的混合晶体催化剂。这种混晶结构，可以减少光生电子和空穴的复合概率，从而提高光催化活性。根据Scherrer方程：$D=0.89\lambda/(\beta\cos\theta)$，可计算得到共沉淀法和溶胶-凝胶法制备的样品的晶粒粒径分别为22.96nm和17.22nm。其中SG1.0%La-TiO_2-600样品粒径（17.22nm）和Li等报道的1.2%（质量分数）La-TiO_2（17.66nm）非常接近。此外，还可以利用如下的方程计算晶相组成：$X_A=[1+1.26(I_R/I_A)]^{-1}$，$X_A$是锐钛矿相所占的质量比；$I_R/I_A$是X射线衍射图上最强的锐钛矿相衍射峰强度与最强的金红石相衍射峰强度之比。计算结果表明，COP1.0%La-TiO_2-800和SG1.0%La-TiO_2-600催化剂样品中锐钛矿相的含量分别为80%和70%左右。

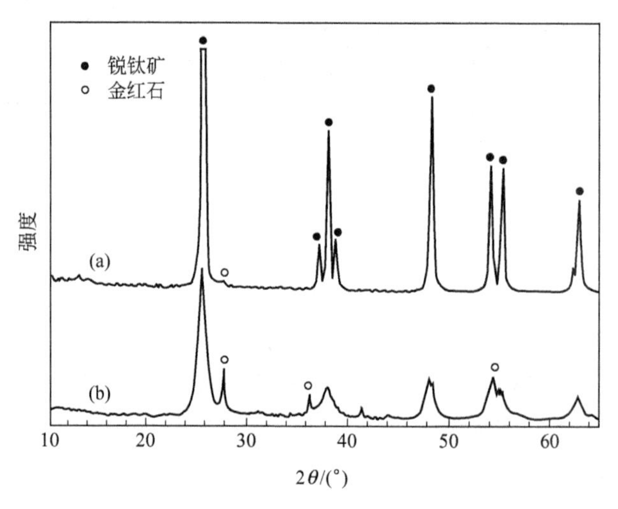

图2.5　两种方法制备典型催化剂样品的XRD衍射图

（a）COP1.0%La-TiO_2-800；（b）SG1.0%La-TiO_2-600

在图2.5中，特别值得注意的是，尽管COP1.0%La-TiO_2-800催化剂煅烧温度高达800℃，其锐钛矿晶相含量还较高，而SG1.0%La-TiO_2-600煅烧温度要低200℃，却有较多的金红石型存在（金红石型特征衍射峰在$2\theta=27.6°$、36.4°和54.45°）。一般来说，锐钛矿向金红石型转变发生在600～1100℃，溶胶-凝胶法中镧掺杂能抑制TiO_2晶相转变和晶粒长大。因此，研究表明了镧掺杂对晶相转变抑制作用的大小和掺杂方法有关，共沉淀法掺镧具有更大的抑制作用。

两种制备方法中镧掺杂具有不同的抑制作用，可能和La^{3+}-TiO_2催化剂制备的前驱体不同有关。较多的研究证实了镧的掺杂能减小TiO_2晶粒粒径。粒径减小是由于La^{3+}-TiO_2催化剂的前驱体在高温热处理过程中，在TiO_2

晶粒晶界处形成了 Ti—O—La 键或氧化镧粒子，它们阻止了锐钛矿粒子团聚在一起，从而抑制晶粒长大。锐钛矿向金红石型转变有一个临界粒径，因此掺镧抑制晶相转变的机理应该是通过控制晶粒长大来实现的。共沉淀法制备的前驱体是由结构相似的氢氧化钛和氢氧化镧组成的，而溶胶-凝胶法制备的前驱体是由化学结构不同的 TBT 的部分水解产物和硝酸镧组成的。相比而言，前者在相同温度的煅烧过程中，在 TiO_2 晶粒晶界处就可能形成了更多的 Ti—O—La 键或氧化镧粒子，这大大增强了对晶粒生长的抑制作用，从而增强了从锐钛矿向金红石转变的抑制作用。然而，共沉淀法制备的样品却有较大的晶体粒径，这是由于较高的焙烧温度有助于晶粒的发育和长大。

TiO_2 光催化剂的结晶度是影响其光催化活性的主要因素，规则完整的晶体结构是 TiO_2 半导体作为高效光催化剂的先决条件。COP1.0%La-TiO_2-800 样品具有较大的晶粒或更完整的晶体结构，可以减少光生电子和空穴的复合概率。因此，共沉淀法制备的 La^{3+}-TiO_2 样品具有更高光催化活性的主要原因之一可能是由于具有较完整的晶体结构。另外，两种催化剂样品在晶相组成上的差异可能也是影响催化活性的因素，但两者的差异不如在晶粒大小上那么明显，因而，其影响应该小于晶粒大小的影响。

2.1.2.4 镧掺杂 TiO_2 的比表面积和孔径分布

镧掺杂 TiO_2 的 BET 比表面积和平均孔径，结果在表 2.2 中列出。可以看出：COP1.0%La-TiO_2-800 比 SG1.0%La-TiO_2-600 的孔径要大得多，前者平均孔径几乎是后者的 4 倍，SG1.0%La-TiO_2-600 的孔均由介孔（2～50nm）组成，而 COP1.0%La-TiO_2-800 的孔由 75%的介孔和 25%的大孔（>50nm）组成，这可能是焙烧温度不同造成的。由于 TiO_2 粒子团聚形成介孔，但煅烧过程中，由于小孔比大孔要承受更大的应力而塌陷，构成大晶粒，大晶粒团聚形成大孔。因此，增加煅烧温度有利于生成大孔。共沉淀法样品具有的大孔/介孔结构有利于光能和反应物进入催化剂粒子内部，提高光能的吸收率和物质的扩散速率，从而提高光催化活性。因此，大孔/介孔多级孔结构也应该是共沉淀法样品具有较高光催化活性的原因之一。

SG1.0%La-TiO_2-600 比 COP1.0%La-TiO_2-800 的 BET 比表面积大两倍多，分别为 $36.7m^2/g$ 和 $14.9m^2/g$，表明前者具有较大的吸附能力，这可以从表 2.1 中的吸附实验结果得到证实。一般来说，催化剂的比表面积越

表 2.2　样品的 BET 比表面积、孔容积和孔径分布

样品	BET 比表面积 /(m^2/g)	孔容积 /(cm^3/g)	孔径分布/nm					
			D_{av}	D_{10}	D_{25}	D_{50}	D_{75}	D_{90}
COP1.0%La-TiO_2-800	14.9	0.121	32.5	18.9	28.2	36.9	44.6	57.6
SG1.0%La-TiO_2-600	36.7	0.075	8.2	4.5	5.7	7.7	10.4	24.9

注：D_{av}为样品的平均孔径。

大越有利于提高光催化活性，但图 2.4 的光催化降解实验结果却刚好相反，这表明比表面积并不是影响光催化活性的主要因素，Ranjit 等和陈恩伟等也得到了同样的结论。

2.1.2.5　镧掺杂 TiO_2的粒径分布和形貌

将粉末样品在水中超声分散 1min 后测量其粒径分布，结果如图 2.6 所示，可以看出，两个粉末样品在水中有相同的粒径分布，也就说明两者具有非常相似的分散性能，其平均粒径用数学统计方法计算得到，COP1.0% La-TiO_2-800 和 SG1.0% La-TiO_2-600 分别为 18.8μm 和 17.3μm，差异不大。

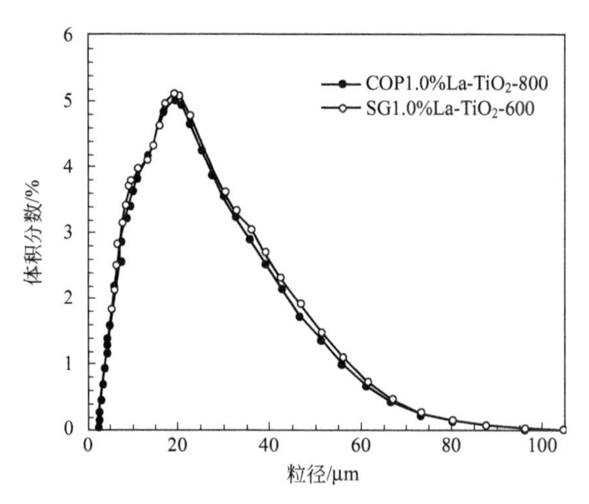

图 2.6　样品在水中超声分散 1min 的粒子尺寸分布

用 SEM 直接观察样品的形貌如图 2.7 所示，两个样品均由许多细粒子和团聚体（2～20μm）组成，但粒子形态有很大差别。许多 COP1.0% La-TiO_2-800 粒子呈球形或椭圆形，比较松散。相比而言，SG1.0% La-TiO_2-600 样品粒子为薄片状或矩形，比较致密。La-TiO_2催化剂粒子形态上的差异可能是由于前驱体不同引起的。

图 2.7　样品的SEM图

(a) COP1.0%La-TiO_2-800；(b) SG1.0%La-TiO_2-600

2.1.2.6　镧掺杂TiO_2的表面元素分析

表面元素分析结果表明，两种催化剂表面上均存在Ti和O两种主要元素，其［O］/［Ti］原子比约为2.49，与制备方法无关。Li等报道的溶胶-凝胶法制备的1.2%（质量分数）La^{3+}-TiO_2催化剂，其表面［O］/［Ti］原子比约为2.70，且［O］/［Ti］比随着掺镧量的增加而增大，O含量较高可能是由于催化剂粒子表面存在La_2O_3的缘故。尽管共沉淀法和溶胶-凝胶法制备的两个最佳La^{3+}-TiO_2催化剂表面有相同的［O］/［Ti］比，但并不意味着两者表面的化学态是一样的。Li等发现溶胶-凝胶法制备的La^{3+}-TiO_2催化剂表面有Ti、O、C和La四种元素，而共沉淀法制备过程中由于没有含碳反应物参加，其表面应该只有Ti、O和La三种元素，由于热处理过程中钛扩散进氧化镧晶格以及残余的C可以还原Ti^{4+}，在La^{3+}-TiO_2表面上有Ti^{3+}存在。在共沉淀法中，由于热处理过程中没有残余碳还原Ti^{4+}，因此制备的La^{3+}-TiO_2催化剂表面Ti^{3+}应比溶胶-凝胶法的要少。

La^{3+}-TiO_2粒子是由氧化镧和氧化钛组成的一种复合光催化剂，TiO_2和La_2O_3之间形成的异质连接并不能阻止电子-空穴复合，而且由于La_2O_3导带电势［相对标准氢电极（SHE）大概为－1.8～－3.5eV］比TiO_2的要低（锐钛矿相对SHE大概为－0.3eV），电子不可能从TiO_2向La_2O_3的导带转移。然而，实际上La^{3+}-TiO_2粒子比纯TiO_2粒子能更有效地分离电子-空穴对。催化剂表面态是影响电子-空穴对分离的主要原因，尤其是一定量的氧缺陷（OV）和表面或内部的Ti^{3+}能抑制电子-空穴对的复合。表面存在的OV通过化学吸附O有利于形成过氧阴离子O_2^-，而O_2^-成了空穴捕获陷阱。而Ti^{3+}首先被吸附的O氧化成Ti^{4+}，从而成为电子捕获陷阱，过程如下：

$$Ti^{3+} + O_2(gas) \longrightarrow Ti^{4+} + O_2^-(ads) \tag{2.3}$$

$$Ti^{4+} + e_{CD}^- \longrightarrow Ti^{3+} \tag{2.4}$$

$$O_2^- + 2h_{VB}^+ \longrightarrow 2 \cdot OH \tag{2.5}$$

另外，从表面向氧的电子传递在阻止电子-空穴复合过程中起了重要作用。尽管 La^{3+}-TiO_2催化剂表面的 Ti^{3+} 在改变光催化性能以及提高光催化活性方面起了重要作用，但必须有一个最佳量。La^{3+}-TiO_2催化剂表面过多的 Ti^{3+} 成了电子携带和复合中心，促进了光生电子-空穴对的复合，从而降低光催化活性。因此，共沉淀和溶胶-凝胶法制备的 La^{3+}-TiO_2 催化剂表面 Ti^{3+} 含量不同可能是导致光催化活性不同的另一个重要因素。

2.1.3 稀土掺杂 TiO_2光催化剂性能及表征

2.1.3.1 稀土掺杂 TiO_2的光催化活性

用共沉淀法、溶胶-凝胶法制备的稀土掺杂二氧化钛材料（以 Ln-TiO_2 表示）进行光催化降解罗丹明 B，以吸光度对时间作图，结果如图 2.8 所示。其中－30min 对应的 *A* 值的表示加入 Ln-TiO_2 光催化剂前罗丹明 B 的吸光度，0min 对应的 *A* 值表示反应体系在避光条件下搅拌分散 30min，以使催化剂达到吸附平衡时罗丹明 B 的吸光度。从图 2.8 还可以看出不同掺杂元素对改善 TiO_2光催化活性影响不同。其中共沉淀法以 Gd、Yb 掺杂 TiO_2 的降解效果为佳，而溶胶-凝胶法以 La、Gd 掺杂 TiO_2的降解效果为佳。用式(2.2) 的一级动力学方程，对图 2.8 中的实验数据进行拟合，即可得到降解罗丹明 B 的表观反应速率常数及相关系数，结果如图 2.9 所示，其中的斜率为表观速率常数 *K*，拟合相关系数 R^2 均大于 0.963，表明一级动力学方

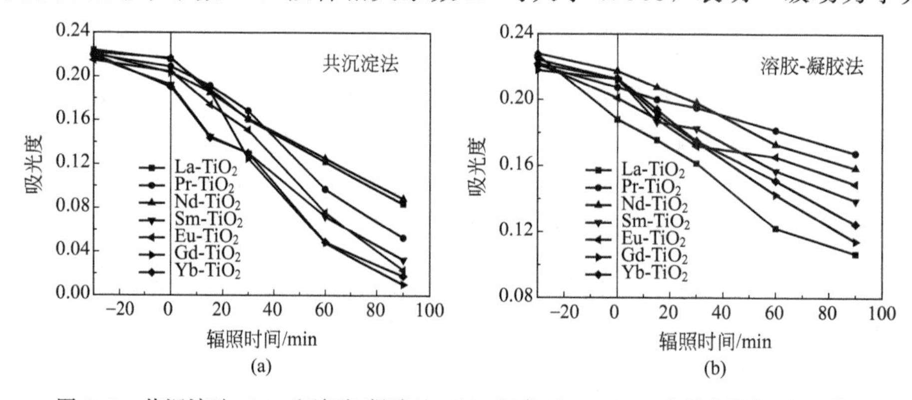

图 2.8 共沉淀法（a）和溶胶-凝胶法（b）制备的 Ln-TiO_2 光催化降解罗丹明 B

法拟合达到预期效果。为了更显著地比较共沉淀法、溶胶-凝胶法制备的 Ln-TiO_2光催化剂的活性，将各种 Ln-TiO_2的表观反应速率常数进行比较，结果如图 2.10 所示。

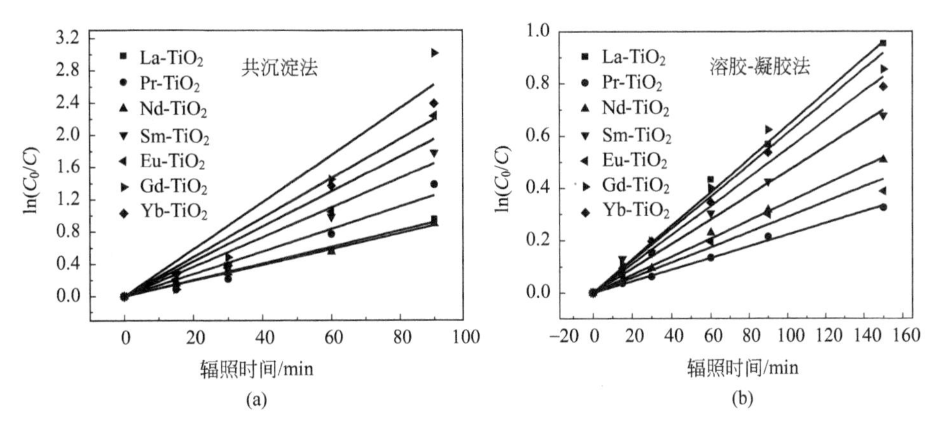

图 2.9 共沉淀法（a）和溶胶-凝胶法（b）制备的 Ln-TiO_2光催化降解罗丹明 B 一级动力学曲线

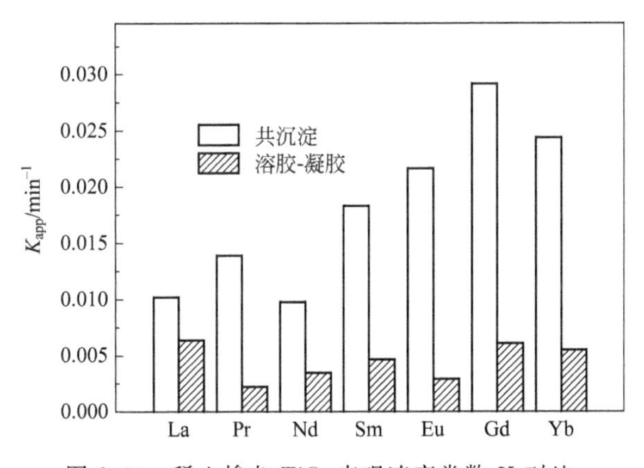

图 2.10 稀土掺杂 TiO_2表观速率常数 K 对比

由图 2.10 可知，所有共沉淀制备的 Ln-TiO_2的表观反应速率常数明显高于溶胶-凝胶法，其中尤以共沉淀法制备的 Gd-TiO_2的催化活性最高（表观反应速率常数 K 为 $0.032min^{-1}$），主要的原因可能是钆的 7f 电子层是半充满状态。当钆离子捕获电子后，半充满的电子形态被破坏，其稳定性下降，被捕获的电子容易转移到吸附在催化剂表面的氧分子上，然后钆离子返回到原来的半充满稳定电子结构，此结果与 Zhou 等得到的结论相似。光催化活性不同主要是由于光催化剂具有不同的理化性质。因此，为了深入分析产生这种差异的原因，并提高对制备过程的认识理解，为制备性能更加优良的催化剂提供理论依据，对两种制备方法在最佳制备条件下得到的典型样品进行了比较系统的理化性能测试分析。

2.1.3.2 稀土掺杂TiO_2的吸附性能

本研究是在等温吸附条件下，各选用3种代表性的稀土掺杂二氧化钛作为研究对象研究共沉淀和溶胶-凝胶法制备的材料，测得每种TiO_2材料的等温吸附曲线，用Langmuir（朗格缪尔）模型等计算出最大吸附量和吸附平衡常数，并与催化活性关联分析。6种不同TiO_2材料的吸附等温实验数据，根据朗格缪尔吸附等温方程，得到的c/Γ和c的图形结果如图2.11所示。对实验数据进行拟合可以得到TiO_2材料的饱和吸附量和吸附平衡常数，并与其对应的光催化表观速率常数关联，结果如表2.3所示。

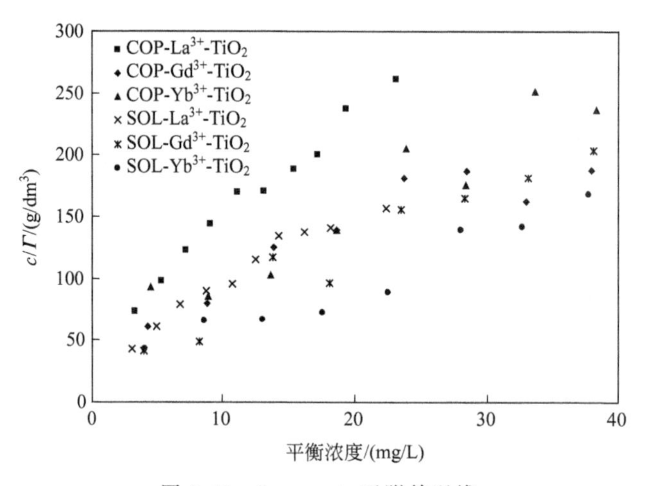

图2.11 Langmuir吸附等温线

由表2.3可以得出，同一稀土元素不同的掺杂方式，其中溶胶-凝胶法制备的材料比共沉淀法制备的TiO_2材料的饱和吸附量和吸附平衡常数要大，这主要是由于溶胶-凝胶法制备的材料的比表面积大些，是因共沉淀法800℃下焙烧2h，溶胶-凝胶法600℃下焙烧2h，温度越高，颗粒越聚集引起；其次，同一种制备方法制备的不同的稀土掺杂TiO_2材料，其饱和吸附量差别较大，且饱和吸附量与其催化活性速率常数不成线性关系，即材料的饱和吸附量越大，TiO_2材料催化活性不一定越高。这可能与材料本身的微观结构和表面化学状态有关，因为它们都是直接影响光催化活性的主要因素。

表 2.3 $Ln-TiO_2$对罗丹明 B 的饱和吸附量与吸附平衡常数

$Ln-TiO_2$	饱和吸附量Γ_{max} /(mg/g)	吸附平衡常数 K_a/(dm^3/mg)	相关系数 R^2
COP-La-TiO_2	0.109	0.174	0.9807
COP-Gd-TiO_2	0.179	0.148	0.9853
COP-Yb-TiO_2	0.193	0.101	0.9441
SOL-La-TiO_2	0.166	0.177	0.9560
SOL-Gd-TiO_2	0.205	0.204	0.9595
SOL-Yb-TiO_2	0.270	0.167	0.9690

2.1.3.3 稀土掺杂TiO_2的 XRD 分析

根据共沉淀法制备的 Gd 掺杂二氧化钛光催化活性最佳，选择对共沉淀法和溶胶-凝胶法分别制备的 Gd-TiO_2进行 XRD 分析，结果如图 2.12 所示。从图 2.12 中可以看出，COP1.0%（质量分数）Gd-TiO_2-800 和 SG1.0%（质量分数）Gd-TiO_2-600 都是以锐钛矿相为主，含少量金红石型的混合晶体催化剂。这种混晶结构，可以减少光生电子和空穴的复合概率，从而提高光催化活性。

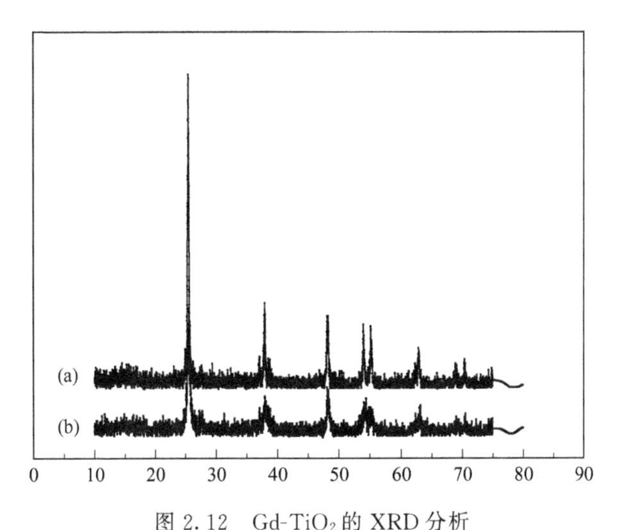

图 2.12 Gd-TiO_2的 XRD 分析

(a) 共沉淀法；(b) 溶胶-凝胶法

根据 Scherrer 方程：$D=0.89\lambda/(\beta\cos\theta)$，可计算得到共沉淀法和溶胶-凝胶法制备的样品的晶体粒径分别为 40.3nm 和 26.9nm。此外，还可以利用如下的方程计算晶相组成：$X_A=[1+1.26(I_R/I_A)]-1$，X_A是锐钛矿相所占的质量比；I_R/I_A是 X 射线衍射图上最强的锐钛矿相衍射峰强度与最强的金红石相衍射峰强度之比。计算结果表明，COP1.0%（质量分数）Gd-TiO_2-800 和 SG1.0%（质量分数）Gd-TiO_2-600 催化剂样品中锐钛矿相的含量分别为 87%和 79%。可以看出，该共沉淀法制备的样品中锐钛矿相的含量略高于相应的通过溶胶-凝胶法制备的材料，最明显的在晶粒尺寸的差异，应归因于较高的焙烧温度促进材料的团聚。

值得注意的是，尽管 COP1.0%（质量分数）Gd-TiO_2-800 催化剂煅烧温度高达 800℃，其锐钛矿相含量还较高，而 SG1.0%（质量分数）Gd-TiO_2-600 煅烧温度要低 200℃，却有较多的金红石型存在（金红石型特征衍射峰在 $2\theta=27.6°$、36.4°和 54.45°）。一般来说，锐钛矿向金红石型转变发在 600～1100℃。研究表明了钆掺杂对晶相转变抑制作用的大小和掺杂方法有关，相比之下，共沉淀法掺钆具有更大的抑制作用。

2.1.3.4 稀土掺杂 TiO_2 的 XPS 分析

影响稀土掺杂 TiO_2 光催化活性的因素有很多，主要包括颗粒大小、比表面积、晶相组成和表面化学状态，催化剂表面上存在适量的 Ti^{3+}，在提高光催化活性方面扮演着非常重要的作用。本工作采用 XPS 检测共沉淀法和溶胶-凝胶法制备的 Gd-TiO_2 光催化剂的表面化学状态，结果如图 2.13 所示。由图 2.13 可知，两种方法制备的稀土 Gd 掺杂 TiO_2 表面均主要有 Ti、O 和 C 三种元素，并且溶胶-凝胶法制备的 TiO_2 表面 C 元素含量高于共沉淀法制备的 TiO_2。Ti 和 O 元素是来自于前驱体，材料中 C 的残留可能是由如下两个原因产生：①对溶胶-凝胶法制备的前驱体进行热处理时，碳没被完全烧毁；②在对样品进行 XPS 分析时，样品表面吸附了额外的 C 元素。因共沉淀法制备的样品的前驱体只有钛和镧系元素的氢氧化物，因此可以证

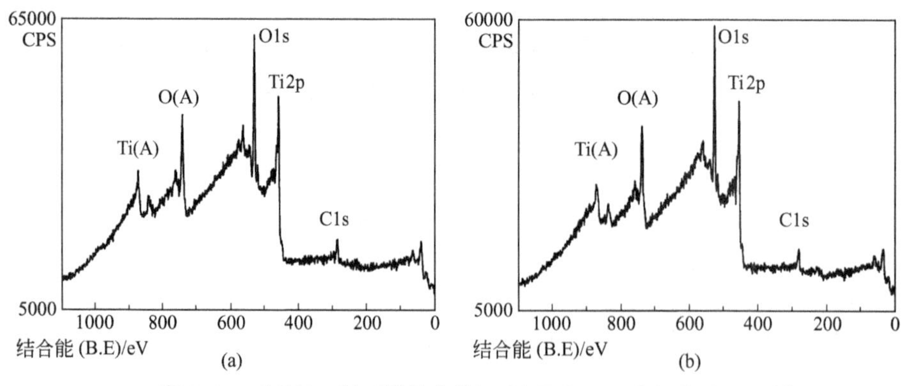

图 2.13 COP1.0%（质量分数）Gd-TiO_2-800(a) 和 SG1.0%（质量分数）Gd-TiO_2-600(b) 的 XPS 分析

实，共沉淀法制备的样品表面的C元素是在XPS分析过程中引入的。而溶胶-凝胶法制备的TiO_2中C含量较高，表明在这类催化剂中存在碳元素。这主要是由于溶胶-凝胶法制备中钛源是有机钛，含有C元素，且在煅烧时没有完全烧掉。表面存在C元素可能是导致溶胶-凝胶法制备的TiO_2光催化活性下降的原因，因为它可能会占用部分催化剂表面的活性中心，从而影响吸附在催化剂表面的氧气分子对光生电荷电子和空穴的转移。

另外，XPS分析还表明TiO_2光催化剂表面O/Ti原子比稍大于2（平均为2.02），氧含量较高的原因可能由于其表面上存在Gd_2O_3的缘故。XPS分析还显示两种方法制备的Gd-TiO_2中Ti2p峰位于458.6～458.7eV，说明钛是以Ti^{4+}存在。一般观点认为，在稀土掺杂的TiO_2表面存在Ti^{3+}，是由于稀土元素氧化物扩散到二氧化钛的晶格中，在热处理过程中Ti^{4+}被还原所形成。而吸附在TiO_2表面的Ti^{3+}也会被氧气分子氧化为Ti^{4+}，成为浅电子陷阱，防止光生电子和空穴复合。但是，在共沉淀法和溶胶-凝胶法制备的钆掺杂二氧化钛的表面并没有检测到Ti^{3+}的存在，可能是因为Ti^{3+}的浓度较低。同样，从图2.13中可以看出O1s的主峰位于529.9～530.1eV，结合禁带宽度数值，说明Ti^{4+}-O和Gd_2O_3中的O1s处于价带位置。

2.1.3.5 稀土掺杂TiO_2的BET测试

为研究稀土掺杂二氧化钛光催化活性差异产生的物理原因，测定了样品的BET比表面积和平均孔径。孔径分布用BJH法计算，孔容积通过累积孔容积分布曲线得到，平均孔径和粒径分布通过对孔容积分布数据进行积分得到，结果如表2.4和图2.14所示。由表2.4和图2.14可以看出：SG1.0%（质量分数）Gd-TiO_2-600的比表面积是COP1.0%（质量分数）Gd-TiO_2-800的比表面积的2.35倍，前者有可能有较大的吸附能力。这得到了吸附试验结果的验证。一般来说，催化剂比表面积大，有利于光催化活性的提高，但光催化降解试验的结果与预计结果相反，这表明比表面积不是影响光催化活性的控制性因素。

表2.4 Gd-TiO_2比表面积、孔容积和孔径分布

样品	比表面积/(m^2/g)	孔容积/(cm^3/g)	孔径分布/nm					
			D_{av}	D_{10}	D_{25}	D_{50}	D_{75}	D_{90}
COP-Gd-TiO_2	14.8	0.12	33	19	28	37	45	58
SG-Gd-TiO_2	36.9	0.08	8	5	6	8	10	25

COP1.0%（质量分数）Gd-TiO_2-800的粒径比SG1.0%（质量分数）

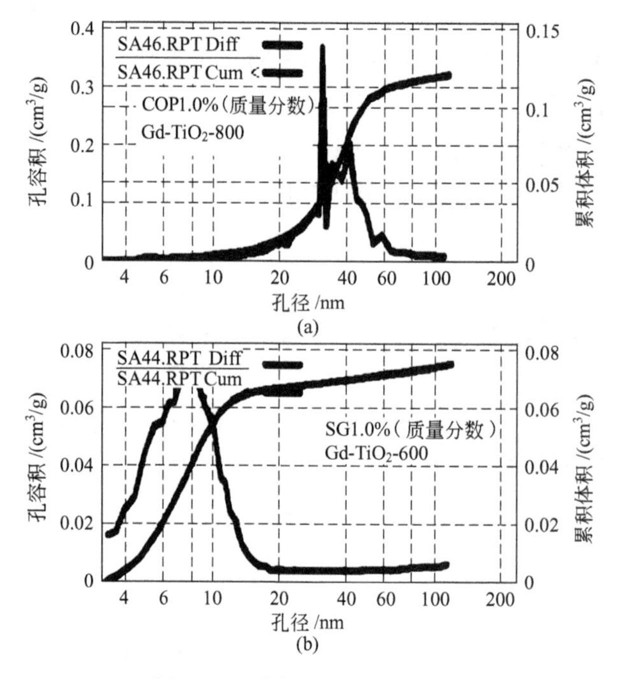

图 2.14　孔径和孔容积分布图

$Gd-TiO_2$-600 的孔径要大得多，前者平均孔径几乎是后者的 4 倍，SG1.0%（质量分数）$Gd-TiO_2$-600 的孔均由介孔（2～50nm）组成，而 COP1.0%（质量分数）$Gd-TiO_2$-800 的孔由 75%的介孔和 25%的大孔（>50nm）组成，这可能是焙烧温度不同造成的。由于 TiO_2 粒子团聚形成介孔，但煅烧过程中，由于小孔比大孔要承受更大的应力而塌陷，构成大晶粒，大晶粒团聚形成大孔。因此，增加煅烧温度有利于生成大孔。共沉淀法样品具有的大孔/介孔结构有利于光能和反应物进入催化剂粒子内部，提高光能的吸收率和物质的扩散速率，从而提高光催化活性。因此，大孔/介孔多级孔结构也应该是共沉淀法样品具有较高光催化活性的原因之一。

2.1.3.6　稀土掺杂 TiO_2 的 SEM 观察

用日本电子株式会社 JEOL JSM-6460LV 型扫描电镜观测样品的形貌，结果如图 2.15 所示。由图可知，两个样品均由许多细粒子和团聚体（2～20μm）组成，但粒子形态有很大差别。许多 COP1.0%（质量分数）$Gd-TiO_2$-800 粒子呈球形或椭圆形，比较松散。相比而言，SG1.0%（质量分数）$Gd-TiO_2$-600 样品粒子为薄片状或矩形，比较致密。$Gd-TiO_2$ 催化剂粒子形态上的差异可能是由于前驱体不同引起的。

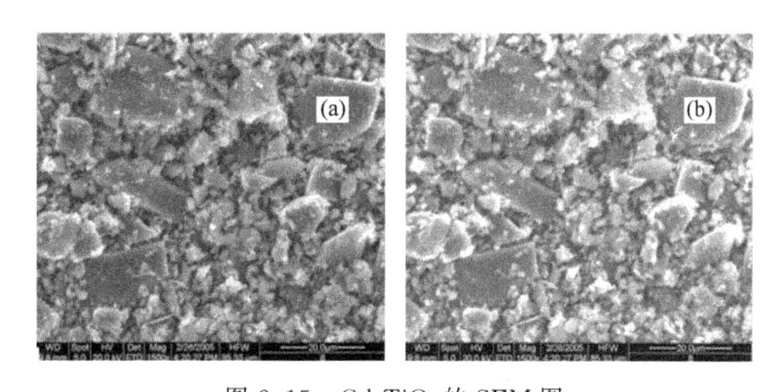

图 2.15　Gd-TiO_2的 SEM 图

(a) COP1.0%（质量分数）Gd-TiO_2-800；(b) SG1.0%（质量分数）Gd-TiO_2-600

2.1.4　稀土掺杂 TiO_2光催化剂灭菌性能

不同方法制备的稀土掺杂 TiO_2光催化剂在紫外光照射下灭菌性能结果如图 2.16 所示。研究采用米尺对样品周围的抑菌圈大小进行了测定，结果如表 2.5 所示。由图 2.16 和表 2.5 的抗菌实验结果可以看出，TiO_2在紫外光照射下有明显的抑菌圈出现，且共沉淀法制备的稀土掺杂二氧化钛抑菌圈明显大于溶胶-凝胶法，共沉淀法中以 Gd、Yb、Sm 抗菌活性最高，这与光催化评价结果相似。本实验观察到的抑菌圈大小在 10mm 左右，这与刘雪峰的结果相似。TiO_2光催化杀菌的机理是：TiO_2被光激活后，产生光生电子-空穴，进而生成化学活泼性很强的超氧自由基和羟基自由基，自由基攻击有机物，达到降解有机污染物的目的。当遇到细菌时，直接攻击细菌的细胞，致使细菌细胞内的有机物降解，以此杀灭细菌，并使之分解。因此，TiO_2抑菌主要是依靠光激发产生的强氧化性的活性氧类物质，而用抑菌法研究 TiO_2的抗菌性能时，是在固体培养基上抗菌，这些活性氧物种在培养

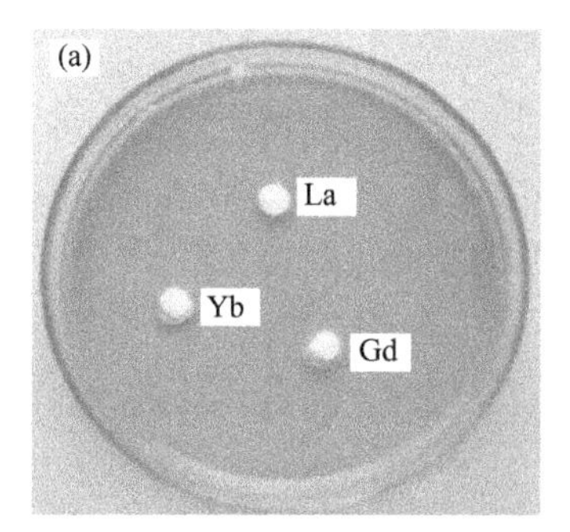

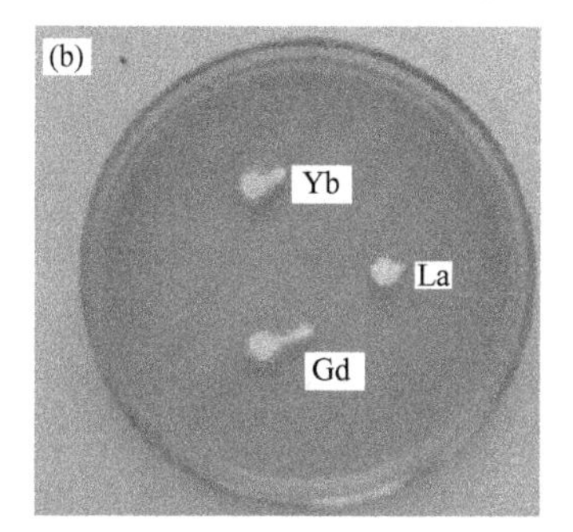

图 2.16　Gd 和 Yb 掺杂抗菌性能图片

(a) 共沉淀法；(b) 溶胶-凝胶法

基中扩散时，遇到培养基中的有机物质很快就被消灭，所以二氧化钛的抑菌圈都比较小。

表 2.5　稀土掺杂二氧化钛抑菌圈大小对比

稀土元素		La	Gd	Sm	Pr	Yb	Nd	Eu
抑菌圈大小	共沉淀法	7mm	13mm	10mm	8mm	11mm	8mm	6mm
	溶胶-凝胶法	6mm	6mm	5mm	5mm	6mm	5mm	6mm

2.2　微球形稀土掺杂 TiO_2光催化剂的制备及其性能

TiO_2作为一种光催化材料，具有良好的理化性能和光催化活性，其制备技术是材料科学与工程领域研究的热点之一。目前，已商业化的光催化剂是 Degussa P25 TiO_2，由于其高比表面积、高分散性以及最优的晶型组合[锐钛型：金红石型约为（7～8）：(3～2)]，具有良好的光催化活性。但是，P25 由于其颗粒超细，在实际工程应用中，存在着难以分离、回收利用的问题。因此，国内外科研工作者研究了纳米 TiO_2的各种固定化技术，如在多种载体上固定或制成光催化薄膜。但是单纯的固定往往导致 TiO_2比表面积大大降低。为了保持催化剂较高的比表面积和解决液相使用后分离回收的问题，近年来，国内外已研究高比表面积微球型 TiO_2颗粒的制备技术。

在自然界植物表面具有多层次微米、纳米复合结构，以便最大限度地捕获光子进行光合作用。因此，可以预测，表面具有多级结构的仿生界面 TiO_2微球，既可以提高催化剂的比表面积，又在光催化反应过程中有利于光子的捕获，从而成为新型的高活性光催化微球材料。这种仿生界面的 TiO_2微球在实际工程应用中，具有易于沉降分离的优势，它的制备技术的研发有利于实现光催化技术在实际工业废水处理中的规模化应用。

本工作提出了一种模板—超声—水热过程制备微球的方法，并通过控制反应条件制备出了具有仿生界面结构的 TiO_2微球和稀土 Gd 掺杂 TiO_2微球，从催化剂的活性、结构表征和实际光催化效率（the practical efficiency）方面，综合评价了制备的仿生界面 TiO_2微球的性能。

2.2.1　微球形 TiO_2的制备方法及光催化效率的计算

2.2.1.1　微球形 TiO_2的制备

首先，配置适当水浓度（V/V）的乙醇溶液，然后将一定量的表面活性剂 P123 溶解于该乙醇溶液中。在充分搅拌条件下，向该溶液中逐滴加入一定量钛酸丁酯的乙醇溶液，之后，继续搅拌反应 40min，形成白色浑浊溶胶。在这一过程中，乙醇溶液中的钛酸丁酯与水发生水解-聚合反应，生成大量胶体粒子，这些粒子借助于表面大量的羟基，与 P123 通过形成氢键等相互作用，生成杂化的无机/有机前驱体粒子。这些杂化粒子在表面活性剂的作用下以分散状态而稳定下来。将此胶体体系，在超声作用条件下（工作时间 8s，间隔时间 5s，操作功率 250W）滴加到 100mL 的蒸馏水中，并继续超声作用一定时间。在此过程中，胶体粒子一方面被分散更加均匀，发生重排组装；同时也会因为超声作用，加速胶体粒子间碰撞，并会在超声场中局部的高温高压微环境周围，促进胶体粒子表面羟基发生缩聚反应，从而形成球形粒子团聚体。将超声处理后的体系，转入微型水热反应釜中，将其在 180℃下水热处理 10h。然后冷却、离心弃去上清液，将产物水洗 3 次，醇洗 1 次，105℃下干燥。干燥粉末于适当温度下，在电炉中煅烧 2h，然后，样品随炉冷却至室温，取出后用玛瑙研钵研磨分散，得到 TiO_2 微球样品。

2.2.1.2　稀土 Gd 掺杂 TiO_2 微球的制备

以前期制备出的 TiO_2 微球的煅烧或未煅烧的材料为原材料，通过吸附-加热干燥法掺杂稀土 Gd。首先称取 1g TiO_2 微球溶于 50mL 的无水乙醇中形成悬浊液，并用超声处理 5min 以达到分散的目的；之后以不同的 Gd 与 Ti 的摩尔比，向 10mL 的蒸馏水中加入不同质量的 $Gd(NO_3)_3 \cdot 6H_2O$；将以上两种溶液混合后在 75℃水浴条件下搅拌加热，使浆料缓慢蒸发，直至蒸干为止。将蒸干后的 Gd-TiO_2 微球连同烧杯于 105℃的恒温干燥箱中干燥 24h。将上述材料移至坩埚中用马弗炉在适当温度下煅烧 2h，温度上升速率控制在 10℃/min，随炉冷却至室温，研磨装袋，并做好标记。

2.2.1.3　实际光催化效率评价

实验以苯酚为模型污染物，光催化实验重复进行，并控制误差在 5%以内，实验数据取误差范围内的两次结果的平均值，以苯酚去除率为活性评价指标，计算如下：

$$\text{苯酚去除率}=\frac{c_0-c_t}{c_0}\times 100\% \tag{2.6}$$

式中，c_0、c_t 分别为苯酚的初始浓度和任意时刻 t 时的浓度。

作为一种有实际应用前景的光催化剂，不仅需要其具有良好的光催化活性，同时还需要有良好的分离性能。只有将两者综合评价才是比较全面的性能评价。Janus 等提出了实际光催化效率的概念（the practical efficiency），其表达式为：

$$\text{实际光催化效率}=\frac{A_{\text{P25}}}{A_{\text{new}}}\times\frac{B_{\text{P25}}}{B_{\text{new}}} \tag{2.7}$$

式中，A 为降解 80％的苯酚（29mg/L）所需要的时间，min；B 为反应完的浆料经过 10min 静置后的浊度，NTU；P25、new 分别代表商品 P25 催化剂和所要测定实际光催化效率的新光催化剂。其中浊度根据 GB 13200—91 来测定。

2.2.2 制备工艺参数对 TiO_2 微球光催化活性的影响

2.2.2.1 煅烧温度的影响

适当的煅烧温度有利于 TiO_2 形成更加完整的晶体结构，同时，也可以充分除去催化剂制备过程中带入的模板剂等有机物杂质，从而提高其光催化活性。但煅烧温度太高，以致引起金红石型 TiO_2 大量生成，就会导致催化剂活性降低。因此，为得到一个最佳的煅烧温度，实验首先研究了煅烧温度对材料的光催化活性的影响，结果如图 2.17 所示。从图中可以看出，温度在较高或较低时 TiO_2 微球的光催化活性都较低，当煅烧温度在 400℃时，TiO_2 的光催化活性最佳。Xu 等采用水热法制备的壳-核结构的 TiO_2 微球的

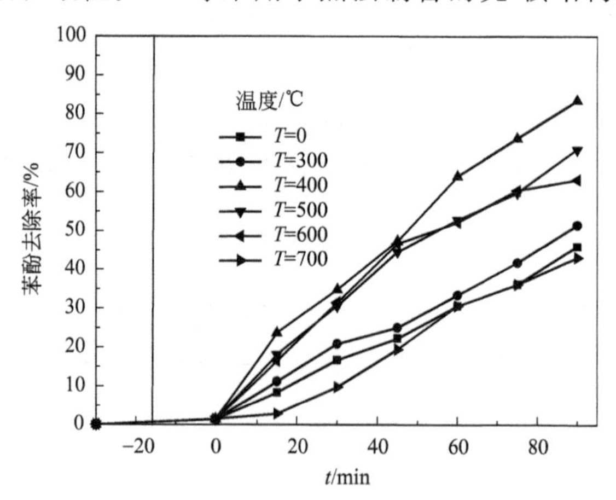

图 2.17 煅烧温度对光催化剂活性的影响

［实验条件：乙醇中水含量 10％（体积分数）；$n(H_2O)/n(Ti)\approx5$；$n(Ti)/n(P123)\approx46$；超声时间 120min］

最佳煅烧温度为466℃，与本实验最佳煅烧温度400℃接近。此外，在暗吸附过程中（−30～0min），苯酚有一定去除率，这主要是由于催化剂的物理吸附引起的。

2.2.2.2 n(Ti)/n(P123)的影响

表面活性剂P123在溶液中的浓度大小决定了其本身的存在方式。在低浓度时它们以活泼的单分子形式存在；随着浓度的增加，表面活性剂分子会结合起来形成胶束；当溶液中的表面活性剂浓度进一步增大，胶束一般不是球形，而是棒状胶束。因此，溶液中表面活性剂的浓度会直接影响最终产物的理化性能。根据其作用，考察了钛酸丁酯与P123的摩尔比［n(Ti)/n(P123)］，对产物光催化活性的影响。其结果如图2.18所示。由此可知，在相同条件下，随着n(Ti)/n(P123)增加，催化剂降解能力出现一个最佳值。当n(Ti)/n(P123)约为46时，光催化降解苯酚速率达到最大，即产物的光催化活性在研究范围内达到最佳状态。这说明，表面活性剂用量与钛酸丁酯用量之间必须要有一个适当比例，才能获得高催化活性的样品。由于产物的晶相组成一般是由煅烧温度决定的，因此，表面活性剂对于活性的影响主要是通过影响催化剂粒子的形态实现的。

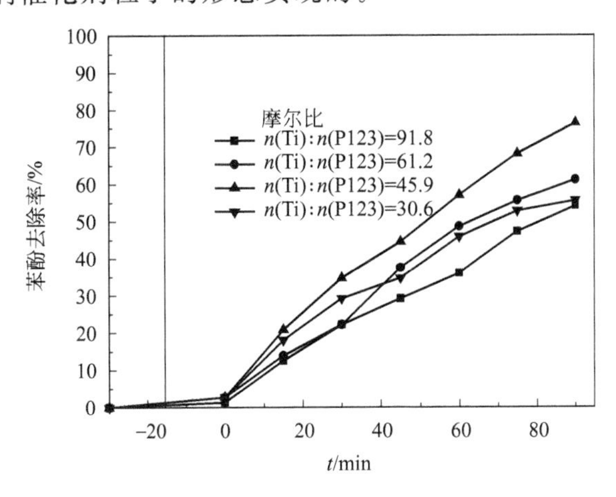

图2.18 n(Ti)/n(P123)对光催化剂活性的影响

［实验条件：乙醇中水含量10%（体积分数）；$n(H_2O)/n(Ti)\approx5$；超声时间120min；煅烧温度400℃］

2.2.2.3 $n(H_2O)/n(Ti)$的影响

实验过程中，乙醇溶液中水的用量直接影响钛酸丁酯水解-聚合的进程。它的水解和缩聚反应化学方程式如下所示：

$$Ti(OBu)_4+nH_2O \longrightarrow Ti(OBu)_{4-n}OH_n+nBuOH \quad (部分水解反应) \tag{2.8}$$

$$nTi(OBu)_4+4nH_2O \longrightarrow nTi(OH)_4+4nBuOH \quad (完全水解反应) \tag{2.9}$$

$$nTi(OH)_4 \longrightarrow nTiO_2+2nH_2O \quad (缩聚反应) \tag{2.10}$$

因而，不同的水解条件会影响 TiO_2 前驱体的内在结构和形貌，这对后来产物 TiO_2 微球的形成有着直接的“模板”作用。因此，$n(H_2O)/n(Ti)$ 可能是改变 TiO_2 微球结构的重要因素之一。为此，实验考察了 $Ti(OBu)_4$ 先不发生水解、部分水解和完全水解三种方式，对产物光催化活性的影响，结果如图 2.19 所示。由图可知：当 $n(H_2O)/n(Ti)<4$ 时，适当增加 $n(H_2O)/n(Ti)$，催化剂的降解能力增大。这说明乙醇溶液中，水的存在虽然没有使 $Ti(OBu)_4$ 完全水解，但部分水解-聚合形成的前驱体，可能由于其空间网络结构的存在，也有利于随后产物活性的提高。当 $n(H_2O)/n(Ti)=4.9$ 时［略大于 $Ti(OBu)_4$ 完全水解时的需水量］，产物催化活性达到最大。当继续增大 $n(H_2O)/n(Ti)$ 时，可能会因为水量过大，水解反应急剧，形成了结构比较致密的 TiO_2 前驱体，反而会有使活性降低的趋势。

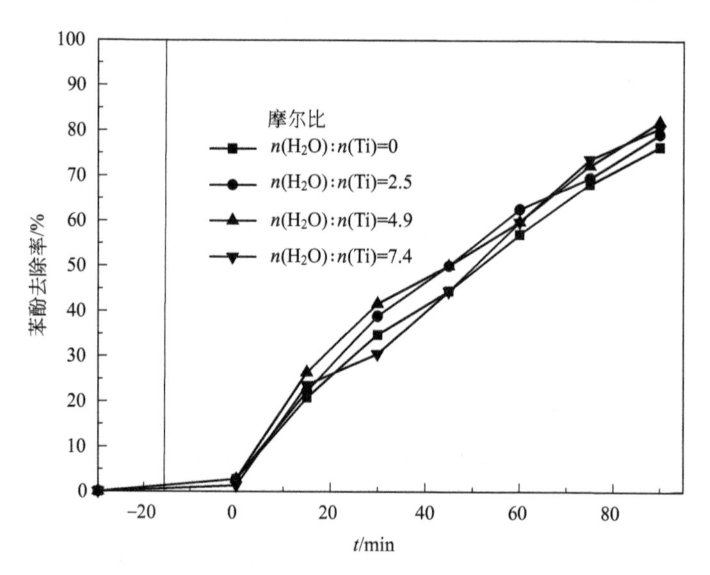

图 2.19 $n(H_2O)/n(Ti)$ 对光催化剂活性的影响

［实验条件：$n(Ti)/n(P123)\approx46$；超声时间 120min；煅烧温度 400℃］

2.2.2.4 超声时间的影响

超声波在溶液中产生的空化现象和局部高温高压微环境，对溶液中的颗粒分散和胶体粒子聚集成球有促进作用，进而影响产物的理化性能和光催化活性。由图 2.20 可见，随着超声作用时间的增加，催化剂降解苯酚的能力增强，当超声时间大于 90min 时，超声时间的延长对于光催化活性没有明显的作用。

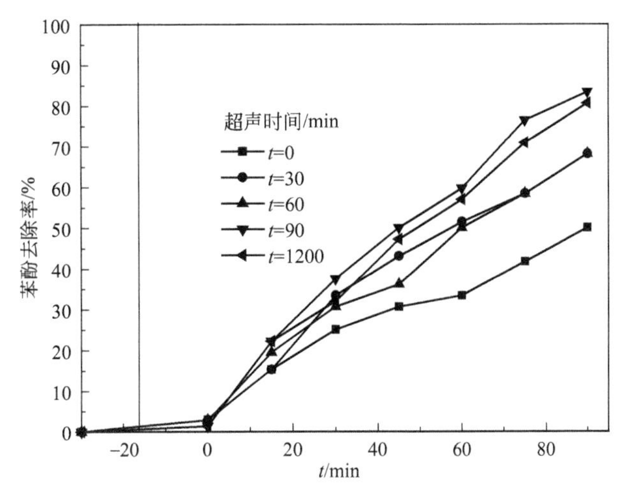

图 2.20 超声作用时间对光催化剂活性的影响

［实验条件：乙醇中水含量 10%（体积分数）；$n(Ti)/n(P123) \approx 46$；$n(Ti)/n(H_2O) \approx 5$；煅烧温度 400℃］

2.2.3 制备工艺参数对 Gd 掺杂 TiO_2 微球光催化活性的影响

2.2.3.1 Gd 掺杂方式的影响

为选择出 Gd 掺杂 TiO_2 微球的最佳原材料，采用前期试验所制得的最优 TiO_2 微球的煅烧与未煅烧的材料为原料，即材料经过水热反应处理后，在 105℃干燥过夜的未煅烧的 TiO_2 微球和最终 400℃煅烧的 TiO_2 微球进行 $n(Gd)/n(Ti)=1.5\%$ 掺杂与否的试验，并进行了苯酚模拟废水的光催化降解试验，其结果如图 2.21 所示。由图可得：当采用未煅烧的 TiO_2 微球进行 Gd 掺杂所得的 Gd-TiO_2 微球对苯酚的降解效果较好。

从图中可看出，Gd 掺杂后比未掺杂的材料降解要显著，主要的原因可能是由于钆的 7f 电子层是半充满状态，当钆离子捕获电子后，半充满的电子形态被破坏，其稳定性下降，被捕获的电子容易转移到吸附在催化剂表面的氧分子上，从而使得催化剂的催化活性提高。在掺杂的情况下，未煅烧的材料比煅烧后材料掺杂的降解效果要明显，这可能是煅烧使材料的结构发生

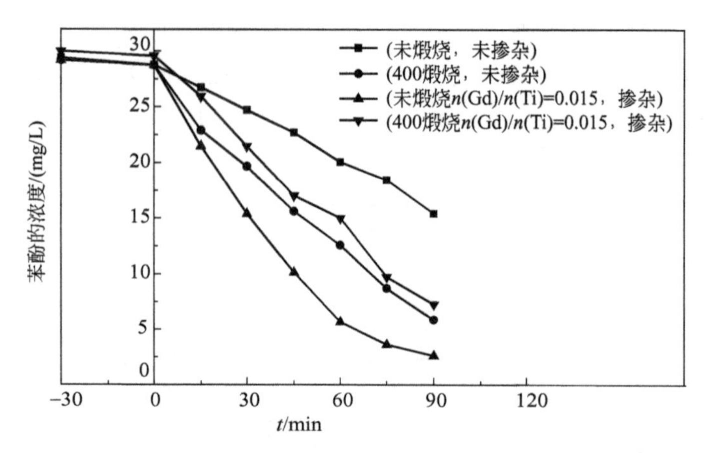

图 2.21　不同材料对光催化活性的影响

［实验条件：n(Gd)/n(Ti)＝1.5%；煅烧温度 600℃］

变化，晶型组成已经稳定，使得 TiO_2周围形成 Ti—O—Gd 的键合减少，导致 Gd 掺杂的效率低下，使得光催化性能降低。

2.2.3.2　不同 Gd 掺杂比的影响

稀土 Gd 的掺杂量是影响光催化活性的重要因素，由上述对 Gd-TiO_2微球的原材料筛选结果，我们可以得出未煅烧的 TiO_2微球为最佳的掺杂对象。我们进一步对 Gd 与 Ti 摩尔比对 Gd-TiO_2微球的影响做了实验研究，发现掺杂浓度对 Gd-TiO_2微球活性有很大的影响。由图 2.22 可以得到，n(Gd)/n(Ti)＝1.5%时 Gd-TiO_2微球的催化活性最高，苯酚降解率达到了

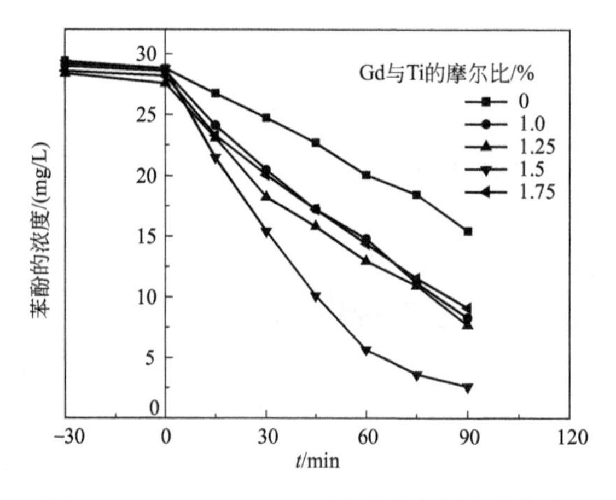

图 2.22　n(Gd)/n(Ti) 对光催化剂活性的影响

（实验条件：煅烧温度 600℃）

91.78%。主要的原因可能是钆的7f电子层是半充满状态。当钆离子捕获电子后，半充满的电子形态被破坏，其稳定性下降，被捕获的电子容易转移到吸附在催化剂表面的氧分子上，然后钆离子返回到原来的半充满稳定电子结构。

2.2.3.3 煅烧温度的影响

煅烧温度对光催化活性有很大影响，适当的煅烧温度有利于Gd-TiO_2催化剂的固相反应，并形成更加完整的晶体结构，同时，也可以充分除去催化剂制备过程中带入的有机物杂质，从而提高其光催化活性。但煅烧温度太高，以致金红石型TiO_2大量生成，就会导致催化剂活性降低。因此，为得到一个最佳的煅烧温度，实验研究了煅烧温度对材料的光催化活性的影响，结果如图2.23所示。从图中可以看出，温度在较高或较低时TiO_2微球的光催化活性都较低，当煅烧温度在600℃时，TiO_2的光催化活性最佳。

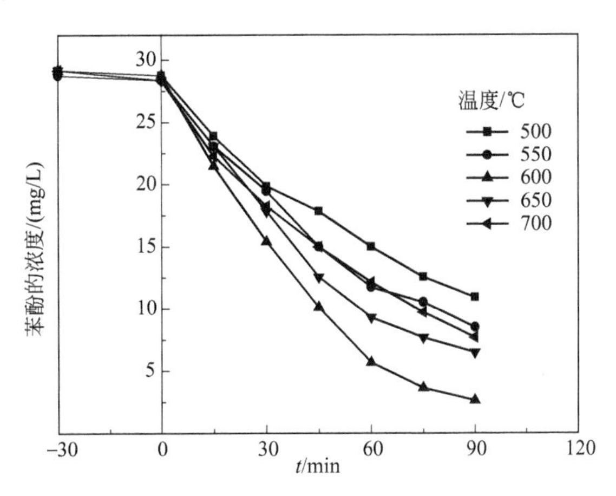

图2.23 煅烧温度对光催化剂活性的影响［n(Gd)/n(Ti)=1.5%］

2.2.4 TiO_2微球、Gd-TiO_2微球性能比较

2.2.4.1 吸附性能对比

TiO_2光催化反应底物需要吸附在材料表面上，且吸附量越大，光催化活性越高。为了指导材料的表面改性，深入研究表面吸附性质与催化剂活性之间的关系是非常必要的。本研究是在等温吸附条件下，选用最优条件下的TiO_2微球、Gd-TiO_2微球两种代表性的材料作为研究对象，测得每种TiO_2材料的等温吸附曲线，用Langmuir模型来进行拟合［如式(2.11)

所示]。

$$\frac{c_e}{Q_e}=\frac{c_e}{Q_{max}}+\frac{1}{K_L Q_{max}} \tag{2.11}$$

式中，c_e为双酚A溶液的平衡浓度，mg/L；Q_e为平衡吸附量，mg/g；Q_{max}表示单分子层吸附的最大饱和吸附量，mg/g；K_L为吸附平衡常数，L/mg。计算出最大吸附量和吸附平衡常数，并与催化活性关联分析。两种不同TiO_2材料的吸附等温实验数据，根据Langmuir吸附等温方程，作c_e/Q_{max}和c_e关系图如图2.24所示。对其进行线性拟合处理，可以得到TiO_2材料的饱和吸附量和吸附平衡常数，结果如表2.6所示。由表2.6可以得出，TiO_2微球与Gd-TiO_2微球的饱和吸附量接近，但吸附平衡常数后者大于前者。表明两种材料间的吸附差别不大，从光催化实验中的30min暗吸附后的降解率（分别为5%和5.2%）也可观察出这一现象。

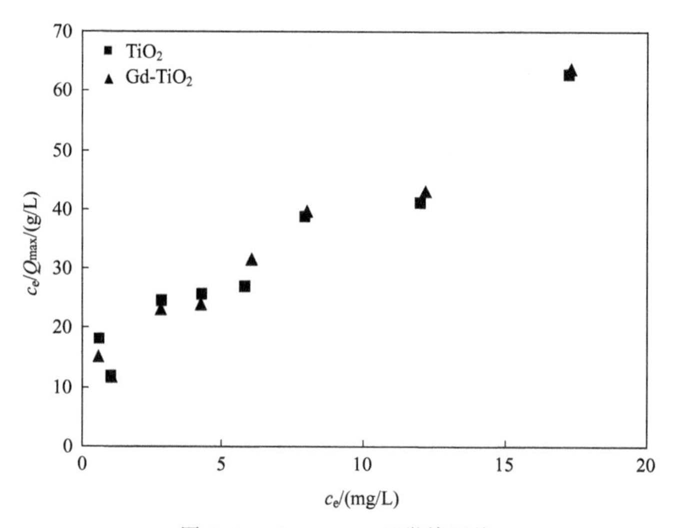

图2.24　Langmuir吸附等温线

表2.6　TiO_2微球和Gd-TiO_2微球对双酚A的饱和吸附量与吸附平衡常数

催化剂类型	饱和吸附量Γ_{max} /(mg/g)	吸附平衡常数 K_a/(dm^3/mg)	相关系数 R^2
TiO_2微球	0.368	0.201	0.948
Gd-TiO_2微球	0.345	0.229	0.968

2.2.4.2　实际光催化活性对比

根据以上制备工艺条件的考察，具有最佳光催化活性催化剂的制备工艺条件为：TiO_2微球制备条件为乙醇中水的体积分数约为10%，n(Ti)/

$n(H_2O)\approx5$，$n(Ti)/n(P123)\approx46$，超声分散时间为90min，水热定型处理后煅烧温度为400℃；Gd-TiO_2微球制备条件为材料为未煅烧的TiO_2微球，$n(Gd)/n(Ti)=1.5\%$，煅烧温度为600℃。为了解最佳条件下制备的新型材料的实际工程应用前景，将TiO_2微球、Gd-TiO_2微球和商品化光催化剂P25在同一光催化试验条件下，进行了实际光催化效率的比较，其相关测定结果和实际光催效率如表2.7所示。本实验在最佳制备条件下所得TiO_2微球和Gd-TiO_2微球的实际光催化效率分别是P25的3.5倍和6.5倍之多，说明Gd-TiO_2微球光催化剂更利于实际工程应用。

表2.7　最佳制备条件下所得光催化剂和P25的实际光催化效率比较

样品	去除80%的苯酚的时间/min	沉降10min后浊度/NTU	实际光催化效率
P25-TiO_2(Degussa)	55	6269.75	1.0
TiO_2微球	85	1132.6	3.58
Gd-TiO_2微球	60	889.9	6.46

2.2.5　TiO_2微球和稀土掺杂TiO_2微球的表征

2.2.5.1　TiO_2微球的XRD分析

对最优制备条件下的微球型TiO_2样品，进一步进行了XRD分析，以确定其晶相组成。图2.25为TiO_2微球和Gd-TiO_2微球的XRD谱图，可以

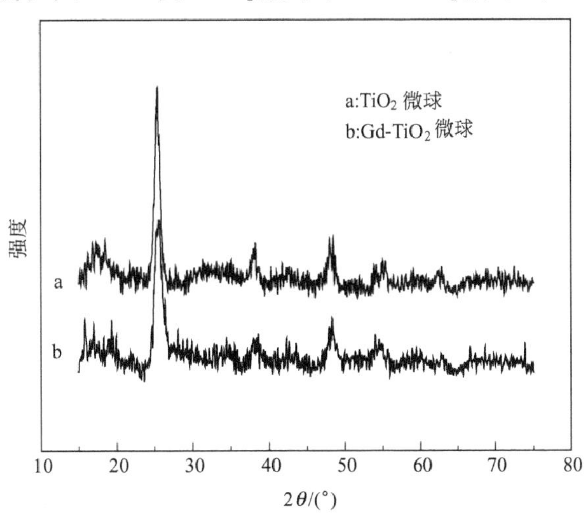

图2.25　TiO_2微球与Gd-TiO_2微球光催化剂的XRD图谱

看出两种材料均是以锐钛矿相为主，含少量金红石型的混合晶体催化剂。这种混合晶型体系可以降低光生电子和空穴的再次复合的概率，从而提高其催化活性。混合晶型 TiO_2 中的不同晶型的含量采用 $X_R=1/(1+0.8I_A/I_R)$ 公式进行计算，式中，X_R 是整个粉体中金红石型 TiO_2 质量分数，I_A/I_R 是 X 射线衍射图上最强的锐钛矿相衍射峰强度与最强的金红石相衍射峰强度之比。通过对 25.2°、27.4°处的两个最强峰的面积比计算得到 TiO_2 微球和 Gd-TiO_2 微球的锐钛型和金红石型比例分别为 73% 和 85%。此外，由 Scherrer 方程：$D=0.89\lambda/(\beta\cos\theta)$，其中 λ 为 X 射线波长，θ 为衍射角，β 为衍射线半强度处的宽度。可计算得到 TiO_2 微球和 Gd-TiO_2 微球的晶体粒径分别为 10nm 和 15nm。从图 2.25 中估算，最小基本微球尺寸小于 50nm。因此，可以说最小微球可能是由 3 个以下完整晶粒组成的。

2.2.5.2 TiO_2 微球的 BET 测定

为了全面表征这种新型催化剂，对最优制备条件下获得的样品用 SA3100Plus 表面积分析仪测试样品的 BET 比表面积。结果显示两者的比表面积均在 $180m^2/g$，比商业 P25 的比表面积（$58m^2/g$ 左右）高出 2.1 倍之多，并且高于或接近于其他制备的 TiO_2 微球光催化剂。P25 是纳米级粉末颗粒催化剂，而本工作所得的催化剂为尺寸在 300～500nm 之间的微球粒子。因此，该催化剂高比表面积应该是来自其多孔结构。这与实际观察相一致，如图 2.26 所示。

图 2.26 TiO_2 微球和 Gd-TiO_2 微球样品的 FESEM 照片

(a)、(c) TiO_2 微球；(b)、(d) Gd-TiO_2 微球

2.2.5.3 TiO_2微球的SEM观察

为分析最优制备条件下 TiO_2 和 Gd-TiO_2 样品具有高催化活性的原因，采用场发射扫描电镜对最佳条件下获得的催化剂样品进行了颗粒形貌和界面结构的观察，不同放大倍数的SEM照片结果如图2.26所示。从图2.26(c)可以看出，催化剂主要是由一些网球状的表面具有绒毛状结构的大小不同的球形粒子，以及部分由若干个小微球连接而成的松软状近似球形的团聚体组成。图2.26(d)是单个大微球的界面形貌特征。从中可观察到，微球的表面为若干尺寸小于50nm的细小微球，按照不同的层次组成类似丘陵状结构的界面。这种由微米和纳米级尺度组成的多级结构界面，类似于自然界植物表面结构，非常有利于对光子的捕获，可提高对光能的利用率。本实验已制得具有多级结构的 TiO_2 微球，其良好的光催化活性可能与其表面结构有关。进一步发展界面调控技术，将会再提高其催化活性。

2.2.5.4 TiO_2微球的FT-IR分析

图2.27是 TiO_2 微球与 Gd-TiO_2 微球光催化剂的红外光谱。从图中可以看出Gd掺杂的 TiO_2 微球的红外光谱在 $3405cm^{-1}$ 附近有一吸收峰，该吸收峰为材料表面吸附水分子中O—H键或与表面羟基的伸缩振动有关的峰，该峰的强度明显强于未掺杂 TiO_2 微球的吸收峰，这说明Gd掺杂改性后的样品表面可能吸附有更多的羟基或具有更强的吸水性；而且，Gd掺杂改性后的样品在 $1630cm^{-1}$ 附近也出现一微弱的吸收峰，该峰归属于材料表面吸

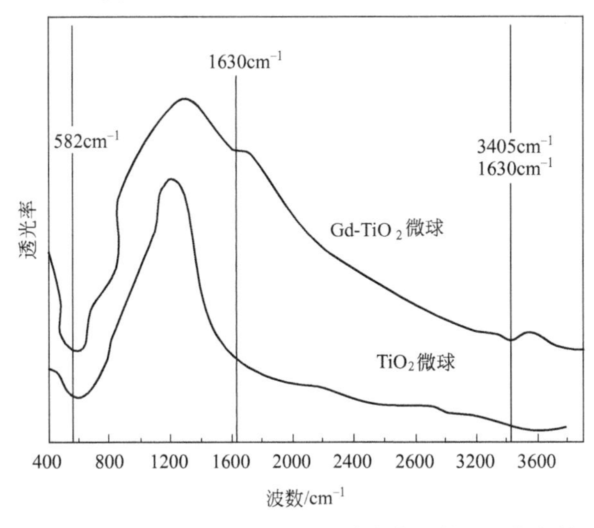

图2.27 TiO_2 微球与 Gd-TiO_2 微球光催化剂的红外光谱图

附水分子中 O—H 键的弯曲振动峰，进一步说明 Gd 掺杂有助于增强样品的吸水性能；另外，在 580cm^{-1}附近的吸收峰为 TiO_2 晶体的特征峰 Ti—O 键的伸缩振动峰，从该波段来看，Gd-TiO_2 微球峰的形状并未变化，但峰形更加尖锐，这可能与 TiO_2 内部不同的金属掺杂后金属与氧不同的键合状态有关。

2.2.5.5　TiO_2 微球和 Gd-TiO_2 微球光催化性能差异机理分析

由上述 TiO_2 微球和 Gd-TiO_2 微球对模型有机物——苯酚的光催化降解实验和以 P25 为对比的实际光催化实验可知，TiO_2 微球在降解苯酚模拟废水时，降解率达到相同时，其光催化消耗的时间要短 5min 左右，而沉降性能更优（见表 2.7）；在光催化活性上和沉降性能上 Gd-TiO_2 微球略优于 TiO_2 微球。从上述两种材料的吸附实验研究和材料的 XRD、BET、SEM 和 FT-IR 表征结果可知，掺杂后的 TiO_2 微球尽管在吸附性能、比表面积、形貌上无明显变化，但其晶型组成上更优越，即锐钛型占 85%，基本与较优晶型的商业 P25（锐钛型 80%）接近。此外，掺杂后的 Gd-TiO_2 微球有着 TiO_2 微球没有的 O—H 键和表面羟基，而 O—H 键和表面羟基是光催化中非常活跃的重要基团，这也是 Gd-TiO_2 微球在光催化活性上略优于 TiO_2 微球的重要原因。

2.3　多层光源内置式流化床光催化反应器的设计及其性能

2.3.1　反应器的设计与光量子效率的计算

2.3.1.1　多层光源内置式流化床光催化反应器的设计

本实验所设计的光源内置式气-液-固三相循环流化床光催化反应器结构如图 2.28 所示，反应器由透明材质的有机玻璃制成，以便有利于实验观察。新反应器的主体为一个长、宽、高尺寸分别为 210mm、50mm 和 300mm 的长方体的有机玻璃筒体，反应体积设计为 2.0L。反应器主筒体的下部为一个 210mm×20mm×15mm（长×宽×高）的气室，气室的进气口管路末端设有 0.5mm 的分布板，使空气均匀进入。气室的顶部也是一个布满 1.0mm 孔的气体分布板，分布板与液相反应区相连，以保证曝气均匀。分布板的上端设置一根长为 210mm、直径为 20mm 的液相进料管，进料管与气体分布

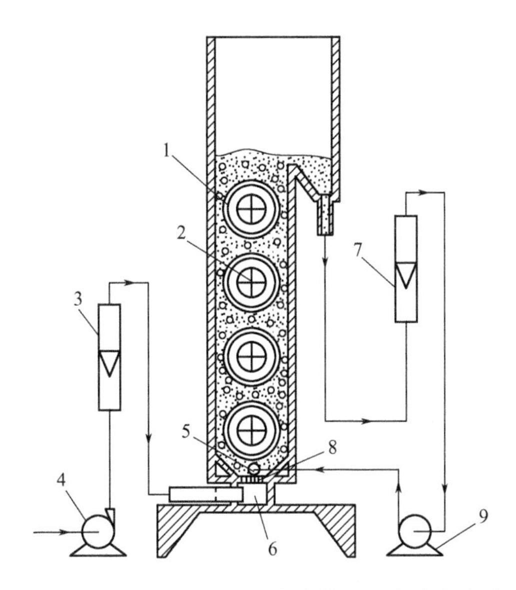

图 2.28　气-液-固三相循环流化床光催化反应器与实验流程图

1—紫外灯有机玻璃套管；2—紫外灯；3—气体流量计；4—气泵；
5—浆液输入管；6—气液混合室；7—液体流量计；
8—分布器；9—循环液泵

板相对位置部分均匀布满了 2mm 的小孔。反应时，空气和反应浆液在此相互激烈碰撞、作用，强化气-液、气-固、固-液等多相相间传质并有助于 TiO_2 光催化剂的分散，避免其发生团聚。其上是液相反应区，主要涉及光源系统的设置，新反应器通过将紫外灯放置于有机玻璃套管内以实现光源内置，增大光照比表面积 A/V 值。4 根有机玻璃套管层叠式水平设置，套管外径为 40mm，套管与套管之间的中心线间距为 50mm，即套管间的环隙为 10mm。实验时，将 4 根功率为 11W、主波长为 365nm 的紫外灯置入套管内作为光源。与一般情况下流化床光催化反应器的光源垂直设置，即紫外灯与气-液-固三相流体流动方向相平行不同，本实验采取的光源水平设置，可增强反应流体与有机玻璃套管之间的相互碰撞，有助于分散空气和 TiO_2 光催化剂，强化气-液、固-液等多相传质，可避免 TiO_2 光催化剂粉末在紫外灯套管上沉积。反应器的上部设有溢流堰，反应液可穿过溢流堰，通过液泵实现循环，而质量相对较大的光催化剂，在重力作用下，又沉降返回至主体反应区，在反应区内遇到强烈的气-液流体涌动而呈现流化态，继续参与光催化反应。

作为性能对照，本研究也开展了偶氮染料在常用的环隙式光催化反应器中的降解脱氮，其装置与实验流程，如图 2.29 所示。环隙式反应器筒体采用内径为63mm的PVC塑料管制成，高为290mm，反应体积为1.1L。通过底部法兰连接，安装一根外径为40mm的有机玻璃紫外灯套管。实验时，将上述紫外灯置入套管内作为光源。通过泵实现浆态体系在反应器上下之间的循环。

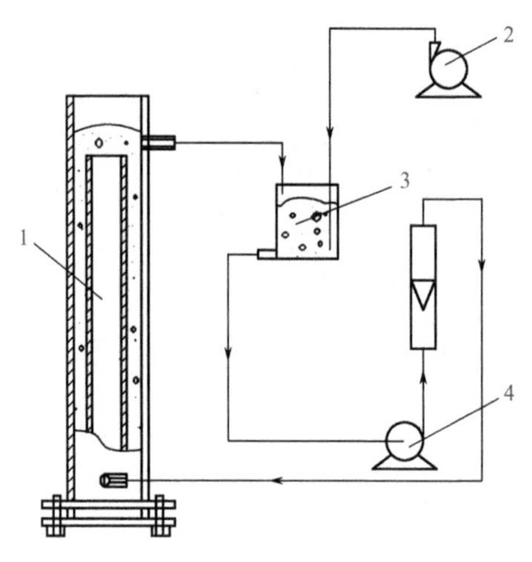

图 2.29　环隙式光催化反应器与实验流程图

1—有机玻璃紫外灯套管；2—气泵；3—曝气池；4—循环液泵

2.3.1.2　光量子效率测定及计算

为了横向比较偶氮染料在不同反应器中降解对激发光的利用率，因使用的激发光源相同，以主波长365nm处的光量子效率作为近似值进行比较评价。具体采用草酸铁钾法，测定反应器中的入射光强。测定时采用草酸铁钾溶液代替相同反应体积的偶氮染料废水，在反应器最佳操作条件下进行光照强度的测定，然后再以甲基橙降解的速率为基础进行计算。为了比较全面地评价光量子效率，采用基于甲基橙初始降解的最大速率和在相同降解率时的平均降解速率，作为量子效率的计算基础，分别称为最大量子效率和平均量子效率。其计算式如下：

$$\Phi_{\max} \approx \frac{\left(\frac{\mathrm{d}c}{\mathrm{d}t}\right)_{t=0} \Phi_{365} V_2 t}{c_{\mathrm{Fe}^{2+}} V_3} \tag{2.12}$$

$$\overline{\Phi} \approx \frac{\left(\frac{\Delta c}{\Delta t}\right) \Phi_{365} V_2 t}{c_{\mathrm{Fe}^{2+}} V_3} \tag{2.13}$$

式中，$c_{\mathrm{Fe}^{2+}}$为根据标准曲线查得的Fe^{2+}的摩尔浓度，mol/mL；t为草

酸铁钾溶液接受光照的时间，s；V_2为光照后的草酸铁钾溶液的取样体积，0.5mL；V_3为稀释用的容量瓶体积，25mL；Φ_{365}为在波长为365nm的紫外光照射下草酸铁钾生成Fe^{2+}的量子收率，即为1.21mol/Einstein（1Einstein表示1mol光子的能量）。

2.3.2 偶氮染料在新型流化床光催化反应器中降解脱氮

2.3.2.1 催化剂浓度的影响

在表观气速$U_g=9.80\times10^{-4}$m/s、表观液速$U_l=5.99\times10^{-3}$m/s的条件下，催化剂浓度对光催化降解偶氮染料的影响，如图2.30所示。图2.30(a)是采用表观一级反应动力学方程式：$\ln\frac{c_0}{c_t}=kt$，求出表观速率常数后，所得的预测值与实测值的对比。由此可以看出，表观一级反应动力学可以较好地反映偶氮染料光催化降解的过程。图2.30(b)是偶氮染料的降解

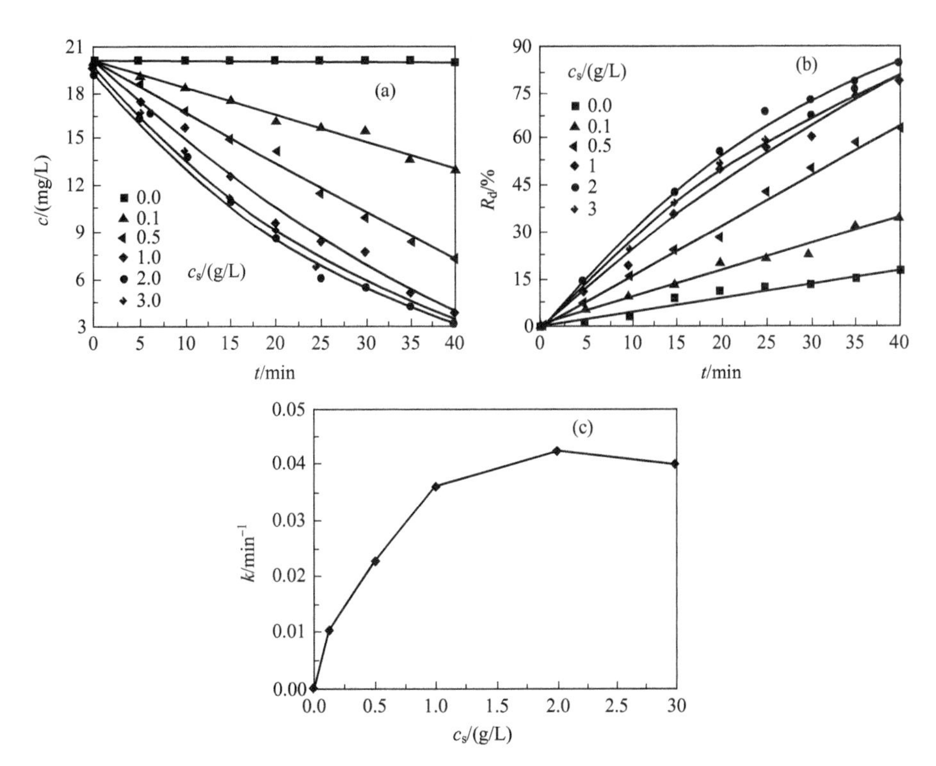

图2.30 催化剂浓度对气-液-固循环浆态光催化反应器降解偶氮染料的影响

（实验条件：$c_0=20$mg/L；$U_g=9.80\times10^{-4}$m/s；$U_l=5.99\times10^{-3}$m/s）

率 R_d的拟合曲线，其中 $R_d=\frac{c_0-c_t}{c_0}\times100\%$。图 2.30(c) 表明，催化剂最优浓度约为 2g/L。光催化降解过程中，太低的催化剂浓度吸收光量子产生的HO_2·、·OH 等活性氧化物质较少，光催化降解速率也就较低；但催化剂浓度过高，又会导致光的散射，引起光的入射深度急剧下降，从而引起光催化降解速率下降。因此光催化反应过程中出现一最佳催化剂浓度。

2.3.2.2 表观气速的影响

表观气速影响反应体系中氧的传质，因而它是影响光催化效率的一个重要操作参数。表观气速对气-液-固循环浆态光催化反应器降解偶氮染料的影响结果，如图 2.31 所示。可以看出，偶氮染料降解速率常数随表观气速升高出现一个最佳值（约为 9.80×10^{-4} m/s）。这可能是由于气速增大，促进了氧传质，提高了溶氧浓度，光催化过程产生了更多活性氧化物质。然而，当表观气速持续增大时，导致浆态反应体系内气泡过多，可能影响了光的

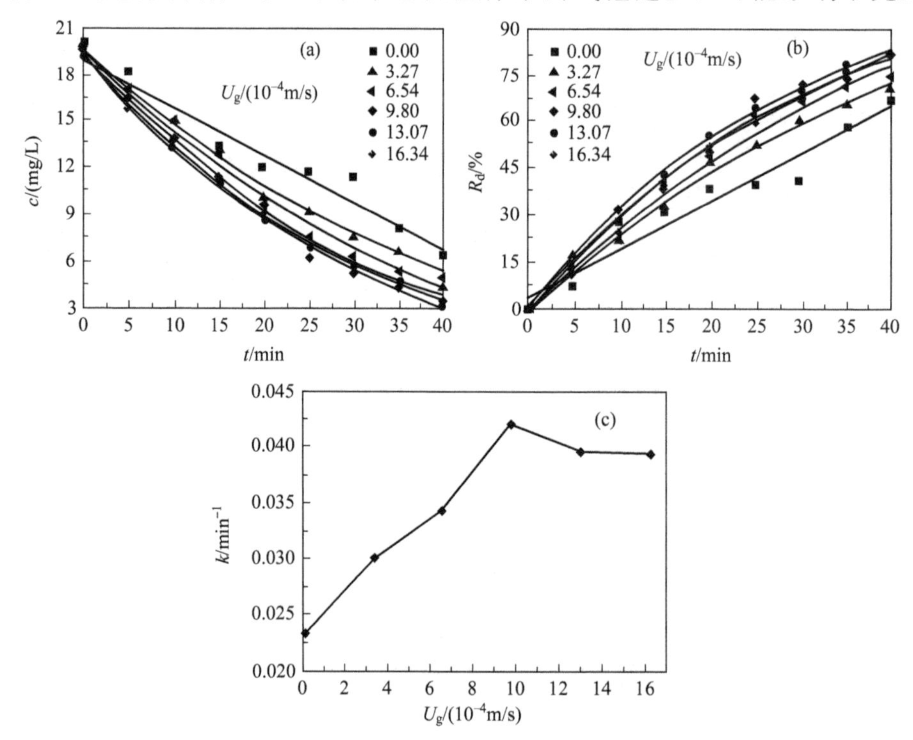

图 2.31 表观气速对气-液-固循环浆态光催化反应器降解偶氮染料的影响

（实验条件：$c_0=20$mg/L；$c_s=2$g/L；$U_l=5.99\times10^{-3}$m/s）

传递。

2.3.2.3 表观液速的影响

表观液速影响反应过程中的物料混合，其对偶氮染料降解的影响结果，如图 2.32 所示。由图可知，偶氮染料降解速率常数随着表观液速增大，直到本实验的最大表观液速 5.99×10^{-3}m/s。这主要是表观液速增大促进了空气中氧向浆态体系的传质。同样地，对环隙式浆态光催化反应器的操作参数的影响也进行了系统的考察。在实验条件下，气-液-固循环浆态反应器的最佳操作参数为，$c_s=2$g/L、$U_g=9.80\times10^{-4}$m/s、$U_l=5.99\times10^{-3}$m/s；环隙式反应器的最操作参数为，$c_s=2$g/L、$U_l=4.78\times10^{-2}$m/s。

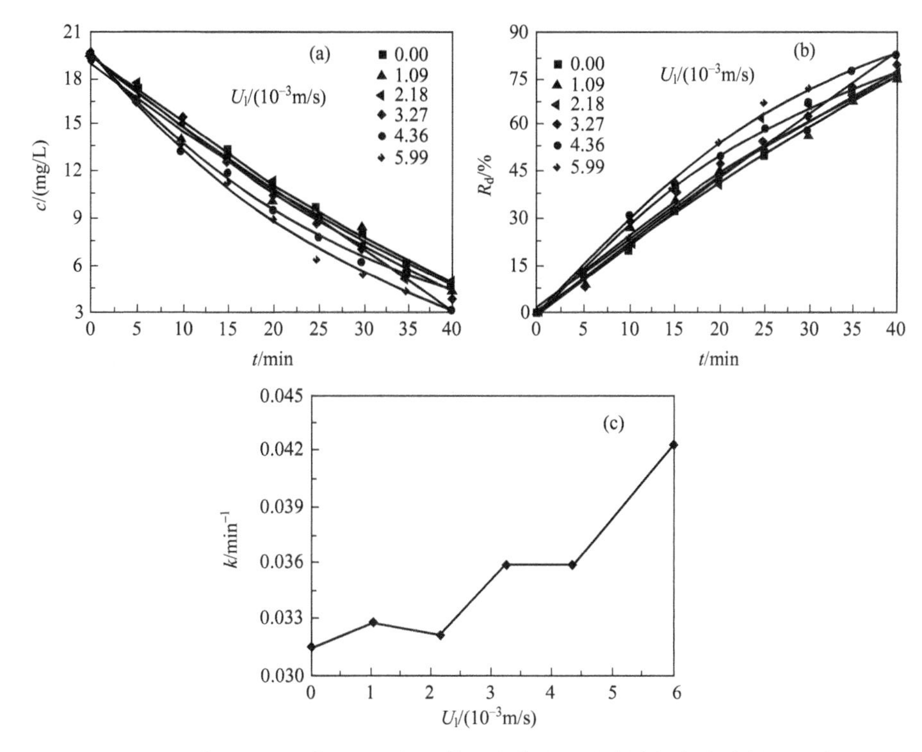

图 2.32 表观液速对气-液-固循环浆态光催化反应器降解偶氮染料的影响

（实验条件：$c_0=20$mg/L；$c_s=2$g/L；$U_g=9.80\times10^{-4}$m/s）

2.3.2.4 新型流化床光催化反应器的光量子效率

本工作所用激发光是一个波长主要分布在 300～420nm 范围内，主波长为 365nm 的紫外光源，其相对发光强度大于 20%的波长在 330～390nm 之间。因此，其光强度主要是集中在主波长365nm附近的60nm波长范围，如图2.2所示。本文计算光量子效率的目的，是以其作为横向比较不同反应器在光能利用情况方面的一个手段，并非要严格计算其精确值。鉴于所用光源发光强度主要集中在365nm附近的较小波长范围内，本文以365nm处的光量子效率作为近似值，作为不同反应器性能比较的一个指标，以便提供较多的评价信息。

采用各个光催化反应器在最佳操作条件下的动力学数据，计算得到气-液-固循环浆态反应器光催化降解偶氮染料的最大量子收率，$\Phi_{max}\approx3.89\times10^{-3}$ mol/Einstein，平均量子收率$\overline{\Phi}\approx1.33\times10^{-3}$ mol/Einstein；环隙式反应器的$\Phi_{max}\approx5.74\times10^{-3}$ mol/Einstein，平均量子收率$\overline{\Phi}\approx1.83\times10^{-3}$ mol/Einstein。前者的平均光量子效率比后者低约27.3%，这可能是在气-液-固浆态反应器中，流体中的气泡对紫外光的反射、折射等作用，影响了催化剂对于光的吸收，导致了反应器光能利用率的略微下降。

2.3.2.5　新型流化床光催化反应器的能效分析

（1）反应器类型对偶氮染料降解脱氮产物的影响

两种光催化反应器在最佳操作条件下催化降解脱氮含氮产物分析结果如表2.8所示。由表2.8可知，甲基橙在两种浆态光催化反应器中光催化降解的脱氮产物主要是NH_4^+和N_2，硝酸盐氮和亚硝酸盐氮浓度很低。

（2）偶氮染料光催化降解脱氮的能效比较

有机污染物光催化降解过程的速率和能耗是光催化反应器性能的综合评价指标。本工作以单位时间单位体积脱氮量作为过程速率的指标，R_N。定义指标EE/O为：将1m^3（1000L）的某种偶氮染料废水中的总氮浓度降低一个数量级所消耗的电能（kW·h），其计算如下：

$$EE/O=\frac{P\times(t/60)\times1000}{V\lg(c_0/c_f)} \tag{2.14}$$

式中，P为所用灯管的功率，kW；t为光催化反应时间，min；V为反应体系的体积，L；c_0、c_f分别为初始和最终某种偶氮染料废水中的氮浓度。

基于表2.8中的分析结果，甲基橙偶氮染料在气-液-固循环浆态反应器中降解的$R_N=7.29\times10^{-3}$mg/(L·min)，$EE/O=358$kW·h；而环隙式反应器的$R_N=3.93\times10^{-3}$mg/(L·min)，$EE/O=218$kW·h。前者脱氮速率比后者约高85.5%，能耗也比后者增加约64.2%，这可能是量子收率下降引起的。但脱氮速率增加的幅度比能耗增加幅度高出21.3%。由此可见，在偶氮染料光催化降解脱氮过程中，持续向光催化反应器供给适当量空气，明显有益于产物中气态氮的移去，促进脱氮反应的进行。

表 2.8　甲基橙在两种浆态光催化反应器中降解脱氮含氮产物含量及其在产物中所占百分率

光催化反应器	含氮产物的浓度 c/(mg/L)					含氮产物含量/%				
	TN_b	TN_a	NO_3^--N	NO_2^--N	NH_4^+-N	NO_3^--N	NO_2^--N	NH_4^+-N	气态-N	其他N
环隙式反应器	2.566	1.937	0.050	0.007	1.866	1.95	0.27	72.72	24.51	0.55
气-液-固流化床反应器	2.566	2.092	0.050	0.008	2.019	1.95	0.31	78.68	18.47	0.58

注：1. TN_a和TN_b分别为偶氮染料光催化降解前后的总氮浓度，气态氮为这两者之差。
2. 其他形式氮是指TN_a减去$c(NO_3^-$-N)、$c(NO_2^-$-N)、$c(NH_4^+$-N) 之和。

2.3.3　双酚 A 在新型流化床光催化反应器中的降解规律

2.3.3.1　Gd-TiO_2光催化剂浓度的影响

在较适中的表观气/液速即分别为 1.11×10^{-2} m/s 和 5.56×10^{-3} m/s 的

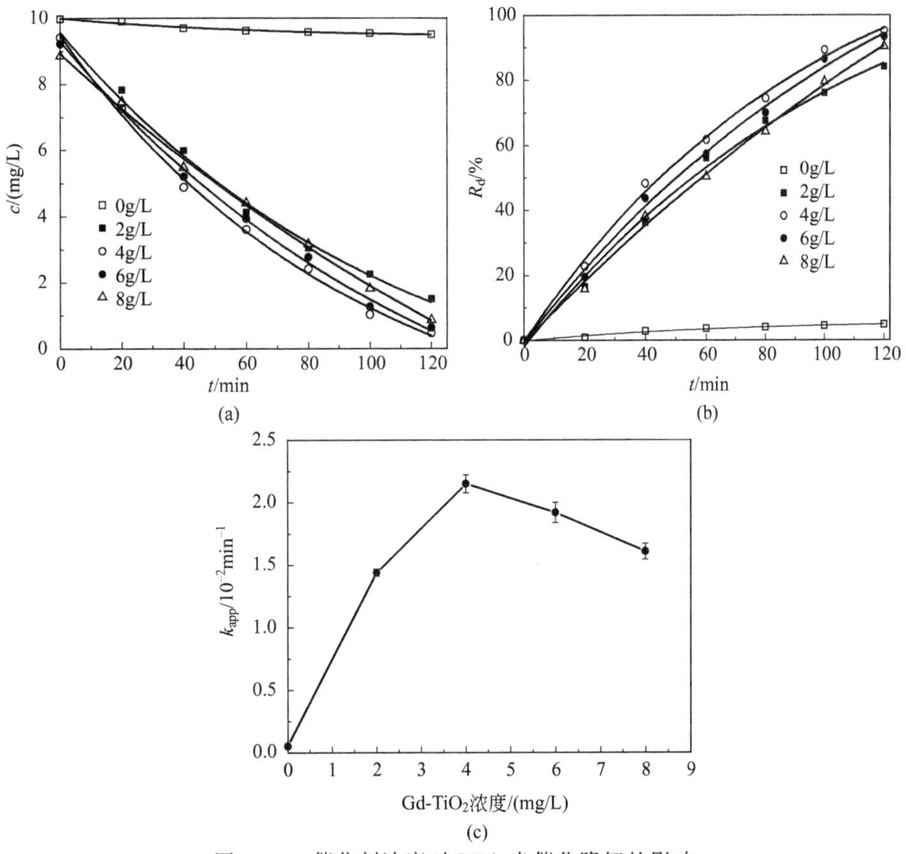

图 2.33　催化剂浓度对 BPA 光催化降解的影响

（实验条件：$U_g=1.11\times10^{-2}$ m/s；$U_l=5.56\times10^{-3}$ m/s）

条件下进行双酚A（BPA）降解实验，实验考察催化剂浓度的影响，实验结果如图2.33所示。图2.33(a)为BPA浓度随时间的变化曲线，图2.33(b)为BPA降解率R_d随时间的变化曲线，图2.33(c)是采用表观一级反应动力学方程式[式(2.2)]对实验过程中的数据进行拟合所得的表观速率常数随催化剂浓度的变化曲线。

由图2.33可知，流化床光催化反应器和Gd-TiO_2光催化剂组成的新体系对BPA的降解效果较好，光催化反应2h时BPA降解率最高可达95%左右。光催化剂浓度对处理效果影响较大，当Gd-TiO_2光催化剂浓度由0g/L增到4g/L时，BPA的降解速率增快，表观速率常数增大；而当Gd-TiO_2浓度由4g/L增大至8g/L时，BPA降解的速率常数反而减小，最优浓度为4g/L。出现这样的规律，主要是因为随着反应体系中Gd-TiO_2光催化剂颗粒增多，可以发生光催化反应的“小单元”增多，整体增大了反应体系中的固-液、气-固接触界面面积以及光催化剂颗粒的受光照面积，产生更多的·OH、·O_2^-、HO_2·、H_2O_2等活性氧化物质，最终导致了BPA光催化降解速率的增大。然而，反应体系中光催化剂的含量也并非越多越好，过高的光催化剂含量会导致紫外光在反应浆液中传递时散射作用增强，降低体系中光辐射强度，造成BPA光催化降解速率下降。因此，本反应体系中也出现了一个最佳的TiO_2浓度，但与常用的P25纳米TiO_2一般最佳浓度为2g/L有所不同，Gd-TiO_2最佳浓度为4g/L，这可能主要是由两者不同的粒径和比表面积等物化性质所引起。值得注意的是，Gd-TiO_2的比表面积为14.9m^2/g，仅约为P25-TiO_2比表面积（55m^2/g）的1/4，由此表明颗粒较大而比表面积较小的TiO_2光催化剂可适当通过增大剂量，以获得较好的光催化降解污染物效果。

2.3.3.2 表观气速的影响

表观气速（U_g）影响溶解氧的传质和紫外光的传递等，也是需要优化的重要操作参数，表观气速对BPA在新光催化处理体系中降解的影响结果如图2.34所示。研究结果显示：当表观气速由5.56×10^{-3}m/s增大到8.34×10^{-3}m/s时，BPA降解的表观速率常数增大；但当表观气速继续由8.34×10^{-3}m/s增大至1.67×10^{-2}m/s时，BPA光催化降解的表观速率常数反而降低，表观气速存在一个为8.34×10^{-3}m/s的最优值。出现这样的规律，需要采用气-液-固多相传质理论和气-液-固三相流化床流型转化理论进行解释。一方面当表观气速小于8.34×10^{-3}m/s时，表观气速的增大会

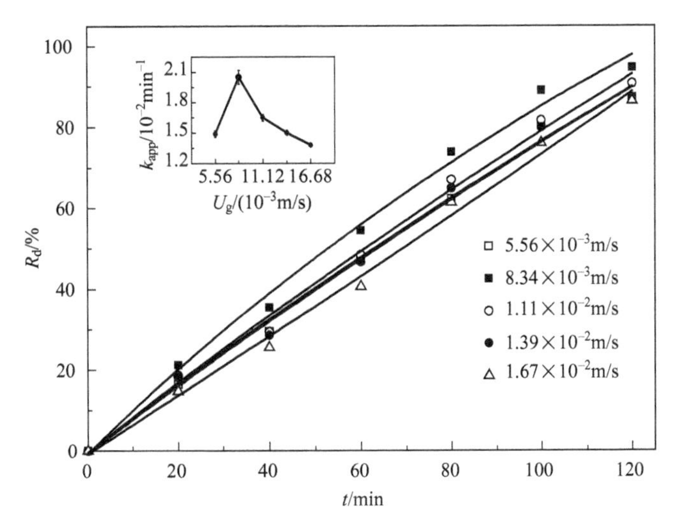

图 2.34 表观气速 U_g 对 BPA 光催化降解的影响

（实验条件：$c_s=4$g/L；$U_l=5.56\times10^{-3}$m/s）

引起有利于光催化降解 BPA 的效应，包括促进光催化反应体系中的气-液、固-液等相间传质，因为气-液体积传质系数 $K_l\alpha$ 和液-固传质系数 K_s 会随着 U_g 的增大而缓慢增大（$K_l\alpha\propto U_g^{0.6\sim1}$，$K_s\propto U_g^{1/4}$）。而气-液相间传质的提高，有利于氧气向反应浆液传质，增大反应浆液中的溶解氧浓度；有利于 Gd-TiO_2 光催化剂颗粒流化态运动，促使其分散均匀，不出现团聚；并强化固-液传质，有利于 Gd-TiO_2 光催化剂对 BPA 的吸附，以及 BPA 降解产物从 Gd-TiO_2 表面清除，更新其表面活性位点。另外，当表观气速大于8.34×10^{-3}m/s 时，表观气速的增大可引起新的流化床光催化反应体系中气相流型由气泡分散型转化为气泡合并型，气泡尺寸和气相含率增大，阻碍了紫外光在液相中的传递，降低反应体系中的光强度，从而引起 BPA 光催化降解速率的降低。

2.3.3.3 表观液速的影响

表观液速（U_l）影响反应浆液的混合，也是反应过程的重要影响因素，其对气-液-固三相流化态反应体系中 BPA 光催化降解的影响结果如图 2.35 所示。由图可知，表观液速也存在一个约为 8.34×10^{-3}m/s 的较优值，当表观液速由 0m/s 增大为 8.34×10^{-3}m/s 时，BPA 的降解速率常数一直增大；但当表观液速继续由 8.34×10^{-3}m/s 增大为 1.11×10^{-2}m/s 时，BPA 的降解速率反而有所降低。这种现象的出现，可能主要与表观液速的增大会

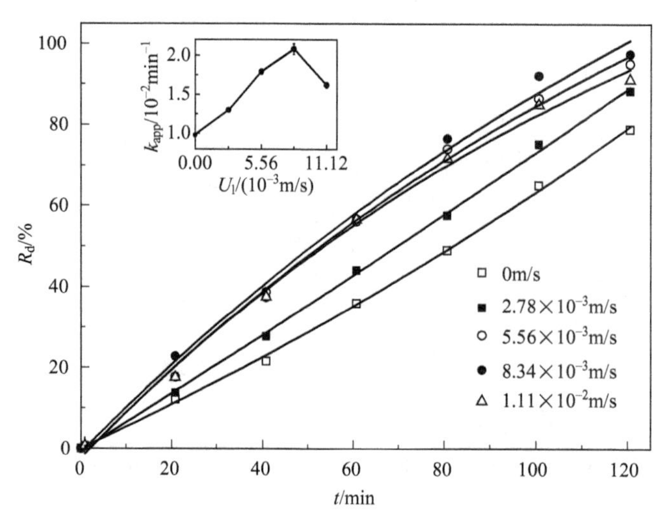

图 2.35 表观液速对光催化降解 BPA 的影响

（实验条件：$c_s=4g/L$；$U_g=8.34\times10^{-3}m/s$）

引起 TiO_2多相光催化反应体系中多相相间传质变化有关。首先，表观液速的增大会强化气-液传质，有助于空气中氧向浆态体系的传质溶解，提高了反应浆液中溶解氧的浓度；其次，表观液速的增大会引起流态化光催化反应体系中单位体积反应液的能量耗散率 e 的增大，从而导致固-液界面的传质系数 K_s 增大（$K_s\propto e^{0.2}$），固-液界面传质的增强，有利于 TiO_2光催化剂对目标污染物 BPA 分子的吸附和 TiO_2颗粒表面 BPA 降解产物的清除以更新光催化剂表面；表观液速的增大也有利于分散 TiO_2光催化剂颗粒。然而继续增大表观液速并超过临界较优值 8.34×10^{-3} m/s 时，BPA 光催化降解效率反而有所降低，这可能与过高的循环液速会导致 TiO_2光催化剂穿过溢流堰，沉积在溢流堰外侧，从而脱离了有效光照辐射区域有关，具体作用机理有待进一步深入研究。

2.3.3.4 两种反应体系对 BPA 光催化降解的综合性能比较

（1）光催化性能对比

经过上述操作参数的优化，可得到新建立的 Gd-TiO_2光催化剂和流化床反应器构成光催化反应体系催化降解 BPA 的最优条件为：催化剂浓度为 4g/L，表观气速为 8.34×10^{-3} m/s，表观液速为 8.34×10^{-3} m/s。采用相同的实验方法，也对 P25-TiO_2光催化剂和新设计的气-液-固三相流化床反应器组成的光催化反应体系的过程参数进行了优化，得到其较优的反应条件为：

催化剂浓度为2g/L，表观气速为8.34×10^{-3}m/s，表观液速为8.34×10^{-3}m/s。在两种反应体系各自最优的操作参数下，对比考察了这两种TiO_2光催化体系降解BPA溶液的性能，结果如图2.36所示。实验结果表明，同样反应2h，以微米级的稀土掺杂Gd-TiO_2为光催化剂流化态反应体系对BPA的降解率为95%，降解效果优于以纳米级P25-TiO_2为光催化剂的悬浮浆态处理体系的87%降解率。这主要是由于稀土掺杂所起的光催化剂吸附能力增强和表面电荷转移速率增大等所致。

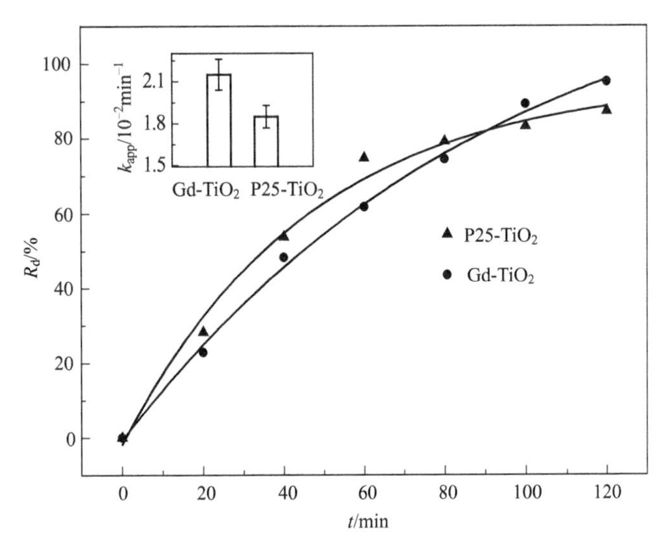

图2.36　Gd-TiO_2和P25-TiO_2两种反应体系光催化性能对比

[实验条件：c_0(BPA)=10mg/L]

(2) Gd-TiO_2与P25-TiO_2重力沉降分离性能对比

重力沉降分离性能是光催化剂实现可回收利用的重要性能，是其能否用于实际废水处理的重要指标，因此，需要对Gd-TiO_2与P25-TiO_2两种光催化剂的沉降分离性进行研究，将这两种反应体系光催化降解BPA 2h后的反应浆液倒入100mL比色管内进行重力沉降实验，结果如图2.37所示。由图可知，在重力沉降分离性能方面，微米级的稀土掺杂Gd-TiO_2光催化剂要比纳米级的P25-TiO_2光催化剂易于重力沉降

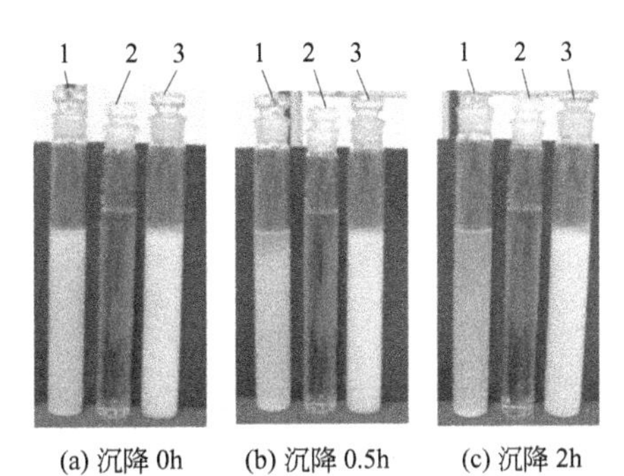

(a) 沉降0h　(b) 沉降0.5h　(c) 沉降2h

图2.37　Gd-TiO_2和P25-TiO_2沉降性能对比

1—Gd-TiO_2浆液；2—BPA溶液；3—P25-TiO_2浆液

分离。反应结束以后仅需静置 0.5h，大部分的 Gd-TiO_2 颗粒就依靠自身重力，与 BPA 溶液实现了沉降分离，沉降在比色管的底部，仅有少部分颗粒还悬浮在 BPA 溶液中；继续静置达 2h 时，悬浮在 BPA 溶液中的 Gd-TiO_2 光催化剂颗粒也出现分离，BPA 反应液开始变得清澈。然而对于 P25-TiO_2 光催化剂而言，即使 BPA 反应浆液静置了 2h，其依然呈“牛奶”状，其中的 P25-TiO_2 无法实现与 BPA 水溶液的重力沉降分离，不能进行重力沉降回收利用，表明后者只适宜用于小试的实验室研究，无法用于实际废水处理过程中。

（3）实际光催化效率对比

实际废水处理过程中，既要求 TiO_2 多相光催化处理体系具有较高的光催化反应速率，又要求光催化剂具有良好的沉降分离性能，以便于回收、重复利用，降低处理成本。于是，研究者们提出了既能反映 TiO_2 多相光催化反应效率，又能反映 TiO_2 光催化剂沉降的指标——实际光催化效率（practical efficiency，*PE*），其数学表达式如下：

$$PE=\frac{k_{app}^{Gd\text{-}TiO_2}}{k_{app}^{P25\text{-}TiO_2}}\times\frac{D_{Gd\text{-}TiO_2}}{D_{P25\text{-}TiO_2}} \tag{2.15}$$

式中，$k_{app}^{Gd\text{-}TiO_2}$ 和 $k_{app}^{P25\text{-}TiO_2}$ 分别为 Gd-TiO_2 和 P25-TiO_2 反应体系中 BPA 光催化降解过程中的表观速率常数；$D_{Gd\text{-}TiO_2}$ 和 $D_{P25\text{-}TiO_2}$ 分别为这两种光催化剂在 2h 沉降后的浊度降低百分率，可由式(2.16) 进行计算：

$$D=\frac{T_{0h}-T_{2h}}{T_{0h}}\times100\% \tag{2.16}$$

式中，T_{0h} 和 T_{2h} 分别指悬浮浆态光催化体系光催化剂在反应后沉降 0h 和 2h 后的浊度。为了量化 Gd-TiO_2 与 P25-TiO_2 反应体系的光催化性能，我们采用实际光催化效率 *PE* 来评价这两种反应体系的性能，采用式(2.15) 和式(2.16) 对这两种反应体系实际光催化效率进行了计算，Gd-TiO_2 与 P25-TiO_2 反应体系的实际光催化效率分别为 2.98 和 1。前者几乎是后者的 3 倍，表明以微米级的 Gd-TiO_2 颗粒为光催化剂，与光源内置式气-液-固三相循环流化床反应器组合所构建的新型光催化反应体系，颗粒流化态可强化 TiO_2 光催化处理效率，具有较高的实际光催化效率，可用于难降解有机污染物的光催化处理，并为 TiO_2 多相光催化技术的实际应用提供新思路。

2.4 旋转薄膜浆态光催化反应器的设计及其性能

尽管光催化技术的研究自 20 世纪 70 年代以来已开展了大量的工作，但迄今为止商业化应用的报道还很少。主要问题在于缺乏可吸收可见光的高效光催化剂和高效率的光催化反应器。光催化剂的使用有悬浮和固定化两种。悬浮体系由于具有大的比表面积和不存在传质限制而具有较高的效率，但存在催化剂的回收和光入射深度的问题。光催化剂的固定化解决了回收问题，但又存在扩散控制问题，Dutta 等通过使用湍流强化反应体系的混合提高了传质效果。Ollis 等通过光催化效率的比较，认为层流降膜浆态光催化反应器（LFFS）的结构优于其他反应器。Puma 等后来对此类光源内置式层流降膜浆态反应器进行了模拟和实验验证。LFFS 光催化反应器提供了一种较好的结构，但在实际应用中，层流浆态体系中的催化剂粒子常会黏附在反应器壁上，液相与催化剂粒子表面上的物质传递由于缺乏扰动而受到影响。

基于此，本工作提出了一种强化 LFFS 内催化剂粒子表面物质传递和避免催化剂在反应器壁上沉积的方法，形成一种浆料旋转下降的反应器，即旋转薄膜式光催化反应器（RFFS）。以苯酚为模型污染物进行了光催化降解实验研究，并与常规的鼓泡式光催化反应器（TBS）进行了对比。

2.4.1 旋转薄膜浆态光催化(RFFS)反应器的设计与制作

旋转薄膜式浆态光催化反应系统如图 2.38 所示。反应器的主体是由硼硅玻璃制成的高 400mm、直径 50mm 的圆柱形玻璃筒，下部为圆锥形，以避免形成循环死角，空气经泵由下部的曝气头曝气，可满足反应体系对氧的需要，水泵实现浆料循环。本设计的重点在于将浆料出口的喷嘴设计成一定角度，使参与光催化反应的浆料在泵的输送下，沿切线方向被打到反应器内壁，在反应器内壁上形成旋转薄膜，同时向下沿反应器壁流到下部的集中部分。反应器的光源由两盏 50W 的高压汞灯对称放置在反应器的两边组成。

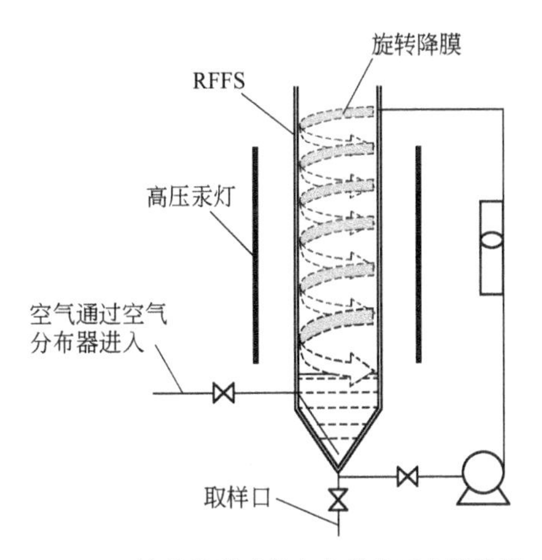

图 2.38 旋转薄膜式浆态光催化反应器装置

每次实验，配制 300mL 一定浓度的苯酚溶液，并加入一定量的催化剂，然后将其加入 RFFS 反应器中，避光循环 40min，使之分散均匀，并建立起吸附平衡关系。然后，打开汞灯照射，开始光催化降解反应。每隔一定时间取样，样品经高速离心（15000r/min）分离，取上清液稀释，采用4-氨基安替比林直接分光光度法，在紫外可见分光光度计上于510nm处测定苯酚浓度。初步实验表明，苯酚在只有光照的条件下几乎不被分解，但可以在光催化剂和紫外光同时存在的条件下发生降解。

2.4.2 RFFS反应器与传统鼓泡浆态反应器光催化性能对比

为了初步检查RFFS设计构想的效果，首先比较了旋转薄膜式光催化反应器（RFFS）与传统鼓泡浆态反应器（TBS）的光催化性能。采用同样的反应体积，当关闭图2.38中所示的输送泵，并封闭反应器下部，以空气泵对系统曝气，使料浆混合，就成了传统鼓泡浆态反应器。实验表明，当通气流量$V_g \geqslant 1.5$L/min时，传统鼓泡式光催化反应器不受传质的影响，催化剂的最佳用量为2.0g/L。对于浆态反应体系，催化剂浓度的继续升高，会引起光较大的散射，从而降低光催化效率。当$V_g \geqslant 1.0$L/min时，旋转薄膜式反应器不受传质的影响，最佳催化剂用量c_s为3.0g/L。在苯酚溶液初始浓度c_0为30mg/L、光距10cm时，分别在两种条件下，比较了两种反应器的催化性能，结果如图2.39所示。在光催化体系的循环流速大于2.7L/min、供气流量为1.0L/min、催化剂浓度为3.0g/L的条件下，RFFS反应器比传统浆态鼓泡光催化反应器的降解速率提高1.6倍。

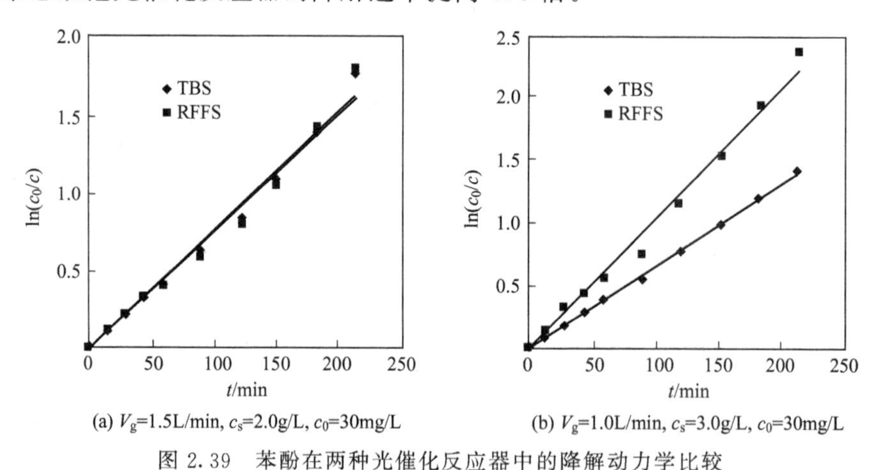

图2.39 苯酚在两种光催化反应器中的降解动力学比较

由图2.39可见，苯酚在传统鼓泡式反应器和RFFS反应器中的降解动力学都基本符合表观一级动力学。图2.39(a)为在TBS反应器最佳条件下的运行结果，图2.39(b)为在RFFS反应器最佳条件下运行的结果。当催化剂浓度为2.0g/L时，苯酚在两种反应器中的降解效率很接近。但当催化剂浓度升高为 3.0g/L 时，RFFS 反应器就表现出了较高的光催化效率。在最佳条件下，苯酚在鼓泡式光催化反应器中降解的表观速率常数为 $7.7\times10^{-3}min^{-1}$，而在旋转薄膜式光催化反应器中的降解表观速率常数为 $10.5\times10^{-3}min^{-1}$。结果表明，旋转薄膜式反应器可以在较高光催化剂浓度下操作，旋转的液体薄膜解决了光在传统浆态反应体系中的消减问题，大大提高了对光能的利用率，从而大幅度提高光催化效率。旋转薄膜式反应器的最佳通气气速较传统的反应器要小，原因在于旋转的浆料在下降过程中扩大了与空气接触的表面积，使空气中的氧溶解到系统当中，促进了反应的进行。

2.4.3 操作参数对苯酚在 RFFS 反应器中光催化降解的影响

实验结果表明，苯酚的降解效率随着通气流量 V_g 和浆料循环流量 V_l 增加而增大，但当 $V_g>1.0L/min$、$V_l>2.7L/min$ 时，它们对苯酚降解率的影响不大，表明在此情况下，苯酚在 RFFS 反应器中的降解不再受到传质的影响。在此条件下，重点研究了苯酚初始浓度 c_0、催化剂用量 c_s 和发光强度 I 对光催化降解的影响。

苯酚在光催化降解过程中的浓度变化符合表观一级动力学，如图 2.40 所示。其变化规律与其他研究者所报道的一样，光催化降解的表观速率常数随基质初始浓度的增大而减小，随光照强度的增加而增大。催化剂的用量与其他研究结果一样，也存在一个最佳用量。表观速率常数在催化剂浓度 $c_s<3.0g/L$ 时，随催化剂用量的增加而增大；当 $c_s>3.0g/L$ 时，表观速率常数随催化剂用量的增加反而减小。这主要是过量的催化剂引起了更大的光散射，降低了体系对光子的吸收。

2.4.4 苯酚在 RFFS 反应器中的降解动力学

假设表观速率常数 k 分别与 c_0、c_s 及 I 成正比关系，在 $V_g>1.0L/min$、$V_l>2.7L/min$ 和 $c_s<3.0\ g/L$ 条件下，将图 2.40(a)～(c) 中得到的各种条件下苯酚的光催化降解表观速率常数 k，分别以相应的 $\ln k$ 对 $\ln c_0$、$\ln c_s$ 及 $\ln I$ 进行线性回归得到相应的指数，其结果为：

$$k=0.3948c_0^{-1.2649} \tag{2.17}$$

$$k=0.0054c_s^{0.5493} \tag{2.18}$$

$$k=0.0007I^{1.064} \tag{2.19}$$

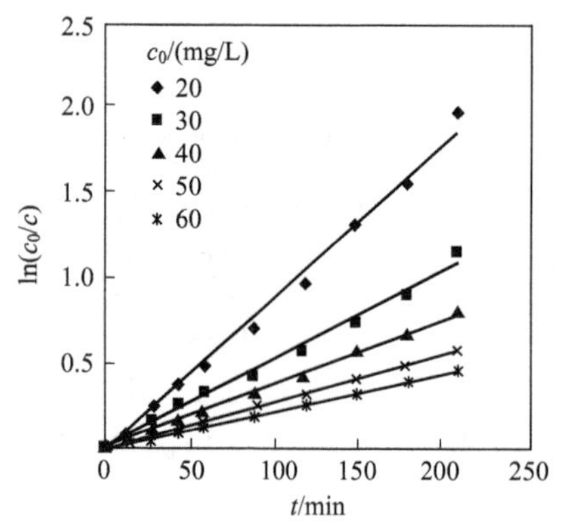

(a) V_g=1.0L/min, V_l=3.3L/min, c_s=1.0g/L, I=6.3W/m^2

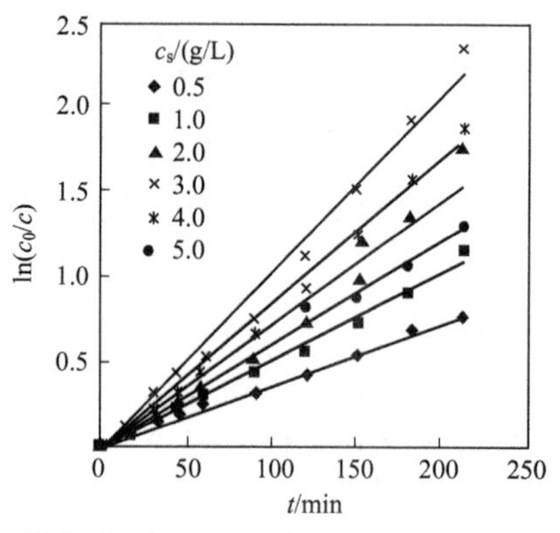

(b) V_g=1.0L/min, V_l=3.3L/min, c_0=30mg/L, I=6.3W/m^2

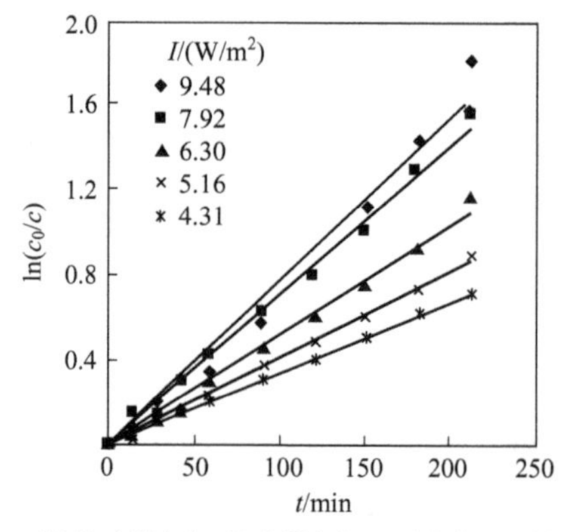

(c) V_g=1.0L/min, V_l=3.3L/min, c_s=1.0g/L, c_0=30mg/L

图 2.40　苯酚初始浓度、催化剂用量和发光强度对光催化降解动力学的影响

数据处理结果表明，表观速率常数 k 分别正比于 $c_0^{-1.2649}$、$c_s^{0.5493}$ 及 $I^{1.064}$。这样，表观速率常数 k(min^{-1}) 与 c_0、c_s和 I 的关系就可以表示为：

$$k = ac_0^{-1.2649} c_s^{0.5493} I^{1.064} \tag{2.20}$$

这样，通过实验数据回归就可以求出式(2.20) 的比例系数 a，其动力学表达式如下：

$$\ln(c_0/c) = kt \tag{2.21}$$

$$k = 0.0556c_0^{-1.2649} c_s^{0.5493} I^{1.064} \tag{2.22}$$

许多研究结果表明，在有机物的光催化降解动力学中，当 I 较低时，表观速率常数 k 正比于 $I^{0.5}$；当 I 较高时，k 正比于 I。这说明，在本实验研究中，对于旋转成膜的浆态反应体系来说，发光强度较高，有利于提高光催化的降解速率。将各种条件下实验测得的苯酚浓度随时间的变化与理论分析结果对照，发现用上述动力学表达式所得计算值与实验测定值吻合较好，结果如图 2.41 所示。

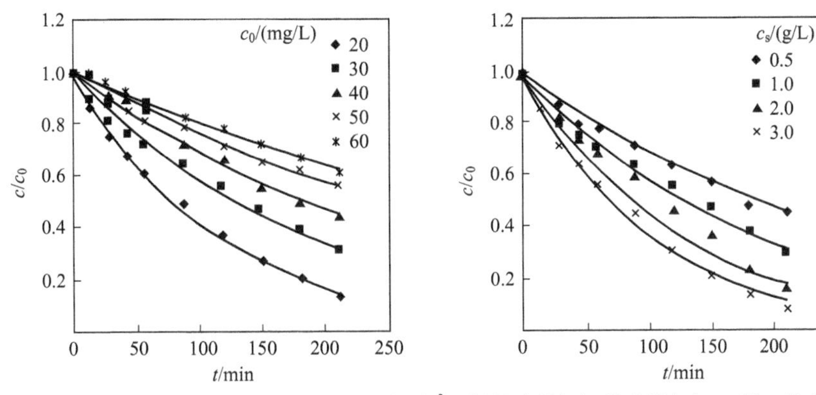

(a) V_g=1.0L/min, V_l=3.3L/min, c_s=1.0g/L, I=6.3W/m^2　(b) V_g=1.0L/min, V_l=3.3L/min, c_0=30mg/L, I=6.3W/m^2

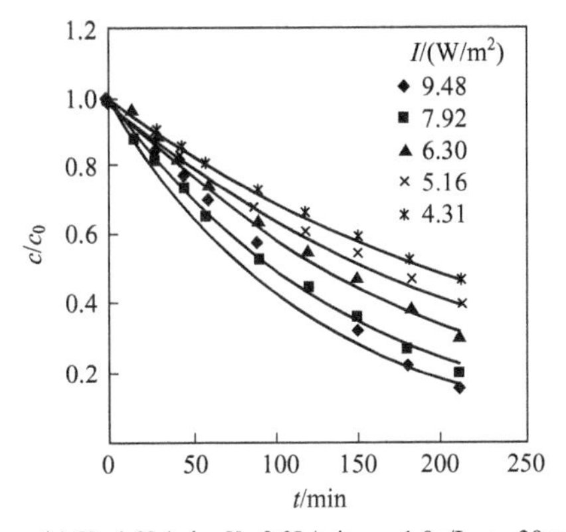

(c) V_g=1.0L/min, V_l=3.3L/min, c_s=1.0g/L, c_0=30mg/L

图 2.41　苯酚降解动力学理论值与实验值的比较

2.5　TiO_2光催化反应过程的强化

光催化剂的使用方式大致分为悬浮浆态和固定床式两类。悬浮浆态方式具有固-液接触面积大，过程不受传质限制的优点，但是存在光催化剂易于团聚、失活降低处理效率的问题。将 TiO_2 固定于反应器壁上，避免了催化剂分离回收的难题，具有催化剂反复利用的优势，但存在着催化剂薄膜与液相主体之间的传质限制问题。Dijkstra 等学者的系统研究表明，当固-液界面上传质限制消除时，薄膜式固定床可以获得与同等光照面积的悬浮浆态体系相似的量子效率。因此，从工程应用角度看，要设计出性能优良的光催化反应器，如果是浆态体系，必须解决催化剂团聚的问题；而固定床反应器必须解决提高激发光利用率和过程传质效率问题。

针对悬浮浆态 TiO_2 反应体系存在的光催化剂易于团聚、失活且无法对污染物完全矿化解毒的问题，研究者们试图通过电场、超声场、磁场等外场，来强化 TiO_2 多相光催化处理过程，以提高处理效率。其中超声（ultrasound，US）强化光催化氧化处理技术不仅具有超声单元和光催化单元累积的处理效果，还能产生超过累积效果的协同效应。针对悬浮浆态 TiO_2 反应体系设计一种有利于实现两者高效协同、易于工业化放大的循环超声直接强化光催化反应器。并以典型的单偶氮键染料——甲基橙（MeO）为处理对象，实验考察了这种新设计的超声强化光催化反应器的性能，研究了超声和光催化过程在新反应器中的耦合协同效应，并对超声功率、TiO_2 光催化剂浓度等过程参数对超声强化光催化降解 MeO 的效果以及超声与光催化之间协同效应的影响进行了过程分析。

超重力场技术是一项非常高效的强化化工传递过程的手段，实现超重力的最简便方法是通过旋转产生离心力而实现，任一瞬间物质在旋转体内各点所受的超重力分布总和即为超重力场。针对固定床反应器的缺点，提出了采用超重力技术强化固定床光催化反应过程，制作了旋转床液膜光催化反应器，期望通过超重力场的作用，使得催化剂固定床表面上的液体薄膜化，大大减小激发光到达催化剂表面的过程中被液体吸收的光损失，提高光能利用率；同时也利用超重力场强化催化剂表面上固-液界面、液膜上的气-液界面传质。期望通过这三者的协同作用，强化固定床催化剂界面上的光催化反应过程，为设计新型高效的固定床光催化反应器提供指导，加快光催化技术迈向实际废水处理领域的步伐。

2.5.1 超声强化 TiO_2 光催化反应器的设计与制作

设计的循环超声直接强化光催化反应器（sequential ultrasound directly intensified photocatalytic reactor，SEUDIPR）及其实验流程如图 2.42 所示。新设计的 SEUDIPR 反应器主要由超声处理单元的超声波反应器和 TiO_2 光催化处理单元的一个光源内置型的环隙式光催化反应器构成。其中，环隙式光催化反应器的反应主筒体为一个内径为 66mm、高度为 250mm 的 PVC 圆筒，在其底部通过法兰连接着一个外径为 40mm 的紫外灯有机玻璃套管，套管固定在圆筒的中央位置，反应区域为 13mm 宽的圆柱缝隙。进行实验反应时，将紫外灯从主筒体的底部插入紫外灯套管内，作为反应器的紫外光源，以实现光源的内置。

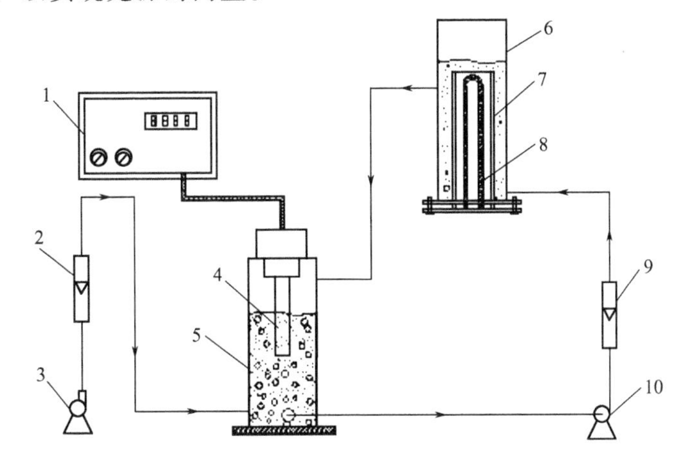

图 2.42 循环超声直接强化光催化反应器及实验流程图

1—超声波发生器；2—气体流量计；3—气泵；4—超声探头；5—超声反应器；6—环隙式光催化反应器；7—紫外灯套管；8—紫外灯；9—液体流量计；10—循环液泵

超声波反应器的主体筒体部分也是一个内径为 66mm 的 PVC 圆筒，在其底部空气通过一个外径为 10mm 的 PVC 管件通入，在管件的末端设有 2mm 的气体分布板，空气穿过分布板进入超声反应器。在超声反应器筒体的切向垂直位置设有外径为 25mm 的 PVC 液相循环管，通过小液泵实现反应浆液在光催化反应器和超声反应器内的液相循环。实验时，通过超声反应器筒体上端的敞口，将超声探头浸入反应浆液内，超声波由超声发射器产生后在液相内直接产生空化作用，强化光催化处理效果。同时开启气泵向体系中提供溶解氧，气体流量可以通过气体流量计计量，超声可以对气泡产生消解作用，降低气泡对 TiO_2 光催化处理单元的影响，强化处理过程，提高处理效率。

实验采用 10mg/L 的甲基橙水溶液作为模拟偶氮染料废水，实验考察了超声功率、TiO_2 光催化剂浓度等操作条件对新建立的超声强化光催化处理体系降解 MeO 效果的影响。通过 MeO 在超声催化（US+TiO_2）、光催化（UV+TiO_2）、超声强化光催化（US+UV+TiO_2）三种反应体系中降解的表观速率常数的对比，研究分析超声处理单元与 TiO_2 光催化处理单元是否存在协同效应，以及操作条件对协同效应的影响。超声强化 TiO_2 光催化处理过程的协同效应，可通过如下的协同因子（synergy，*SY*）进行计算评价：

$$SY=\frac{k_{\text{app}}(\text{US}+\text{UV}+\text{TiO}_2)}{k_{\text{app}}(\text{US}+\text{TiO}_2)+k_{\text{app}}(\text{UV}+\text{TiO}_2)} \tag{2.23}$$

式中，k_{app}（US+UV+TiO_2）、k_{app}（UV+TiO_2）、k_{app}（US+TiO_2）分别为超声强化光催化、光催化、超声催化处理过程的表观速率常数。

2.5.2 超重力强化TiO_2光催化反应器的设计与制作

超重力强化光催化反应器——旋转床液膜式光催化反应器结构如图2.43所示。反应器的外壳部分是一个用不锈钢板制成的直径600mm的圆柱体，筒体中心位置安装一个有机玻璃转盘，转盘被固定在位于筒体中心的传动轴杆上。轴杆上端与电机转轴相连接，下端固定在一个底座轴承上。为了让进水能够均匀地分布在转盘表面，在传动轴杆外设计了一个同心圆式的环形进水通道，该通道的下端与转盘表面留有一个1～2mm的环形间歇出水口。转盘上方50mm处，位于传动轴杆两侧平行安装两根功率为11W的紫外灯管作为激发光源（主波长365nm）。反应器筒体底部设置一个一定高度的环形状积水区，其下部有出水管及其相应的废水储水容器，该容器中的废水由循环水泵提升至传动轴杆外的环形进水通道口，实现废水的循环光催化降解。

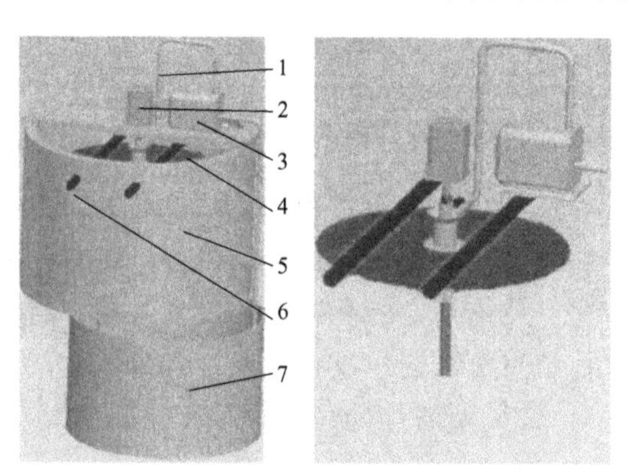

图2.43 旋转床液膜式光催化反应器装置

1—废水进水管；2—电机；3—液泵；4—转盘；
5—光催化反应器主体；6—紫外灯；7—水槽

实验时，将TiO_2光催化剂、二氯甲烷和甲醇的混合液制成浆料，均匀喷涂在有机玻璃转盘上，表面自然干燥后得到固定化的TiO_2薄膜，经Philip J. 证明通过上述方法在有机玻璃表面得到的TiO_2薄膜有很好的耐久性。实验均是在室温条件下操作，pH值为7.0左右，罗丹明B溶液在TiO_2薄膜表面均匀成膜。在装置运行时，电机驱动有机玻璃转盘高速旋转，废水通过环形通道，下流到其底部的环形狭缝出水口，然后在离心力作用下沿转盘表面被高速甩出，从而在转盘表面形成稳定的液膜。液膜厚度可以由转速和进水流量调节，在离心力作用下，液膜在转盘表面 TiO_2 催化剂薄膜上强制流动，强化了固-液、气-液传质过程。紫外光透过废水水膜照到催化剂表面，光损失小，大大提高了光能利用率。

为考察这种新型光催化反应器的性能，实验选用罗丹明 B 作为模型有机污染物。配制浓度为 10mg/L 的罗丹明 B 溶液，每次实验时向反应器中加入 800mL 罗丹明 B 溶液，调节反应器的进水流量和转速至设定值，待反应器运行稳定后，打开紫外光源照射转盘表面上的液体薄膜，随即开始了光催化反应，以此时开始计时，然后每隔 30min 取一组样，样品用紫外可见分光光度计在波长为 563nm 处测定罗丹明 B 的浓度。

2.5.3 超声强化 TiO_2 光催化降解甲基橙（MeO）

2.5.3.1 新反应器的初步性能研究

选择适中的实验操作条件，对新设计的循环超声直接强化光催化反应器的初步性能进行考察，实验对比了超声空化处理（US）、TiO_2 光催化剂吸附处理（TiO_2）、超声催化处理（US＋TiO_2）、TiO_2 光催化处理（UV＋TiO_2）、超声强化 TiO_2 光催化处理（US＋UV＋TiO_2）五种反应体系对 MeO 的降解处理效果，结果如图 2.44 所示。图 2.44(a) 为 MeO 在 5 种不同处理过程中的浓度降解变化曲线，图 2.44(b) 为图 2.44(a) 实验结果采取一级反应动力学方程拟合的曲线［如式(2.9) 所示］。由图 2.44(b) 所示

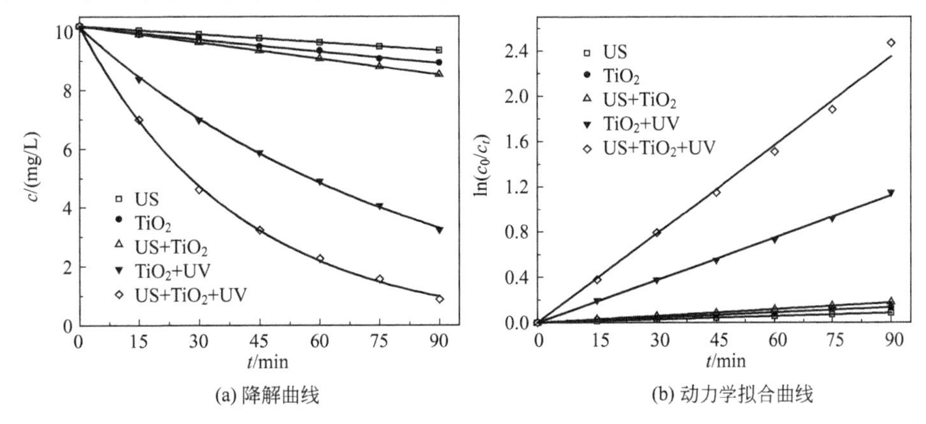

图 2.44 超声强化 TiO_2 光催化降解 MeO 初步效果对比

（实验条件：超声功率 400W；TiO_2 用量 2g/L；

循环液速 4.05×10^{-2}m/s；气体流量 200mL/min）

的结果可知，MeO 降解过程符合一级反应动力学过程。实验结果进一步表明，超声空化处理、TiO_2光催化剂吸附处理和超声催化处理这三种处理体系中，MeO 的降解率很低，处理 90min 后，降解率分别仅为 8.2%、12.29%和 16.39%。这说明超声空化作用以及 TiO_2光催化剂的吸附作用对 MeO 的降解十分有限，无法有效处理偶氮废水。然而，当打开紫外灯进行照射以后，在紫外光激发的 TiO_2多相光催化处理系统中 MeO 降解率大大提高，增大为 68.30%，而新设计的超声强化 TiO_2光催化处理体系中 MeO 的降解率则高达 90.15%。根据图 2.44(b) 数据拟合，计算所得的表观速率常数 k 值如表 2.9 所示。由表可知，新设计建立的超声强化 TiO_2光催化处理体系的 k_{app}值大于 TiO_2光催化过程和超声催化过程对 MeO 降解的 k_{app}值之和，表明超声处理过程和 TiO_2光催化处理过程在新设计的反应器中，具有协同效应，由式(2.23) 计算可知协同因子为 1.80，由此说明新设计的反应器有效实现了超声和 TiO_2光催化两种处理过程的有效协同。为了提高新反应体系对 MeO 的降解效果以及超声和光催化的协同效果，实验将考察主要操作参数对超声强化光催化反应器性能的影响，并对其进行优化。

表 2.9 不同处理过程表观速率常数对比及协同因子

处理过程	US	TiO_2	US+TiO_2	UV+TiO_2	US+UV+TiO_2	SY
表观速率常数 $k_{app}/10^{-2}min^{-1}$	0.09	0.15	0.20	1.25	2.61	1.80

2.5.3.2 超声功率的影响

超声功率决定超声波辐射的强度，后者对超声强化光催化降解 MeO 的效果有重要影响。并且超声功率与电能消耗相关，功率越大，能耗越高，处理成本也就越高，所以需要对其进行优化，其对新建立的体系降解 MeO 效果的影响，如图 2.45 所示。由图可知，超声功率存在一个较优值，为 600W，当超声功率由 0W 增大至 600W 时，MeO 降解速率随超声功率的增加而增大，然而当功率继续由 600W 增大至 1000W 时，MeO 降解速率增大幅度较小，趋于缓慢。这一点也反应在超声和 TiO_2光催化的协同效应上，当超声功率小于 600W 时，协同因子 SY 值随着超声功率的增大而快速增大，而当超声功率大于 600W 时，SY 值随着超声功率的增大，几乎没有什么变化。

超声对 MeO 降解的表观速率常数和协同因子的影响出现上述规律，可能是因为，在低于 600W 的超声功率下，随着超声功率的增大，超声辐射强

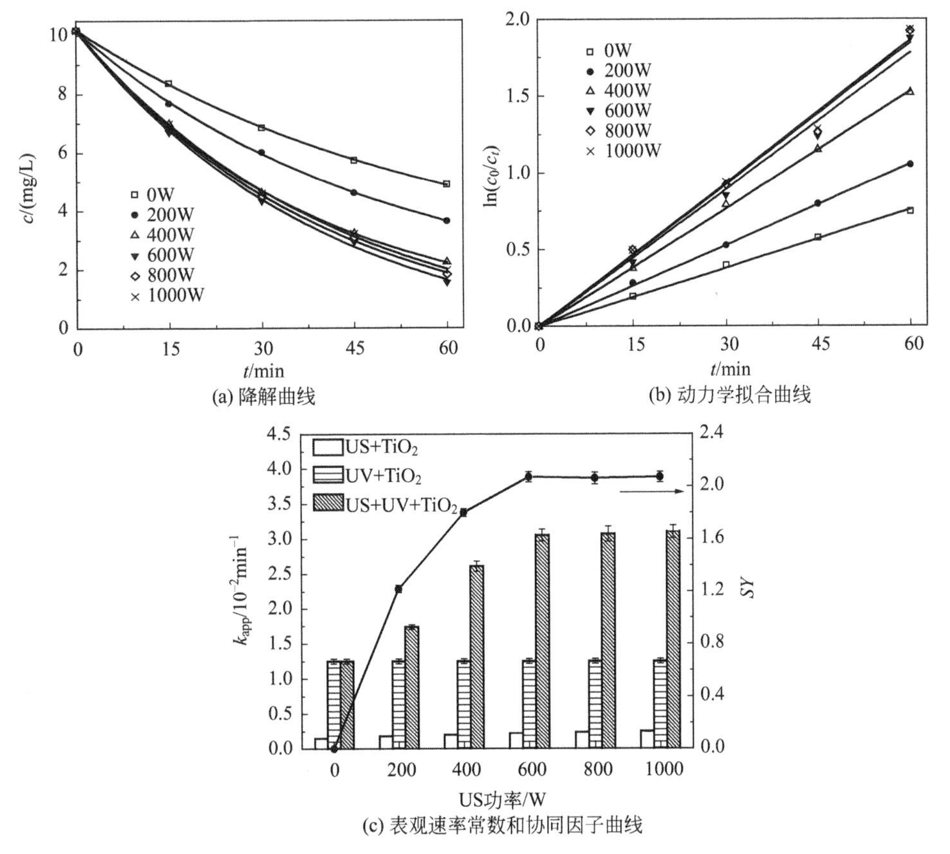

图 2.45 超声功率对超声强化 TiO_2 光催化处理 MeO 的影响

（实验条件：TiO_2用量 2g/L；循环液速 4.05×10^{-2}m/s；气体流量 200mL/min）

度增大，导致其自身的空化作用增强，体系中的“热点”数量增多、强度增大，导致反应体系中活性氧化物质，如 · OH 和 · H 增多，但超声波对 MeO 的处理作用较小，最大表观速率常数也仅为 $2.5\times10^{-3}\text{min}^{-1}$。所以超声功率的增大，超声辐射强度的增强，主要还是对浆态反应体系中的 TiO_2 光催化剂的解团聚作用增强，增加了整个超声强化光催化处理体系中固-液、气-固接触面积，并强化了固-液、气-液、气-固等多相相间传质以及对 TiO_2 光催化剂的表面更新和复活作用增强，最终加速了超声强化光催化反应进程，提高了超声强化光催化处理 MeO 的处理效果，这一点也被协同因子的增大所证实。然而当超声功率继续由 600W 增大为 1000W 时，超声波辐射强度的增大所导致的强化作用已经不明显了，表观速率常数和 *SY* 值均没有明显增加，此时超声功率增大只会增加处理成本，所以超声功率最优值选择 600W。

2.5.3.3 光催化剂浓度的影响

光催化剂 TiO_2的浓度对超声强化光催化处理体系影响较大，也是一个需要优化的重要操作参数，在超声功率为 600W，循环液速为 4.05×10^{-2} m/s，空气流量为 200mL/min 时考察光催化剂浓度对新超声强化光催化体系处理 MeO 的影响，结果如图 2.46 所示。实验结果表明，TiO_2光催化剂浓度存在一个最优值，为 3g/L。当 TiO_2浓度由 0g/L 增大为 3g/L 时，MeO 在超声强化 TiO_2光催化反应体系中的降解速率和协同因子也随之增大，但当 TiO_2浓度继续由 3g/L 增大为 4g/L 时，MeO 的降解速率和协同因子反而降低。研究结果也表明，超声、紫外光、超声和紫外光结合的处理过程，对 MeO 处理效率较差，表观速率常数仅分别为 1.2×10^{-3} min^{-1}、6.0×10^{-4} min^{-1}、

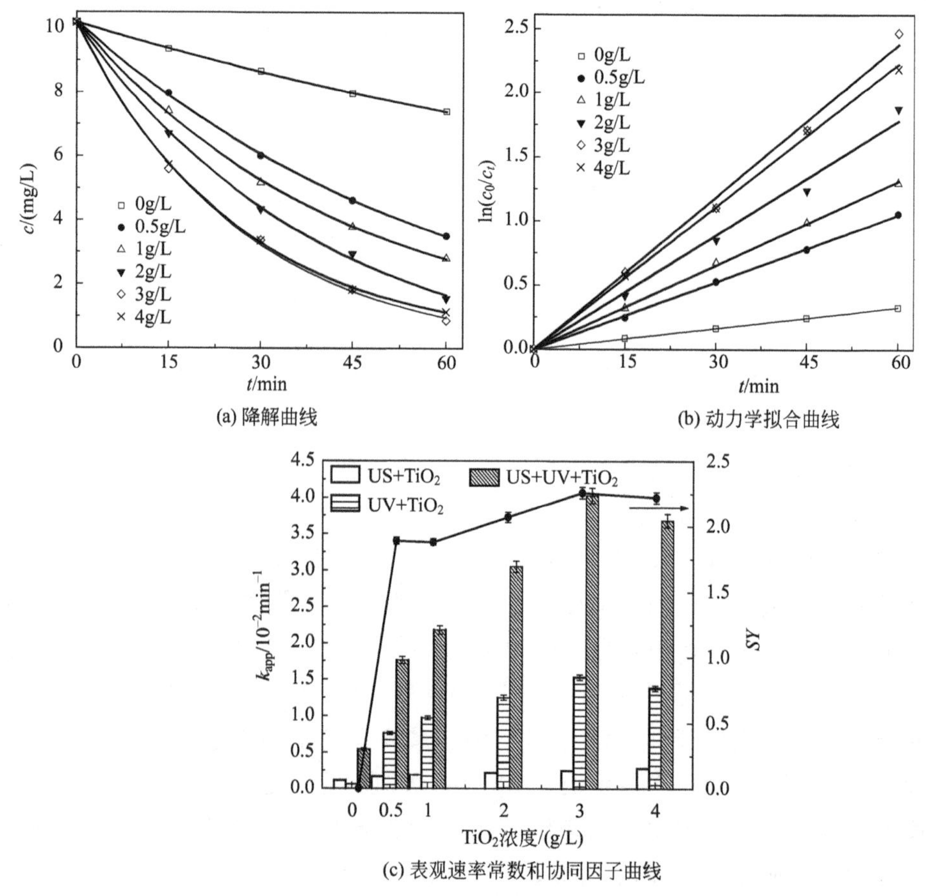

图 2.46 光催化剂浓度对新超声强化 TiO_2光催化处理 MeO 的影响

（实验条件：超声功率 600W；循环液速 4.05×10^{-2}m/s；空气流量 200mL/min）

$5.4\times10^{-3}min^{-1}$。与超声功率相比，TiO_2浓度对协同因子的影响较小，TiO_2浓度由0.5g/L增大为4g/L时，协同因子SY值仅增大19.6%。

光催化剂TiO_2的浓度增大，会提高TiO_2对MeO的吸附处理效果以及超声过程效果，如图2.46(c)所示。由于TiO_2光催化剂的存在，超声空化作用产生的“热点”数目增加，导致超声催化对MeO的处理效果增强。与没加入光催化剂相比，光催化剂为4g/L时，超声催化处理MeO的表观速率常数是前者的2.3倍。但超声催化处理即低频率的超声（20kHz）降解作用以及TiO_2的吸附作用对MeO的处理效果十分有限，表观速率常数最大也仅为$2.8\times10^{-3}min^{-1}$。进一步表明最重要的原因还是TiO_2的浓度增大会导致超声强化光催化处理体系中的固-液接触表面的光催化剂表面活性位点的增加，反应体系中的·OH等强氧化性的自由基产量增加，最终导致了MeO的降解效率的提高；然而，随着TiO_2浓度进一步由3g/L增大为4g/L，反应体系中的TiO_2粉末增多，会重新发生团聚，并且高浓度的光催化剂会阻碍紫外光在反应液中的传递，不利于TiO_2光催化剂的激发，从而导致MeO降解速率和协同因子的降低。此外，值得注意的是不采取超声强化的TiO_2浆态光催化处理偶氮染料反应体系的最优光催化剂浓度一般也为3g/L，而这一点也被图2.46(c)中的TiO_2光催化处理MeO的表观速率常数k_{app}值变化规律所证实。这表明在新建立的超声强化光催化处理体系中，超声只对TiO_2光催化处理MeO过程起协同强化作用，并不改变其降解MeO的变化规律趋势，所以超声强化光催化处理MeO的最优TiO_2光催化剂浓度也为3g/L。

2.5.3.4 循环液速的影响

循环液速指的是反应浆液流过环隙式光催化反应器的表观液速，影响反应物和产物的混合以及空气中的氧向液相传质等，其对超声强化TiO_2光催化处理MeO的影响结果如图2.47所示。由图可知，随着循环流速由$1.35\times10^{-2}m/s$增大为$4.05\times10^{-2}m/s$，超声强化TiO_2光催化处理MeO的表观速率和SY值增大，而当循环液速继续由$4.05\times10^{-2}m/s$增大至$5.40\times10^{-2}m/s$时，MeO降解的表观速率常数和SY略有降低，最优循环液速为$4.05\times10^{-2}m/s$。循环液速的增大，有利于反应浆液的混合，促进反应物MeO分子向光催化剂颗粒的表面扩散传质，有利于TiO_2光催化剂对MeO的吸附；此外，循环液速的增大，还有助于去除光催化剂颗粒表面的反应产物，更新光催化剂表面，综合作用下最终提高了MeO的降解效率并增强了超声与光催化之间的协同效应。但是过高的循环液速（$>4.05\times10^{-2}$ m/s）会从超声反应器中卷吸大量的空气气泡进入环隙式 TiO_2 光催化反应器，会阻碍紫外光在反应液中的传递，不利于 TiO_2 光催化剂的激发，降低了 MeO 的降解处理速率。

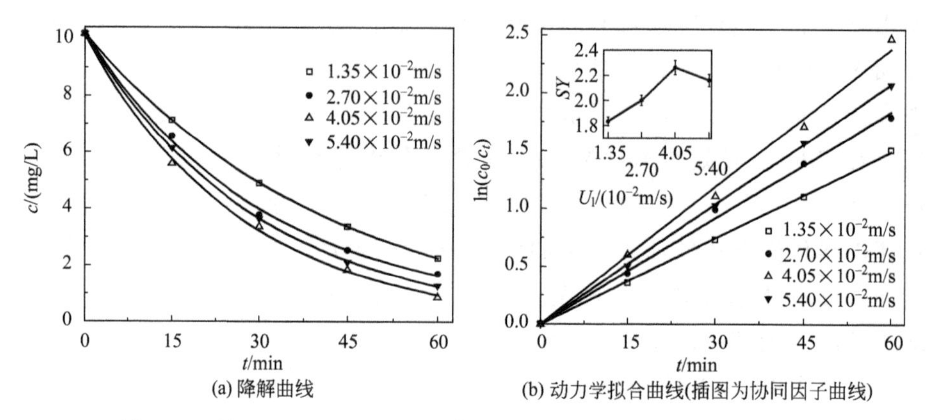

图 2.47 循环液速（U_l）对超声强化 TiO_2 光催化处理 MeO 的影响

（实验条件：超声功率 600W；TiO_2 用量 3g/L；空气流量 200mL/min）

2.5.3.5 空气流量的影响

反应浆液中的溶解氧是 TiO_2 光催化中的电子受体，对超声和光催化处理过程产生强氧化性的自由基有重要影响，也是需要进行优化的重要参数，其对超声强化 TiO_2 光催化处理 MeO 的影响实验结果如图 2.48 所示。结果表明，通入空气对超声强化 TiO_2 光催化反应体系非常重要，与不通空气相比，当空气流量仅为 100mL/min 时，MeO 的降解速率常数就由 2.38×10^{-2} min^{-1} 增大为 3.28×10^{-2} min^{-1}。当空气流量由 0mL/min 增大至 200mL/min 时，MeO 的降解速率常数和 *SY* 值也增大；然而当空气流量由 200mL/min 增大至 800mL/min时，MeO 的降解速率增加幅度较小，*SY* 值反而降低，最优空气流量为 200mL/min。

这可能是因为当空气流量较低（≤200mL/min）时，随着空气流量的增大，气-液相间传质效率提高，有利于氧在液相中的溶解，反应浆液中溶解氧含量增高，这将有助于光生电子 e^- 与溶解氧结合产生更多的 $\cdot O_2^-$ 和 $\cdot$OH等强氧化物质，并且 e^- 的减少也有利于光生空穴 h^+ 存在时间的延长，也将有利于产生 $\cdot$OH 等，这些自由基的增加导致了 MeO 降解速率的增大。然而，当空气流量较高（>200mL/min）时，废水中的空气泡

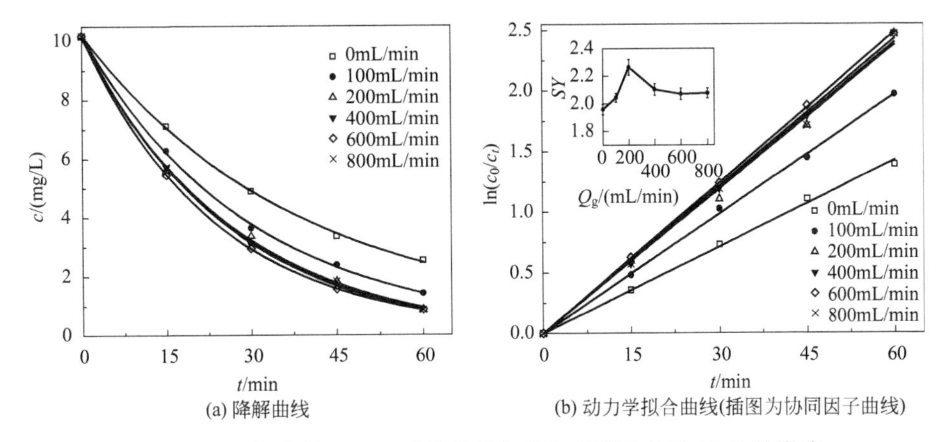

图 2.48 空气流量（Q_g）对超声强化 TiO_2 光催化处理 MeO 的影响

（实验条件：超声功率 600W；TiO_2 用量 3g/L；循环液速 4.05×10^{-2} m/s）

会发生聚集，形成尺寸较大的空气泡，后者通过液相循环，会由超声反应器进入 TiO_2 光催化反应器中，影响了光催化反应器中的紫外光在液相中的传递，降低了超声光催化降解 MeO 的效率。更重要的是空气流量的增大，空气的涌动、混合作用，会减弱超声对 TiO_2 光催化剂的分散作用，导致 TiO_2 光催化剂颗粒在反应体系中重新团聚，降低了 MeO 光催化降解的效果，这一点可从图 2.48(b) 的插图中协同因子 SY 值的较大幅度的降低得到证实。

2.5.4 超重力强化 TiO_2 光催化降解罗丹明 B（RhB）

2.5.4.1 旋转床转速的影响

不同固定床转速下光催化罗丹明 B 120min 的降解结果见图 2.49。由图 2.49 可知，罗丹明 B 的光催化降解效率随着转速增大而变化，这可能与转盘上液膜厚度的变化有关。为了定量讨论这一问题，可从理论分析的角度来估算一下转盘上液膜厚度随着转速的变化规律。转盘上液膜厚度可以按照下式计算：

$$h=\left[3\left(\frac{Q}{2\pi r}\right)\times\frac{\nu_1}{r\omega^2}\right]^{1/3} \tag{2.24}$$

式中，h 为液膜厚度，cm；Q 为液体流量，cm^3/s；r 为径向距离，cm；ω 为转速，r/s；ν_1 为液体的运动黏度，cm^2/s。这样，在罗丹明 B 光催化降解实验条件下，液膜厚度随转速的变化就可以估算出来了，如图 2.49 所示。

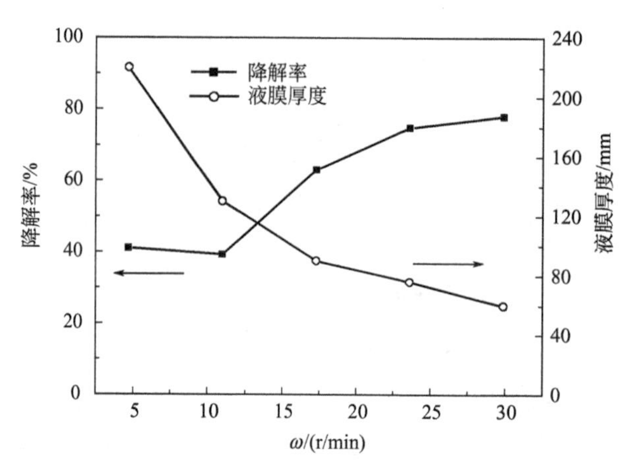

图 2.49　转速对罗丹明 B 降解率和液膜厚度的影响

(实验条件：$Q=0.011\times10^{-3}m^3/s$；$c_0=10mg/L$；

$c_s=0.51mg/cm^3$；$r_{avg}=13cm$；$\nu_1=0.01cm/s$)

当 ω 为 5～11r/s 时，液膜厚度随转速增大而快速减小，由大约 220μm 迅速下降到约 130μm，但在此转速范围内，罗丹明 B 的光催化降解率没有明显的增大，说明液膜减薄的效果还没有显示出来，对于光催化反应来讲，此时仍然是一个较厚的液膜。当 ω 为 11～25r/s 时，液膜厚度随转速增大而缓慢减小，由大约 130μm 下降到约 70μm。在此转速范围内，罗丹明 B 的光催化降解率随着转速增加迅速增大，液膜减薄的效果充分显示了出来。因为当实验条件一定时，转速的增大使得反应器转盘上离心力增大，对其表面负载的水膜径向应力增强，使液膜厚度变薄；同时，根据光催化反应过程中光源穿过液膜照射到催化剂表面激发光催化反应的理论，液膜厚度变薄使得光子的损失减小，因此到达催化剂表面的光子数目增加，光源利用效率增加，则光催化剂反应活性增强，进而光催化反应作用增强，因此对罗丹明 B 的降解效果增强。

当 ω 为 5～20r/s 时，液膜厚度随转速增大其减薄速率明显较大，而 ω 在 20～25r/s 时，液膜厚度随转速增大其减薄速率明显较小。实验范围内相对应的罗丹明 B 的降解率增大的速率也随薄膜减薄速率降低而减小。由此看来，在实验条件下对于固定化催化剂膜上的光催化反应，液膜厚度存在着一个临界值，当液膜厚度低于此值时，光催化效率会大大提高。从本工作来看，此液膜厚度临界值大约是 130μm。这对于光催化反应器的设计和操作具有重要的指导意义。

2.5.4.2　液体流量的影响

当旋转床转速一定时，罗丹明 B 的降解效率随着转盘上液体流量增大而减小，是因为在同一转速条件下，液体流量增大则转盘上的液体载荷量增加，那么在转盘上的液膜厚度就会相应增大，如图 2.50 所示。由图 2.50 可见，实验条件下，液膜厚度处于临界值（约 130μm）之下的区域，当液膜厚度由约 75μm 增加到约 100μm 时，罗丹明 B 的降解效率由约 65%下降到约 47%，下降了约 18%。由此可以估算出，罗丹明 B 的降解效率随液膜厚度增加而减少的速率约为 0.72%/μm。

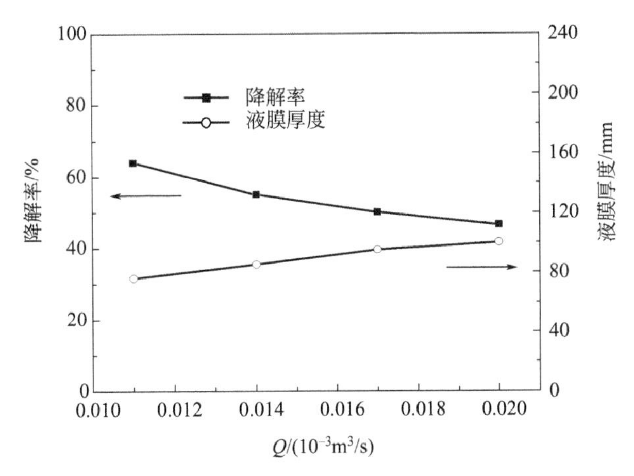

图 2.50　液体流量对罗丹明 B 降解率和液膜厚度的影响

（实验条件：ω=21.7r/s；c_0=10mg/L；c_s=0.51mg/cm^3；r_{avg}=13cm；ν_1=0.01cm/s）

2.5.4.3　光催化降解罗丹明 B 的动力学

根据光催化降解动力学的 L-H 模型：

$$R=kKc/(1+Kc) \tag{2.25}$$

式中，R 为反应速率；k 为反应速率常数；K 为平衡吸附常数。

当底物浓度较低时，其光催化降解动力学能够较好地符合表观一级动力学方程。将不同转速和流量下测得的罗丹明 B 降解数据按照表观一级反应动力学处理，其结果如图 2.51 和图 2.52 所示。由此看出，本实验条件下，浓度为 10mg/L 的罗丹明 B 水溶液的光催化降解动力学能够较好地符合表观一级反应动力学。各种条件下的光催化降解速率常数则可通过数据拟合求出。

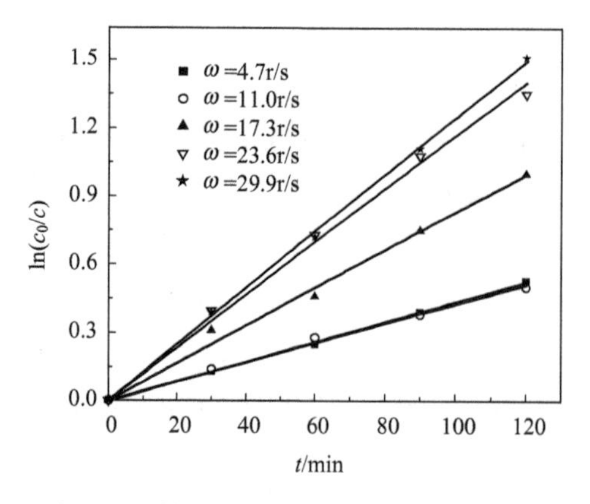

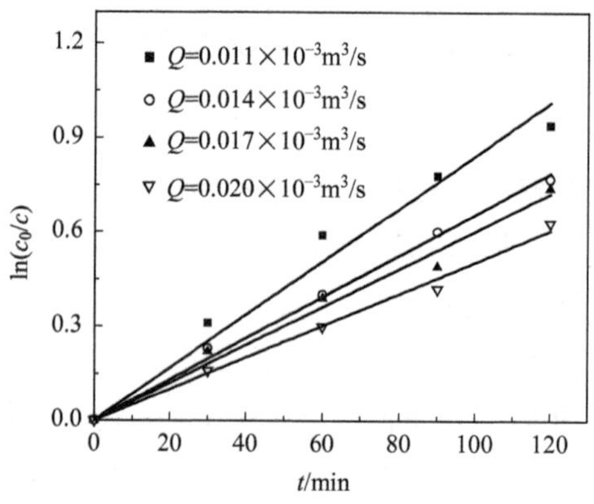

图 2.51 转速对光催化降解动力学的影响（实验条件：$Q=0.011\times10^{-3}m^3/s$；$c_0=10mg/L$；$c_s=0.51mg/cm^3$；$r_{avg}=13cm$；$\nu_1=0.01cm/s$）

图 2.52 液体流量对光催化降解动力学的影响（实验条件：$\omega=21.7r/s$；$c_0=10mg/L$；$c_s=0.51mg/cm^3$；$r_{avg}=13cm$；$\nu_1=0.01cm/s$）

2.5.4.4 超重力场强化固-液界面光催化反应过程分析

如上所述，以固定床方式使用催化剂可以很好地解决催化剂的分离回收问题，但光催化反应过程易受到固-液界面传质的限制，导致光催化效率下降。另外，催化剂固定之后，激发光必须要穿过催化剂表面上的液体薄膜，才能到达催化剂，在固-液界面上激发催化剂产生随后的光催化氧化反应。因此，液膜厚度的减小、固-液和气-液界面上传质过程的强化，必然会大大改善固-液界面上的光催化反应效率。在超重力场条件下，这些传递现象均会被大大强化。现分述如下：

（1）旋转床强化液膜厚度减薄的作用

由式(2.24) 可以看出（$h\propto Q^{1/3}\omega^{-2/3}$），可以通过转盘上的流体流量和转速很方便地调节转盘上的液膜厚度，增大转速可以使转盘上液膜厚度极大地薄膜化，从而减少激发光穿越液膜的损失，提高液-固界面上的激发光强度，有利于产生更多的光生电子和空穴，用于其引发的光催化氧化反应。

（2）旋转床强化液膜上气-液界面传质作用

TiO_2的光催化作用主要是光激发产生的空穴与催化剂表面的水或羟基作用，生成氧化能力很高的羟基自由基。空气中的氧作为光催化反应过程中光生电子的受体，是产生氧化作用的活性氧的物质基础。液膜中溶氧浓度的提高有利于光生电子与氧的结合，形成活性氧物质·O_2^-，·O_2^-具有强的氧化性，同时·O_2^-经过一系列的化学反应产生更高浓度的羟基自由基，从而提高光催化氧化的速率。液膜表面上气-液界面的液侧传质系数 k_1 与转速的关系为：

$$k_1 \propto Q^{1/3}\omega^{1/3} \tag{2.26}$$

由式(2.26) 知，增大转盘上的流体流量和转速，均有利于提高液膜表面上气-液界面传质系数，提高空气中氧向液膜扩散的速率，使溶氧浓度提高，有利于改善光催化反应速率。

(3) 旋转床强化固-液界面传质作用

转盘上催化剂固-液界面传质系数 k_s 与流量和转速的关系为：

$$k_s \propto Q^{1/9}\omega^{4/9} \tag{2.27}$$

在催化剂固-液界面上的光催化反应过程中，存在着液膜中溶氧和有机物分子向催化剂界面的传质，同时也存在催化剂表面上降解产物向液膜主体的传质。这些固-液界面上传质过程的强化，使得催化剂表面上反应产物不断及时地消除，更新催化剂表面，同时使得催化剂表面上的反应物能够得到及时补充。由式(2.27) 可知，增大转盘上的液体流量和转速，可以大大强化固-液界面上的传质过程，进而强化固-液界面上的光催化反应过程，提高光催化降解速率。

2.5.4.5 旋转床强化光催化动力学机理分析

由前面的实验结果和讨论可知，当转盘上液膜厚度小于临界厚度时，罗丹明 B 的光催化降解效率随膜厚减小而明显增大，表明了两者之间强烈的依赖关系。旋转床转速除了强化液体的薄膜化作用外，还具有强化液膜上气-液和催化剂固-液界面上传质的作用。宏观上看，转盘转速对于光催化过程的强化作用，应该是这三者共同作用的表现。因此，需要综合分析各自对于过程强化的贡献，以便阐明其机理。

由于光催化降解速率常数 k 随着转盘上液膜厚度增大而减小，气-液和固-液界面上的传质系数增大有利于提高光催化降解速率。为此，假设光催化降解速率常数 k 与转盘上平均膜厚 h_{avg}（转盘平均半径处的值）、气-液和固-液界面上的传质系数有如下关系：

$$k \propto h_{avg}^{-\alpha} k_1^{\beta} k_s^{\gamma} \propto \left[3\left(\frac{Q}{2\pi r_{avg}}\right) \times \frac{\nu_1}{r_{avg}\omega^2}\right]^{-\alpha/3} (Q\omega)^{\beta/3} Q^{\gamma/9}\omega^{4\gamma/9} \tag{2.28}$$

设其比例常数为 a，整理可得：

$$k = a\left(\frac{1.5\nu_1}{\pi r_{avg}^2}\right)^{-\alpha/3} Q^{(-3\alpha+3\beta+\gamma)/9}\omega^{(6\alpha+3\beta+4\gamma)/9} \tag{2.29}$$

对于一定体系和转盘直径而言，ν_1、r_{avg}是定值，因此，可令

$$a'=a\left(\frac{1.5\nu_1}{\pi r_{avg}^2}\right)^{-\alpha/3} \quad k=a'Q^{(-3\alpha+3\beta+\gamma)/9}\omega^{(6\alpha+3\beta+4\gamma)/9} \tag{2.30}$$

将临界液膜厚度下各种实验条件下求得的光催化降解速率常数与相应的流量和转速按照式(2.30) 进行实验数据拟合，求得各参数的值为：$\alpha=1.48$，$\beta=0.009$，$\gamma=0.023$，$a'=0.155\times10^{-5}$。将其代入式(2.30)，可得：

$$k=(0.155\times10^{-5})\frac{\omega}{\sqrt{Q}} \tag{2.31}$$

式中，k 为光催化降解表观速率常数，min^{-1}。由于罗丹明 B 浓度较低，近似取其运动黏度为水的值，求得 a 为 0.3×10^{-8}，并代入式(2.29)，可得到一个包括流体运动黏度和转盘结构参数的定量关系：

$$k=(0.4\times10^{-8})\frac{\omega r_{avg}}{\sqrt{Q\nu_1}} \tag{2.32}$$

由此可以看出，当液膜厚度处于一个临界值以下时，光催化降解速率常数与转速和转盘平均半径成正比，与液体流量和运动黏度的平方根（$\sqrt{Q\nu_1}$）成反比。

为了检验上述分析的正确性，以式(2.31) 求出的各种条件下的催化降解速率常数，按照表观一级动力学方程式 [$\ln(c_0/c)=kt$] 计算的理论值与实验值的对比如图 2.53 所示。结果表明，当 Q 为 $0.011\times10^{-3}m^3/s$，实验值与对应的理论值的最大偏差分别是：当 ω 为 4.7r/s 时 1.3%；ω 为 11.0r/s 时 3.3%；ω 为 21.7r/s 时 3.5%。当 ω 为 21.7r/s 时，实验值与理论值的最大偏差分别是：Q 为 $0.011\times10^{-3}m^3/s$ 时 3.3%；Q 为 $0.014\times10^{-3}m^3/s$ 时 3.8%；Q 为 $0.017\times10^{-3}m^3/s$ 时 3.5%。在拟合数据范围内最大偏差不超过 3.8%，说明理论值与实验值比较符合。

由于模型参数α、β、γ 分别代表了转盘上液膜厚度、气-液、固-液界面传质对光催化过程的影响程度，因此，由其值的大小可以看出，液膜厚度是主要影响因素，固-液界面传质也有一定影响，气-液界面传质影响很小，几乎可以忽略不计。这表明，超重力强化催化剂固定床界面上的光催化过程的机理，主要是超重力强化液体薄膜化的作用，强化固-液界面传质也有较大作用。这也比较符合固-液界面实际光催化过程的基本情况。

空气中氧向液体薄膜的传递是一个很快的过程。考虑到超重力过程又可以强化这一氧传递过程。为节省反应过程中的能耗，本研究工作与其他液体薄膜光催化反应器类似，没有设置专门的曝气装置。整个反应器体系为一开

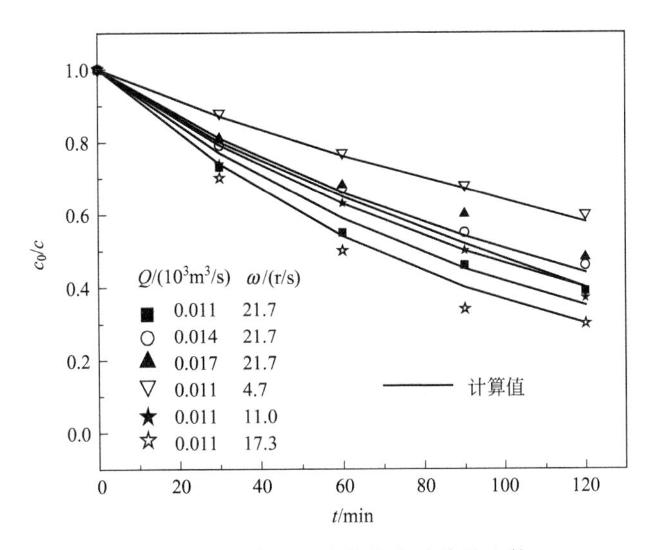

图 2.53　动力学理论值与实验值的比较

（实验条件：$c_0=10mg/L$；$c_s=0.51mg/cm^3$；$r_{avg}=13cm$；$\nu_1=0.01cm/s$）

放体系，即空气中的氧在反应过程中时刻都与催化剂表面液体薄膜接触，在旋转盘的离心力作用下，增强了旋转盘上液体薄膜与空气间的传质，使空气中的氧最大限度溶于其中。当液体薄膜被抛出旋转盘时，空气中的氧与液体接触充分，有利于空气中的氧向液体中传递。在这种情况下，认为反应过程中液体薄膜中的氧能够及时得到补充。研究结果表明气-液界面传质影响很小，可能也是因为旋转光催化反应器中液体薄膜中的溶氧已基本达到饱和。

参 考 文 献

[1] Fujishima A, Honda K. Electrochemical photolysis of water at a semiconductor electrode [J]. Nature, 1972, 238 (5358): 37.

[2] Teh C M, Mohamed A R. Roles of titanium dioxide and ion-doped titanium dioxide on photocatalytic degradation of organic pollutants (phenolic compounds and dyes) in aqueous solutions: A review [J]. Journal of Alloys and Compounds, 2011, 509 (5): 1648-1660.

[3] Ahmed S, Rasul M G, Brown R, et al. Influence of parameters on the heterogeneous photocatalytic degradation of pesticides and phenolic contaminants in wastewater: A short review [J]. Journal of Environmental Management, 2011, 92 (3): 311-330.

[4] Sha J, Shiraishi F. Photocatalytic activities enhanced for decompositions of organic compounds over metal-photodepositing titanium dioxide [J]. Chemical Engineering Journal, 2004, 97 (2-3): 203-211.

[5] Xu A W, Gao Y, Liu H Q. The preparation, characterization, and their photocatalytic activities of rare-earth-doped TiO_2 nanoparticles [J]. Journal of Catalysis, 2002, 207 (2): 151-157.

[6] Ranjit K T, Willner I, Bossmann S H, et al. Lanthanide oxide-doped titanium dioxide photocatalysts: Novel photocatalysts for the enhanced degradation of p-chlorophenoxyacetic acid [J]. Environmental Science & Technology, 2001, 35 (7): 1544.

[7] 钱斯文，王智宇，王民权．La^{3+}掺杂对纳米TiO_2微观结构及光催化性能的影响［J］．材料科学与

工程学报，2003，21（1）：48-52.

[8] Ranjit K T，Willner I，Bossmann S H，et al. Lanthanide oxide doped titanium dioxide photocatalysts：Effective photocatalysts for the enhanced degradation of salicylic acid and t-cinnamic acid [J]. Journal of Catalysis，2001，204（2）：305-313.

[9] Li F B，Li X Z，Hou M F. Photocatalytic degradation of 2-mercaptobenzothiazole in aqueous La^{3+}-TiO_2 suspension for odor control [J]. Applied Catalysis B Environmental，2004，48（3）：185-194.

[10] Wu C-H，Chang H-W，Chern J-M. Basic dye decomposition kinetics in a photocatalytic slurry reactor [J]. Journal of Hazardous Materials，2006，137（1）：336-343.

[11] Yu J G，Su Y R，Cheng B. Template-free fabrication and enhanced photocatalytic activity of hierarchical macro-/mesoporous titania [J]. Advanced Functional Materials，2010，17（12）：1984-1990.

[12] And J O，Yanagisawa K. Effect of hydrothermal treatment of amorphous titania on the phase change from anatase to rutile during calcination [J]. Chemistry of Materials，1999，11（10）：2770-2774.

[13] Yu J，Yu J C，Leung K P，et al. Effects of acidic and basic hydrolysis catalysts on the photocatalytic activity and microstructures of bimodal mesoporous titania [J]. Journal of Catalysis，2003，217（1）：69-78.

[14] Yu J，Zhou M，Cheng B，et al. Ultrasonic preparation of mesoporous titanium dioxide nanocrystalline photocatalysts and evaluation of photocatalytic activity [J]. Journal of Molecular Catalysis A Chemical，2005，227（1-2）：75-80.

[15] 陈恩伟，银董红，宋慧娟，等．镧系离子掺杂 TiO_2 的制备及其对咪唑降解反应的光催化活性 [J]．催化学报，2006，27（4）：344-348.

[16] Mills A，Morris S. Photomineralization of 4-chlorophenol sensitized by titanium dioxide：A study of the initial kinetics of carbon dioxide photogeneration [J]. Journal of Photochemistry & Photobiology A Chemistry，1993，71（1）：75-83.

[17] Zhou W Y，Cao Q Y，Liu Y J，et al. Enhancement of tiophotocatalytic activity by gddoping [J]. Advances in Applied Ceramics，2007，106（5）：222-225.

[18] Li F B，Li X Z，Ao C H，et al. Enhanced photocatalytic degradation of vocs using Ln^{3+}-TiO_2 catalysts for indoor air purification [J]. Chemosphere，2005，59（6）：787-800.

[19] 刘雪峰，张利，涂铭旌．纳米 Ce/TiO_2 无机抗菌剂的制备及其性能评价 [J]．过程工程学报，2004，4（3）：256-260.

[20] Sonawane R S，Hegde S G，Dongare M K. Preparation of titanium（iv）oxide thin film photocatalyst by sol-gel dip coating [J]. Materials Chemistry & Physics，2003，77（3）：744-750.

[21] Li J，Xu J，Dai W L，et al. Direct hydro-alcohol thermal synthesis of special core-shell structured fe-doped titania microspheres with extended visible light response and enhanced photoactivity [J]. Applied Catalysis B Environmental，2009，85（3-4）：162-170.

[22] Shchukin D G，Sviridov D V. Photocatalytic processes in spatially confined micro- and nanoreactors [J]. Journal of Photochemistry & Photobiology C Photochemistry Reviews，2006，7（1）：23-39.

[23] Janus M，Morawski A W. New method of improving photocatalytic activity of commercial degussa p25 for azo dyes decomposition [J]. Applied Catalysis B Environmental，2007，75（1）：118-123.

[24] Xu J H，Dai W L，Li J，et al. Novel core-shell structured mesoporous titania microspheres：Preparation，characterization and excellent photocatalytic activity in phenol abatement [J]. Journal of Photochemistry & Photobiology A Chemistry，2008，195（2）：284-294.

[25] Quan X，Tan H，Zhao Q，et al. Preparation of lanthanum-doped TiO_2 photocatalysts by coprecipitation [J]. Journal of Materials Science，2007，42（15）：6287-6296.

[26] Yu J，Qi L，Cheng B，et al. Effect of calcination temperatures on microstructures and photocatalytic activity of tungsten trioxide hollow microspheres [J]. Journal of Hazardous Materials，2008，160（2）：621-628.

[27] Jo W-K，Tayade R J. Recent developments in photocatalytic dye degradation upon irradiation with energy-efficient light emitting diodes [J]. Chinese Journal of Catalysis，2014，35（11）：1781-1792.

[28] Wu Y，Li Q，Li F. Desulfurization in the gas-continuous impinging stream gas-liquid reactor [J]. Chem Eng Sci，2007，62（6）：1814-1824.

[29] 赵成文，戚奎华，史晓波，等．催化光还原水产氢量子收率测定的研究［J］．化学通报，1983（2）：10-13.
[30] 林少华，李田．太阳能固定膜光催化反应器的效率评价［J］．化工学报，2008，59（1）：90-95.
[31] Chiou C H，Wu C Y，Juang R S. Influence of operating parameters on photocatalytic degradation of phenol in UV/TiO_2 process [J]．Chemical Engineering Journal，2008，139（2）：322-329.
[32] Yu H，Zhang K，Rossi C. Theoretical study on photocatalytic oxidation of vocs using nano-TiO_2 photocatalyst [J]．Journal of Photochemistry & Photobiology A Chemistry，2007，188（1）：65-73.
[33] Sadik W A. Effect of inorganic oxidants in photodecolourization of an azo dye [J]．Journal of Photochemistry & Photobiology A Chemistry，2007，191（2-3）：132-137.
[34] Tsai W-T，Lee M-K，Su T-Y，et al. Photodegradation of bisphenol-a in a batch TiO_2 suspension reactor [J]．J Hazard Mater，2009，168（1）：269-275.
[35] Fan L S. Gas-liquid-solid fluidization engineering [M]. 1989.
[36] Araña J，Doña-Rodríguez J M，Tello Rendón E，et al. TiO_2 activation by using activated carbon as a support：Part Ⅱ. Photoreactivity and FTIR study [J]．Applied Catalysis B：Environmental，2003，44（2）：153-160.
[37] Dutta P K，Ray A K. Experimental investigation of taylor vortex photocatalytic reactor for water purification [J]．Chemical Engineering Science，2004，59（22）：5249-5259.
[38] Ollis D F，Turchi C. Heterogeneous photocatalysis for water purification：Contaminant mineralization kinetics and elementary reactor analysis [J]．Environmental Progress，1990，9（4）：229-234.
[39] Puma G L，Yue P L. A laminar falling film slurry photocatalytic reactor. Part ⅱ—experimental validation of the model [J]．Chemical Engineering Science，1998，53（16）：3007-3021.
[40] Xu Y，He Y，Jia J，et al. Cu-TiO_2/Ti dual rotating disk photocatalytic（pc）reactor：Dual electrode degradation facilitated by spontaneous electron transfer [J]．Environmental Science & Technology，2009，43（16）：6289.
[41] 刘有智．超重力化工过程与技术［M］．北京：国防工业出版社，2009.
[42] Madhavan J，Grieser F，Ashokkumar M. Degradation of orange-g by advanced oxidation processes [J]．Ultrason. Sonochem，2010，17（2）：338-343.
[43] Carlson P J，And L A P，Boyd J E. Solvent deposition of titanium dioxide on acrylic for photocatalytic application [J]．Industrial & Engineering Chemistry Research，2007，46（24）：7970-7976.
[44] Neppolian B，Doronila A，Grieser F，et al. Simple and efficient sonochemical method for the oxidation of arsenic（ⅲ）to arsenic（Ⅴ）[J]．Environ Sci Technol，2009，43（17）：6793-6798.
[45] Taghizadeh M T，Abdollahi R. Sonolytic，sonocatalytic and sonophotocatalytic degradation of chitosan in the presence of TiO_2 nanoparticles [J]．Ultrasonics Sonochemistry，2011，18（1）：149.
[46] Kaur S，Singh V. Visible light induced sonophotocatalytic degradation of reactive red dye 198 using dye sensitized TiO_2 [J]．Ultrason Sonochem，2007，14（5）：531-537.
[47] Sohrabi M R，Ghavami M. Photocatalytic degradation of direct red 23 dye using UV/TiO_2：Effect of operational parameters [J]．J Hazard Mater，2008，153（3）：1235-1239.
[48] Munjal S，Dudukovć M P，Ramachandran P. Mass-transfer in rotating packed beds-i. Development of gas-liquid and liquid-solid mass-transfer correlations [J]．Chemical Engineering Science，1989，44（10）：2245-2256.
[49] 程治良．内分泌干扰物——双酚A的高效光催化降解研究［D］．重庆：重庆理工大学，2010.
[50] 叶长英．微球型TiO_2的超声制备、表征及光催化降解内分泌干扰素双酚A的研究［D］．重庆：重庆理工大学，2011.

第3章

液膜光电催化反应技术及其应用

近几十年来，随着科学技术的发展和人民生活水平的提高，我国染料工业迅猛发展，在世界上已经成为染料生产大国，染料工业废水的污染较为突出。染料废水是典型的高浓度难降解有机废水，含有大量的有机污染物，这些有机污染物往往在结构上都有生色团或发色团（如—N═N—、—N═O、$—SO_3Na$、—OH、$—NH_2$），使废水带有极高的色度，而且还有浓度相当高的无机盐（如NaCl、Na_2SO_4、Na_2S等）。染料废水主要来源于染料及染料中间体生产行业，由各种产品和中间体结晶的母液、生产过程中流失的物料及冲刷地面的污水等组成。据估计，全世界每天约有染料产品的15%（约400t）在染料生产和加工使用过程中释放到环境中。我国每年有超过$1.6\times10^9m^3$的染料废水未经处理排放到环境中。

染料废水有的难以生物降解，有的甚至有生物毒性，因此染料废水的治理技术和工艺一直是研究的热点和难点。

从理论上讲，多种物理化学方法和生物方法都可以用于染料废水的脱色处理，如絮凝沉淀、吸附、离子交换、超滤、渗析、化学氧化、光氧化、电解及生物处理方法。考虑到工业效率与处理成本，目前工业上常用的方法有絮凝沉淀（气浮）、电解、氧化、吸附、生物降解等方法。光催化（PC）氧化技术作为近年发展起来的一种高级氧化技术，其处理效率高，无二次污染，是一种很有前途的脱色方法。

TiO_2因其价廉易得且高效无毒，是目前广受关注的光催化剂。但由于粉体纳米TiO_2存在在废水光催化处理过程中对激发光的屏蔽效应、易团聚失活、光生空穴和电子易复合以及处理结束后难与废水分离等问题，将TiO_2光催化剂负载在导电载体上并作为阳极，通过外加电场提高光生空穴和电子的分离效率的光电催化（PEC）氧化技术应运而生。光电催化氧化技术作为一种新的水处理技术目前还停留在实验室小型研究阶段。虽然围绕TiO_2膜电极制备方法的开发及其性能优化已经做了大量的工作，但一直以来，高效光电催化反应器研制方面的工作比较薄弱，尤其是反应器中光能的利用率问题往往被人们忽视。实验室研究所用的光电催化反应器几乎都是将光电极完全浸入反应液中，这样会导致以下问题：一是激发光的利用率低；二是传质效率不高；三是反应器能耗高、装置较为复杂。这些问题致使光电催化效率低。

3.1 液膜光电催化反应器的设计依据

3.1.1 目标污染物的分子结构

本章处理的染料对象为罗丹明 B（RhB，λ_{max}为 563nm，分子结构如图 3.1 所示）、诱惑红（AR，λ_{max}为 501nm，分子结构如图 3.2 所示）、活性艳红 X-3B（RBR，λ_{max}为 538nm，分子结构如图 3.3 所示）、活性艳蓝 X-BR（RBB，λ_{max}为 598nm，分子结构如图 3.4 所示）、直接铜蓝 2R（DCB，λ_{max}为 562nm，分子结构如图 3.5 所示）、直接耐晒蓝 FRL（DLB，λ_{max}为 584nm，分子结构如图 3.6 所示）、直接墨绿 B（DG，λ_{max}为 624nm，分子结构如图 3.7 所示）、深蓝 5R（ADB，λ_{max}为 568nm，分子结构如图 3.8 所示）、酸性黑 ATT（AB，λ_{max}为 562nm，分子结构如图 3.9 所示）、弱酸艳绿 GS（WAG，λ_{max}为 606nm，分子结构如图 3.10 所示）和苋菜红（Amaranth，λ_{max}为 521nm，分子结构如图 3.11 所示），以色度、COD 或 TOC 去除率表示 TiO_2膜电极的催化活性。除 RhB 浓度为 20～150mg/L 和 RBB 为 100mg/L 外，其他染料浓度均为 20mg/L，均在各自的 A-c 线性范围内，所以可直接用各自在可见光区的最大吸收峰处不同时间的吸光度 A_t 值与 A_0 计算色度去除率。

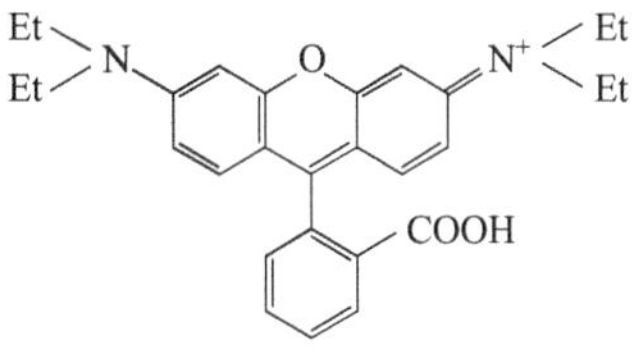

图 3.1 罗丹明 B 的分子结构式

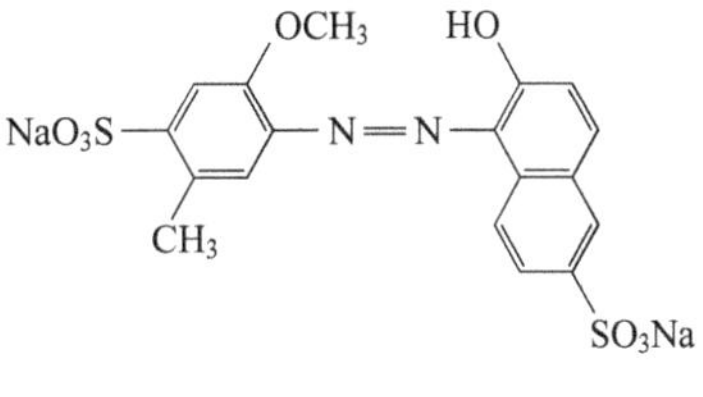

图 3.2 诱惑红的分子结构式

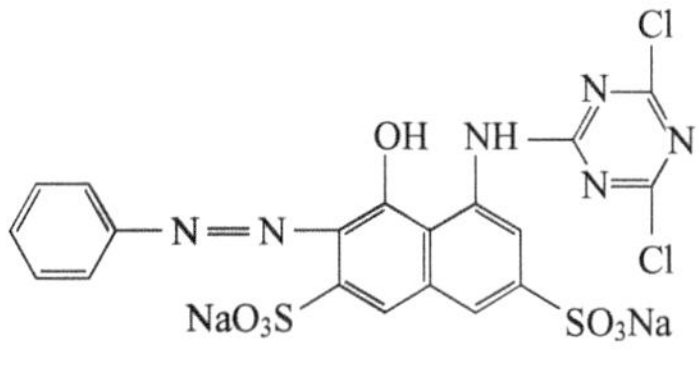

图 3.3 活性艳红 X-3B 的分子结构式

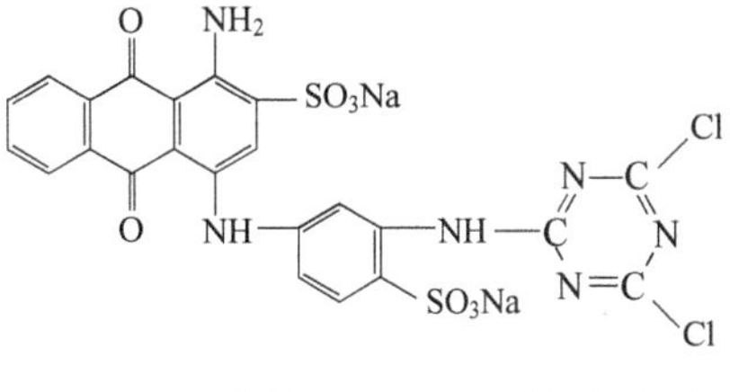

图 3.4 活性艳蓝 X-BR 的分子结构式

图 3.5　直接铜蓝 2R 分子结构式

图 3.6　直接耐晒蓝 FRL 分子结构式

图 3.7　直接墨绿 B 分子结构式

图 3.8　深蓝 5R 分子结构式

(a)

(b)

图 3.9　酸性黑 ATT 分子结构式［(a)∶(b)为 70∶30］

图 3.10　弱酸艳绿 GS 分子结构式

图 3.11　苋莱红分子结构式

处理的实际印染废水取自常州某印染厂，包括印染废水1、2，印染废水原水和印染废水预处理水，其物理化学性质见表3.1，光电催化过程中采用600nm波长处的吸光度计算脱色率。

表3.1 实际印染废水的物理化学性质

实际废水	pH值	电导率/(μS/cm)	COD/(mg/L)	BOD_5/(mg/L)	TOC/(mg/L)
印染废水1	10.2	423			302
印染废水2	11.3	208			277
印染废水原水	12.4	1373	1354	441	276
印染废水预处理水	6.80	1034	867	295	251

3.1.2 目标污染物的光吸收特性

针对传统光电催化反应器存在的激发光利用率低的问题，作者考察了激发光源在染料溶液中传输时的光损失情况，测定了20多种染料在常用人工光源主波长254nm及可见光区最大吸收波长处不同浓度（5mg/L、10mg/L、15mg/L、20mg/L、25mg/L、30mg/L和40mg/L）和不同光程（0.5cm、1.0cm、2.0cm、3.0cm和4.0cm）下的透光率，部分结果见表3.2。可见254nm紫外光在染料溶液中传输时的光损失很严重，随光程增大甚至达100%的光损失。为了方便考察不同浓度、不同光程下染料溶液的透光率，将原始数据用Lambert-Beer定律处理。

$$A=\varepsilon bc \tag{3.1}$$

式中，A为吸光度（$A=-\lg T$，T为透光率）；ε为光吸收系数，L/(mg·cm)；b为光程，cm；c为浓度，mg/L。

表3.2 20mg/L染料溶液在254nm处的透光率（T）

溶液	T①/%	T②/%	溶液	T①/%	T②/%
酸性黑ATT	47.0	24.8	分散灰BR	25.4	2.2
酸性品红6B	25.3	2.1	食用柠檬黄	16.5	1.1
诱惑红	10.7	0.2	亚甲基蓝	18.2	0.9
苋菜红	16.2	0.6	甲基橙	19.8	2.1
碱性品绿	32.7	4.5	中性棕RL	23.1	2.4
碱性紫5BN	40.4	7.7	中性枣红	6.1	0.1
胭脂红	16.0	0.6	中性橙RL	20.5	1.2
直接墨绿	45.6	18.5	罗丹明B	16.9	0.0
直接大红4B	41.1	9.1	日落黄	20.5	1.2
直接紫R	29.4	3.1	弱酸黑BR	26.0	2.2
直接冻黄	36.4	7.3	弱酸艳绿GS	18.9	0.9

① 1cm石英皿。

② 4cm石英皿。

表 3.3 染料溶液在 254nm 和可见光区最大吸收波长处的光吸收系数

溶液	可见光区		ε_{254nm}/[L/(mg·cm)]	溶液	可见光区		ε_{254nm}/[L/(mg·cm)]
	λ_{max}/nm	ε[L/(mg·cm)]			λ_{max}/nm	ε[L/(mg·cm)]	
罗丹明 B	563	0.1340	0.03584	酸性大红	507	0.02207	0.02307
日落黄	481	0.04259	0.03130	酸性品红 6B	523	0.03469	0.009346
直接冻黄 G	396	0.03891	0.01828	弱酸酱红 5BL	517	0.03598	0.02371
直接墨绿	624	0.01460	0.009799	弱酸黑 BR	567	0.01596	0.02677
直接紫 R	553	0.06027	0.02426	弱酸艳绿 GS	606	0.01511	0.03364
直接大红 4B	500	0.02440	0.01661	中性枣红	546	0.01909	0.05824
直接灰 D	562	0.01785	0.01355	中性棕 RL	505	0.01346	0.02633
直接铜蓝 2R	562	0.01680	0.007516	中性橙 RL	480	0.01510	0.03132
直接耐晒蓝 B2RL	587	0.02625	0.01486	活性艳蓝 X-BR	598	0.008034	0.02944
分散嫩黄	478	0.01038	0.03878	活性黄 X-2G	384	0.003787	0.004557
分散灰 BR	585	0.005277	0.02701	深蓝 5R	568	0.04028	0.02388
碱性紫 5BN	581	0.1126	0.01796	深棕 2M	485	0.01050	0.005389
碱性品绿	612	0.04129	0.01985	黄 X-RG	558	0.003620	0.003487
酸性黑 ATT	499	0.01386	0.009346				

在 A 与 bc 呈线性关系的范围内，计算出各染料的吸收系数 ε 的平均值，结果列于表 3.3。ε 值越大，光吸收越强，由此可粗略计算任一透光率时的 bc （cm·mg/L）乘积。

3.1.3 液膜光电催化反应器的设计思路

在染料溶液中激发光损失实验数据的基础上，兼顾改善传质效率和简化反应器结构，设计了四种液膜光电催化反应器：阳极转盘液膜光电催化反应器、阳极斜板液膜光电催化反应器、双转盘液膜光电催化反应器和双极斜板液膜光电催化反应器。通过转盘的转动或者废水的循环流动在光阳极表面形成几十微米厚的液膜，不但大大降低了激发光在到达光催化剂表面前，由于有机溶液自身的长程吸收而引起的光损失，而且强化了废水的传质效率，同时由于使用低功率的光源而大大降低了热散失，不需安装循环冷却水装置而简化了装置结构，提高了光催化效率、降低了运行能耗，并减少了设备制造成本。

3.2 TiO_2/Ti 光电极的制备方法及其表征

3.2.1 直接热氧化法

纯金属钛片（纯度高于 99.6%）用 180 目和 300 目细砂纸打磨至光亮，并边打磨边用蒸馏水冲洗。将打磨好的钛片浸于 18mL HNO_3（65%水溶液）和 6mL HF（50%水溶液）的混合液中 30s 后取出，用丙酮浸洗后再用蒸馏水洗，自然晾干后，在马弗炉中由室温升至设定温度（550℃）恒温煅烧 2h，自然冷却后得到直接热氧化 TiO_2膜电极（heat oxidation TiO_2 film electrode，HO-TiO_2/Ti）。

3.2.2 阳极氧化法

纯金属钛片，压平，用 50g/L NaOH、30g/L Na_3PO_4、30g/L Na_2CO_3 溶液在 80℃超声清洗 3min，然后在 200g/L HNO_3、4g/L HF 溶液中，20℃超声清洗 3min，最后在 1000mL 烧杯中于 0.5%HF 电解液中进行阳极氧化，电压 20V，电流密度 0.16A/dm^2，温度 20℃，时间 30min。氧化完成后用蒸馏水清洗，烘干后放入马弗炉中于 500℃煅烧 1h，自然冷却后得到阳极氧化 TiO_2膜电极（anodic oxidation TiO_2 film electrode，AO-TiO_2/Ti）。

3.2.3 溶胶-凝胶法

3.2.3.1 紫外光响应 TiO_2/Ti 电极

将 27mL 钛酸四丁酯与 23mL 无水乙醇混合为溶液 1；将 23mL 无水乙醇、3.3mL 浓盐酸（37%，质量分数）和 2.7mL 蒸馏水混合为溶液 2。将溶液 2 在强烈搅拌情况下滴加到溶液 1 中，滴加完成后继续搅拌 30min 形成溶胶-凝胶，室温静置 1 天备用。

将纯金属钛片分别用 180 目砂纸和 300 目砂纸打磨至光亮，然后用丙酮洗，蒸馏水洗，自然晾干。采用浸渍-提拉法在前述溶胶-凝胶中涂膜，200℃干燥 10min 后冷至室温，重复涂膜设定次数，于设定温度恒温煅烧设定时间，即得溶胶-凝胶 TiO_2 膜电极（sol-gel TiO_2 film electrode，SG-TiO_2/Ti，除特别说明外，TiO_2/Ti 电极均为溶胶-凝胶法制备）。

3.2.3.2 可见光响应 N、F-TiO_2/Ti 电极

采取首先制备 N、F 掺杂 TiO_2粉末，然后再涂覆固定制备成膜电极的方式制备可见光响应 N、F 掺杂 TiO_2膜电极。具体方法如下：

首先如 3.2.3.1 所示制备 TiO_2溶胶-凝胶 70mL，置于烘箱中于 100℃干燥处理 2h，使溶胶-凝胶呈黏稠状，向黏稠溶胶-凝胶中添加 1g NH_4F 固体，置于马弗炉中，于 550℃恒温煅烧 2h，即制得了 N、F 掺杂 TiO_2浅绿色粉末。

将 N、F 掺杂 TiO_2 粉末用研钵研磨，然后将该粉末全部添加到 20mL 溶胶-凝胶中，并于超声仪中超声处理 5h，尽量使粉末在溶胶-凝胶中分散均匀，然后采用浸渍-提拉的方法在溶胶-凝胶中涂膜，200℃干燥 10min 后冷至室温，重复涂膜 3 次，于 550℃恒温煅烧 2h，即得 N、F 掺杂 TiO_2 膜电极（N、F-TiO_2/Ti）。

3.2.3.3 可见光响应 Bi_2O_3-TiO_2/Ti 电极

首先制备硝酸铋的无水乙醇溶液，即在磁力搅拌下将 $Bi(NO_3)_3 \cdot 5H_2O$ 加入无水乙醇中，滴加少量浓硝酸，搅拌至澄清后即得；然后将 TiO_2 溶胶-凝胶和硝酸铋无水乙醇溶液在磁力搅拌下按 Bi∶Ti 摩尔比为 1∶24 的比例混合即得 Bi 掺杂 TiO_2 溶胶-凝胶。以 Ti 为基底，浸渍-提拉法涂膜，自然晾干，100℃干燥 10min，重复涂膜 4 次，最后在 410℃下煅烧 2h，即得 Bi_2O_3-TiO_2/Ti电极。

3.2.4 溶胶-凝胶法制备 TiO_2/Ti 电极的表征

本节表征用的溶胶-凝胶 TiO_2/Ti 电极制备条件为：涂膜 3 次；550℃恒温煅烧 2h。

3.2.4.1 晶粒和晶型

TiO_2/Ti 电极的 XRD 图谱如图 3.12 所示，结果表明，TiO_2 晶体主要是锐钛矿，仅有少量的 TiO_2 金红石相形成，图中的 Ti 衍射峰是钛片基底的衍

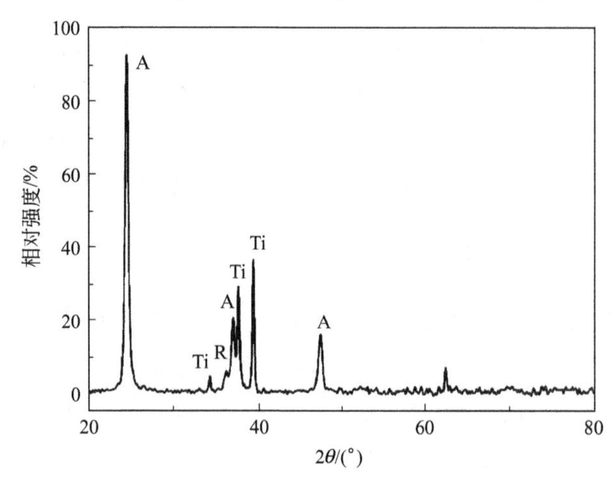

图 3.12 TiO_2/Ti 电极的 XRD 图（A：锐钛矿；R：金红石）

射峰。根据 Scherrer Formula 方程［式(3.2)］计算，晶粒尺寸约为 46nm。

$$D=\kappa\lambda/(\beta\cos\theta) \tag{3.2}$$

式中，λ 为 X 射线的波长（$\lambda=1.5406$nm）；κ 为 Scherrer 常数（$\kappa=0.9$）；θ 为 X 射线衍射峰的位置；β 为半峰高时的峰宽（FWHM，以弧度表示）。

3.2.4.2 晶体形貌

TiO_2/Ti 膜电极的表面形貌见场发射扫描电镜（FESEM）图（图 3.13），可见 TiO_2/Ti 膜电极表面由小而均匀的 TiO_2 微粒组成，TiO_2 微粒约为 50nm，与计算值相近。

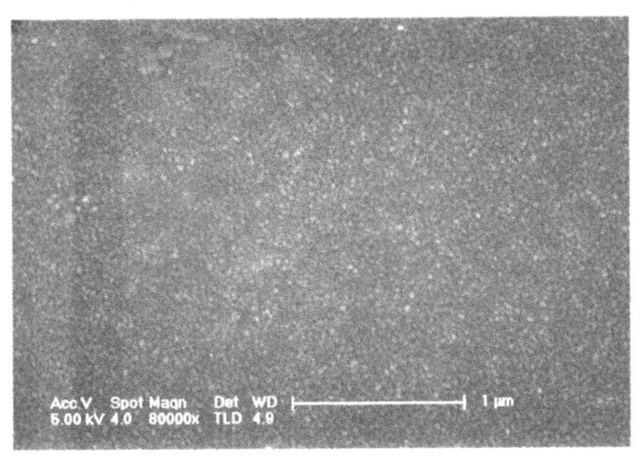

图 3.13 TiO_2/Ti 膜电极的 FESEM 图

3.2.4.3 UV-Vis DRS 分析

图 3.14 是 TiO_2/Ti 电极的紫外-可见吸收光谱，可见 TiO_2/Ti 在紫外光区域有明显的吸收，其吸收带边约在 400nm。

3.2.4.4 光电响应性能

采用经典的三电极体系，即以 TiO_2/Ti 电极为工作电极，饱和甘汞电极为参比电极，铂电极为辅助电极，考察了 TiO_2/Ti 电极在 RhB 溶液中的光电响应。电流-电压（*I*-*V*）曲线见图 3.15，可见有光照射时的电流比无光照射时的电流高，这是由于 TiO_2 在紫外光照射下，其价带电子被激发，跃迁到导带上，从而在价带上留下带正电的空穴，在导带上留下带负电的电子，即产生所谓的光生电子和空穴对。在有外加偏压的情况下，电子在外加电场的作用下，不断移向负极，而空穴则留在阳极表面与有机物等发生反

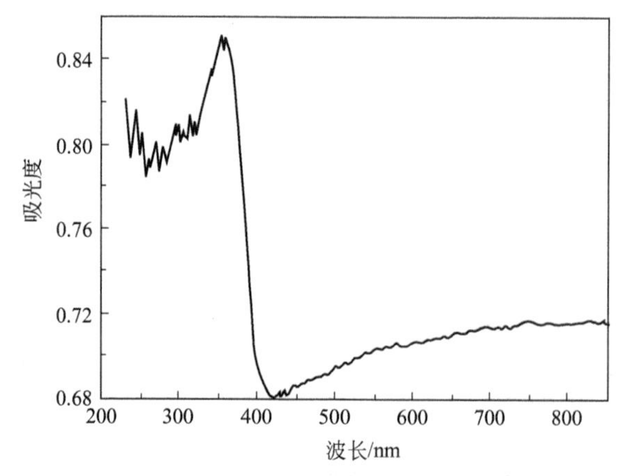

图 3.14　TiO_2/Ti 电极的紫外-可见吸收光谱

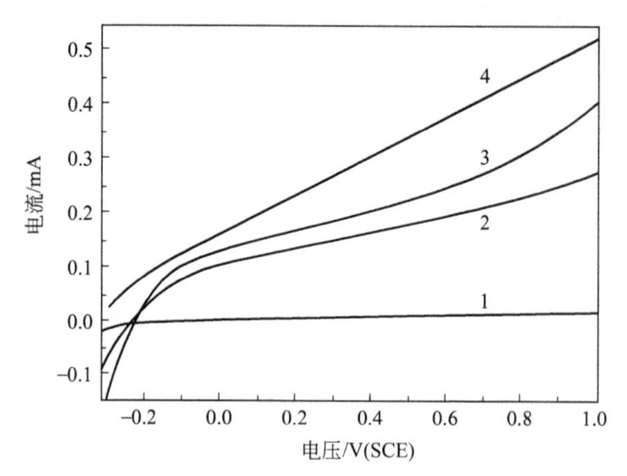

图 3.15　TiO_2/Ti 电极在 RhB 溶液中的 *I-V* 曲线

（曲线 1～4 分别为 10mg/L RhB 无光照，100mg/L、50mg/L 和 10mg/L RhB 溶液＋UV 光照。条件：pH 5.6；1.0g/L Na_2SO_4；扫描速度为 10mV/s）

应，有效地降低了光生电子和空穴对的复合，结果使得 TiO_2/Ti 电极在紫外光照射下，其电流较无照射的情况有较大程度的提高，表明 TiO_2/Ti 电极有较好的光电响应性能。光电流随着 RhB 的浓度上升而下降，主要是由于随着 RhB 浓度的增加，RhB 溶液本身对激发光的吸收增强，即激发光的损失增大，使得到达光催化剂表面的激发光强度降低所致。

3.2.5　N、F-TiO_2/Ti 电极的表征

3.2.5.1　UV-Vis DRS 分析

图 3.16 是 N、F-TiO_2/Ti 和 TiO_2/Ti 电极的紫外-可见吸收光谱，可见

N、F-TiO_2/Ti 的吸收带边约在 440nm，较 TiO_2/Ti 电极的吸收带边略有红移，表明本方案的掺杂方法使 TiO_2/Ti 电极的光响应波长有所扩展，但 N、F-TiO_2/Ti 电极在紫外区的吸收略有下降。

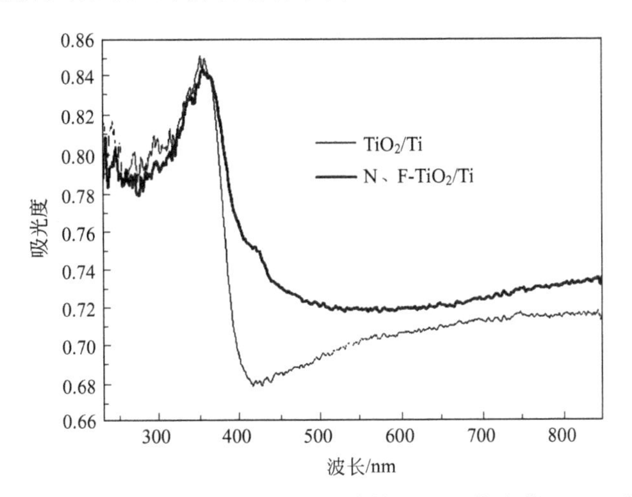

图 3.16 N、F-TiO_2/Ti 和 TiO_2/Ti 电极的紫外-可见吸收光谱（550℃热处理 2h）

3.2.5.2 光电响应性能

N、F-TiO_2/Ti 电极在 RhB 溶液中的电流-电压（*I-V*）曲线见图 3.17，可见有光照射时的电流比无光照射时的电流高，说明 N、F-TiO_2/Ti 电极在波长＞400nm 的可见光（150W 氙灯，滤光片滤除波长小于 400nm 的紫外光）照射下，有明显的光电响应。与紫外响应的 TiO_2/Ti 电极结果类似，光电流大小随 RhB 浓度增加而下降。

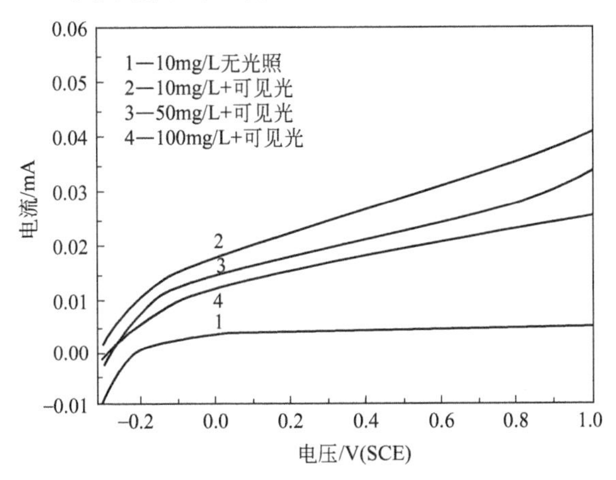

图 3.17 N、F-TiO_2/Ti 电极在不同浓度 RhB 溶液中有可见光照射和无光照时的 *I-V* 曲线
（条件：pH 5.6；1.0g/L Na_2SO_4；扫描速度为 10mV/s）

3.2.6 Bi_2O_3-TiO_2/Ti 电极的表征

3.2.6.1 XRD 分析

图 3.18 为 Bi_2O_3-TiO_2/Ti 与 TiO_2/Ti 电极的 XRD 谱对比图。结果表明 Bi 掺杂并未使催化剂的主要衍射峰产生位移，说明没有新的化合物晶体生成。在 XRD 谱图中虽然并未发现 Bi 的衍射峰，但 Bi 的引入，使得 TiO_2 催化剂在 $2\theta=25.2°$、$2\theta=48.0°$ 处的锐钛矿衍射峰峰强度明显减弱，其余几处衍射峰的峰强度也存在不同程度的减弱甚至衍射峰消失。

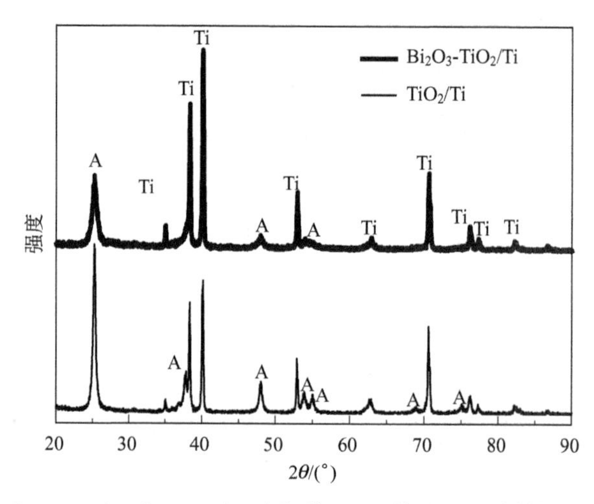

图 3.18 Bi_2O_3-TiO_2/Ti 和 TiO_2/Ti 电极的 XRD 谱图（A：锐钛矿；Ti：Ti 基底）

3.2.6.2 XPS 分析

图 3.19 为 Bi_2O_3-TiO_2/Ti 电极的 XPS 全谱及 Bi、Ti、O 元素的高分辨光谱扫描图。由全谱图 3.19(a) 可知样品中有 Bi、C、Ti 和 O 四种元素存在，在 0～700eV 内依次出现了 Bi5d、Ti3s、Bi4f、C1s、Bi4d、Ti2p、O1s、Ti2s 和 Bi4p 峰。C1s 来自于有机前驱体未燃烧完全的残留物。在 Bi4f 的高分辨率图 3.19(b) 中出现 $E_b(4f_{7/2})=159.8$eV 和 $E_b(4f_{5/2})=165.1$eV 两个特征峰，与 XPS 谱图数据库比对得出 Bi 为三价，对应于 Bi_2O_3 中的 Bi^{3+}。图 3.19 (c) 为 Ti2p 的高分辨区域谱图，Ti2p 的双峰位于 $E_b(2p_{3/2})=459.1$eV 和 E_b $(2p_{1/2})=465.0$eV，对应于 TiO_2 中的 Ti^{4+}，说明薄膜中的 Ti 以 O—Ti—O 的形式存在，其晶体结构为锐钛矿相，此结果与 XRD 的结果一致。其中 Ti $2p_{3/2}$（459.1eV）高于 TiO_2 中的 Ti $2p_{3/2}$（453.9eV），是由于 Bi 掺杂引起了

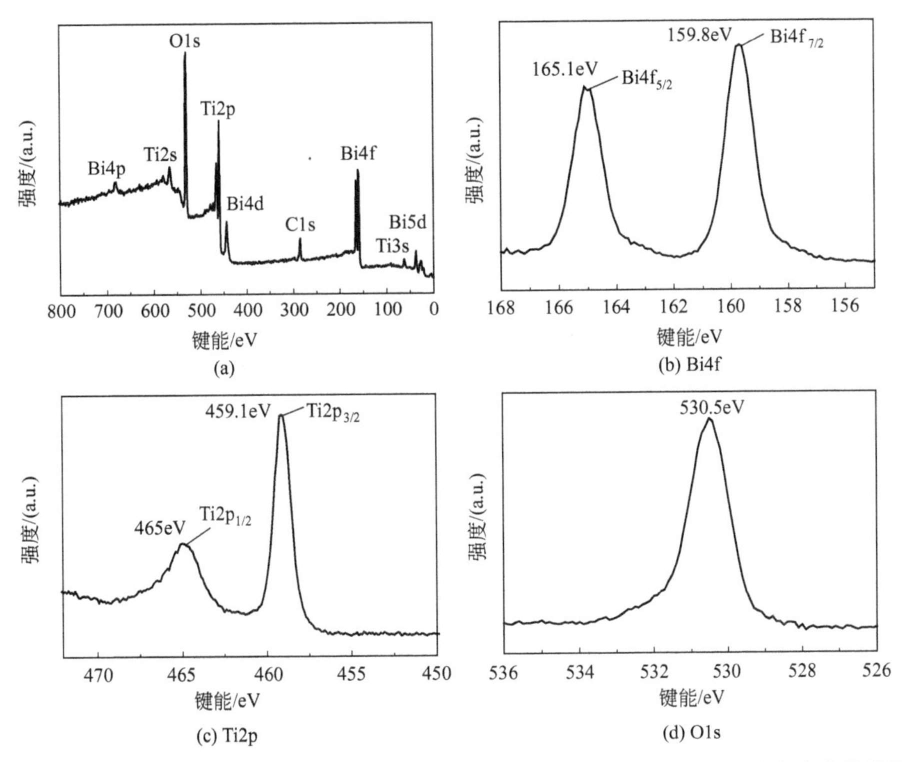

图 3.19　Bi 掺杂 TiO_2的 XPS 全谱图（a）及 Bi4f(b)、Ti2p(c)、O1s(d) 元素高分辨谱图

XPS 信号的移动，意味着 Bi 成功掺杂进入 TiO_2。图 3.19(d) O1s 的高分辨扫描图表明氧以相同的化学状态存在，按照结合能认为该峰为晶格氧 530.5eV 左右的峰，一般归属于 Bi—O 键。因此，Bi 主要是以 Bi_2O_3的形式存在，并未取代 Ti 进入 TiO_2晶格，即 Bi 和 Ti 分别以 TiO_2和 Bi_2O_3的形式单独存在。

3.2.6.3　UV-Vis DRS 分析

Bi_2O_3-TiO_2和 TiO_2的 UV-Vis DRS 谱图见图 3.20。可见，TiO_2的吸收带边约在 400nm，而 Bi_2O_3-TiO_2的吸收带边明显发生红移，且其在可见光范围内的光吸收强度明显比 TiO_2强，表明 Bi_2O_3-TiO_2复合光催化剂具有良好的可见光响应。

3.2.6.4　光电响应性能

采用经典的三电极体系，即以 Bi_2O_3-TiO_2/Ti 电极为工作电极，饱和甘汞电极为参比电极，铂电极为辅助电极，扫描速度 10mV/s，考察了 Bi_2O_3-TiO_2/Ti 电极在初始 pH 值为 2.52 的 20mg/L RBR 溶液中在可见光（350W

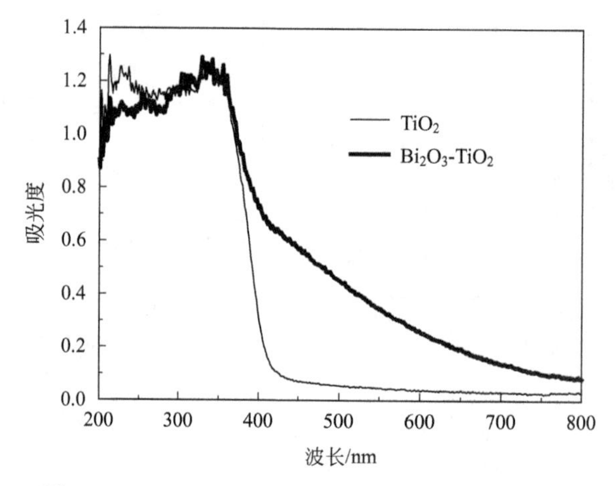

图 3.20 Bi_2O_3-TiO_2和 TiO_2 的 UV-Vis DRS 谱图

氙灯，滤光片滤除波长小于 420nm 的紫外光）照射下的光电响应，结果见图 3.21。可见 Bi_2O_3-TiO_2/Ti 电极在可见光下有光电响应，但与 TiO_2在紫外光下的光电响应相比较弱。

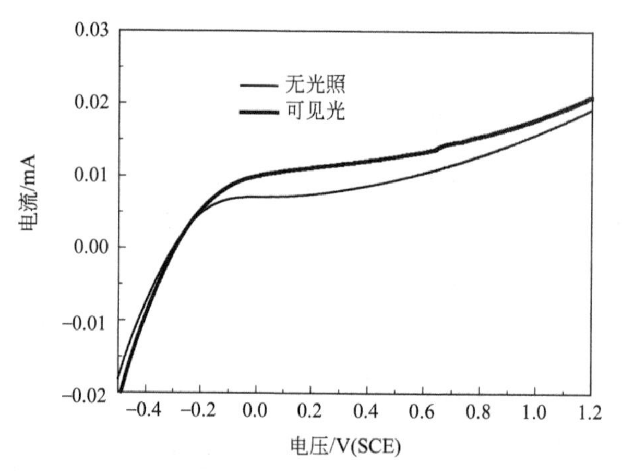

图 3.21 Bi_2O_3-TiO_2/Ti 电极的 I-V 曲线

3.3 阳极转盘液膜光电催化（ARPEC）反应器性能

受生物转盘和电化学转盘的启发，作者提出了阳极转盘液膜光电催化反应器，利用转盘的转动加强废水的传质，同时使电极的一部分暴露于空气中，表面形成几十微米的液膜，激发光直接透过该液膜即可照射到光阳极催化剂表面，从而避免了有机溶液对激发光源的吸收而引起的光损失，大大提高了激发光源的利用率。这样由于激发光的利用率大大提高，使用的激发光源的功率较低，热散失较小，不需循环冷却水装置，从而简化了反应器结构，降低了运行成本。

3.3.1 阳极转盘液膜光电催化反应器装置

阳极转盘液膜光电催化反应器实验装置如图 3.22 所示，其主要组成部分具体说明如下：

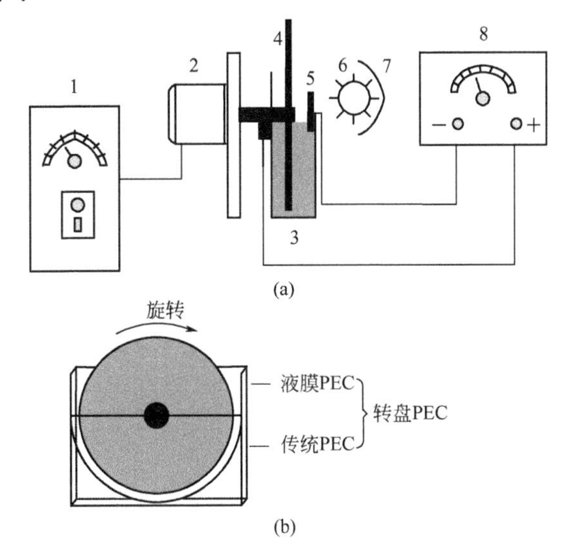

图 3.22 阳极转盘液膜光电催化反应器实验装置示意图

(a) 截面图；(b) 转盘正视图

1—调速器；2—电机；3—反应池；4—TiO_2 膜电极（光阳极）；

5—Cu 阴极；6—光源；7—Al 箔；8—直流电源

① 调速器。通过调节调速器控制转盘的转速。

② 电机。通过电机带动转轴转动。

③ 反应池。半圆弧形，采用石英玻璃制作，半圆弧直径为 8.5cm，池宽 2cm。

④ TiO_2膜电极（光阳极）。以自制 TiO_2/Ti 电极作为光阳极（直径 7.5cm，厚 1.5mm），除特别说明外，光阳极均为溶胶-凝胶法制备。

⑤ Cu 阴极。1.5cm×1.0cm，厚 1.5mm，置于反应器内使其一半面积

处于空气中，另一半处于溶液中。

⑥ 光源。11W 直管形低压汞灯（Philips），直径约为 20mm，长 22cm，主波长 254nm。光源水平置于 TiO_2膜电极的对面，约在 TiO_2膜电极的半高位置，通过调节灯管与阳极的距离调节光阳极表面的光强度。

⑦ Al 箔。附在弧形灯架上，反射光源背向 TiO_2光阳极一侧的激发光，使光源利用率增强。

⑧ 直流电源。LW5J5 直流稳压电源，其正极通过导线—炭电刷—铜轴与 TiO_2/Ti 膜电极相连；负极与铜电极相连。

为避免其他光源对反应的影响及紫外光对人造成伤害，将反应池、电极和光源置于一暗箱内。

3.3.2 阳极转盘液膜光电催化处理废水的过程

实验用阳极转盘液膜光电催化反应器，外加一定偏压，在室温下对 55mL 一定浓度的染料废水进行处理，设定时间取样分析目标物浓度，计算去除率，评价膜电极活性。染料浓度采用尤尼科 UV-Vis 分光光度计进行测定。

为考察 TiO_2/Ti 膜电极的光催化性能，考察了五个不同过程对废水中染料的去除。这五个过程包括吸附（adsorption），即 TiO_2/Ti 膜电极在既不光照也不加偏压的情况下处理废水；光降解（photo-degradation），即用砂纸打磨掉氧化层的 Ti 电极代替 TiO_2/Ti 膜电极，光照但不加偏压的情况下处理废水；电氧化（electrolysis，EC），即 TiO_2/Ti 膜电极在不光照但外加偏压的情况下处理废水；光催化（photocatalytic，PC），即 TiO_2/Ti 膜电极在光照但不加偏压的情况下处理废水；光电催化（photoelectrocatalytic，PEC），即 TiO_2/Ti 膜电极在既有光照又外加偏压的情况下处理废水。以上过程转盘的转速均为 90r/min。

为考察阳极转盘液膜光电催化过程的可行性，光电催化过程采取了三种不同的模式，第一种模式是采用紫外灯照射转盘浸在溶液中的一半圆盘，代表传统的光电催化反应器（传统光电，conventional PEC，CPEC），即激发光源需透过 1cm 厚的溶液和一层石英反应器壁才能照射到光阳极表面，有效光照电极面积为 $18cm^2$；第二种模式是用紫外灯照射转盘露在空气中的一半圆盘，代表液膜光电反应器（液膜光电，thin-film PEC），即紫外光透过几十微米的液膜照射光阳极表面，有效光照电极面积为 $24cm^2$；第三种模式是光照整个圆盘（暴露在空气中的半圆盘和浸在水中的半圆盘），代表阳极转盘液膜光电催化反应器（阳极转盘液膜光电，anode rotating disk PEC，ARPEC），有效光照电极面积为 42cm^2。三种模式除光照面积不同外，其他反应条件完全相同。本节除特别说明外，光源光强为 15mW/cm^2，溶胶-凝胶 TiO_2 膜电极的膜厚为三层。

3.3.3 不同方法制备的 TiO_2/Ti 电极的催化性能的比较

3.3.3.1 光电响应性能

HO-TiO_2/Ti、AO-TiO_2/Ti 和 SG-TiO_2/Ti 电极的光电响应曲线见图 3.23。结果表明，虽然三种方法制备的 TiO_2 膜电极都有光电响应，但在同样条件（同一溶液、同样电极面积、同一光源和同样电压）下，HO-TiO_2/Ti 电极的光电流最低，SG-TiO_2/Ti 电极的光电流最高，AO-TiO_2/Ti 的光电流居中，表明不同方法制备的 TiO_2 膜电极的光催化性能不同。

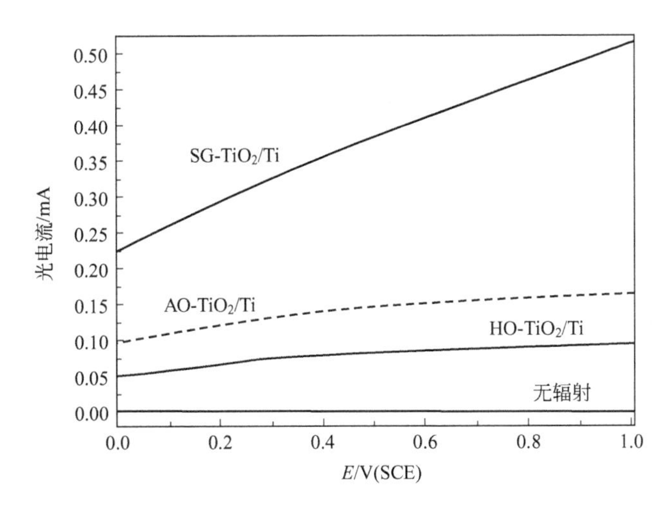

图 3.23 TiO_2/Ti 电极的 *I-V* 曲线

（条件：10mg/L RhB；pH 5.6；1.0g/L Na_2SO_4；扫描速度为 10mV/s）

3.3.3.2 RhB 的脱色和矿化

HO-TiO_2/Ti（最佳条件：偏压 0.8V；pH 3.8；转速 90r/min；2.0g/L Na_2SO_4）、AO-TiO_2/Ti（最佳条件：偏压 0.8V；pH 2.5；转速 90r/min；1.0g/L Na_2SO_4）和 SG-TiO_2/Ti 电极（最佳条件：偏压 0.4V；pH 2.5；转速 90r/min；0.5g/L Na_2SO_4）ARPEC 处理 20mg/L RhB 的脱色率和 TOC

去除率结果见表 3.4。结果表明，SG-TiO_2/Ti 电极的降解效果最好，AO-TiO_2/Ti 电极其次，HO-TiO_2/Ti 电极最差。这一结果与 TiO_2/Ti 电极的光电响应结果相符合。

表 3.4 不同方法制备的 TiO_2/Ti 电极 ARPEC 处理 20mg/L RhB 的脱色率和 TOC 去除率

HO-TiO_2/Ti(2h)		AO-TiO_2/Ti(1.5h)		SG-TiO_2/Ti(1.5h)	
脱色率/%	TOC 去除率/%	脱色率/%	TOC 去除率/%	脱色率/%	TOC 去除率/%
56.9	21.4	76.5	46.2	97.2	72.7

3.3.3.3 脱色率较传统光电催化法的提高倍数

HO-TiO_2/Ti、AO-TiO_2/Ti 和 SG-TiO_2/Ti 电极 ARPEC 处理不同浓度 RhB 溶液单位电极面积去除 RhB 的量与传统光电法（CPEC）的比值见图 3.24。结果表明，该比值介于 1.03～6.75 之间。对于 HO-TiO_2/Ti、AO-TiO_2/Ti 和 SG-TiO_2/Ti 电极，该比值均随 RhB 浓度增大而增大，尤其在高浓度范围，如 80mg/L 以上，该比值均＞2；三种电极各自增大的幅度不同，在本实验研究的 RhB 浓度范围，即 20～150mg/L，该比值的大小顺序为 SG-TiO_2/Ti 电极＞AO-TiO_2/Ti 电极＞HO-TiO_2/Ti 电极，此结果表明，阳极转盘液膜光电法相对于传统光电法对 RhB 的色度去除强化程度与电极

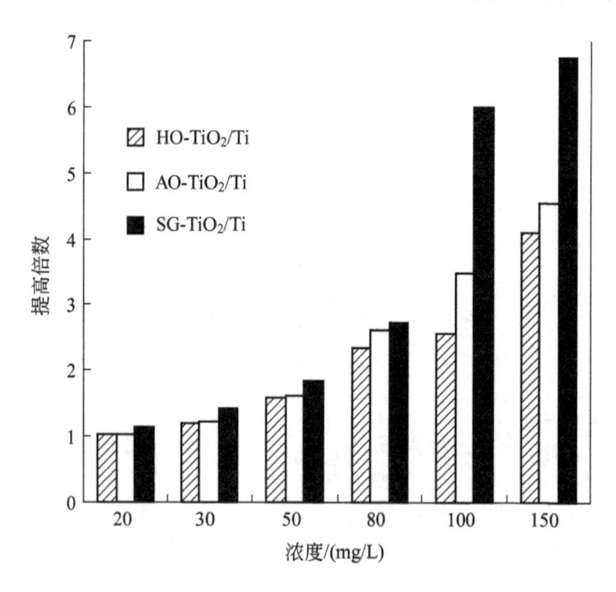

图 3.24 不同方法制备的 TiO_2/Ti 电极 ARPEC 处理不同浓度 RhB 溶液单位电极面积去除 RhB 的量相对于传统光电法的比值

自身的催化性能有关系，电极的催化能力越强，强化程度也越大，即电极自身催化性能的提高，有利于应用阳极转盘液膜光电催化反应器处理高浓度的染料溶液。

3.3.4 溶胶-凝胶法制备 TiO_2/Ti 电极的条件优化

由于热处理温度、热处理时间和涂膜次数等条件对 TiO_2/Ti 电极的催化性能有较大的影响，所以对上述制备条件做了优化。

3.3.4.1 不同热处理温度的影响

不同热处理温度下处理 2h 的 TiO_2/Ti 电极的 X 射线衍射（XRD）图如图 3.25(a) 所示。结果表明，在本实验的热处理温度范围 500～600℃内，晶型和晶粒大小都没有明显的差异，因此进一步考察了不同热处理温度的 TiO_2/Ti 电极的光电响应性能，结果见图 3.25(b)。结果表明热处理温度为 550℃时，TiO_2/Ti 电极的光电流较高，所以最佳热处理温度选取 550℃。除特别说明外，热处理温度均为 550℃。

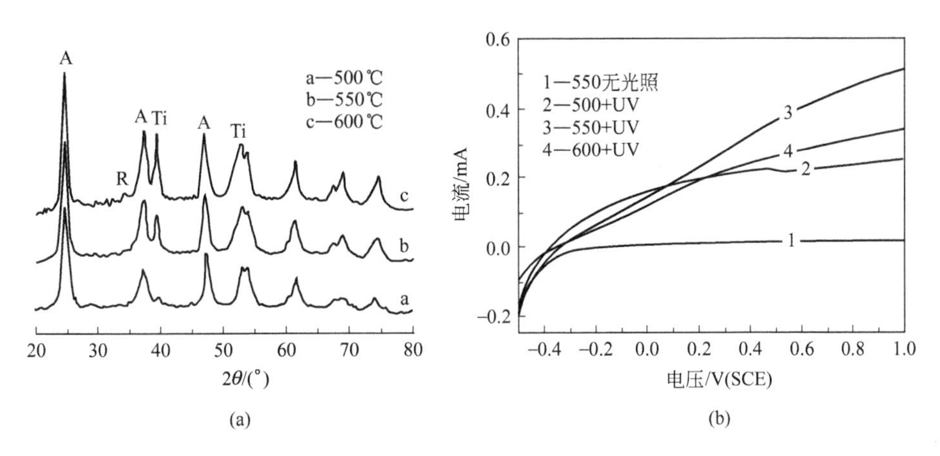

图 3.25 不同热处理温度 TiO_2/Ti 电极的 XRD 图（a）
（A 为锐钛矿；R 为金红石）和 *I-V* 曲线（b）
（20mg/L RhB；pH 5.6；1.0g/L Na_2SO_4；扫描速度 10mV/s）

3.3.4.2 不同热处理时间的影响

550℃下不同热处理时间对 TiO_2/Ti 电极的晶型的影响如图 3.26(a) 所示，结果表明，热处理时间对晶型和晶粒大小的影响不是很大。不同热处理

时间对 TiO_2/Ti 电极的光电响应性能的影响结果见图 3.26(b)。结果表明热处理时间为 2h 时，TiO_2/Ti 电极的光电流较高，所以最佳热处理时间选取 2h。除特别说明外，热处理时间均为 2h。

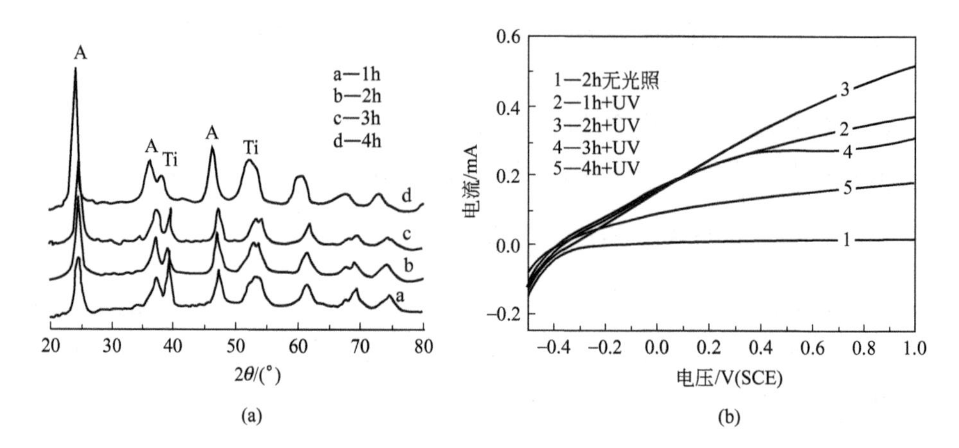

图 3.26 不同热处理时间 TiO_2/Ti 电极的 XRD 图 (a)
(A 为锐钛矿；R 为金红石) 和 *I-V* 曲线 (b)
(20mg/L RhB；pH 5.6；1.0g/L Na_2SO_4；扫描速度 10mV/s)

3.3.4.3 不同涂膜次数的影响

不同涂膜次数对 TiO_2/Ti 电极的光电响应性能的影响见图 3.27。结果表明涂膜 3 次以上时，TiO_2/Ti 电极的光电流差别不大，为节约试剂，一般采取涂膜 3 次制备 TiO_2/Ti 电极。

3.3.5 对罗丹明 B 的处理

除特别说明外，光强度为 15mW/cm^2，涂膜 3 次，热处理温度和时间分别为 550℃和 2h。

3.3.5.1 不同过程处理 RhB

不同过程包括吸附 (adsorption)、光解 (photo-degradation)、光催化 (PC)、电氧化 (EC) 和阳极转盘液膜光电催化 (ARPEC) 对 RhB 的脱色结果见图 3.28。结果表明，RhB 几乎不能被直接光解；90min，电解和光催化的脱色率分别为 35％和 30％；但阳极转盘液膜光电催化的脱色率最高，

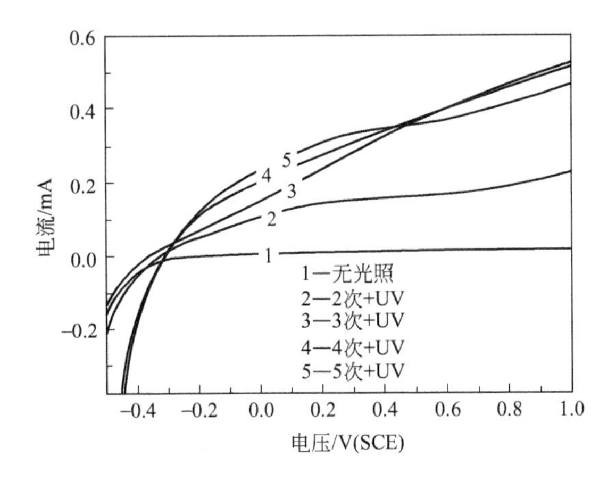

图 3.27 不同涂膜次数对 TiO_2/Ti 电极的光电响应性能的影响

（20mg/L RhB；pH 5.6；1.0g/L Na_2SO_4；扫描速度 10mV/s；550℃热处理 2h）

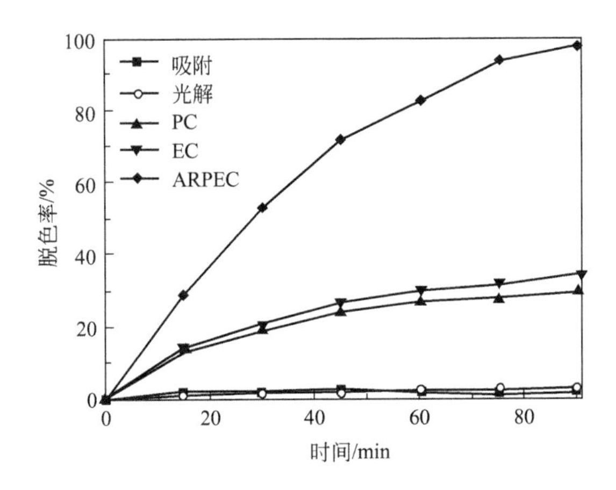

图 3.28 不同过程处理 20mg/L RhB 的脱色结果

（反应条件：偏压 0.4V；pH 2.5；0.5g/L Na_2SO_4；转速 90r/min）

达 97%。这表明光、电有明显的协同效应。

已有研究表明，光电催化的总速率受激发光强度和传质的影响。阳极转盘液膜光电催化的高效率可归结为以下原因：①由于转盘的上半部分暴露在空气中，表面形成很薄的液膜，使激发光只需透过该液膜即可照射到电极光催化剂表面而避免了反应液对激发光的吸收而造成的光损失，使得激发光的利用率大大提高；②转盘的转动，使得降解产物不断从液膜中转移到本体溶液中，新的 RhB 分子及时被吸附到光阳极表面，补充被降解的 RhB 分子，使得给定时间液膜光电部分 RhB 的吸附和降解维持动态平衡，使降解能在高速率下进行；③转盘浸在溶液中的部分以传统光电反应器的模式进行，尽管由于溶液自身的光吸收造成激发光严重的光损失，使其处理效率较低，但它可以进一步降解本体溶液中的 RhB 分子及其降解产物；④外加正偏压可有效降低光生电子和空穴的复合，提高空穴氧化有机污染物的效率。

3.3.5.2 液膜光电(thin-film PEC)与传统光电(CPEC)的比较

为了进一步考察液膜光电（thin-film PEC）和传统光电（CPEC）降解染料的区别，对液膜光电和传统光电法处理 RhB 溶液的效率和 TOC 去除率做了比较。处理 20～150mg/L RhB 溶液的实验结果见表 3.5。结果表明，对于不同浓度的 RhB 溶液，液膜光电法均较传统光电法的脱色率和 TOC 去除率高。由于两个过程除了光照射转盘的位置不同外，其余条件均相同，所以造成两个过程的脱色率不同的原因可归结为光阳极催化剂表面的光强度不同。尽管两个过程所使用的激发光源是同一盏紫外灯，但由于在液膜光电过程中，激发光只需透过一层很薄的液膜即可照射到光阳极表面，激发光在传输过程中几乎无光损失；而在传统光电过程中，激发光需要透过 1cm 厚的染料溶液和一层石英反应器壁才能照射到光阳极表面，激发光在传输过程中有很严重的能量损失，这可以从表 3.5 中的结果得到证实，254nm 的紫外光透过 1cm 浓度为 20～150mg/L 的 RhB 溶液时，光损失为 83.1%～100%。也就是说，对于 RhB 溶液，当浓度超过 50mg/L 时，254nm 的紫外光几乎达不到光阳极催化剂表面，此时，所谓的光电催化变为传统的电氧化，TiO_2 光催化剂的催化性能根本得不到发挥。当 RhB 浓度为 50mg/L 时，液膜光电法较之传统光电法的脱色率提高最大，达 16.1%。这主要是由于当 RhB 浓度超过 50mg/L 时，传统光电催化（实为电氧化）过程的脱色率已经只有百分之几，进一步降低的余地很小，导致液膜光电和传统光电脱色率的差距缩小。

表 3.5 液膜光电和传统光电降解不同浓度 RhB 的比较

（处理 1h；反应条件：偏压 0.4V；pH 2.5；0.5g/L Na_2SO_4；转速 90r/min）

c_0/(mg/L)	T_{254nm}/%	thin-film PEC		CPEC	
		脱色率/%	TOC 去除率/%	脱色率/%	TOC 去除率/%
20	16.9	84	48	55	30
30	6.90	72	41	38	20
50	0.23	64	34	26	12
80	0.0	51	25	14	7
100	0.0	40	14	5	—
150	0.0	27	7	3	—

由于液膜光电和传统光电的有效光照电极面积不同，表 3.5 中的脱色率数据还不足以说明液膜光电过程和传统光电过程的差距有多大。因此，为了使液膜光电和传统光电过程更具有可比性，将表 3.5 中的脱色率数据转化为单位电极面积去除 RhB 的量，转化关系见式(3.3)：

$$\text{单位电极面积去除 RhB 的量}(mg/cm^2) = c_{RhB}(mg/L) \times V_{RhB}(L) \times \text{脱色率}(\%)/\text{电极面积}(cm^2) \tag{3.3}$$

式中，c_{RhB} 为 RhB 溶液的初始浓度；V_{RhB} 为所处理的 RhB 的体积(55mL)；电极面积对液膜光电过程为 $24cm^2$，对传统光电过程为 $18cm^2$。

对于不同浓度的 RhB 溶液，液膜光电和传统光电过程的单位电极面积去除 RhB 的量结果如图 3.29 所示。结果表明，传统光电过程在处理高浓度的染料溶液时，处理效率逐渐下降，主要是由于在染料浓度较高时，激发光几乎不能透过染料溶液到达电极催化剂表面（这可以从表 3.5 中的透光率数据得到证实），使催化剂的催化性能得不到发挥，这也是光电催化走向实用化的瓶颈之一。但对于液膜光电过程，其最大的优点是 TiO_2 催化剂的氧化能力随着染料浓度的提高而提高。当 RhB 浓度从 20mg/L 增加到 80mg/L 时，液膜光电去除 RhB 的量稳定增加，直到 RhB 浓度达到 80mg/L 后基本维持稳定，表明液膜光电过程在此时已达到最大催化能力；而传统光电法单位电极面积的最大去除量在 RhB 浓度为 50mg/L 时达到最大，超过该浓度，RhB 去除量下降。这一结果并不让人感到意外，因为 50mg/L RhB 溶液的

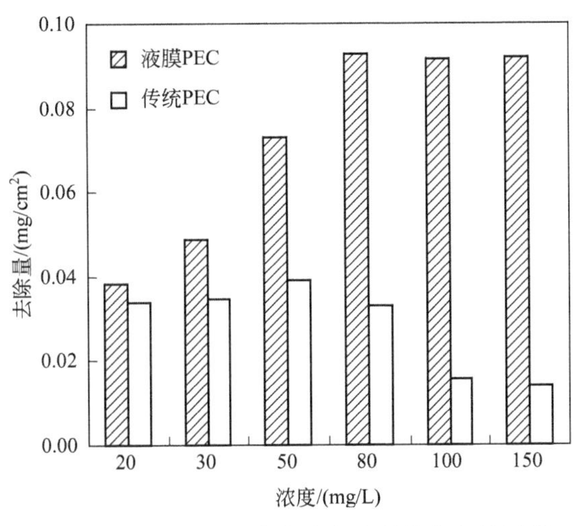

图 3.29　液膜光电和传统光电过程单位电极面积去除不同浓度 RhB 的量（条件同表 3.5）

透光率仅为0.23%，80mg/L或更高浓度的RhB溶液透光率几乎为0（表3.5）。也就是说，激发光已经基本上被目标物溶液吸收，实际上已没有激发光到达光阳极表面，传统光电过程实际上已变为电氧化过程。图3.29中的两组数据表明，在处理RhB溶液时，液膜光电过程比传统光电过程的处理效率更高，尤其是在处理高浓度的RhB溶液时，液膜光电过程有很大的优势。这主要是由于液膜光电过程中，激发光强度几乎不受RhB浓度增加的影响，在任何RhB浓度下都基本维持一致；而在传统光电过程中，激发光强度随RhB浓度的增加而下降。

阳极转盘液膜光电催化反应器通过阳极转盘的转动，加强了溶液的传质效率，并使电极的大部分暴露于空气中，在电极的表面形成几十微米厚的液膜，使激发光直接透过该液膜即可照射到光阳极表面，从而避免了染料自身对紫外光的吸收而造成的激发光光强度损失，大大提高了激发光的利用率，使 TiO_2/Ti电极的催化活性得以更好地发挥。结果证实阳极转盘液膜光电催化反应器能够同时加强传质和提高激发光的利用率，克服传统光电催化反应器的不足，使光电催化效率大大提高。

3.3.5.3 影响因素

不同实验条件对阳极转盘液膜光电催化反应器处理RhB溶液的效率都有影响，因此，本部分将考察不同实验条件对 TiO_2/Ti电极ARPEC处理RhB的影响。

（1）外加偏压的影响

在光电催化过程中，外加偏压的大小对光生电子和空穴的分离效果起着至关重要的作用。不同阳极偏压对RhB降解率的影响，结果见图3.30。实验表明，降解率随着阳极偏压的增大而增大，但当偏压增到一定值时，继续增大阳极偏压反而会使得降解率有所下降。虽然从图3.15来看，光电流一直随着偏压的增大而有所增加，而降解率在高偏压时却有所下降，这主要是高偏压时水被光生空穴氧化分解的副反应所致，因此，选择0.4V为阳极转盘液膜光电催化反应器氧化降解RhB的最佳偏压。

（2）转速的影响及电极表面液膜厚度的计算

转盘的转动在光电催化反应中主要起两个作用，一是加快圆盘表面液膜与溶液本体的传质，传质速率随转速提高而提高；二是通过转盘的转动，使得两个半圆盘交替露在空气和溶液中，由此使暴露在空气中的半圆盘表面形成一层很薄的液膜，使紫外光有机会直接照射到暴露在空气中的光阳极表

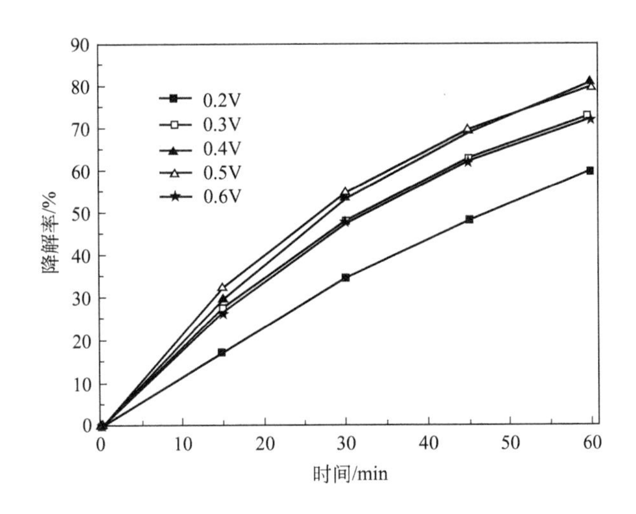

图 3.30 外加偏压的影响

（反应条件：10mg/L RhB；0.5g/L Na_2SO_4；pH 5.6；转速 90r/min）

面，降低紫外光通过溶液时被目标物本身吸收而引起的光损失。液膜的厚度随转盘转速提高而增加，而激发光的透光率则随之下降，即转盘光催化剂表面的光强度有所下降。

转盘表面的液膜厚度可通过式(3.4) 和式(3.5) 进行估算：

$$\delta = 1.2\,(V_c)^{0.5} \tag{3.4}$$

$$V_c = R\omega \tag{3.5}$$

式中，δ 为液膜平均厚度，10^{-4}m；V_c为露出水面的点的线速度；R 为待研究的点与圆心之间的距离；ω 为角速度。

由式(3.4) 和式(3.5) 可知，液膜厚度随着转速的增加而增加。当转盘转速分别为 30r/min、60r/min、90r/min 和 120r/min 时，对应的平均液膜厚度分别约为 44μm、62μm、75μm 和 87μm。

液膜厚度可从两方面影响光催化效率，一是影响激发光的透过率，激发光的透过率随液膜厚度增加而下降；二是影响光催化剂与 RhB 分子的反应机会，反应机会随液膜厚度增加而增加。

转速对 RhB 降解率的影响如图 3.31 所示。结果表明，当转速低于 90 r/min时，降解速率随着转速的增大而增大；而当转速超过 90r/min 时，降解速率基本不变。这一结果可作如下解释：在较低转速下，主要是传质和催化剂与 RhB 分子的反应机会对降解速率的影响起主导作用。已有研究表明，光电催化反应的速率控制步骤可能为传质步骤、电荷传输步骤或者传质和电荷传输共同控制。当转速较低时，传质为速率控制步骤，因而随着转速的提

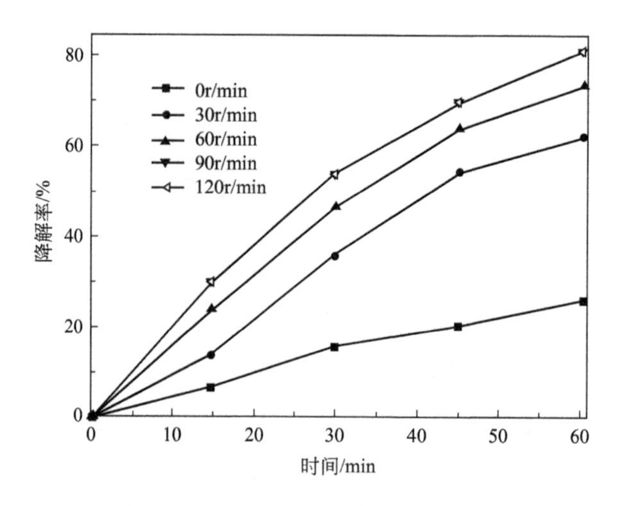

图 3.31　转速对 RhB 降解率的影响

（反应条件：偏压 0.4V；10mg/L RhB；0.5g/L Na_2SO_4；pH 5.6）

高，降解速率提高；而当转速足够高时，电荷传输为速率控制步骤，而电荷传输是材料固有的性质，不能通过转速来改变，因而此时再增大转速对降解速率的提高已经没有帮助了。所以当转速足够高时，通过影响传质速率而影响降解速率的作用就可以忽略，此时转速主要是通过影响催化剂与 RhB 分子的反应机会和激发光的透过率而影响降解速率，而转速对催化剂与 RhB 分子的反应机会和激发光的透过率的影响是两个不同的方向（催化剂与 RhB 分子的反应机会随转速增大而增加，激发光的透过率则是下降），所以二者基本可以抵消，表现为降解速率在转盘转速达到一定值时基本稳定。另外，过高的转速会使反应液溅出。所以，选择 90r/min 为最佳转速。

（3）pH 值的影响

考察 pH 值对光电催化反应的影响是复杂而必要的。首先，溶液 pH 值会影响目标物分子和 TiO_2 光催化剂的荷电性，从而影响目标物在 TiO_2 膜电极上的吸附和解吸性能，而 TiO_2 膜电极的吸附性能对光电催化效率影响很大。对于 TiO_2 来说，其等电点约为 6.4，因此，当溶液 pH 值<6.4 时，TiO_2 表面带正电，对带负电的物质吸附有利；而当 pH 值>6.4 时，TiO_2 表面带负电，对带正电的物质吸附有利。另外，pH 值还能影响目标物分子本身的荷电性能。如图 3.1 所示，RhB 是阳离子型分子，在碱性条件下有利于其在 TiO_2 催化剂表面的吸附；当 pH>4.0 时，RhB 呈两性离子型，与带正电的 TiO_2 表面亦可发生静电吸引作用。其次，pH 值可以影响 TiO_2 的平带电势和带边位置，pH 值每改变 1 个单位，带边可移动 60mV，从而影响光生电子和空穴的氧化-还原能力；另外，pH 值会影响 OH^- 的浓度，而 OH^- 在光电催化氧化反应中对 ·OH 的生成起着很重要的作用。碱性越高，越有利于 OH^- 与光生空穴反应生成 ·OH，进而氧化降解 RhB。

pH 值对 RhB 的降解效率的影响实验结果见图 3.32，结果表明，RhB 的降解效率随着 pH 值的增大而下降，pH 值较低时有利于 RhB 的降解。这一结果与 Li 等的实验结果完全不同，他们的结果是 RhB 的降解效率在碱性（pH=10）时较好。导致这一完全不同的结果的原因可能是由于 TiO_2 膜电极的制备方法不同导致电极特性不同。另外，光电催化过程中，光生电子在外加电场的作用下被转移到阴极，在阴极表面主要与 H^+ 反应被消耗，所以酸性（H^+ 浓度高）更有利于电子的转移，从而使光生电子和空穴的分离效率提高，最终使 RhB 的降解效率提高。因此，最佳 pH 值选取 2.5。

（4）电解质浓度的影响

电解质的浓度可影响溶液的电导率，所以会影响光生电子向阴极的迁移速率，最终影响光电催化效率。Na_2SO_4 浓度对 RhB 的色度去除率的影响见图 3.33。当 Na_2SO_4 浓度<0.5g/L 时，色度去除率随着 Na_2SO_4 浓度的增大而增大；而当 Na_2SO_4 浓度>1.0g/L 时，色度去除率随着 Na_2SO_4 浓度的增大而降低。这是因为 Na_2SO_4 除了可增强溶液的电导率从而强化光生电子的传输外，SO_4^{2-} 还可如式(3.6) 所示，与活性高的羟基自由基 ·OH 反应生成活性低的自由基 SO_4^-·，从而使光电催化效率下降。所以，Na_2SO_4 的最佳浓度选取 0.5g/L。

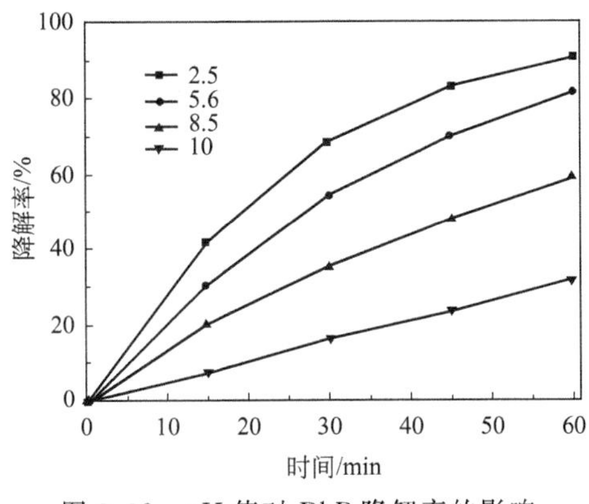

图 3.32　pH 值对 RhB 降解率的影响

（反应条件：偏压 0.4V；0.5g/L Na_2SO_4；10mg/L RhB；转速 90r/min）

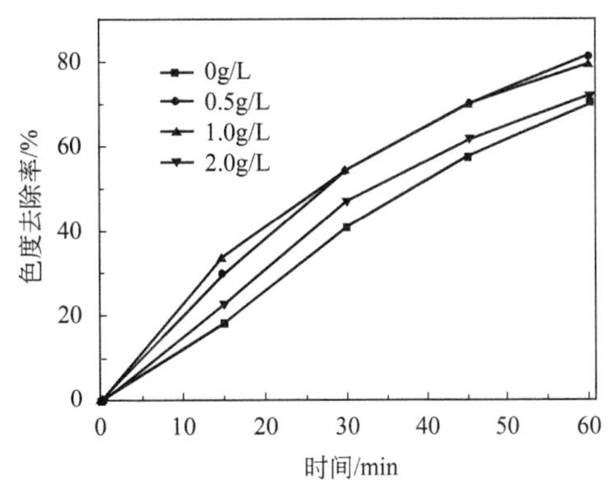

图 3.33　电解质浓度对 RhB 色度去除率的影响

（反应条件：偏压 0.4V；pH 5.6；10mg/L RhB；转速 90r/min）

$$SO_4^{2-} + \cdot OH \longrightarrow SO_4^{-} \cdot + OH^{-} \tag{3.6}$$

（5）初始浓度的影响

在光电催化反应中，目标物的初始浓度是一个很重要的参数，会影响其降解速率和效率。RhB 初始浓度对光电催化效率的影响结果见图 3.34。从结果可知，RhB 的降解效率随着其浓度的增大而降低。这与传统光电反应器降解染料的规律基本相同。但转盘液膜光电法对 RhB 的去除量随着 RhB 浓度的增加而增加，这与传统光电法的结果是不同的（见图 3.29）。

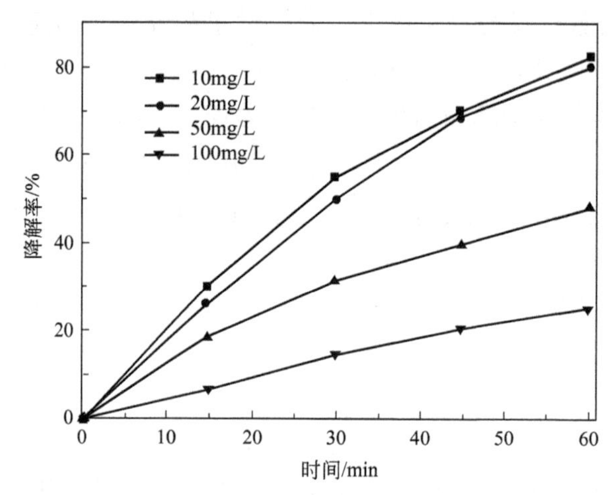

图 3.34　RhB 初始浓度对光电催化效率的影响

（反应条件：偏压 0.4V；0.5g/L Na_2SO_4；pH 5.6；转速 90r/min）

（6）光强度的影响

光强度对 RhB 脱色率的影响见图 3.35，可见催化效率随着光强的增加而增加，因为入射光是光电催化反应的外在动力，光反应的活化能主要来源于光子的能量，光强度的增加使得光子数量增加，因而激发 TiO_2 催化剂产生的光生电子和空穴对也增加，最终使得脱色率增加。

（7）催化剂厚度的影响

催化剂层数对降解效率的影响见图 3.36。由图看出，当膜较薄时，降解效率随 TiO_2 膜的增厚而增大，当膜层为 3 层时，降解速率达到最大值，4、5 层时降解速率略有下降。这是因为光电催化反应过程在一定程度上取决于催化剂受光照后产生的空穴-电子对数目，催化剂量的增加可以使得相应的光生空穴-电子对的数目也随之增加。然而当膜层超过 5 层时，降解效率却随着 TiO_2 膜的增厚而下降较明显，这主要与膜厚增加引起相应阻抗也增大有关。

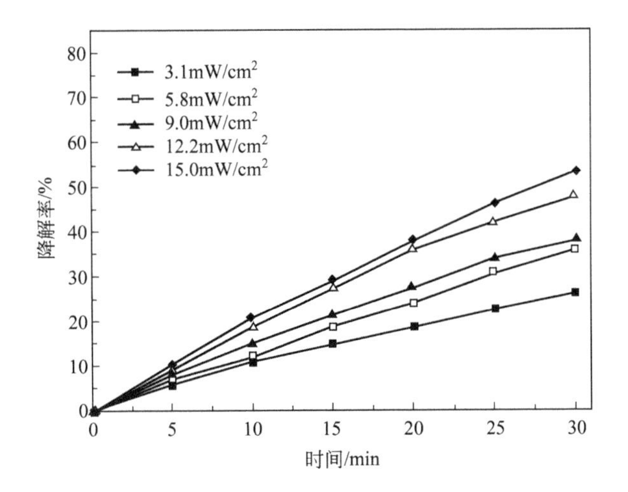

图 3.35　光强度对 RhB 脱色率的影响

（反应条件：20mg/L RhB；偏压 0.4V；pH 3.5；转速 90r/min 和 0.5g/L Na_2SO_4）

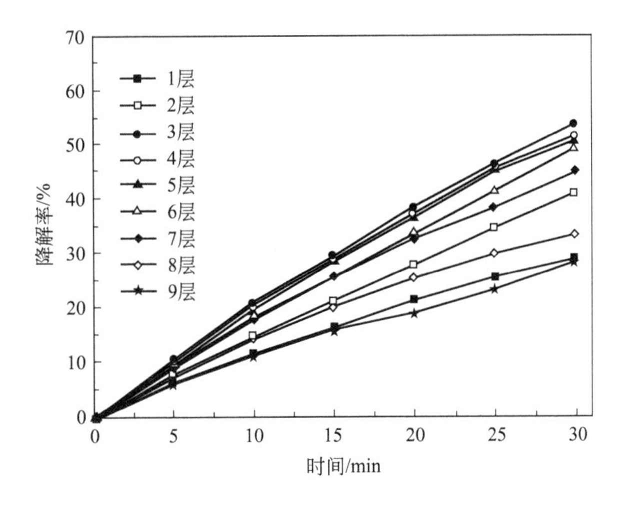

图 3.36　催化剂层数对降解效率的影响

（反应条件：20mg/L RhB；偏压 0.4V；pH 3.5；转速 90r/min 和 0.5g/L Na_2SO_4）

（8）脱色和矿化

RhB 随着 ARPEC 反应时间在 200～650nm 波长范围的吸收光谱变化如图 3.37(a) 所示。从图中可见，RhB 浓度随着反应时间的增加降低很快。ARPEC 过程中的 RhB 色度及 TOC 去除率的实验结果见图 3.37(b)。从图中可见，TOC 的下降趋势与吸光度下降趋势相似但不如吸光度下降趋势明显。ARPEC 降解 90min 后，20mg/L RhB 溶液的色度及 TOC 去除率分别为 97.2%和 72.7%。

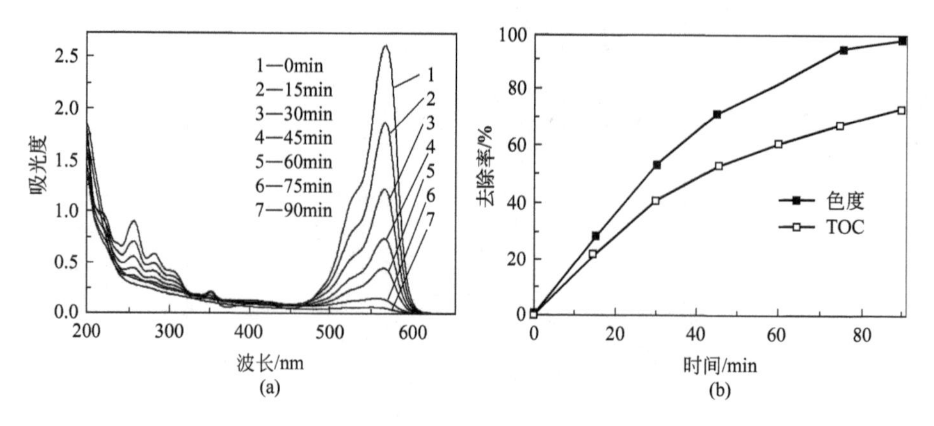

图 3.37 ARPEC 降解 20mg/L RhB 的紫外-可见吸收光谱（a）以及色度和 TOC 去除率随时间的变化（b）

（反应条件：偏压 0.4V；pH 2.5；0.5g/L Na_2SO_4；转速 90r/min）

3.3.6 对诱惑红的处理

阳极转盘液膜光电催化反应器处理 AR 的优化条件为：偏压 0.8V；转速 90r/min；pH 6.6；Na_2SO_4 浓度 2.0g/L。本节处理条件均为最佳条件。

3.3.6.1 液膜光电(thin-film PEC)与传统光电(CPEC)的比较

液膜光电过程和传统光电过程处理不同浓度的 AR 溶液的色度去除率和 TOC 去除率见表 3.6，可见对于不同浓度的 AR 溶液，液膜光电过程均较传统光电过程的脱色率和 TOC 去除率高，结果与处理 RhB 的结果类似。

表 3.6 液膜光电和传统光电降解 1h 不同浓度 AR 的比较

c_{AR}/(mg/L)	T_{254nm}/%	液膜 PEC		CPEC	
		脱色率/%	TOC 去除率/%	脱色率/%	TOC 去除率%
10	44.8	54.3	32.6	46.5	27.3
20	23.4	52.5	31.3	37.7	21.7
30	12.3	53.0	30.7	28.8	16.4
40	6.5	41.7	25.5	15.4	10.3
50	3.4	36.1	19.2	9.3	4.4

3.3.6.2 AR 的脱色和矿化

AR 随着 ARPEC 反应时间在 200～650nm 波长范围的吸收光谱变化如图 3.38(a) 所示。从图中可见，AR 浓度随着反应时间的增加降低很快。ARPEC 过程中的 AR 色度及 TOC 去除率的实验结果见图 3.38(b)。从图中可见，TOC 的下降趋势与吸光度下降趋势相似但不如吸光度下降趋势明显。ARPEC 降解 150min 后，30mg/L AR 溶液的色度及 TOC 去除率分别为 86%和 69%。

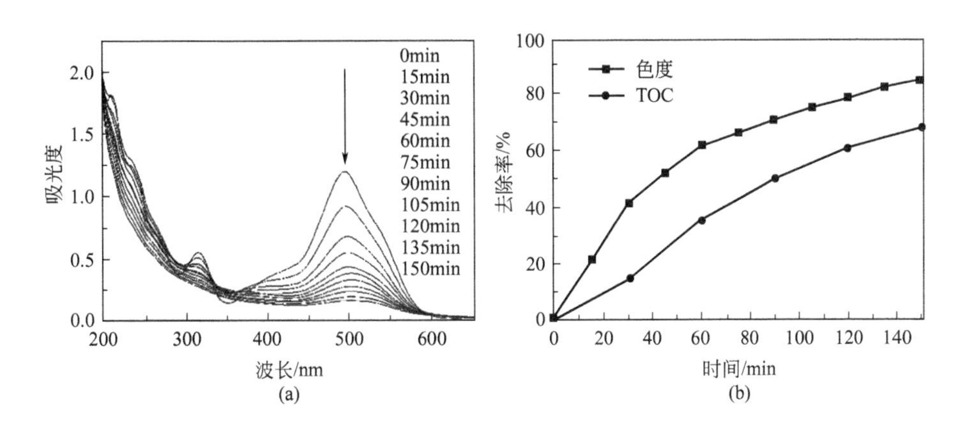

图 3.38 ARPEC 降解 30mg/L AR 的紫外-可见吸收光谱 (a) 以及色度和 TOC 去除率随时间的变化 (b)

3.3.7 对实际印染废水的处理

为考察阳极转盘液膜光电催化反应器在处理实际废水方面的可行性，应用阳极转盘液膜光电催化反应器处理了实际印染废水。

3.3.7.1 色度去除

阳极转盘液膜光电催化反应器处理印染废水原水和预处理水过程中，印染废水原水和预处理水在 350～800nm 的 UV-Vis 谱图分别如图 3.39(a) 和图 3.39(b) 所示，可见对于印染废水原水，在最初的 75min，600nm 的吸光度随着时间的延长而迅速下降；而对于预处理水，在最初的 45min，600nm 的吸光度随着时间的延长而迅速下降，之后的时间降解速率明显下降。图 3.39(c) 是印染废水原水和预处理水基于

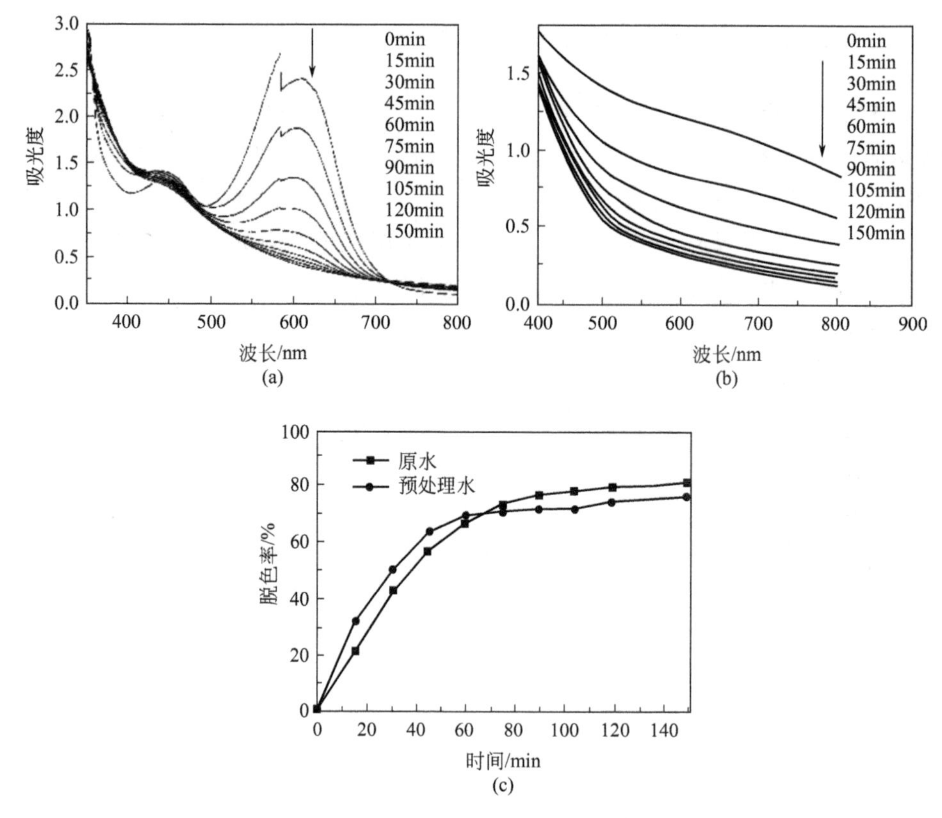

图 3.39　不同时间印染废水原水（a）、预处理水（b）的紫外-可见吸收光谱和基于 600nm 的脱色率（c）

（偏压 1.0V；预处理废水样品吸光度测定前稀释一倍）

600nm 的脱色率随时间的变化，可见经过 90min 的处理，脱色率分别达到 77%和 72%，90min 以后，脱色率提高不明显，处理 150min，脱色率分别达到 81%和 77%，表明阳极转盘液膜光电催化法能够快速有效地使实际印染废水脱色。

3.3.7.2　TOC 去除

印染废水原水和预处理水的 TOC 随降解时间的去除率变化如图 3.40 所示，在反应初期的 45min，TOC 的去除不明显，随后原水的 TOC 去除明显加快，但预处理水的 TOC 去除无明显提高，经过 150min 的处理，原水和预处理水的 TOC 去除率分别达到 51%和 21%。原水和预处理水的 TOC 去除差异可能是由于二者的化学组成不同所致，这可以从二者的 UV-Vis 谱图看出。

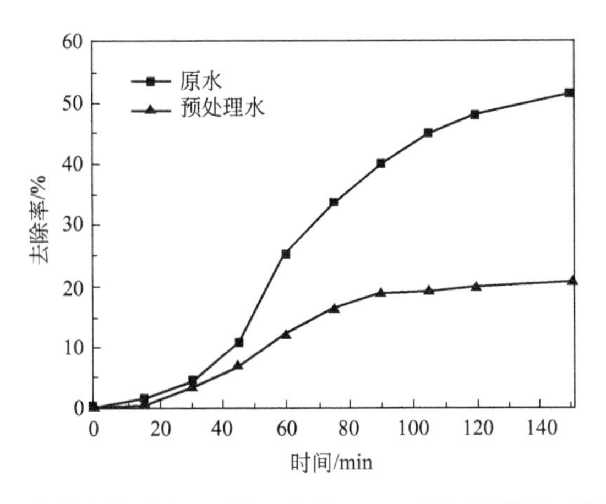

图 3.40 印染废水原水和预处理水的 TOC 去除率随降解时间的变化

3.3.7.3 可生化性（BOD_5/COD）

BOD_5与 COD 的比值（BOD_5/COD）是废水可生化性的一个重要的指标，转盘光电液膜反应器处理印染废水时，BOD_5/COD 比值随处理时间的变化情况如图 3.41 所示，原水和预处理水处理前的 BOD_5/COD 比值分别为 32.6%和 34%，随着阳极转盘液膜光电反应的进行，原水和预处理水的 BOD_5/COD 比值均随着反应时间的延长而略有升高，反应 150min 后，BOD_5/COD 比值分别为 48.5%和 42.1%，表明阳极转盘液膜光电能使实际印染废水的可生化性有所提高，可与传统生化处理联用提高处理效率。

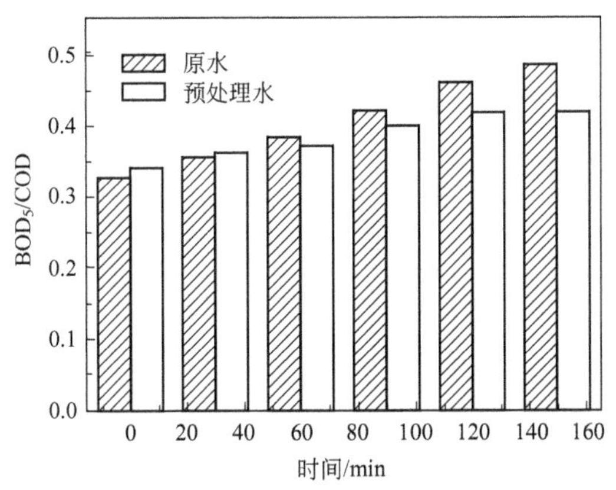

图 3.41 印染废水 BOD_5/COD 比值在阳极转盘液膜光电催化不同时间的变化

3.3.8 TiO_2/Ti 电极稳定性和重现性

3.3.8.1 单片电极多次使用的稳定性

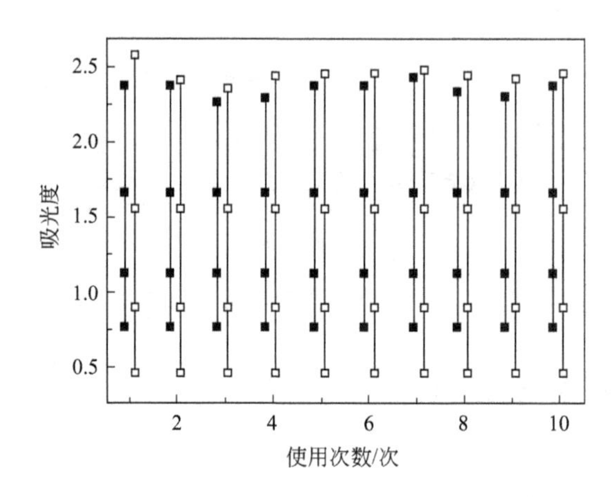

图 3.42 重复处理 RhB 和印染废水原水的吸光度变化

（从上到下分别为 0min、20min、40min 和 60min）■ 印染废水；□ 20mg/L RhB

光阳极的稳定性是在处理实际废水的应用中要考虑的一个很重要的影响因素。本部分考察了阳极转盘液膜光电催化反应器处理 RhB 模拟染料废水和实际废水原水的稳定性。10 次重复实验的实验结果见图 3.42。结果表明，处理 20mg/L RhB 和印染废水原水的平均脱色率分别为（82±0.8）%和（68

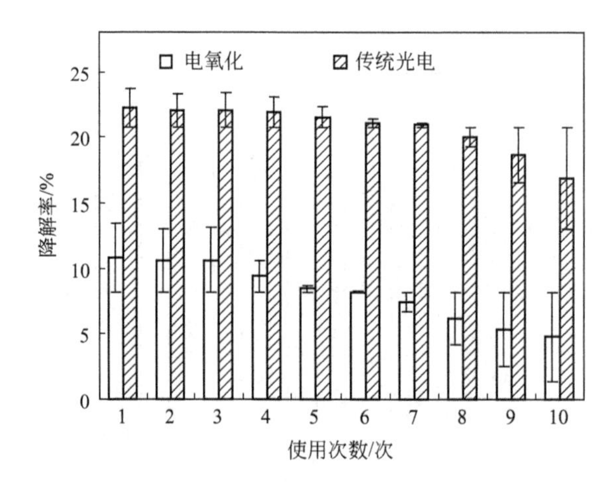

图 3.43 电氧化（EC）和传统光电（CPEC）处理印染废水原水的稳定性实验（以鼓空气代替转盘转动）

±1.0)%，表明 TiO_2/Ti 阳极转盘电极的稳定性很好，这也许是由于液膜中的有机污染物被快速降解使得电极表面得到及时的更新所致。为了进一步验证这一想法，进行了传统光电和电解处理印染废水原水的实验，结果如图3.43所示，表明平均色度去除率分别为（20.7±3.9)%和（8.2±3.4)%，传统光电和电解过程的处理效率分别在处理7h和3h后出现明显的下降，验证了前述转盘液膜光电更有利于 TiO_2/Ti 电极表面的及时更新和自我修复，比在传统光电和电解过程中更稳定的结论。

3.3.8.2 多片电极的重现性

光阳极的重现性在实际废水的应用中也是需要考虑的一个重要影响因素。10片 TiO_2/Ti 电极的平行性实验结果见图3.44。结果表明，处理60min的平均脱色率为（67.6±2.4)%，表明 TiO_2/Ti 转盘电极的平行性很好，这说明溶胶-凝胶法制备的 TiO_2/Ti 电极光催化性能没有太大的差异。

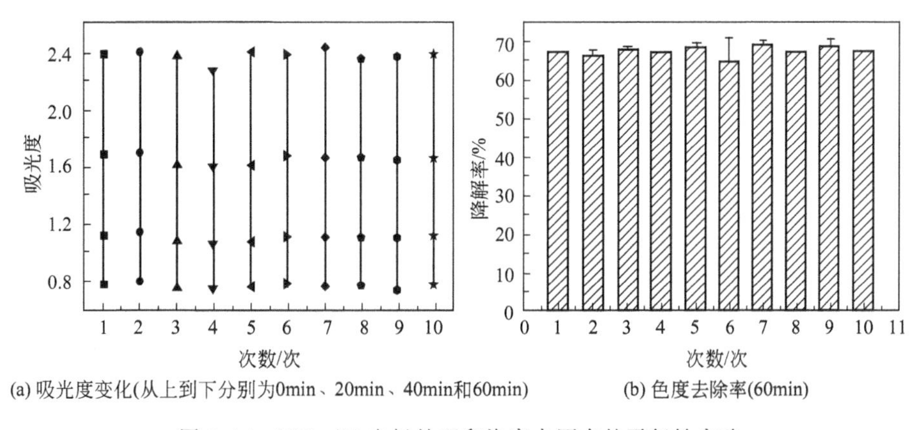

图3.44 TiO_2/Ti 电极处理印染废水原水的平行性实验

3.4 双转盘液膜光电催化（DRPEC）反应器性能

虽然阳极转盘液膜光电催化反应器在处理染料废水时，能够避免激发光被染料废水吸收而引起的光损失，同时加强传质，大大强化了光电催化效率，但阳极转盘液膜光电催化反应器需要外加电场来将光生电子转移至阴极以提高光生电子和空穴的分离效率；而且由于阳极转盘液膜光电催化反应器的阴极电极面积有限且是静置的，这使得光生电子在阴极与电子受体结合，最终没有对染料废水的降解发挥作用。因此，如何降低光生电子和空穴的分离能耗，以及提高光生电子的利用率成为本部分的研究目标。

当金属（金、银、铝、铂等）与N型半导体TiO_2接触时，电子不断从TiO_2扩散到金属，TiO_2表面电子浓度逐渐降低，表面电中性被破坏，于是就形成势垒，其电场方向为TiO_2→金属。但在该电场作用之下，金属中的电子也会产生从金属→TiO_2的漂移运动，从而削弱了由于扩散运动而形成的电场。当建立起一定宽度的空间电荷区后，电场引起的电子漂移运动和浓度不同引起的电子扩散运动达到相对的平衡，便形成了肖特基势垒。虽然肖特基势垒原理在电子器件行业已有广泛的应用，但至今没有文献报道其在光催化水处理方面的应用。

本着进一步降低阳极转盘液膜光电催化反应器的能耗和提高效率的思想，提出了双转盘液膜光电催化反应器，即将不同的阴极材料制备成转盘，与TiO_2/Ti阳极转盘固定在同一转轴上，利用肖特基势垒，将光生电子自发转移至阴极材料表面，并在阴极表面被饱和溶解氧捕获生成H_2O_2（发生O_2的双电子还原），H_2O_2可在阴极表面或者溶液中参与染料的氧化降解，从而实现双极氧化——TiO_2/Ti电极光生空穴或·OH的直接氧化和阴极H_2O_2的间接氧化，由此达到进一步提高效率和降低能耗的目的。

3.4.1 双转盘液膜光电催化反应器装置

双转盘液膜光电催化反应器实验装置如图3.45所示，其主要组成部分与阳极转盘液膜光电催化反应器基本相同，不同之处如下：

① 阴极。采用转盘的形式，与TiO_2/Ti光阳极固定在同一转轴上。分别考察了炭、Zn、Fe和Cu阴极材料对双转盘液膜光电催化反应器处理废水效率的影响。

② 转轴。如图3.45(c)所示，由空心的Cu棒和玻璃棒组成，阴、阳极转盘分别固定在位于玻璃棒两端的Cu棒上，通过炭电刷分别与导线相连接，通过导线的闭、合控制阴、阳极转盘是否组成回路。在光电催化过程（PEC）中，通过导线将TiO_2/Ti阳极和阴极分别与直流电源的正、负极相连接，外加偏压电助光催化，与自生电场（肖特基势垒）双转盘液膜光电催化（DRPEC）反应器比较。

为了考察不同气体氛围对双转盘液膜光电催化反应器处理废水的影响，DRPEC过程中向反应池中的废水鼓空气、氧气或高纯氮气。

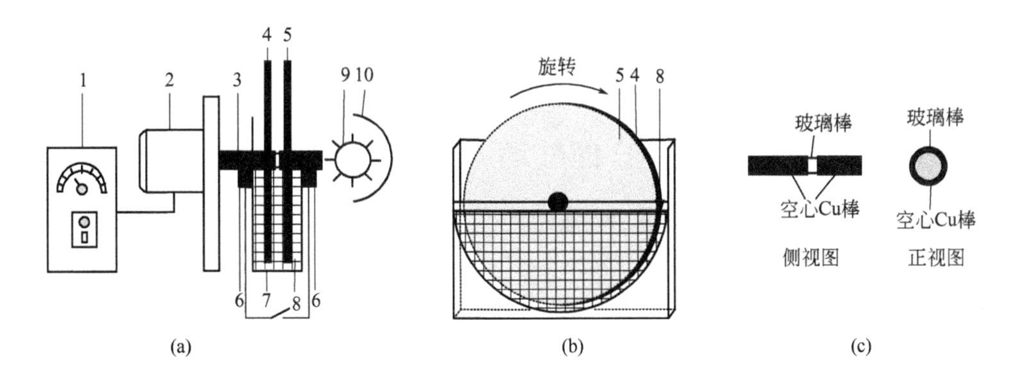

图 3.45　双转盘液膜光电催化反应器的截面图（a）、
反应池和转盘正视图（b）和转轴示意图（c）

1—调速器；2—电机；3—转轴；4—阴极转盘；5—TiO_2/Ti 转盘；
6—电刷；7—反应池；8—废水；9—光源；10—Al 箔

3.4.2　双转盘液膜光电催化反应器处理废水的过程

双转盘液膜光电催化反应器以 TiO_2/Ti 膜电极为阳极，铜、炭、锌和铁等材料为阴极，在室温下对 55mL 一定浓度的染料废水进行处理，设定时间取样分析目标物浓度，计算去除率，评价膜电极活性。染料浓度采用尤尼科 UV-Vis 分光光度计（UV- 2102 PCS）进行测定。除特别说明外，溶液均为含 1.0g/L Na_2SO_4 和 pH 值 2.5；转盘转速为 90r/min。

为考察不同阴极材料对双转盘液膜光电催化反应器处理效率的影响，本节考察了炭、Zn、Fe 和 Cu 转盘阴极对染料废水色度去除率的影响。

为考察双转盘液膜光电催化反应器的可行性，双转盘液膜光电催化过程采取了三种不同的模式，第一种模式是用紫外灯照射 TiO_2/Ti 转盘，并将阴、阳极转盘通过导线连接成回路（Cu/TiO_2/Ti-PC，即前述 DRPEC）；第二种模式是用紫外灯照射 TiO_2/Ti 转盘，但阴、阳极转盘不用导线连接成回路（Cu-TiO_2/Ti-PC）；第三种模式是用紫外灯照射 TiO_2/Ti 转盘，并将阴、阳极转盘通过导线分别与直流电源的负极和正极相连接成回路，并施加 0.4V 的阳极偏压（Cu/TiO_2/Ti-PEC）。

为考察双转盘液膜光电催化反应器降解染料溶液的普遍性，本节处理了包括 RhB 在内的 10 种模拟染料废水和实际印染废水 2。

为考察双转盘液膜光电催化过程的可能机理，考察了光照射情况下不同过程的处理效率，包括导线连接的双转盘（Cu/TiO_2/Ti ＋ UV）、无导线连接的双转盘（$Cu-TiO_2/Ti$ ＋ UV）、Cu 转盘无光照射和 TiO_2/Ti 转盘（TiO_2/Ti ＋ UV）4 个过程。

3.4.3 对罗丹明 B 的处理

3.4.3.1 不同模式处理 RhB

不同模式处理 20mg/L RhB 溶液的脱色率及 TOC 去除率结果如图 3.46 所示。结果表明，双转盘液膜光电催化反应器在有外加偏压（$Cu/TiO_2/Ti$-PEC）和无外加偏压（$Cu/TiO_2/Ti$-PC）时的处理效率，无论是对于色度去除率还是 TOC 去除率都基本相近，表明双转盘的应用，不必外加偏压即可实现光生电子和空穴的有效分离，这主要是由于 Cu 电极转盘的加入，N 型半导体 TiO_2 表面存在着大量的电子，而 Ti 基底表面仅有极少量的自由电子，所以电子便从浓度高的 TiO_2 向浓度低的 Ti 转移，而 Ti 和 Cu 通过导线连接形成等电位，由此在 Cu 和 TiO_2 之间产生了电位差，而该电位差成了将 TiO_2 表面的光生电子转移到 Cu 电极表面的驱动力。为了验证这一结论，用万用表检测了 TiO_2 和 Cu 双转盘在有光照时的电位差和电流，分别约为－100mV 和－10μA。此结果表明光照时 TiO_2/Ti 电极表面生成的光生电子形成了向 Cu 转盘的定向转移，结果在 TiO_2 和 Cu 双转盘之间产生了电位差，此即肖特基势垒。转移至 Cu 转盘的电子，可如式(3.7)～式(3.10)经一步或多步与溶解氧反应生成 H_2O_2，生成的 H_2O_2 可进一步氧化溶液中的染料，由此实现了阴极的 H_2O_2 间接氧化和阳极的光生空穴或羟基自由基直接氧化，即双极氧化。虽然已有研究表明，在单槽反应器中，H_2O_2 可传输至阳极而降低其氧化效果，但在双转盘液膜光电催化反应器中，Cu 转盘的不停转动，使其约有一半的面积暴露在空气中，这部分阴极与阳极起到了很好的隔离作用，因而使 H_2O_2 和阳极的作用各自得到了很好的发挥。而图 3.46 中未经导线连接的 TiO_2/Ti 和 Cu 双转盘（$Cu-TiO_2/Ti$-PC）的处理效率比导线连接的双转盘（$Cu/TiO_2/Ti$-PC）的处理效率低得多，表明 TiO_2/Ti 和 Cu 双转盘的连接，可形成肖特基势垒，使得 TiO_2/Ti 和 Cu 双转盘之间产生了协同作用，处理效率大大提高。

$$O_2 + 2H^+ + 2e^- \longrightarrow H_2O_2 \tag{3.7}$$

$$O_2 + e^- \longrightarrow O_2^- \cdot \tag{3.8}$$

$$O_2^- \cdot + H^+ \longrightarrow HO_2 \cdot \tag{3.9}$$

$$HO_2 \cdot + H^+ + e^- \longrightarrow H_2O_2 \tag{3.10}$$

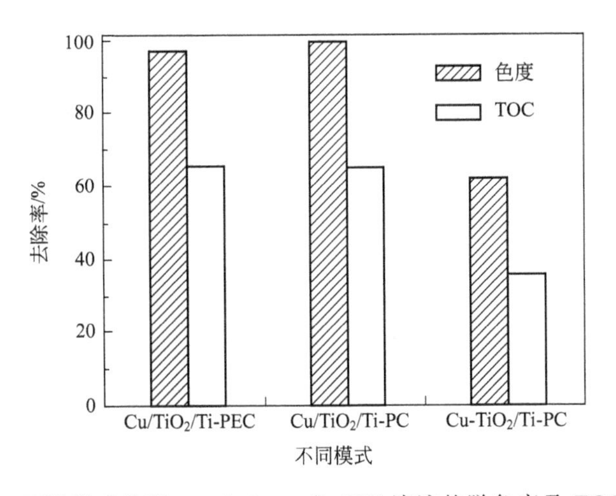

图 3.46　不同模式处理 30min 20mg/L RhB 溶液的脱色率及 TOC 去除率

3.4.3.2　不同阴极材料的影响

不同电极材料（Cu、Zn、C 和 Fe）对双转盘液膜光电催化反应器处理效率的影响结果如图 3.47 所示。实验结果表明，Cu、Zn、C 和 Fe 四种材料的处理效果差异很大，其中 Cu 的脱色效果最好，Fe 最低；Cu 和 C 的脱色率随着反应时间的增加而上升，而 Zn 和 Fe 则在反应的最初 5min 内脱色率达最高，之后随反应时间的增加，脱色率没有明显提高。实验过程中还发现，Zn 和 Fe 在反应过程中自身的腐蚀很严重，可能是由于反应液是酸性的，活泼金属 Zn 和 Fe 有不同程度的溶解。综合实验结果，最佳阴极为 Cu 电极。

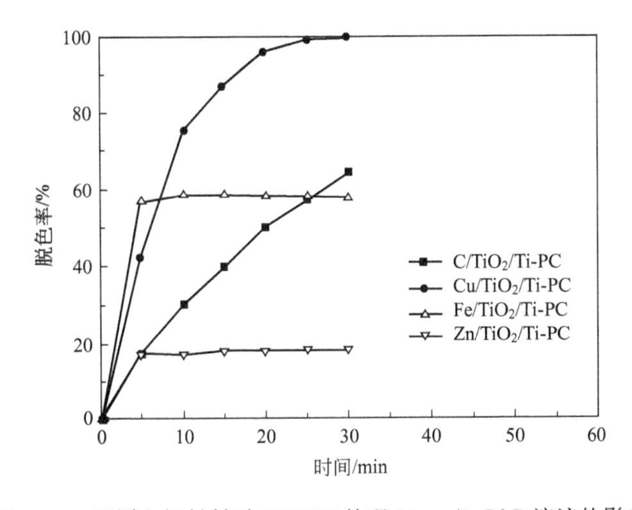

图 3.47　不同电极材料对 DRPEC 处理 20mg/L RhB 溶液的影响

3.4.3.3 不同浓度 RhB 溶液的处理效率

双转盘液膜光电催化反应器处理不同浓度的 RhB 溶液的色度去除率、TOC 去除率及单位电极面积去除 RhB 的量见表 3.7。结果表明，双转盘液膜光电催化反应器在考察的 RhB 浓度范围始终保持高脱色率，单位电极面积去除 RhB 的量随 RhB 浓度的增加而增加，尤其在高浓度（≥80mg/L）时，该值还在升高，这一点与阳极转盘液膜光电催化反应器有明显的不同，主要是由于双转盘液膜光电催化反应器将光生电子转移至 Cu 阴极，利用 Cu 阴极表面液膜中充足的溶解氧，生成 H_2O_2，进而参与染料的氧化，从而使光催化的效率更高（参见双转盘的降解机理）。可见双转盘液膜光电催化反应器更有利于处理高浓度染料废水。

表 3.7 处理不同浓度 RhB 溶液 1h 的色度去除率、TOC 去除率和单位电极面积去除 RhB 的量

c_0/(mg/L)	脱色率/%	TOC 去除率/%	RhB 去除量/(mg/cm²)
20	100	64.6	0.0253
30	89.8	59.2	0.0341
50	87.9	53.4	0.0556
80	87.7	43.8	0.0887
100	78.6	40.9	0.0994
150	74.7	32.5	0.1417

3.4.3.4 RhB 的脱色和矿化

RhB 随双转盘液膜光电催化反应时间在 250～650nm 波长范围的吸收光谱变化如图 3.48(a) 所示。从图中可见，RhB 浓度随着反应时间的增加降低很快。该过程色度及 TOC 去除率的实验结果见图 3.48(b)。降解 30min 后，色度去除率接近 100%；降解 60min，TOC 去除率为 64.6%。

3.4.4 处理其他染料废水

为考察双转盘液膜光电催化使染料脱色是否具有普遍性，采用双转盘液膜光电催化反应器处理了除 RhB 外的其他 9 种染料溶液，30min 的脱色结果如图 3.49 所示。实验结果表明，双转盘液膜光电催化过程能使考察的 9 种染料有不同程度的脱色，脱色率介于 16.9%～88.4%，表明它使染料脱色具有普遍性。脱色率的大小与染料的光吸收强弱（见表 3.3 染料的光吸收

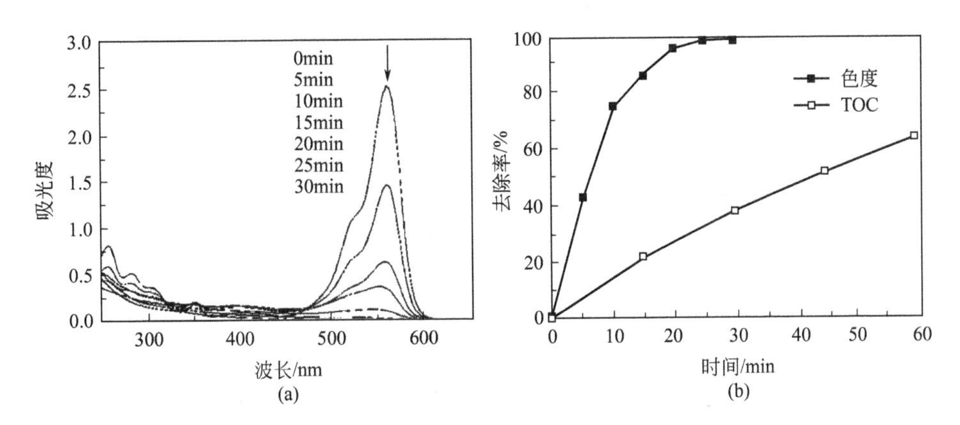

图 3.48 UV-Vis 谱图（a）以及脱色率和 TOC 去除率随处理时间的变化（b）（20mg/L RhB）

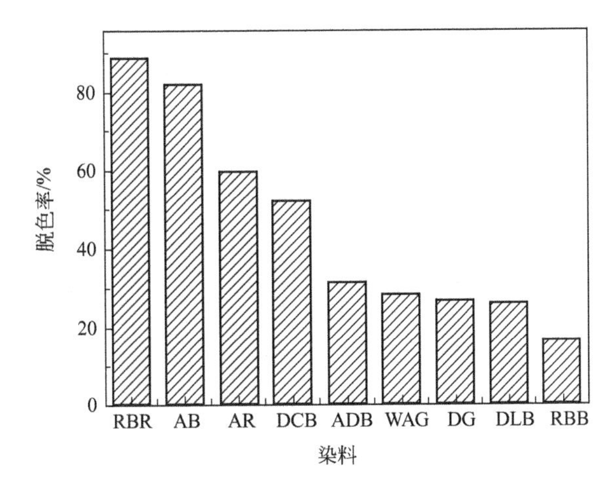

图 3.49 双转盘液膜光电催化反应器处理不同染料溶液

（RBB 为 100mg/L，其他均为 20mg/L）

系数）没有必然的关系，说明主要是由于染料结构的不同，导致了脱色率的较大差异。

3.4.5 实际染料废水的 DRPEC 处理

为了考察双转盘液膜光电催化反应器的实际应用可行性，将其应用于处理表 3.1 中的实际印染废水 2，反应过程中的紫外-可见光谱、色度和 TOC 去除率分别见图 3.50(a) 和 (b)。结果表明，随反应时间的增加，吸光度明显下降，色度和 TOC 去除率稳步上升，处理 135min，脱色率和 TOC 去除率分别达到 90%和 49%。这表明双转盘液膜光电催化反应器能快速、高效处理实际废水。

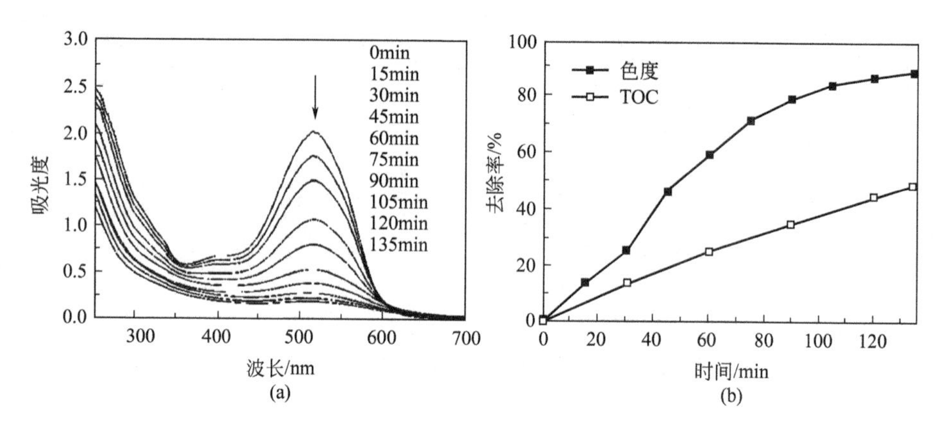

图 3.50　DRPEC 过程处理印染废水 2 的紫外-可见光谱（a）以及色度去除率和 TOC 去除率随时间的变化（b）（废水扫描前稀释两倍）

3.4.6　双转盘液膜光电催化的降解机理

为了弄清楚双转盘液膜光电催化反应器处理染料时的降解机理，就以下几个方面作了初步的机理探讨。

3.4.6.1　不同过程处理 RhB 溶液

首先考察了不同过程，即 Cu 和 TiO_2/Ti 双转盘分别在用导线连成回路（Cu/TiO_2/Ti + UV）和不用导线连成回路（Cu-TiO_2/Ti + UV）时光照情况下的脱色情况，Cu 单转盘无光照（Cu 无光照）和 TiO_2/Ti 单转盘有光照（TiO_2/Ti + UV）时的脱色情况，结果见图 3.51。结果表明考察的 4 种过程，Cu/TiO_2/Ti+UV 的脱色率最高，达到 99.9%；Cu-TiO_2/Ti+UV 的脱色率为 62.2%；Cu 无光照和 TiO_2/Ti +UV 的脱色率分别为 14.8%和 48%。

由于单一的 Cu 转盘在无光照射的情况下还能使 14.8%的 RhB 脱色，由此猜测可能的原因是 Cu 片本身不纯，使得 Cu 片上的杂质和 Cu 组成了原电池，从而使 RhB 脱色。为了考察 Cu 转盘是否存在原电池的作用，将 Cu 片用浓硝酸消解，用电感耦合等离子体（ICP）光谱仪检测了 Cu 片的纯度，检测结果见表 3.8，结果表明 Cu 片的纯度达到 98%以上，即该 Cu 片基本

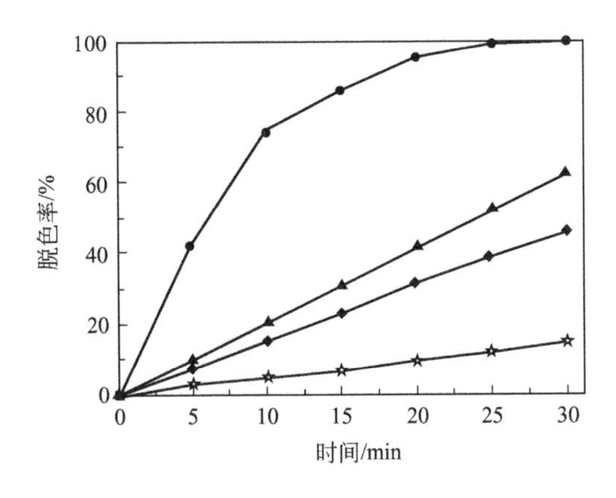

图 3.51　不同过程处理 20mg/L RhB 溶液（处理 30min）

● $Cu/TiO_2/Ti$ + UV；▲ $Cu\text{-}TiO_2/Ti$ + UV；◆ TiO_2/Ti + UV；☆ Cu 无光照

为纯铜。重复多次实验，结果基本一致，表明 Cu 转盘的作用不能归结为 Cu 与其杂质组成原电池的作用或 Cu 转盘的吸附作用（因为这两种作用都应该是脱色率随着使用次数的增加而下降）。

表 3.8　Cu 片的组成及含量

成分	浓度/(mg/L)	含量/%	成分	浓度/(mg/L)	含量/%
Cu	451.574	98.32	Zn	1.041	0.23
Fe	0.050	0.01	K	0.490	0.11
Mg	0.058	0.01	S	6.044	1.32
Na	0.018	0.00			

$Cu\text{-}TiO_2/Ti$+UV 过程的脱色率与 TiO_2/Ti +UV 过程和 Cu 无光照过程的脱色率之和几乎相等，表明在 Cu 和 TiO_2/Ti 双转盘未构成电路回路时，Cu 和 TiO_2/Ti 转盘各自发挥自己的作用，但当把 Cu 和 TiO_2/Ti 转盘连接成电路回路时，即 $Cu/TiO_2/Ti$+UV 过程的脱色率则远远大于 TiO_2/Ti +UV 过程和 Cu 无光照过程的脱色率之和，表明 Cu 和 TiO_2/Ti 转盘之间发生了协同作用。Cu 和 TiO_2/Ti 转盘之间的协同作用可以用肖特基势垒和式（3.7）～式(3.10）来解释，即 Cu 和 TiO_2/Ti 转盘经导线连接后，由于 Ti 和 TiO_2 之间形成肖特基势垒，光生电子由 TiO_2 表面转移到 Ti 电极上，然后转移到与 Ti 等电位的 Cu 转盘表面，并在 Cu 转盘表面与其表面液膜中的溶解氧经一步或多步反应生成 H_2O_2 [如式(3.7)～式(3.10)]，生成的 H_2O_2 进一步参与染料的氧化，由此实现 Cu 阴极的间接氧化和 TiO_2/Ti 的直接氧化，最终实现双转盘液膜光电催化反应器的双极氧化，提高总降解效率。

3.4.6.2 溶解氧的影响

为了考察双转盘液膜光电催化过程中，Cu 和 TiO_2/Ti 转盘之间的协同作用是否如上所述，即光生电子转移至 Cu 转盘表面后被溶解氧捕获发生双电子还原生成 H_2O_2，进而参与 RhB 的氧化反应，实验考察了不同气氛对 RhB 脱色率和 TOC 去除率的影响，实验结果如图 3.52 所示。结果表明，充 N_2（缺氧）情况下，双转盘液膜光电催化对 RhB 的脱色率和 TOC 去除率均比在饱和溶解氧（图 3.52 中大气氛、空气氛和充 O_2）的情况下低，说明氧气在双转盘液膜光电催化过程中确实参与了 RhB 的降解过程，对 RhB 的色度和 TOC 去除有一定的贡献。另外，图中结果表明，大气氛、空气氛和充 O_2 三种情况的脱色率和 TOC 去除率几乎差不多，充 O_2 并没有使得脱色率和 TOC 去除率进一步提高，结合表 3.9 的溶解氧数据，大气氛和空气氛过程的溶解氧（DO）浓度水平相差无几，都达到了饱和溶解氧浓度；充 O_2 过程的 DO 浓度最高，达到了过饱和。对实验结果可作如下解释：溶解氧只在其浓度较低时对 H_2O_2 的生成速率起限制作用，当 DO 达到饱和时，DO 浓度已经不是生成 H_2O_2 的速控步骤，因而 DO 过饱和只是造成 DO 的过剩，并不能提高 H_2O_2 间接氧化 RhB 的效率。

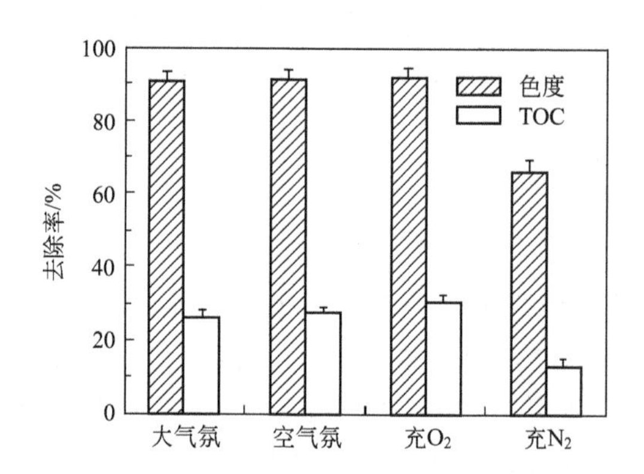

图 3.52 不同气氛对双转盘液膜光电催化处理 20min 20mg/L RhB 溶液的影响

表 3.9 溶解氧（mg/L）和 H_2O_2（mmol/L）浓度的测定

时间/min	DRPEC								ARPEC	
	大气氛		空气氛		充 O_2		充 N_2		大气氛	
	DO	H_2O_2	DO	H_2O_2	DO	H_2O_2	DO	H_2O_2	DO	H_2O_2
10	8.02	0.250	8.12	0.250	10.24	0.262	1.21	0.075	8.14	0.088
20	8.13	0.300	8.16	0.312	10.26	0.312	1.16	0.062	8.18	0.112
30	8.23	0.350	8.26	0.362	10.27	0.362	1.12	0.050	8.19	0.125

注：空白（蒸馏水）消耗 $KMnO_4$ 0.050mmol/L H_2O_2。表中 H_2O_2 数据为扣除空白之后的浓度。

为考察 Cu 和 TiO_2/Ti 转盘表面的氧化-还原反应，采用经典三电极体系，即以 Cu 或 TiO_2/Ti 为工作电极，Pt 为辅助电极，饱和甘汞电极为参比电极，RhB 溶液中扫描得到 Cu 或 TiO_2/Ti 的循环伏安（cyclic voltammeter，CV）曲线如图 3.53(c) 所示。结果表明，在实验检测的电压范围内，Cu 和 TiO_2/Ti 电极在 RhB 溶液中均无明显的氧化-还原反应。为模拟双转盘液膜光电催化反应器的实际反应体系，以 Cu 为工作电极，以 TiO_2/Ti 为辅助电极和参比电极，扫描得到该体系下 Cu 电极的 CV 曲线如图 3.53(a) 所示；以 TiO_2/Ti 为工作电极，Cu 为辅助电极和参比电极，扫描得到该体系下 TiO_2/Ti 电极的 CV 曲线如图 3.53(b) 所示。结果表明，无论是在蒸馏水中还是在 20mg/L RhB 溶液中，在实验检测的电压范围内 TiO_2/Ti 电极表面

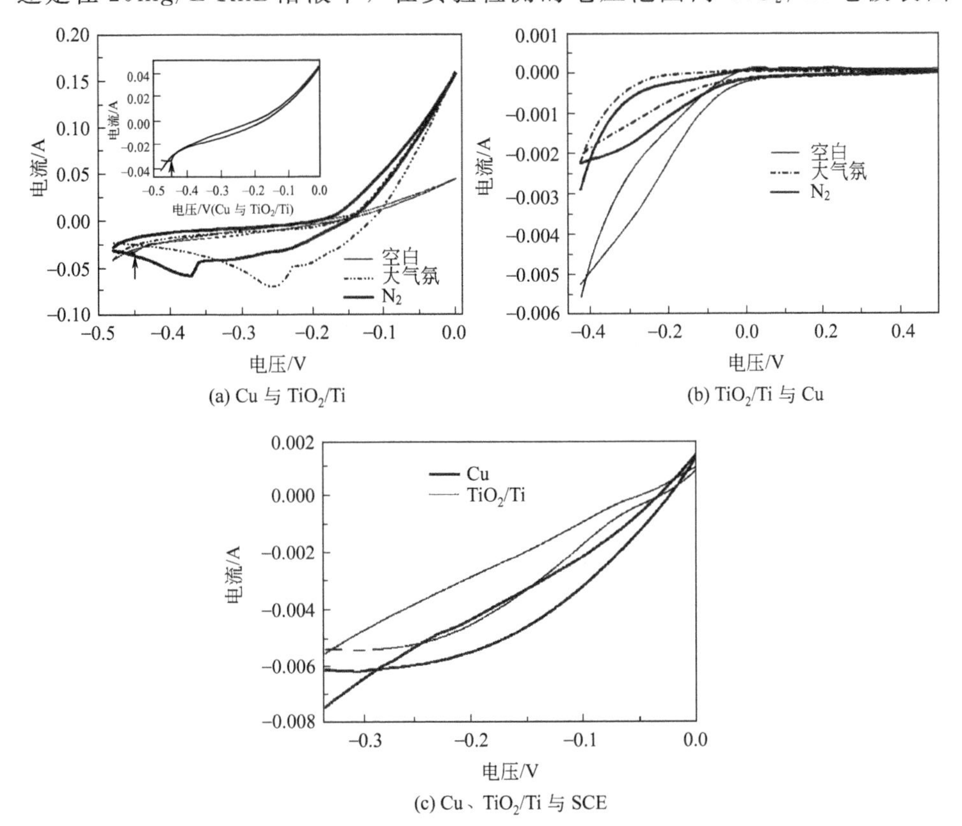

图 3.53 Cu 与 TiO_2/Ti (a)、TiO_2/Ti 与 Cu (b)、Cu 和 TiO_2/Ti 与 SCE (c) 的循环伏安曲线

[反应液：20mg/L RhB；pH 2.5；1g/L Na_2SO_4；空白实验以蒸馏水代替 20mg/L RhB 溶液；其他条件相同。扫描速度为 50mV/s。(a) 以 Cu 为工作电极，TiO_2/Ti 为参比和辅助电极 (vs)；(b) 以 TiO_2/Ti 为工作电极，Cu 为参比和辅助电极；(c) 分别以 Cu 和 TiO_2/Ti 为工作电极，SCE 为参比电极，Pt 为辅助电极]

均无明显的氧化-还原反应发生；而以 Cu 为工作电极，TiO_2/Ti 为辅助电极和参比电极时，在蒸馏水中扫描得到的 CV 曲线表明约在 -450mV 时有一较弱的还原峰［图 3.53(a) 中箭头位置和插入图］，由此推测 Cu 电极表面发生了氧还原生成 H_2O_2 的反应［式(3.7)］；而在 20mg/L RhB 溶液中时，在大气氛（atmosphere）和充 N_2 的情况下，当 Cu 相对于 TiO_2/Ti 电极的电压分别约为 -250mV 和 -360mV 时，CV 曲线有一明显的还原峰，表明 Cu 表面发生了明显的还原反应，由于不同气氛（空气和 N_2）对 CV 曲线的影响（不同气氛时还原峰位置有平移），说明该还原峰与氧气有关。另外由蒸馏水（空白样）和 RhB 溶液中的 CV 曲线比较得知，该还原峰还与 RhB 有关，由此推断发生了式(3.7) 的反应，生成的 H_2O_2 立即与 Cu 电极表面液膜中的 RhB 反应［式(3.11)］，结合式(3.7)，总反应可用式(3.12) 表示（其中 RhB′为 RhB 的氧化产物）。在阴极反应［式(3.12)］和阳极反应（空穴氧化 RhB，由于反应复杂，与阳极反应相关的电位均以 φ_- 表示）的基础上，运用 Nernst 方程，Cu 和 TiO_2/Ti 双转盘的电池电动势 E 可用式(3.13) 表示：

$$kH_2O_2+RhB \longrightarrow kH_2O+RhB' \tag{3.11}$$

$$kO_2+2kH^++RhB+2ke^- \longrightarrow kH_2O+RhB' \tag{3.12}$$

$$E=\varphi_+-\varphi=\varphi_+^{\ominus}-\frac{RT}{2kF}\ln[a_{H_2O}^{k}a_{RhB'}/(a_{H^+}^{2k}a_{O_2}^{k}a_{RhB})]-\varphi_- \tag{3.13}$$

式中，φ_+ 和 φ_- 分别为正极（Cu 阴极）和负极（TiO_2/Ti 阳极）的电极电位；$\varphi_+^{\ominus}$ 为正极的标准电极电位；a_{H_2O}、a_{H^+}、a_{O_2}、a_{RhB} 和 $a_{RhB'}$ 分别为 H_2O、H^+、溶解氧、RhB 和 RhB′的活度；R 为气体普适常数；T 为开尔文温度；$2k$ 为得失电子数目；F 为法拉第常数。

在大气氛和充 N_2 两种情况下，由于反应过程中 H_2O 是大大过量的，所以 a_{H_2O} 可视作相同；由于初始 pH 相同，所以 a_{H^+} 也相同；由于扫描时间很短，RhB 的消耗量和 RhB′的生成量都很小，所以 a_{RhB} 和 $a_{RhB'}$ 的差别也可以忽略。由式(3.13) 可知，当 a_{O_2} 增大时，即 O_2 的分压增大时（氧气的分压 p 和 a_{O_2} 之间服从亨利定律，$p=k_Ha_{O_2}$），E 增大，即在氧气充足的情况下，式(3.12) 发生在电位更正的位置，这一结果正好与图 3.53(a) 的结果相符，间接证明了反应过程中发生了溶解氧被还原生成 H_2O_2 的反应。

由于染料的降解过程通常很复杂，往往包括多步反应，所以并不排除在 Cu 阴极表面发生染料的直接还原反应。由于 Cu 阴极的反应机理对于双转盘的反应机理理论的建立很重要，因此 RhB 在 Cu 电极表面的反应机理还有待进一步的深入研究。

3.4.6.3 H_2O_2 的生成

为了验证在反应过程中是否有 H_2O_2 生成，采用高锰酸钾滴定法测定了不同气氛下，反应过程中的 H_2O_2 浓度，并用溶解氧仪测定了溶液中的溶解氧浓度，同时考察了阳极转盘液膜光电催化反应器的情况以便比较，结果一并列于表 3.9。结果表明，对于双转盘液膜光电催化反应器，在氮气氛情况下，反应过程中基本没有 H_2O_2 生成；而在充氧气和空气氛情况下，H_2O_2 的生成量基本相同，这是由于双转盘液膜光电催化反应器采用转盘的转动，使反应液和空气充分接触，从而使得空气氛的溶液中溶解氧已经达到饱和溶解氧浓度 [实验温度为 (26.3±0.2)℃，26℃时溶液的饱和溶解氧浓度为 8.22mg/L]，此时溶解氧的浓度已经不是 H_2O_2 生成的控制因素，所以充氧气只是使得溶解氧过剩（过饱和），对 H_2O_2 的生成没有帮助。

阳极转盘液膜光电催化反应器的结果表明，虽然该过程溶液中的溶解氧浓度和双转盘液膜光电催化反应器没有差别，但 H_2O_2 的生成量却有很大差别，这是由于在阳极转盘液膜光电催化反应器中，Cu 电极是静止不动的，因此在 Cu 电极表面存在溶解氧的传质控制，也就说，从微观的角度，Cu 电极表面及附近，溶解氧的浓度并没有像溶液本体一样达到饱和，在反应初期生成 H_2O_2 消耗溶解氧后，溶解氧的浓度逐渐下降，所以生成的 H_2O_2 较双转盘液膜光电催化反应器少。

为了进一步考察 H_2O_2 对 RhB 脱色率的影响，采用直接向反应液中添加化学试剂双氧水的方法，向阳极转盘液膜光电催化过程的反应液中补足其与双转盘液膜光电催化过程 H_2O_2 浓度的差值处理 20mg/L RhB 溶液，考察 H_2O_2 的作用。如处理 20min，阳极转盘液膜光电催化和双转盘液膜光电催化过程在大气氛条件下 H_2O_2 的浓度差值为 0.188(=0.300-0.112) mmol/L，55mL 反应液需补充 6.49×10^{-3} mmol 的 H_2O_2。实验结果为：添加 H_2O_2 的阳极转盘液膜光电催化过程的脱色率为 39.5%，未添加 H_2O_2 的阳极转盘光电催化过程的脱色率为 34.3%，而 DRPEC 过程的脱色率为 90.9%。结果表明，双转盘液膜光电催化过程中 H_2O_2 即时生成即时消耗的方式使得该过程的处理效率更高；由于化学添加的 H_2O_2 的量很少，所以 H_2O_2 对 RhB 的脱色并没有明显的贡献。

总结上述三方面和双转盘回路中实测的电压和电流的实验结果，双转盘液膜光电催化反应器降解染料废水的机理可表示为图 3.54。即当光照射

TiO_2 表面时，激发 TiO_2 半导体价带的电子跃迁到导带，产生光生电子和空穴，光生空穴（或·OH）直接参与染料的氧化；光生电子在 N 型半导体 TiO_2 与金属 Ti 接触形成的肖特基势垒的驱动下，转移至 Ti 基底，然后转移至与之连接且与之等电位的 Cu 转盘表面，并在 Cu 转盘表面被充足的溶解氧捕获生成 H_2O_2，进而参与 RhB 的间接氧化而使 RhB 脱色，所以双转盘液膜光电催化反应器最终起到了双极氧化效果——Cu 转盘的 H_2O_2 间接氧化和 TiO_2/Ti 电极的光生空穴或·OH 直接氧化。

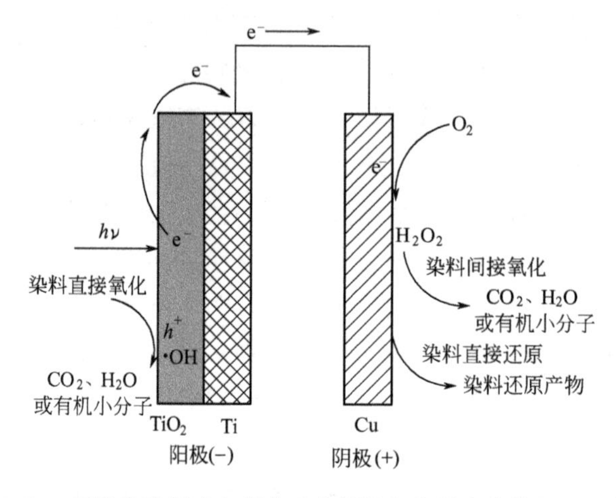

图 3.54 双转盘液膜光电催化反应器降解染料废水的机理示意图

3.5 阳极斜板液膜光电催化（ASPEC）反应器性能

虽然阳极转盘液膜光电催化反应器在提高激发光的利用率和加强传质方面有较大的优势，但膜电极暴露在空气中的部分电极面积不便调整，且光阳极是动态的。为了使液膜光电催化反应器更能因地制宜，研制了光阳极是静态的液膜光电催化反应器——阳极斜板液膜光电催化反应器，即将 TiO_2/Ti 电极以 30°～60°倾斜角静置在反应池中，使膜电极暴露在空气中的部分电极面积占电极总面积的比例更容易调节，用蠕动泵将废水泵入储液槽，而后废水经储液槽溢出流过 TiO_2/Ti 电极表面形成几十微米厚的液膜，激发光透过该液膜照射到 TiO_2/Ti 电极催化剂表面进行光电降解反应，同时应用废水的循环流动加强传质。该反应器便于因地制宜，应用太阳光为激发光源处理废水，从而降低运行能耗，顺应节能减排的时代要求。首先考察了阳极斜板液膜光电催化反应器降解染料废水的影响因素以及降解实际废水的可行性。

提高 TiO_2 催化剂的光催化活性和效率、增大可见光波长响应一直是半导体光催化研究工作者的主攻目标。TiO_2 催化剂的改性是一个非常重要的方面。它的主要作用是捕获光生电荷，促进电荷分离，从而提高光催化效率；扩展波长的吸收范围，提高可见光的利用率；改变催化剂的选择性和特殊产物的产率；还有提高光催化剂的稳定性。TiO_2 催化剂的改性主要有过渡金属离子掺杂、贵金属沉积、稀土元素掺杂、非金属掺杂、半导体复合及添加敏化剂等，其中非金属掺杂可使 TiO_2 具有可见光响应，主要有氮掺杂、硫掺杂、碳掺杂和卤素掺杂等方法。

在 TiO_2 改性方面，作者采用溶胶-凝胶法对 TiO_2/Ti 电极进行了氮氟掺杂，所得电极为 N、F 掺杂 TiO_2/Ti 电极，以该电极为光阳极，利用阳极斜板液膜光电催化反应器，考察了其在人工可见光源下处理 RhB 模拟染料废水的脱色效果，并考察了其在太阳光下处理 RhB 模拟染料废水的可行性，并与未掺杂的 TiO_2/Ti 电极做了比较。

3.5.1 阳极斜板液膜光电催化反应器装置

阳极斜板液膜光电催化反应器实验装置如图 3.55(a)、(b) 和 (c) 所示，其主要组成部分具体说明如下：

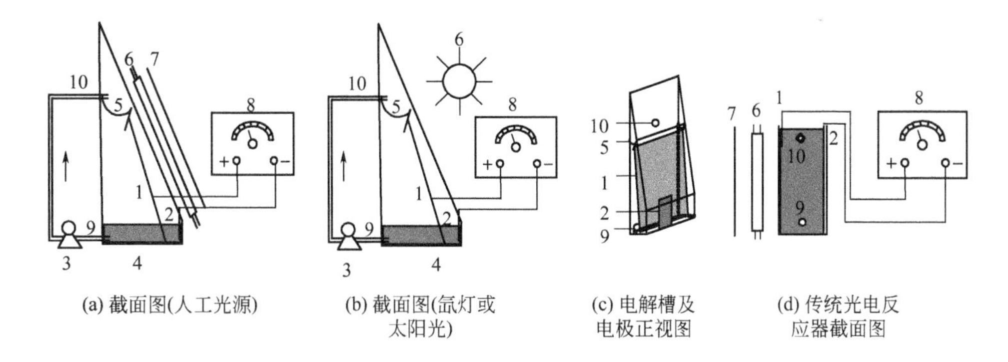

图 3.55 阳极斜板液膜光电催化反应器

1—TiO_2/Ti 阳极；2—Cu 阴极；3—蠕动泵；4—电解槽；5—储液槽；6—光源（a 中为紫外灯，b 中为氙灯或太阳光）；7—铝箔；8—直流电源；9—循环水出口；10—循环水入口

① 光阳极。长 10cm，宽 4.2cm，厚 1.5mm，以 30°～60°倾斜角放置在反应槽中，使其下部浸没在废水中，上部暴露在空气中。通过导线与直流电源 8 的正极相连接。

② Cu 阴极。长 1.5cm，宽 1.0cm，厚 1.5mm，竖直放置在光阳极对面反应槽壁处，通过导线与直流电源 8 的负极相连接。

③ 蠕动泵。控制废水以一定流量从出水口 9 泵出，经进水口 10 泵入储液槽 5 中，经储液槽溢出，流过倾斜的光阳极 1，在其表面形成液膜流回反应池，由此保持废水的循环流动。

④ 反应池。由耐热玻璃制成，长 6.5cm，宽 4.5cm，最大和最小高度分别为 14.7cm 和 3.5cm。

⑤ 储液槽。废水经储液槽溢出在光阳极形成液膜。

⑥ 光源。11W 主波长 254nm 低压汞灯、太阳光或 75～150W 氙灯。以 11W 主波长 254nm 低压汞灯为光源［图 3.55(a)］时，灯管水平放置，灯管背离光阳极的一侧用固定在弧形灯架上的铝箔 7 反射灯光以提高光源利用率；以太阳光为光源［图 3.55(b)］时，调整反应槽 4 的位置使太阳光从光阳极的正面入射，没有反射铝箔及灯架；以氙灯为光源时，采取灯光垂直往下照射的方式照射到光阳极上，没有反射铝箔。

⑦ 铝箔。反射激发光以提高其利用率。

⑧ 直流电源。其正负极分别与光阳极和阴极相连接。

与阳极斜板液膜光电催化反应器对比的传统光电反应器的实验装置如图 3.55(d) 所示，TiO_2/Ti 光阳极和 Cu 阴极分别与直流稳压电源的正负极相连接，以 11W 主波长 254nm 低压汞灯为光源，采用铝箔反射灯管背面一侧的光，灯管与阳极的距离同阳极斜板液膜光电催化反应器，废水同样用蠕动泵（图中未标出）保持循环。阴、阳极的电极面积同阳极斜板液膜光电催化反应器。

为避免其他光源对反应的影响及紫外光对人造成伤害，将反应池、电极和光源置于一暗箱内。

3.5.2 阳极斜板液膜光电催化反应器处理废水的过程

阳极斜板液膜光电催化反应器以 TiO_2/Ti 膜电极为阳极，铜片为阴极，外加一定偏压，在室温下对 55mL 一定浓度的废水进行处理，设定时间取样分析目标物浓度，计算去除率，评价膜电极活性。染料浓度采用尤尼科 UV-Vis 分光光度计（UV- 2102 PCS）进行测定。

为考察 TiO_2/Ti 膜电极的光催化性能，考察了包括吸附（adsorption）、光降解（photo-degradation）、电氧化（electrolysis）、光催化（photocatalytic，PC）和光电催化（photoelectrocatalytic，PEC）五个不同过程对废水中有机物的去除。以上过程废水的循环流量均为 7.7L/h。

为考察阳极斜板液膜光电催化过程的可行性，光电催化过程采取了两种不同的模式，模式 1 是阳极斜板液膜光电催化反应器（ASPEC）处理废水；模式 2 是传统光电反应器（CPEC）处理废水，其装置如图 3.55(d) 所示，即将 TiO_2/Ti 电极全部浸入废水溶液中，其他反应条件均同阳极斜板液膜光电催化反应器。

本节除特别说明外，紫外光源为 11W 低压汞灯，光强为 $15mW/cm^2$；可见光源为 75～150W 氙灯滤除<400nm 的紫外光，移除滤光片则为复合光。TiO_2/Ti 和 N、F-TiO_2/Ti 电极的膜厚均为三层。

3.5.3 光电催化降解 RhB

3.5.3.1 不同过程处理 RhB

不同过程对 RhB 的脱色结果见图 3.56。结果表明，RhB 几乎不能被直接光解和电解去除，吸附约为 5%；处理 60min，光催化的脱色率为 74%；光电催化的脱色率最高，达 88%，表明光、电有明显的协同效应。

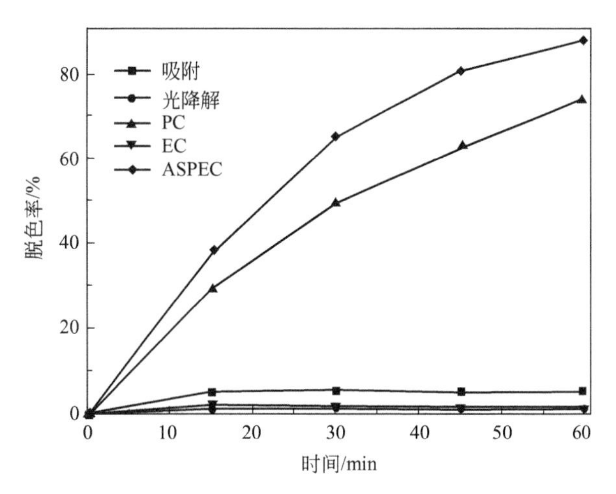

图 3.56 不同过程处理 RhB 溶液

（反应条件：20mg/L RhB；偏压 0.8V；废水循环流量 7.7L/h；pH 2.50 和 2.0g/L Na_2SO_4）

3.5.3.2 阳极斜板光电催化(ASPEC)与传统光电催化(CPEC)的比较

阳极斜板液膜光电催化反应器和传统光电催化反应器处理不同浓度RhB溶液的色度去除率和TOC去除率见表3.10，可见对于不同浓度的RhB溶液，液膜光电过程均较传统光电过程的脱色率和TOC去除率高。斜板光电催化的高效率归结为以下原因：①由于光阳极以倾斜的方式放置在反应池中，其上半部分暴露在空气中，表面形成很薄的液膜，使激发光只需透过该液膜即可照射到电极光催化剂表面而避免了反应液对激发光的吸收而造成的光损失，使得激发光的利用率大大提高；而在传统光电过程中，激发光需要透过约1cm厚的染料溶液和一层反应器壁才能照射到光阳极表面，激发光在传输过程中有很严重的能量损失；②通过废水的循环流动，降解产物不断从液膜中转移到本体溶液中，新的RhB分子及时被吸附到光阳极表面，补充被降解的RhB分子，使得给定时间液膜光电部分RhB的吸附和降解维持动态平衡，使降解能在高速率下进行；③阳极斜板浸在溶液中的部分以传统光电反应器的模式进行，尽管由于溶液自身的光吸收造成严重的激发光损失，使其处理效率较低，但它可以进一步降解本体溶液中的RhB分子及其降解产物；④外加正偏压可有效降低光生电子和空穴的复合，提高空穴氧化有机污染物的效率。

表3.10 阳极斜板液膜光电和传统光电降解不同浓度RhB溶液1h的色度去除率和TOC去除率

(反应条件：偏压0.8V；pH 2.5；2.0g/L Na_2SO_4；废水循环流量7.7L/h)

c_0 /(mg/L)	c_0处T_{254nm} /%	ASPEC		CPEC	
		脱色率/%	TOC去除率/%	脱色率/%	TOC去除率/%
20	16.9	87.7	64.6	59.0	32.1
30	6.90	72.8	52.8	44.9	26.2
50	0.23	64.3	43.9	34.7	18.2
80	0.0	53.7	38.1	20.1	9.8
100	0.0	44.1	29.2	10.2	3.0
150	0.0	28.6	14.6	6.5	—

液膜光电和传统光电过程单位电极面积去除RhB的量结果见图3.57，液膜光电去除RhB的量［计算参见式(3.3)］稳定增加，直到RhB浓度达到80mg/L后基本维持稳定；而传统光电单位电极面积的最大去除量在RhB浓度为50mg/L时达到最大，超过该浓度，去除量下降。结果与阳极转盘液

膜光电催化反应器的结果类似。

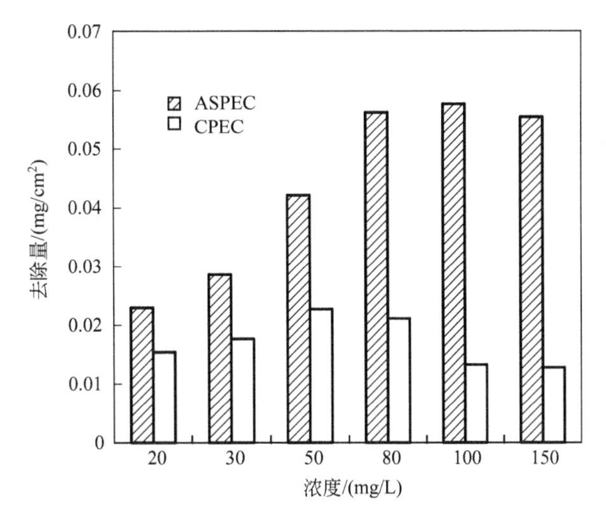

图 3.57 阳极斜板液膜光电和传统光电过程处理 1h

不同浓度 RhB 单位电极面积去除 RhB 的量

（反应条件：偏压 0.8V；pH 2.5；2.0g/L Na_2SO_4；废水循环流量 7.7L/h）

3.5.3.3 ASPEC 处理 RhB 的影响因素

（1）外加偏压的影响

不同阳极偏压对 RhB 降解率的影响结果见图 3.58。结果表明，当偏压＜0.8V时，降解率随着阳极偏压的增大而增大，但当偏压＞0.8V 时，继续增大阳极偏压反而会使得降解率有所下降。0.8V 为阳极斜板液膜光电催化反应器催化降解 RhB 的最佳偏压。

（2）废水循环流量的影响

废水循环流量的大小可从三个方面影响斜板光电液膜过程处理废水的效率，一是影响 TiO_2/Ti 电极表面废水液膜的厚度，该液膜厚度对激发光的透过率有影响，如前所述，染料吸光度与其浓度和光程之间服从朗伯-比尔定律，即液膜越厚，染料吸光度越高，光透过率越低。电极表面的液膜厚度可由式(3.14) 和式(3.15) 粗略地计算：

$$\delta = Q/(LV) \tag{3.14}$$

$$V = 0.5gt\sin\alpha \tag{3.15}$$

式中，δ 为液膜的平均厚度；Q 为废水循环流量；L 为电极宽度(4.2cm)；V 为忽略摩擦力和废水流量影响条件下，电极表面废水的平均流

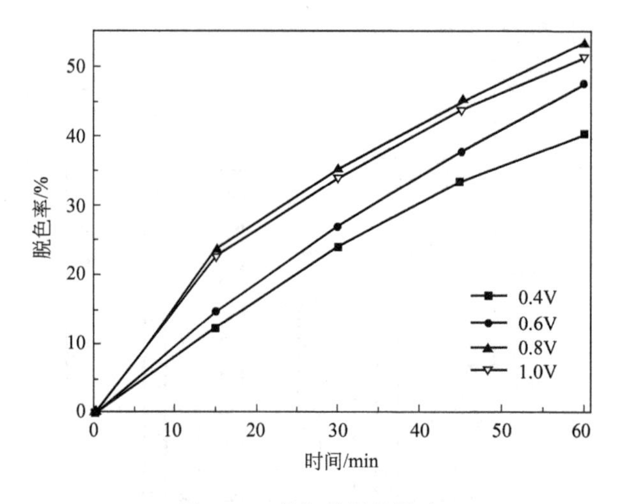

图 3.58 外加偏压的影响

（反应条件：50mg/L RhB；废水循环流量 7.7L/h；pH 5.6 和 0.5g/L Na_2SO_4）

速；g 为重力加速度；t 为废水流过电极表面的时间；α 为电极倾斜角度；0.5 为平均系数。当流量为 6.6L/h、7.7L/h、12.6L/h、13.5L/h 和 14.1L/h 时，由式(3.14) 和式(3.15) 计算得相应的液膜厚度分别为 67μm、78μm、128μm、137μm 和 143μm。二是影响液膜里的分子数目，不同液膜厚度里的分子数目不同，使得 RhB 与电极表面的催化剂的反应机会不同，即液膜越厚，RhB 与催化剂反应的机会越多。三是影响废水的传质效率，流速越大，传质越好。

废水流量对阳极斜板液膜光电催化反应器处理 RhB 脱色率的影响结果见图 3.59。结果表明，在考察的流量范围，脱色率随着废水流量的增加而下降，表明厚度影响激发光的透过率占主导作用。值得指出的是，过低的流量会使得电极表面的液膜不均匀，所以选取 7.7L/h 为最佳废水循环流量。

(3) 初始 pH 值的影响

初始 pH 值对 RhB 的降解效率的影响结果见图 3.60，其结果与阳极转盘液膜光电催化反应器处理 RhB 的结果一致，主要是因为电极性能和处理对象相同，RhB 的最佳初始 pH 值为 2.5。

(4) 初始浓度的影响

RhB 初始浓度对阳极斜板液膜光电催化过程催化效率的影响结果见图 3.61。从结果可知，RhB 的脱色率随着 RhB 浓度的增大而降低，但去除量随 RhB 浓度的增大而增加（见图 3.57）。

(5) 电解质浓度的影响

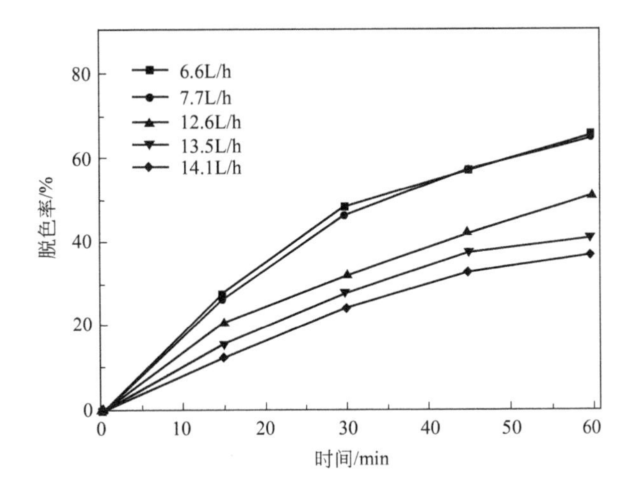

图 3.59 废水循环流量的影响

（反应条件：30mg/L RhB；pH 5.6；偏压 0.8V 和 0.5g/L Na_2SO_4）

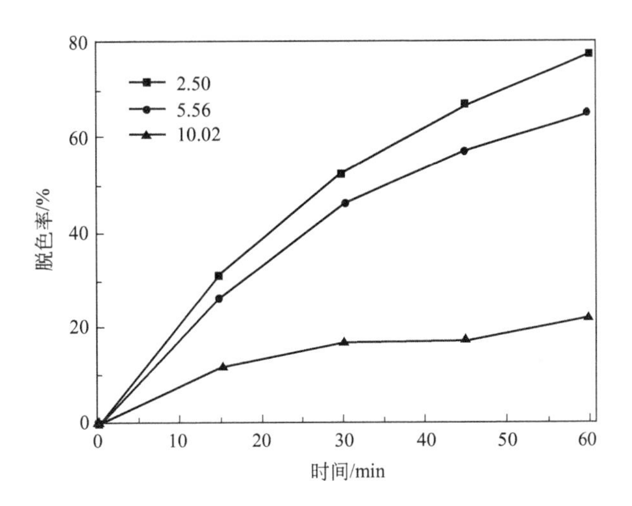

图 3.60 初始 pH 值的影响

（反应条件：25mg/L；循环废水流量 7.7L/h；偏压 0.8V 和 2.0g/L Na_2SO_4）

Na_2SO_4 浓度对 RhB 的色度去除率的影响结果见图 3.62。当 Na_2SO_4 浓度<2.0g/L 时，色度去除率随着 Na_2SO_4 浓度的增大而增大；而当 Na_2SO_4 浓度>2.0g/L 时，色度去除率随着 Na_2SO_4 浓度的增大而降低。Na_2SO_4 的适宜浓度选为 2.0g/L。

3.5.3.4 RhB 的脱色和矿化

RhB 随着阳极斜板液膜光电催化反应时间在 200～650nm 波长范围的吸

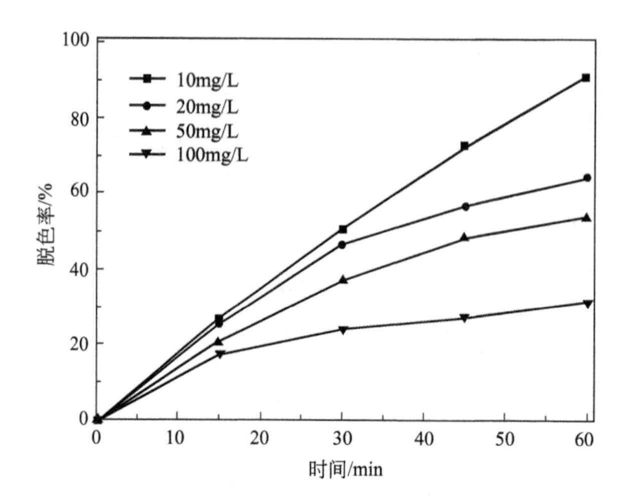

图 3.61　RhB 初始浓度的影响

（反应条件：循环废水流量 7.7L/h；偏压 0.8V；pH 5.6 和 0.5g/L Na_2SO_4）

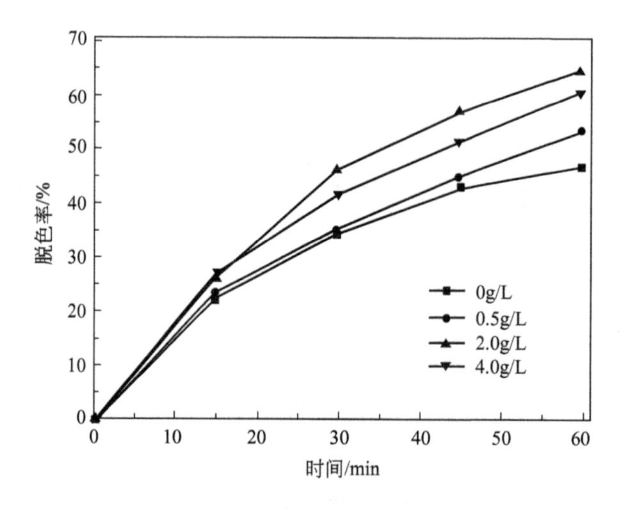

图 3.62　电解质浓度的影响

（反应条件：50mg/L RhB；废水循环流速 7.7L/h；偏压 0.8V 和 pH 2.5）

收光谱变化如图 3.63(a) 所示。从图中可见，RhB 浓度随着反应时间的增加降低很快。阳极斜板液膜光电催化过程中的 RhB 色度及 TOC 去除率的实验结果见图 3.63(b)。从图中可见，TOC 的下降趋势与吸光度下降趋势相似但不如吸光度下降趋势明显。光电降解 90min 后，20mg/L RhB 溶液的色度及 TOC 去除率分别为 97.3％和 76.2％。

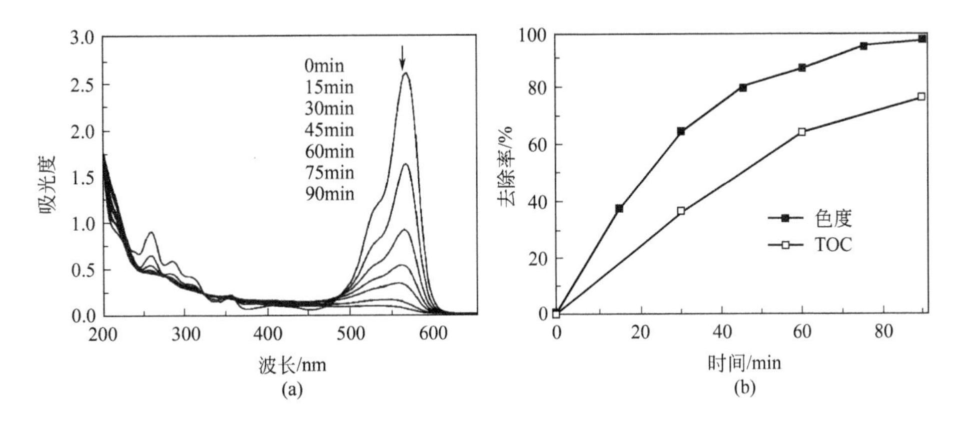

图 3.63 RhB UV-Vis 谱图（a）和 RhB 溶液脱色率和 TOC 去除率随时间的变化（b）

（反应条件：20mg/L RhB；废水循环流速 7.7L/h；偏压 0.8V；pH 2.5；2.0g/L Na_2SO_4）

3.5.3.5 RhB 的 ASPEC 降解机理

（1）紫外-可见吸收光谱分析

阳极斜板液膜光电法处理 RhB 溶液过程中的紫外-可见吸收光谱图见图 3.63(a)。根据波谱分析理论，共轭体系越大其对应吸收光波长越大，由偶氮键和芳环形成的大共轭体系的吸收在可见光区，苯环结构的吸收峰在紫外光区。结合 RhB 的分子结构式（图 3.1）可知紫外光区 259nm 和 284nm 处

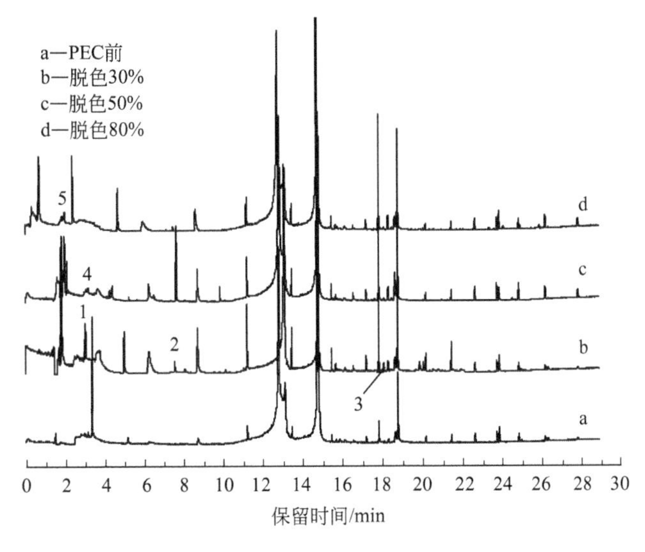

图 3.64 RhB 在 ASPEC 降解过程中的 GC-MS 图谱

（反应条件：200mg/L RhB；废水循环流速 7.7L/h；偏压 0.8V；pH 2.5；2.0g/L Na_2SO_4）

的吸收峰是苯环的特征吸收峰，563nm 处的吸收峰对应的是苯环与 C ═N 和 C ═C 双键的大共轭体系，即可见光的生色团。实验结果表明，经阳极斜板液膜光电催化降解后，紫外区 259nm、284nm 和可见光区 563nm 处的吸收峰都迅速下降，表明苯环以及碳氮双键（C ═N）和碳碳双键（C ═C）都遭到了破坏。

（2）GC-MS 图谱分析

采用 GC-MS 考察了光电催化不同时间生成的中间产物，结果如图 3.64 所示。使用的 RhB 染料虽然纯度达到 98%以上，但仍含有较多杂质，所以 GC-MS 的谱图有很多杂质峰。但图中用数字编号的峰是在反应过程中新出现的峰，可能是反应中新生成的物质引起的，其代表的物质见表 3.11。由此推测可能的降解途径如图 3.65 所示，即 RhB 分子在光电催化过程中，生成了光生空穴，它可以直接氧化 RhB 分子或与 H_2O 分子反应生成具有强氧化性的羟基自由基（·OH），·OH 再参与 RhB 的氧化反应，于图 3.65 中 1、2 和 3 等处断开化学键 [这也可从图 3.63(a) 中紫外区和可见光区吸收峰不断下降得到证实]，经一步或多步氧化反应，将 RhB 氧化为有机小分子、有机酸等，最终矿化为 CO_2 和 H_2O [这可以从图 3.63(b) RhB 的 TOC 去除率得到验证]。

表 3.11　图 3.64 中编号代表的中间产物

编号	代表的物质
1	$O{=}CHCH_2NH\overset{\overset{O}{\|}}{C}CH_3$
2	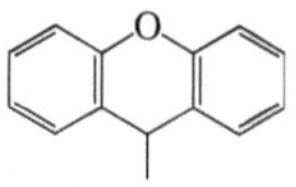
3	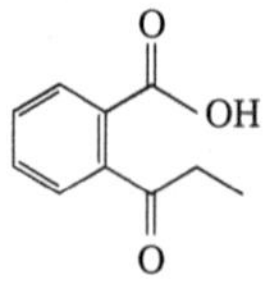
4	$HOOCCOOH$ 或 CH_3COOH
5	$HOOCCOOH$、CH_3COOH、$NO_2CH_2CH_2OH$ 或 $HCOOH$

3.5.3.6　ASPEC 降解 RhB 的稳定性

阳极斜板液膜光电催化反应器处理 RhB 模拟染料废水的 TiO_2/Ti 电极稳定性结果见图 3.66。结果表明，同一片电极 30 次处理 20mg/L RhB 的平

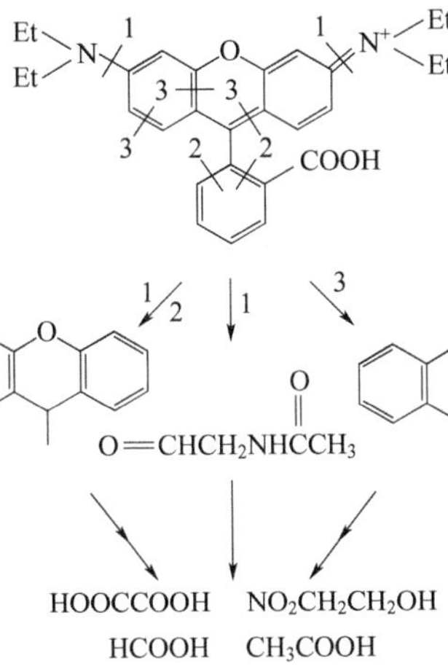

图 3.65　RhB的可能降解途径

均脱色率为（86.8±5.3）%，标准偏差为 2.5%。这表明阳极斜板液膜光电催化反应器中 TiO_2/Ti 电极的稳定性很好，这是由于液膜中的有机污染物被快速降解使得电极表面不断得到及时的更新所致。虽然阳极斜板液膜光电催化反应器与阳极转盘液膜光电催化反应器中光阳极表面形成液膜的方式不同，但结果表明二者是殊途同归，阳极斜板液膜光电催化反应器同样有利于 TiO_2/Ti 电极表面的传质和自我修复，在光电催化过程中表现出很好的稳定性。

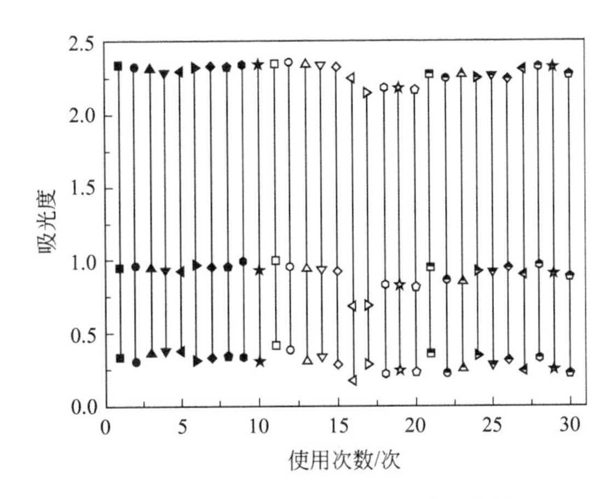

图 3.66　ASPEC 降解 RhB 的稳定性

（反应条件：20mg/L RhB；废水循环流速 7.7L/h；偏压 0.8V；2.0g/L Na_2SO_4；pH 2.5。从上到下为 0min、30min、60min）

3.5.4 ASPEC 降解其他模拟染料废水

阳极斜板液膜光电催化反应器处理活性艳红 X-3B（RBR）（最佳条件为：偏压 0.8V；pH 2.0；废水流量 7.7L/h；1.0g/L Na_2SO_4）的结果见表 3.12、图 3.67 和图 3.68。处理活性艳蓝 X-BR（RBB）（最佳条件为：偏压 0.6V；pH 10；废水流量 7.7L/h；0.5g/L Na_2SO_4）的结果见图 3.69 和图 3.70。可知，ASPEC 可有效降解 RBR 和 RBB。

表 3.12 阳极斜板液膜光电和传统光电降解不同浓度 RBR 的色度和 TOC 去除率

c_0 /(mg/L)	c_0 处 T_{254nm} /%	ASPEC		CPEC	
		脱色率/%	TOC 去除率 /%	脱色率 /%	TOC 去除率 /%
10	69.5	100	88	68	45
20	48.4	100	85	60	42
30	33.7	90	76	52	36
50	16.2	74	62	43	23
80	5.5	68	51	37	18
100	2.7	56	42	29	12
150	0.4	40	29	18	5

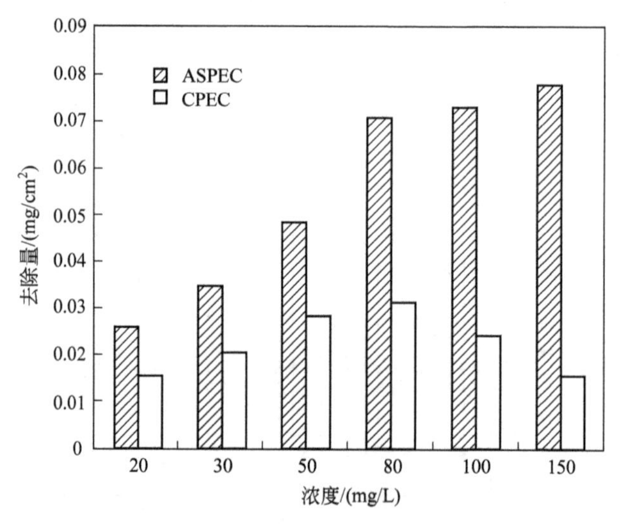

图 3.67 阳极斜板液膜光电和传统光电过程处理 1h 不同浓度 RBR 溶液单位电极面积去除 RBR 的量

为探讨阳极斜板液膜光电法强化脱色率与染料自身吸光度的关系，将阳极斜板液膜光电催化反应器处理不同模拟染料（RhB、RBR 和 RBB）废水

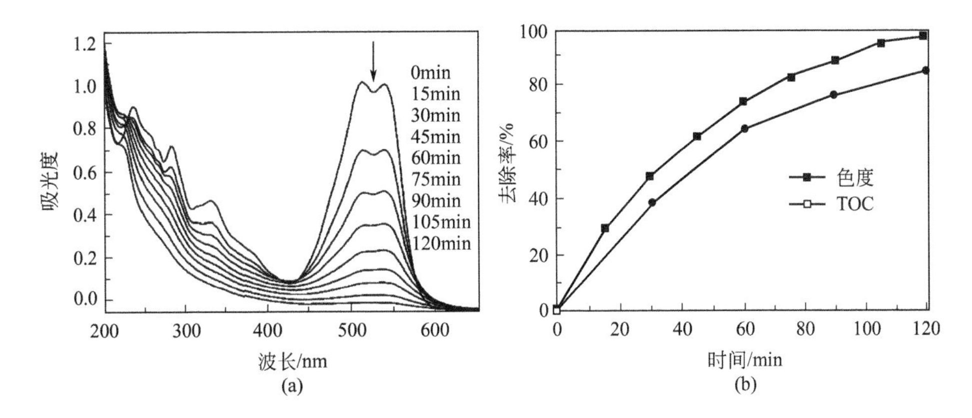

图 3.68　50mg/L RBR 的 UV-Vis 谱图（a）和
溶液脱色率和 TOC 去除率随时间的变化（b）

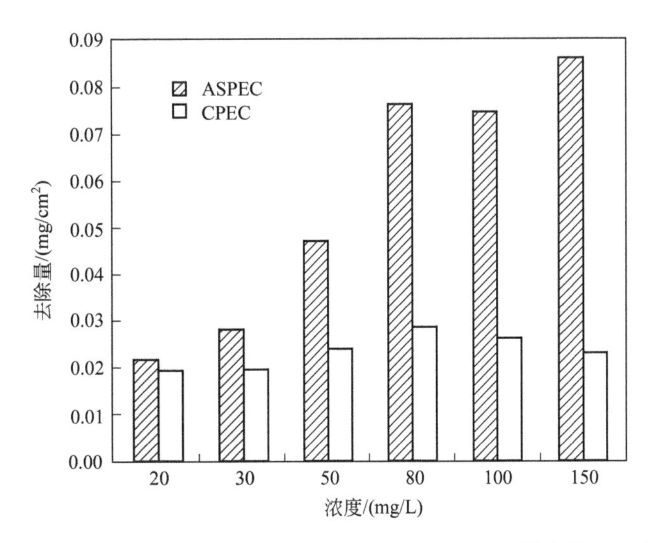

图 3.69　阳极斜板液膜光电和传统光电过程处理 1h 不同浓度 RBB 溶液
单位电极面积去除不同浓度 RBB 的量

在不同浓度时 ASPEC 相对于 CPEC 单位电极面积 RhB 的去除量的强化倍数列于表 3.13。结果表明，三种染料的透光率顺序为 RBB＞RBR＞RhB，但 ASPEC 相对于 CPEC，脱色率的强化倍数并不与此顺序一致，低浓度（＜50mg/L）时为 RBR＞RhB＞RBB；高浓度（＞50mg/L）时为 RhB＞RBB＞RBR。这说明 ASPEC 相对于 CPEC 的强化程度，不仅与染料溶液自身的光吸收有关，还与染料分子的结构有关。

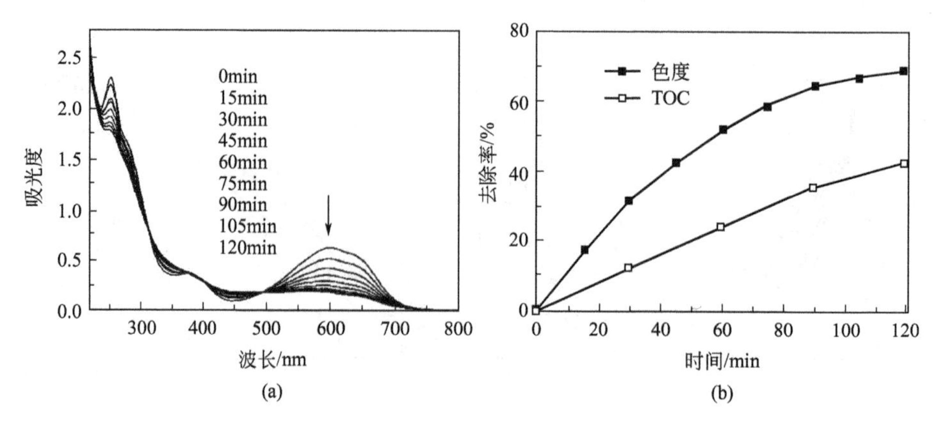

图 3.70 100mg/L RBB 的 UV-Vis 谱图（a）和溶液脱色率和 TOC 去除率随时间的变化（b）

表 3.13 ASPEC 与 CPEC 比较强化不同染料去除量倍数的比较

c_0 /(mg/L)	强化倍数		
	RhB①	RBR①	RBB①
20	1.49(16.9)	1.67(48.4)	1.1(75.7)
30	1.62(6.9)	1.73(33.7)	1.41(65.8)
50	1.85(0.23)	1.72(16.2)	1.95(49.2)
80	2.67(0.0)	1.82(5.5)	2.62(32.2)
100	4.32(0.0)	1.93(2.7)	2.81(24.3)
150	4.40(0.0)	2.22(0.4)	3.7(12.0)

① 括号中的数据为染料自身在 254nm 的透光率。

3.5.5 ASPEC 降解实际印染废水

3.5.5.1 色度去除

ASPEC 处理印染废水 1 和 2 过程中，废水在 250～650nm 的 UV-Vis 谱图如图 3.71(a) 和 (b) 所示，可见对于印染废水 1，在最初的 60min，543nm 处的吸光度随着时间的延长而迅速下降，之后降解速率下降；而对于印染废水 2，处理 165min 前，514nm 处的吸光度随着时间的延长而持续下降，之后降解速率下降。图 3.71(c) 是印染废水 1 和 2 分别基于 543nm 和 514nm 处的脱色率随时间的变化，可见经过 150min 和 180min 的处理，脱色率均达到 85%，表明 ASPEC 能够有效地降解实际印染废水。

3.5.5.2 TOC 去除

印染废水 1 和 2 的 TOC 去除率随降解时间的变化如图 3.72 所示，TOC

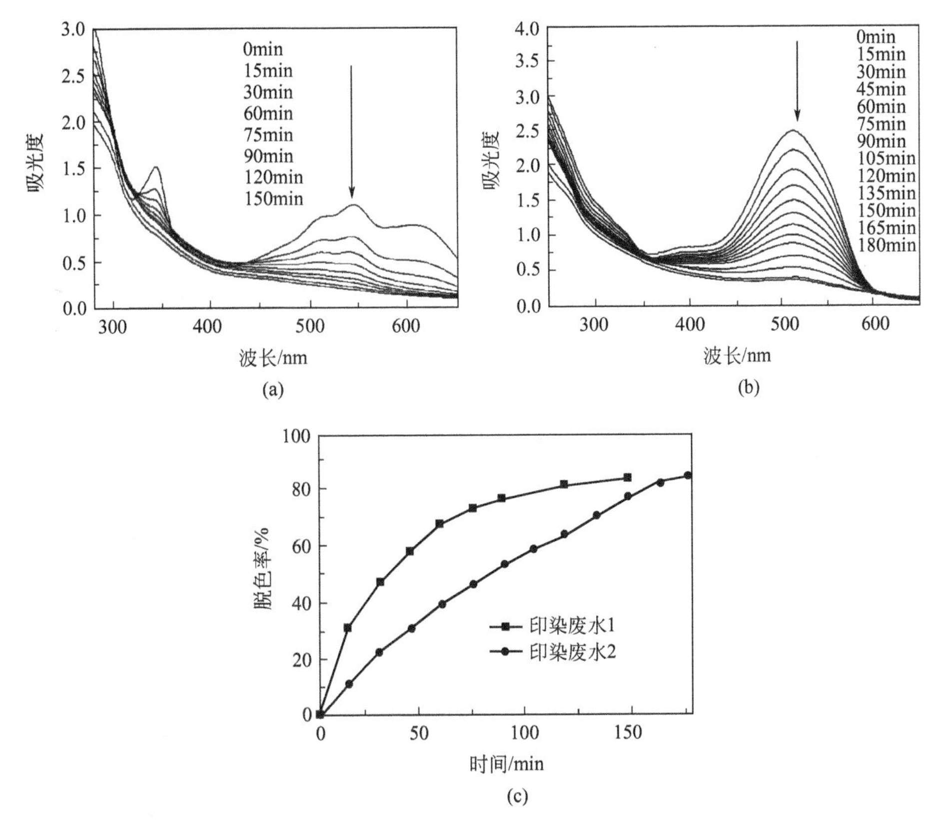

图 3.71　不同时间印染废水 1（a）、印染废水 2（b）的紫外-可见吸收光谱和印染废水的脱色率（c）

（偏压 1.0V；废水 1 为 543nm 处的脱色率；废水 2 为 514nm 处的脱色率）

的去除速率较快，经过 150min 的处理，印染废水 1 的 TOC 去除率达到 55%；经过 180min 的处理，印染废水 2 的 TOC 去除率达到 51%。由于废水组成上的差异［见图 3.71(a) 和 (b)］，造成了 TOC 去除率结果的差异。

3.5.6　太阳光源下 ASPEC 降解模拟染料废水

太阳光源下 ASPEC 处理 RhB 和 RBR 溶液的脱色率见图 3.73，可见对同一种染料，不同季节的脱色率差异很大，这主要是由于不同季节太阳光的光强度差异所致，RhB 在夏季（2008-7-8）处理 3h 的脱色率接近 100%；冬季（2006-11-21）处理 5h 的脱色率分别为 83%。即使是在同一季节，天气不同脱色率也有较大的差异，如冬季（2006-11-19 和 2006-11-21），经过 5h

的处理，20mg/L RhB 的脱色率分别为 69%和 83%；不同染料，脱色率差异较大，如处理 5h 50mg/L RBR（2007-11-20）的脱色率为 38%，20mg/L RhB 的脱色率分别为 69%（2006-11-19）和 83%（2006-11-21）。

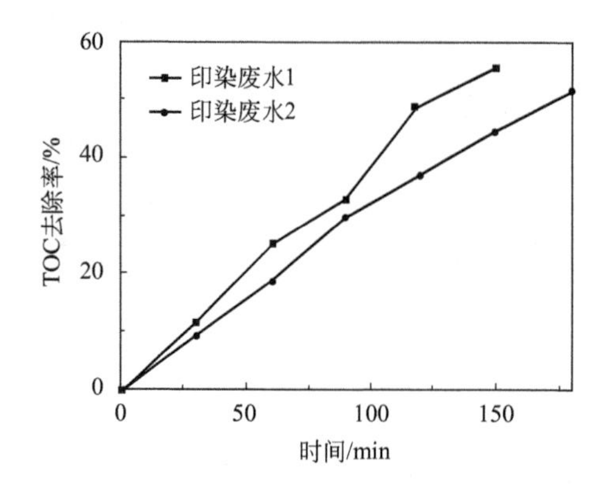

图 3.72　印染废水 TOC 去除率随降解时间的变化

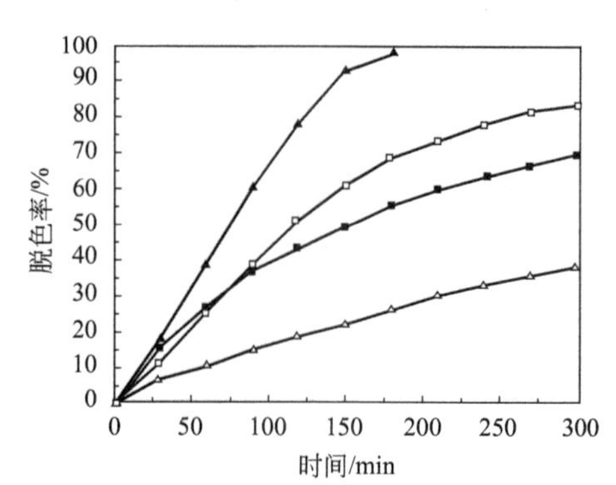

图 3.73　太阳光激发阳极斜板液膜光电催化过程色度去除率随降解时间的变化

（RhB 反应条件同图 3.63；RBR 反应条件同 3.5.4；20mg/L RhB ■ 2007-11-19，□ 2007-11-21，▲ 2008-7-8；△ 50mg/L RBR 2007-11-20）

从太阳光源的实验结果来看，阳极斜板液膜光电催化反应器可以利用太阳光作激发光源，有效地使染料废水脱色。另外还可以通过安装太阳光收集器提高太阳光的利用率，提高太阳光源下的处理效率，降低光催化处理废水的能耗。

3.5.7　N、F-TiO_2/Ti 阳极斜板液膜光电催化

N、F-TiO_2/Ti 阳极斜板液膜光电催化反应器处理 RhB 的优化条件为：偏压 0.8V；pH 2.5；Na_2SO_4 浓度 1.0g/L；废水流速 7.7h/L。以下实验均在该优化条件下进行。

3.5.7.1　不同过程对 RhB 的脱色

吸附（adsorption）、电氧化（EC）、光催化（PC）和光电催化（PEC）等过程对 RhB 的降解或移除脱色结果见图 3.74。结果表明，吸附和电氧化几乎不能使 RhB 脱色；可见光光源光催化和光电催化分别能使 7.5%和 13.1%的 RhB 脱色，表明对于此可见光响应的 N、F-TiO_2/Ti 电极，光和

电仍然存在一定的协同效应；而当把氙灯的滤光片取下，用氙灯复合光作光源时，光电催化的脱色效率为 58.9%，表明有紫外光作为光源时，TiO_2 光催化剂的催化性能能够得到充分发挥，而用可见光作光源时，由于可见光的光能量较低，只能激发带隙能与之对应的光催化剂，所以使得带隙能较高的紫外光响应的光催化剂不能发挥其光催化活性，因此，复合光源下色度去除率较可见光源下的高。为考察所制备的 N、F-TiO_2/Ti 的可见光响应催化性能，后续实验除特别说明外，仍采用滤光片滤除波长＜400nm 的紫外光，仅以可见光部分为激发光。

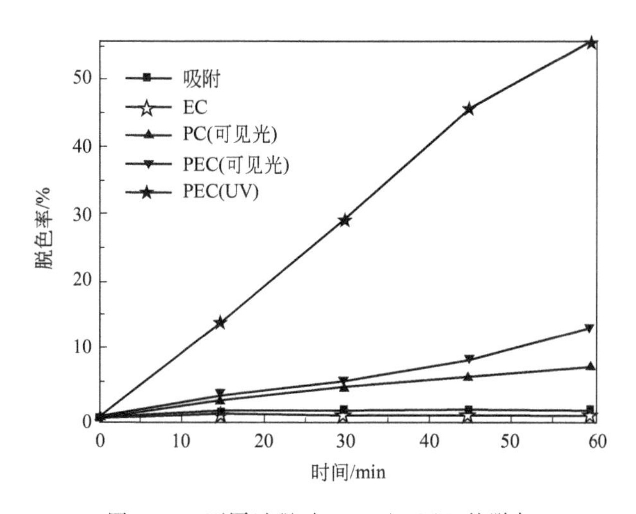

图 3.74　不同过程对 20mg/L RhB 的脱色

3.5.7.2　脱色率随时间的变化

随着光电催化处理时间的变化，RhB 的紫外-可见光谱图的变化如图 3.75(a) 所示，脱色率随时间的变化如图 3.75(b) 所示。可见 RhB 的最大吸收峰位置随反应的进行没有明显的偏移，但其吸光度下降比较缓慢，处理 5h，色度去除率为 42.6%。这主要是由于制备掺杂电极的实验条件有限，所得电极光催化剂的可见光催化能力有限；另外，使用的光源为 150W 氙灯，光源功率比较小，也使得光催化效率较低。

3.5.8　TiO_2/Ti 和 N、F-TiO_2/Ti 电极的催化性能比较

掺杂和未掺杂 TiO_2/Ti 电极在人工复合光源（150W 氙灯）和太阳光下

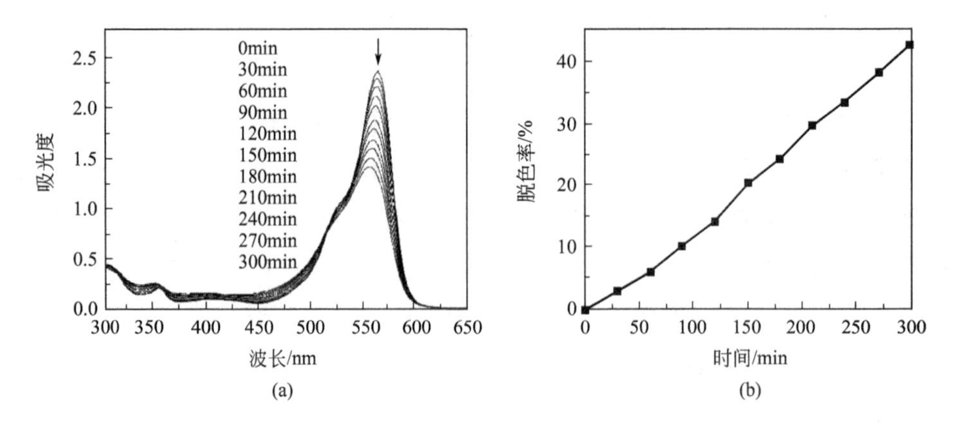

图 3.75 ASPEC 处理 20mg/L RhB 溶液 UV-Vis 谱图（a）和脱色率随处理时间的变化（b）

对 20mg/L RhB 的脱色效果比较见图 3.76。结果表明，在氙灯照射下，TiO_2/Ti 电极的催化活性较 N、F-TiO_2/Ti 电极的催化活性略高，虽然 N、F-TiO_2/Ti 电极的光响应波长较 TiO_2/Ti 电极有所扩展，可利用氙灯复合光中的部分可见光为激发光源，但由于其紫外光区的吸收有所下降，造成紫外光区的催化活性下降，使其总的光催化效率略有下降；在太阳光照射下，N、F-TiO_2/Ti 电极的催化活性比 TiO_2/Ti 电极的催化活性略高，这主要是由于太阳光中的紫外光部分占总能量的比例较低，此时掺杂 TiO_2 的可见光响应性能发挥了较大作用，使得 N、F-TiO_2/Ti 电极的脱色效率比 TiO_2/Ti 电极的脱色效率高。

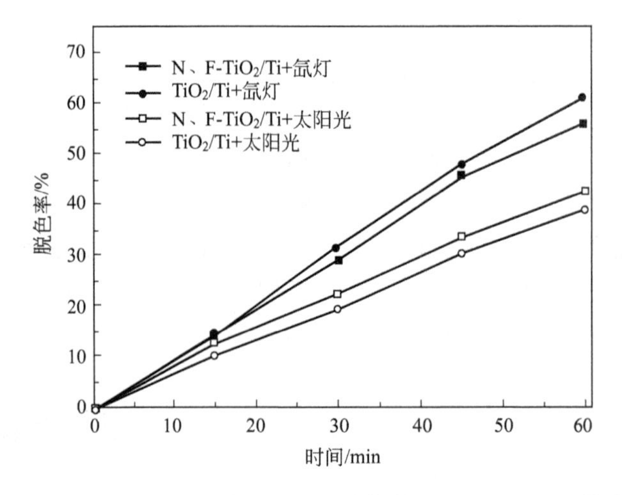

图 3.76 N、F-TiO_2/Ti 和 TiO_2/Ti 电极处理 20mg/L RhB 的比较

对于N、F-TiO_2/Ti和TiO_2/Ti电极，太阳光下ASPEC处理1h的脱色效率分别为43%和39%，表明溶胶-凝胶法制备的TiO_2/Ti电极，延长处理时间，可以达到利用太阳光这一免费光源使染料废水有效脱色的目的，从而有效降低光催化技术的成本。

为了说明TiO_2/Ti和N、F-TiO_2/Ti电极的性能差异，将两电极的性能测试结果列于表3.14以便于比较。结果表明，N、F-TiO_2/Ti电极的吸收带边较TiO_2/Ti电极有红移；其在>400nm波长下的光电流小于TiO_2/Ti电极在紫外光下的光电流；在氙灯复合光源下处理RhB的脱色率略低于TiO_2/Ti电极；在紫外光占比例较小（3%～5%）的太阳光源下的脱色率略高于TiO_2/Ti电极，表明可以通过掺杂的方法提高太阳光的利用率。

表3.14　TiO_2/Ti和N、F-TiO_2/Ti电极的比较

电极	光响应(10mg/L RhB、0.8V的光电流/mA)	吸收带边/nm	处理20mg/L RhB 1h的脱色率/%	
			氙灯复合光源	太阳光源
TiO_2/Ti	0.450	400	61	39
N、F-TiO_2/Ti	0.0347	440	56	43

3.6　双极斜板液膜光电催化（DSPEC）反应器性能

3.6.1　双极斜板光电催化反应器装置

双极斜板液膜光电催化反应器结构见图3.77。相同尺寸的TiO_2/Ti（或Bi_2O_3-TiO_2/Ti）阳极（长10cm，宽7.5cm）和Cu阴极均以约60°角斜置于反应池中，并通过导线相连接。11W紫外灯（或500W可调氙灯）为光源，500W可调氙灯光源采用滤光片滤除波长小于420nm的紫外光作为可见光光源，其光强度为2.85mW/cm^2。反应池为耐热玻璃，长13cm，宽8cm，高3.5cm，储液池上沿在储液池支架约13cm高度处。

3.6.2　双极斜板液膜光电催化反应器处理废水的过程

双极斜板液膜光电催化反应器以TiO_2/Ti电极为阳极，铜片为阴极，

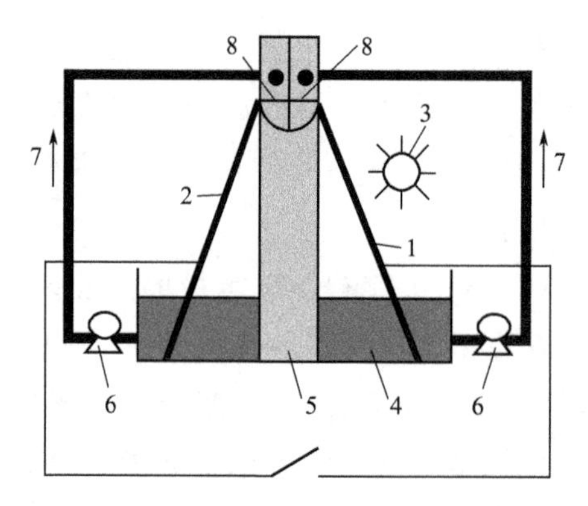

图 3.77 双极斜板液膜光电催化反应器示意图

1—阳极；2—阴极；3—光源；4—反应池；5—储液池支架；

6—蠕动泵；7—废水流动方向；8—储液池

废水为体积为 250mL 一定浓度的 RhB 溶液，设定时间取样分析目标物浓度，计算去除率，评价膜电极活性。染料浓度采用 METASH UV-Vis 分光光度计（UV- 6100S）进行测定。

为考察双极斜板液膜光电催化反应器的可行性，研究了五种不同处理过程的效率。过程 1 是不光照 TiO_2/Ti 电极，TiO_2/Ti 和 Cu 电极均斜置并用铜导线连接，即 TiO_2/Ti 和 Cu 电极构成电池进行电催化，记为 TiO_2/Ti-Cu EC；过程 2 是用紫外灯照射 TiO_2/Ti 电极，TiO_2/Ti 和 Cu 电极均斜置但不用铜导线连接，即 TiO_2/Ti 和 Cu 电极不构成电路回路的光催化，记为 TiO_2/Ti//Cu PC；过程 3 是用紫外灯照射 TiO_2/Ti 电极，将 TiO_2/Ti 斜置，但 Cu 电极不斜置而是全浸在溶液中，两电极用铜导线连接，记为 TiO_2/Ti-Cu(IM) PC；过程 4 是紫外灯照射 TiO_2/Ti 电极，将 TiO_2/Ti 和 Cu 电极均斜置，并将两电极用铜导线连接，记为 TiO_2/Ti-Cu PC，即双极斜板液膜光电催化（DSPEC）；过程 5 和过程 4 不同之处在于不是直接将 TiO_2/Ti 和 Cu 电极用导线连接，而是将 TiO_2/Ti 和 Cu 电极分别用导线与直流电源的负极和正极相连接，并施加 0.8V 的电压，记为 TiO_2/Ti-Cu PEC。

为考察双极斜板液膜光电催化反应器降解染料溶液的普遍性，本节处理了 RhB 和苋菜红（amaranth）。

3.6.3 不同过程处理苋菜红

TiO_2/Ti-Cu EC、TiO_2/Ti//Cu PC、TiO_2/Ti-Cu(IM) PC、TiO_2/Ti-Cu PC 和 TiO_2/Ti-Cu PEC 过程的处理结果见图 3.78。可知 TiO_2/Ti-Cu EC

的处理效率很低，TiO_2/Ti//Cu PC 和 TiO_2/Ti-Cu（IM）PC 的处理效率分别为 53%和 62%，TiO_2/Ti-Cu PC 的处理效率达 71%。

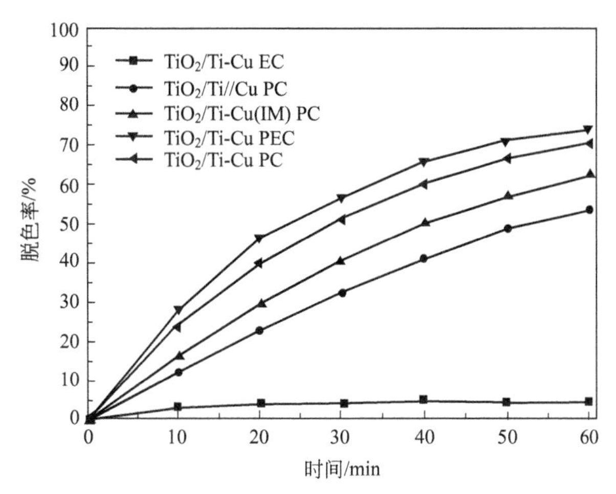

图 3.78　不同过程处理苋莱红的脱色率

TiO_2/Ti-Cu PC 效率高，是因为：①在 TiO_2/Ti 和 Cu 电极用导线连接并用紫外光照射 TiO_2/Ti 电极后，在肖特基势垒的基础上形成了自生电场，能够将光生电子自动由 TiO_2/Ti 电极转移至 Cu 阴极，从而强化了光生电子和空穴的分离效率；②斜置 Cu 电极强化了催化效率，因为 Cu 电极表面溶液得到了不断更新，Cu 电极表面附近的溶解氧（DO）浓度保持饱和浓度水平，有利于 H_2O_2［见式(3.7)］的生成，而 Cu 电极全浸在溶液中时，Cu 电极表面附近的溶解氧（DO）浓度会随着反应的进行而不断下降，更有利于氢气的生成［见式(3.16)］，不利于染料的降解。

$$2H^+ + 2e^- \longrightarrow H_2 \tag{3.16}$$

3.6.4　苋莱红的脱色和矿化

图 3.79(a) 是 20mg/L 苋莱红在处理过程中不同时间的紫外-可见吸收光谱，可见吸收光谱下降很快，表明双极斜板液膜能有效光电催化降解苋莱红。脱色率和 TOC 去除率［图 3.79(b)］随反应时间延长而升高，处理 2h，脱色率达 100%，TOC 去除率达 70%，结果表明苋莱红完全矿化需要更长时间。

3.6.5　自生电场和外加电场的比较

TiO_2/Ti-Cu PC 和 TiO_2/Ti-Cu PEC 的处理结果表明，处理 60min，脱

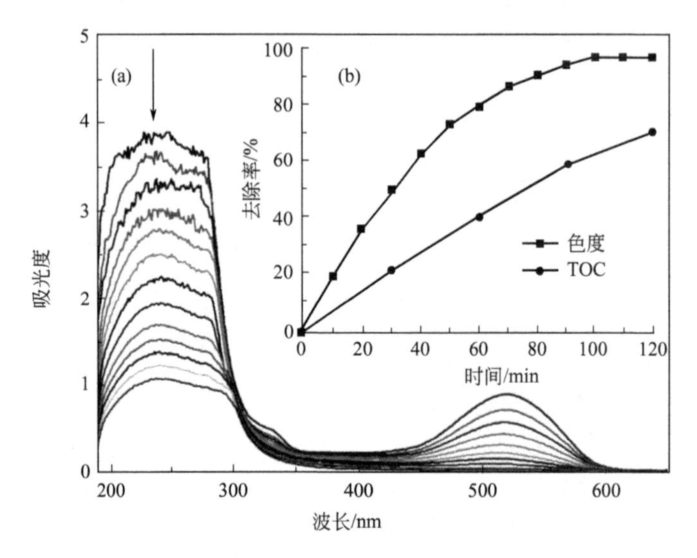

图 3.79 双极斜板液膜光电催化处理 20mg/L 苋菜红过程中的紫外-可见光谱(a)以及脱色率和 TOC 去除率(b)

色率分别为 71%和 75%。两过程取得了相近的脱色率，TiO_2/Ti-Cu PC 即 DSPEC，转移光生电子的电场与双转盘液膜光电催化类似，即在光照射下由肖特基势垒形成的自生电场转移光生电子，结果表明了其可行性，且这种方式比外加电场能耗低。为了验证自生电场的存在，用万用表测定了 TiO_2/Ti 和 Cu 电极之间的电流和电压，分别为 7μA 和 80mV，验证了自生电场的存在。

3.6.6 斜置 Cu 电极的作用

为了考察 Cu 阴极反应的影响，实施了阴阳极双室实验，即将反应器中反应池由中间隔开成两个等容量的反应池，两个反应池用盐桥连接，考察了阳极和阴极反应对脱色率的贡献，结果见图 3.80。

结果表明阴极反应的脱色率约为阳极反应的一半，说明斜置 Cu 阴极在提高处理效率方面起了重要作用。尽管 TiO_2/Ti-Cu PC 和 TiO_2/Ti-Cu(IM) PC 两个过程均能在肖特基势垒作用下将光生电子转移至 Cu 阴极，但效率不同。因为实验染料溶液是酸性的，电子在 Cu 阴极表面既可与溶解氧反应生成 H_2O_2 [式(3.7)]，也可与 H^+ 反应生成 H_2 [式(3.16)]。在 TiO_2/Ti-Cu PC 处理过程中，溶液中的溶解氧浓度始终保持饱和，即使是 Cu 阴极表面附近的溶液，更有利于 H_2O_2 的生成；而在 TiO_2/Ti-Cu（IM）PC 过程中，本体溶液中的溶解氧浓度是饱和的，但 Cu 阴极表面附近的溶液中溶解氧却是不饱和的，因此更利于 H_2 的生成，无益于苋莱红的降解。为了进一步验证这一说法，测定了阴极室溶液中 H_2O_2 的浓度，结果列于图 3.81。结果表明阴极室生成了 H_2O_2，且其浓度很快达到了 0.27mmol/L 的稳定值。

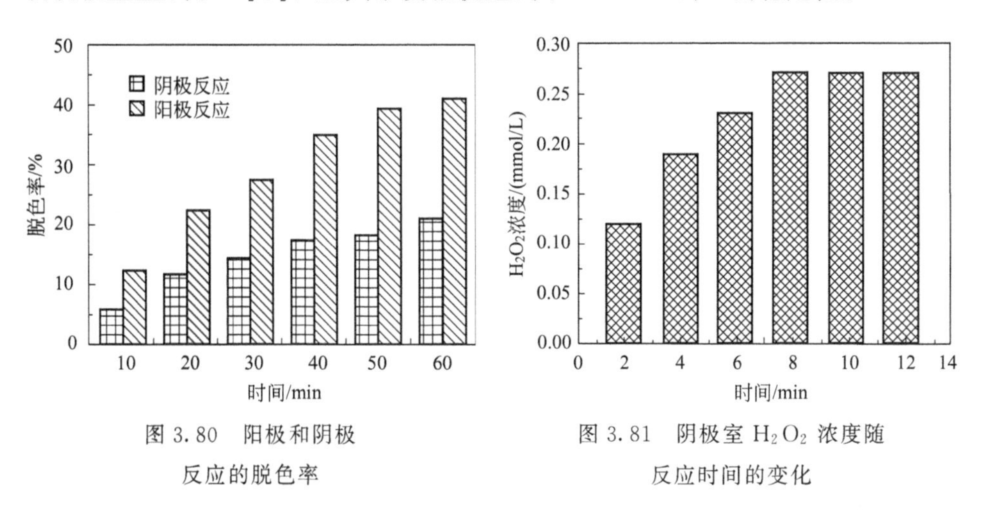

图 3.80　阳极和阴极反应的脱色率

图 3.81　阴极室 H_2O_2 浓度随反应时间的变化

3.6.7　循环流量的影响

循环流量的影响结果见图 3.82，表明脱色率先是随流量的增大而增大，达一极值后减小。循环流量可影响液膜厚度，进而影响降解效率（3.5.3.3），最佳循环流量为 3.7L/h。

3.6.8　印染废水处理

双极斜板液膜光电催化处理实际印染废水的结果见图 3.83。处理过程中印染废水紫外-可见吸收光谱［图 3.83(a)］明显下降，处理 4h 后，有机物和 TOC 去除率［图 3.83(b)］分别达到 64.8%和 42.7%，表明双极斜板液膜光电催化反应器在自生电场下能有效降解印染废水。

3.6.9　Bi_2O_3-TiO_2/Ti 阳极 DSPEC 处理 RBR

光催化过程中 RBR 的 UV-Vis 分析在循环流量 80mL/min，pH 值为

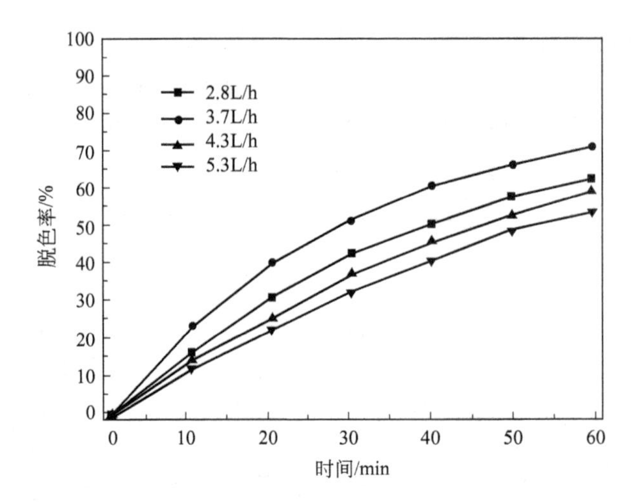

图 3.82 废水循环流量对脱色率的影响

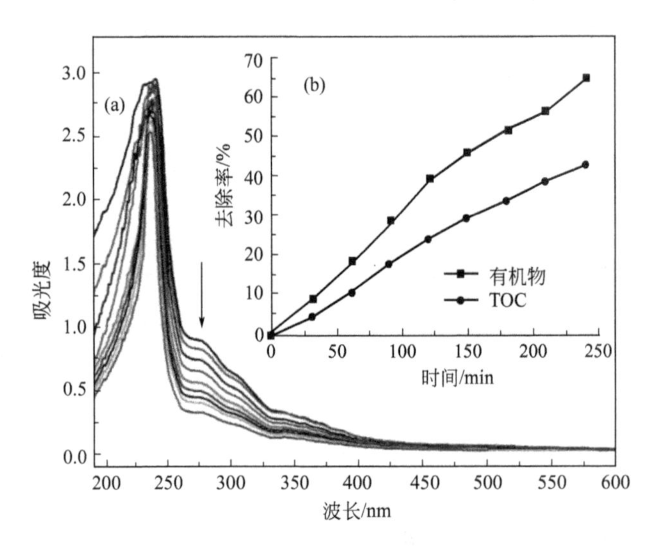

图 3.83 间隔 30min 印染废水的紫外-可见吸收光谱（a）以及有机物和 TOC 去除率（b）

（水样在紫外-可见吸收光谱分析前稀释两倍）

2.52 的条件下进行，20mg/L RBR 在光催化过程中的紫外-可见分光光度谱图见图 3.84(a)，处理 150min，脱色率可达到 88%［图 3.84(b)］。如图所示，随着光电催化反应的进行，500～550nm 处 RBR 的特征吸收峰强度显著减弱，反应 120min 后，该波段的吸收峰基本消失，表明 RBR 分子结构中共轭体系被破坏；同时，在 250～350nm 处的吸收峰强度也相应减弱；然而，在小于 250nm 紫外光区的吸收峰强度却明显增大，表明降解过程中生成了一

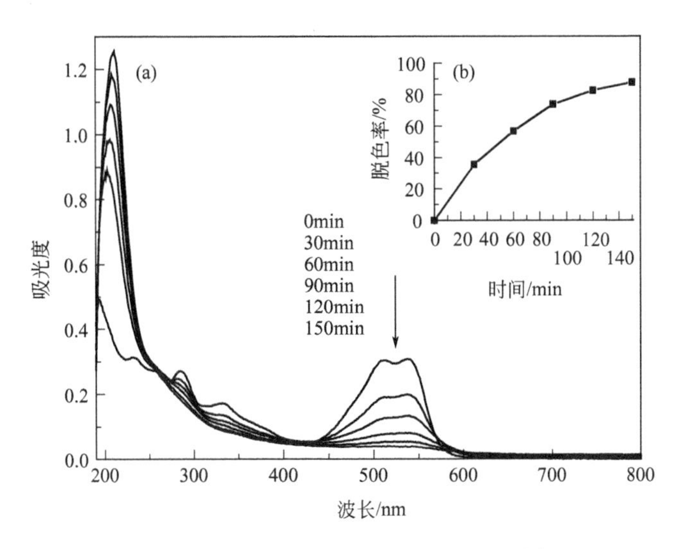

图 3.84 RBR 紫外-可见光谱（a）和脱色率（b）随 DSPEC 反应时间的变化

些中间产物，这一结果与张豪等的研究结果一致，而与作者前期紫外光光催化的研究结果不同。综上，可以推断出可见光光催化主要是使 RBR 的发色基团的化学键断裂，生成了小分子的有机物，使其脱色，并不能使其矿化。

3.7 MFC 电助双极斜板液膜光电催化（MPEC）反应器性能

3.7.1 MFC 电助双极斜板液膜光电催化反应装置

MFC 电助双极斜板液膜光电催化反应装置见图 3.85，该反应器分为两部分，一部分是双极斜板液膜反应器，即 Cu 阴极也斜置；另一部分是微生物燃料电池（MFC），其结构见图 3.86。

3.7.2 MPEC 反应器处理废水的过程

MFC 电助双极斜板液膜光电催化反应器处理废水的过程除了与 DSPEC 过程中 TiO_2/Ti 光阳极和 Cu 阴极的连接方式不同外，其他相同，在 MPEC

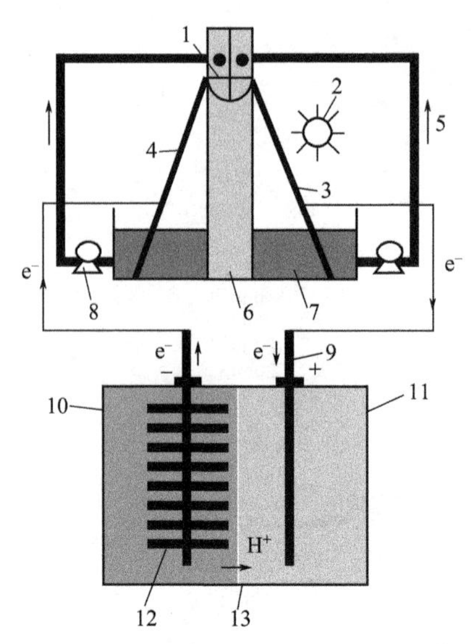

图 3.85　MFC 电助光催化（MPEC）反应器装置示意图

1—储液槽；2—光源；3—光阳极；4—Cu 阴极；5—废水流向；6—储液槽支架；7—反应池；
8—蠕动泵；9—碳棒电极；10—阳极室；11—阴极室；12—碳毡；13—质子交换膜

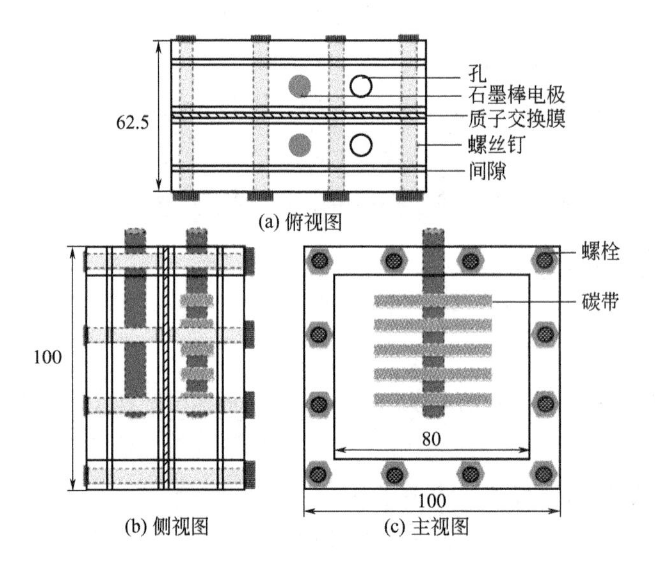

图 3.86　双室 MFC 结构示意图

（图不成比例，单位：cm）

中 TiO_2/Ti 光阳极和 Cu 阴极分别与 MFC 的阴极和阳极相连接，而在 DSPEC 中，TiO_2/Ti 光阳极和 Cu 阴极直接用 Cu 导线相连接。

为考察 MPEC 反应器的可行性，将 MPEC（紫外灯照射 TiO_2/Ti 电极，将 TiO_2/Ti 和 Cu 电极均斜置，并将两电极用铜导线分别与两组串联的

MFC的正负极相连接）与DSPEC（紫外灯照射TiO_2/Ti电极，将TiO_2/Ti和Cu电极均斜置，并将两电极用铜导线连接）和外加0.8V偏压的PEC（紫外灯照射TiO_2/Ti电极，将TiO_2/Ti和Cu电极均斜置，并将两电极分别与直流电源的正负极相连接）进行了比较。为考察MPEC反应器降解染料溶液的普遍性，本节处理了RhB、苋菜红（amaranth）和实际印染废水。

3.7.3 MFC的启动

接种微生物和添加底物溶液（阴阳极室底物溶液及浓度见表3.15）后，开启数据采集卡记录MFC的输出电压。三组MFC的输出电压见图3.87。接种6天后，输出电压达到500mV以上并维持稳定，此时MFC可用于电助光催化处理废水。

表3.15 MFC双室底物溶液成分及浓度

MFC反应室	物质	浓度
阳极室	CH_3COONa	1.64g/L
	NH_4Cl	0.5g/L
	KH_2PO_4	0.3g/L
	$MgCl_2 \cdot 6H_2O$	0.1g/L
	$CaCl_2 \cdot 2H_2O$	0.1g/L
	KCl	0.1g/L
阴极室	$K_3[Fe(CN)_6]$	50mmol/L

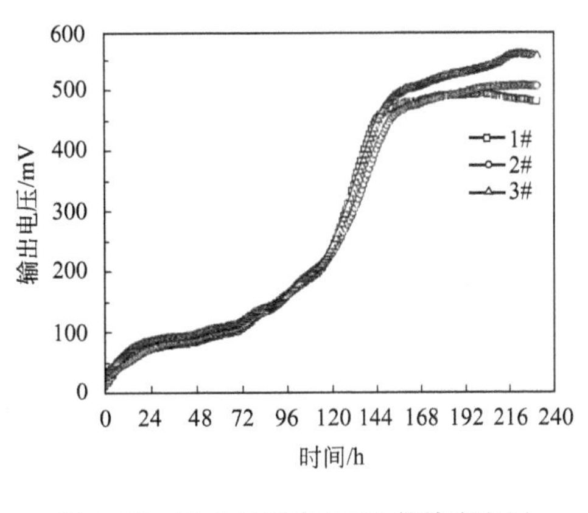

图3.87 启动过程中MFC的输出电压

3.7.4 MPEC处理RhB

3.7.4.1 MPEC的可行性

为了考察MPEC的可行性，实施了DSPEC、PEC和MPEC，结果见图3.88。处理30min后，DSPEC、PEC和MPEC的脱色率分别为70%、81%和80%。MPEC和PEC取得了相近的脱色率，表明MPEC是可行的，而且MPEC的能耗比PEC低。MPEC的脱色率比DSPEC高10%，因为MPEC能够强化光生电子和空穴的分离效率，这可以进一步从MPEC和DSPEC过程的*I-V*曲线结果得到证实（图3.89），MPEC的电流高于 DSPEC。

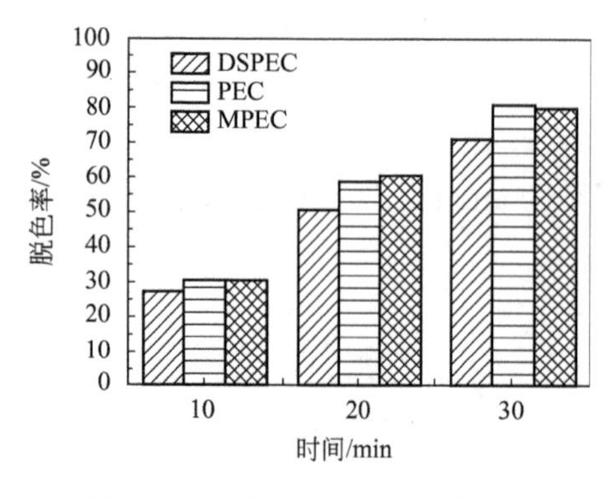

图 3.88　不同 PEC 过程的脱色率

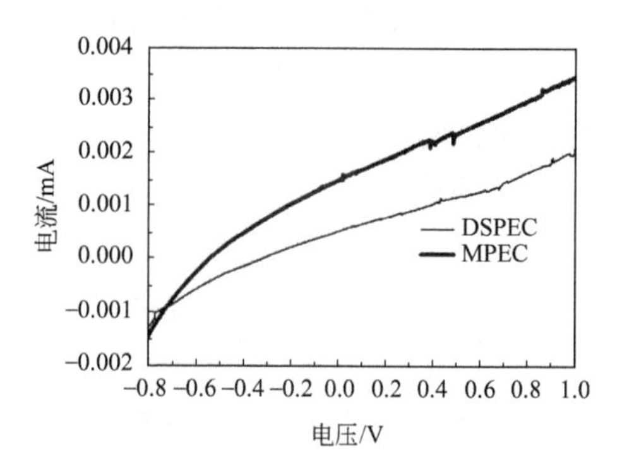

图 3.89　MPEC 和 DSPEC 过程的 *I-V* 曲线

3.7.4.2　MFC 连接方式对 MPEC 脱色率的影响

MFC 的连接方式可以影响电压和电流输出，最终影响 MPEC 的处理效率。MFC 的连接方式（串联和并联）对 MPEC 脱色率的影响见图 3.90。结果表明两组 MFC 串联的 MPEC 脱色率最高。对于串联，结果与外加偏压的光电催化结果类似，当外加偏压比较低时，光生电子和空穴不能完全分离，当外加偏压比较高时，会发生水的电解等副反应。也就是说，有一个最佳电压。对于并联，两组和三组 MFC 并联的 MPEC 脱色率低于 SPEC，表明多组 MFC 并联不利于 MPEC 脱色率的提高。因此，两组 MFC 串联（电压约为 1000mV）是 MFC 的最佳连接方式。

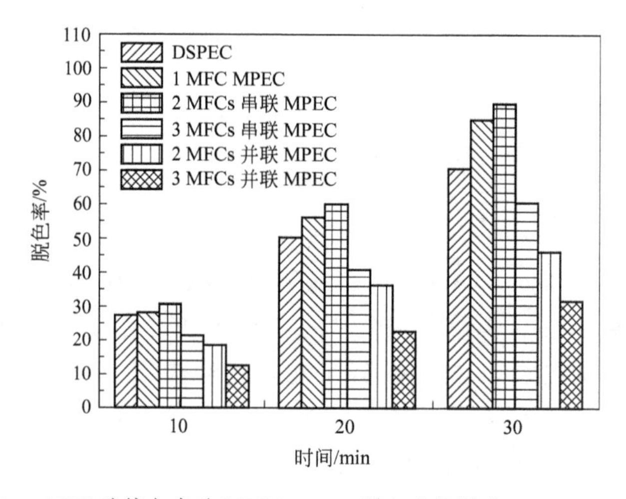

图 3.90　MFC 连接方式对 MPEC 30min 脱色率的影响（RhB：20mg/L）

3.7.4.3 RhB 浓度对 MPEC 脱色率的影响

RhB 初始浓度对 MPEC 处理 1h 的脱色率影响见图 3.91。脱色率随 RhB 初始浓度的升高而下降。不同初始浓度 RhB 的绝对去除量（图 3.91）随 RhB 初始浓度的升高而升高，至 RhB 初始浓度等于或高于 150mg/L 时达到一稳定值，表明此时达到其最大处理能力。

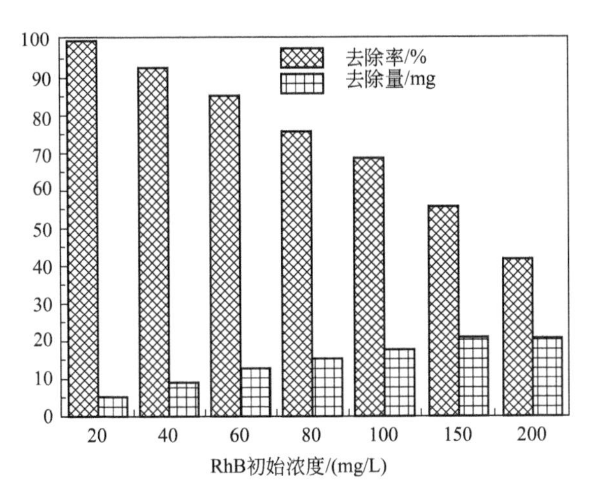

图 3.91 RhB 浓度对 MPEC 脱色率和绝对去除量的影响

3.7.4.4 MPEC 预处理后 MFC 处理

（1）MPEC 脱色率对 MFC 输出电压的影响

为了考察中间产物对 MFC 的微生物的毒性，将经 MPEC 处理到不同脱色率的 RhB 中间溶液注入 MFC 的阳极室实施 MFC 处理，同时考察 MFC 的输出电压。结果（图 3.92）表明，MPEC 的脱色率越高，输出电压越高，表明染料中间溶液对 MFC 微生物的毒性越低，越有利于被微生物消化产生电能。对于不同脱色率的所有中间溶液，输出电压均在 48h 达到最大值，之后略有下降。当 MPEC 的脱色率等于或高于 50%时，MFC 处理中间溶液过程中的输出电压高于用表 3.15 的阳极底物溶液时的 73%。

为了考察 MPEC 预处理 RhB 溶液对 MFC 稳定性的影响，分别将 MPEC 处理至脱色率 50%和 80%的溶液注入 MFC 的阳极室实施 MFC 处理实验，每次处理 7 天，共处理两次。MFC 处理过程中 96～168h 的输出电压（图 3.93）表明，对于 MPEC 脱色率 50%和 80%的溶液，第二次处理的平

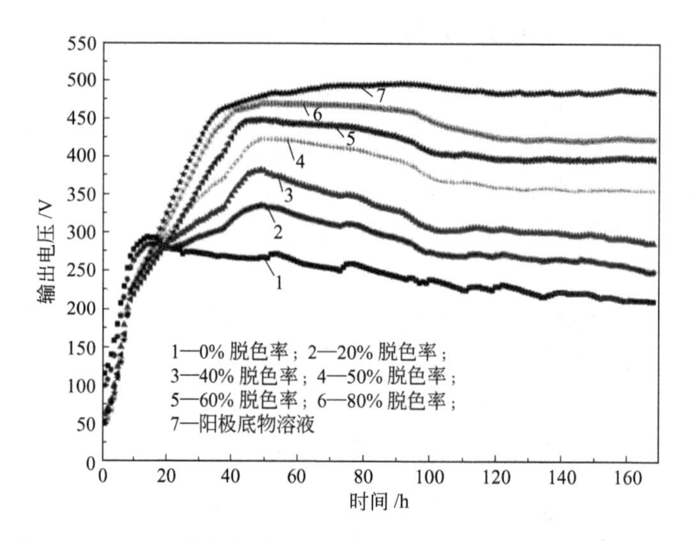

图 3.92　MPEC 脱色率对 MFC 输出电压的影响（RhB：30mg/L）

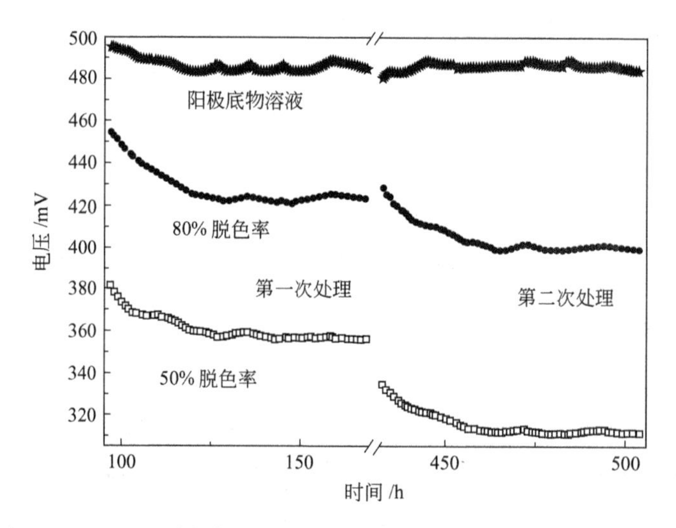

图 3.93　MPEC 脱色率对 MFC 重复稳定性的影响（RhB：30mg/L）

均输出电压比第一次处理的输出电压分别下降了 13% 和 6%，表明 MPEC 处理的脱色率越高，MFC 重复处理的稳定性也越高。

（2）MPEC 脱色率对 MFC 处理 COD 去除率的影响

为了考察 MFC 处理的降解效率，测定了 MPEC 预处理至不同脱色率的 RhB 溶液经 MFC 处理过程中的 COD 变化。结果（图 3.94）表明，当 MPEC 脱色率低于 50% 时，COD 去除率随脱色率的升高而升高，当 MPEC

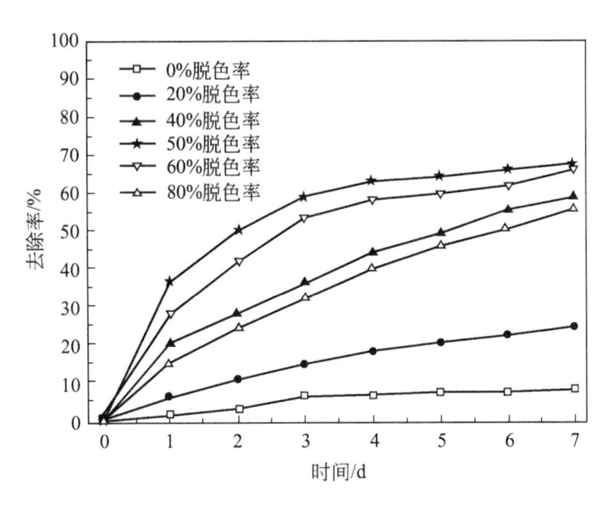

图 3.94 MPEC 脱色率对 MFC 处理 COD 去除率的影响（RhB：20mg/L）

脱色率高于 50%时，COD 去除率随脱色率的升高而下降。这可能是因为在 MPEC 的初期阶段，大分子有机物被降解为更利于 MFC 微生物消化降解的小分子有机物。但是，在 MPEC 的中期或后期阶段，随着脱色率的升高，更多的 COD 已被去除，COD 更低，更多的难被微生物降解的有机物留在了注入 MFC 阳极室的中间溶液中，因此 MFC 的 COD 去除率随着 MPEC 脱色率的升高而下降。也就是说，MFC 微生物的处理能力是一定的，当 COD 浓度比较低时，MFC 微生物的处理能力只能得到部分发挥，处理效率会随着 COD 浓度的升高而升高，当 COD 浓度足够高时，MFC 微生物的处理能力能够得到充分发挥。MPEC 处理至脱色率为 50%有利于发挥微生物活性，此时 MFC 处理取得最高 COD 去除率。

（3）MPEC 和 MFC 的 COD 总去除率

为了考察 MPEC 和 MFC 过程的 COD 总去除率，进一步考察了 MPEC 的 COD 去除率。结果（表 3.16）表明 MPEC 的 COD 去除率随着脱色率的升高而升高。但是，当 MPEC 脱色率低于 50%时，MPEC 和 MFC 过程的 COD 总去除率会随着 MPEC 脱色率升高而升高，当 MPEC 脱色率等于或高于 50%时，MPEC 和 MFC 过程的 COD 总去除率达到一稳定值。结合 MPEC 预处理脱色率对 MFC 输出电压的影响结果，MPEC 预处理和 MFC 后处理联用是可行的。只要 MFC 预处理脱色率等于或高于 50%，就有利于 MFC 产电和 COD 的总去除率。

表 3.16 不同脱色率时不同过程的 COD 去除率

脱色率/%	COD 去除率/%		
	MPEC	MFC	总去除率[①]
0	0	7.91	7.91
20	11.23	25.15	33.56
40	24.36	59.04	69.02
50	30.65	68.19	77.94
60	37.68	65.85	78.72
80	49.37	55.91	78.33

① COD 总去除率＝MPEC COD 去除率＋[100%－MPEC COD 去除率] ×MFC COD 去除率。

3.7.5 MPEC 处理苋菜红染料

3.7.5.1 苋菜红初始浓度对 MPEC 处理效率的影响

苋菜红初始浓度对 MPEC 处理 1h 的脱色率和绝对去除量的影响见图 3.95。脱色率随着初始浓度的增加而下降；绝对去除量随着初始浓度的增加而稳步增加，直到浓度达到或高于 150mg/L 时达到最大值，表明此时 MPEC 的处理能力得到充分发挥。

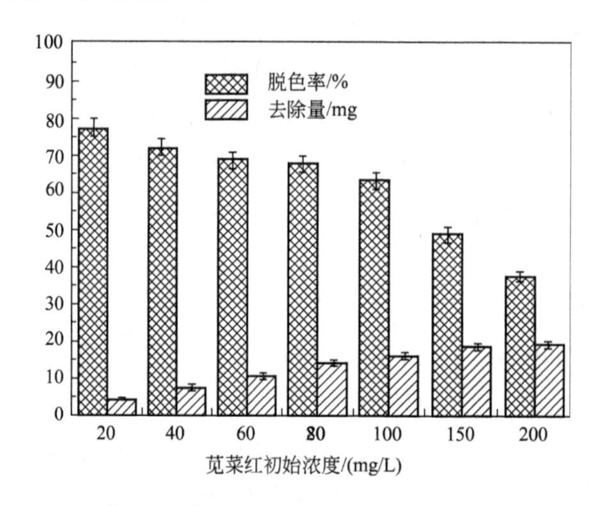

图 3.95 苋菜红初始浓度对 MFEC 脱色率和绝对去除量的影响

(条件：pH 2.5；1.0g/L Na_2SO_4)

3.7.5.2 MPEC 预处理后 MFC 处理

(1) MPEC 脱色率对 MFC 输出电压的影响

经 MPEC 预处理至不同脱色率，然后经 MFC 处理，考察 MFC 的输出电压，结果见图 3.96，结果和 RhB 类似，脱色率等于或高于 50%时，MFC 处理中间溶液过程中的输出电压高于用表 3.15 的阳极底物溶液时的 66%。

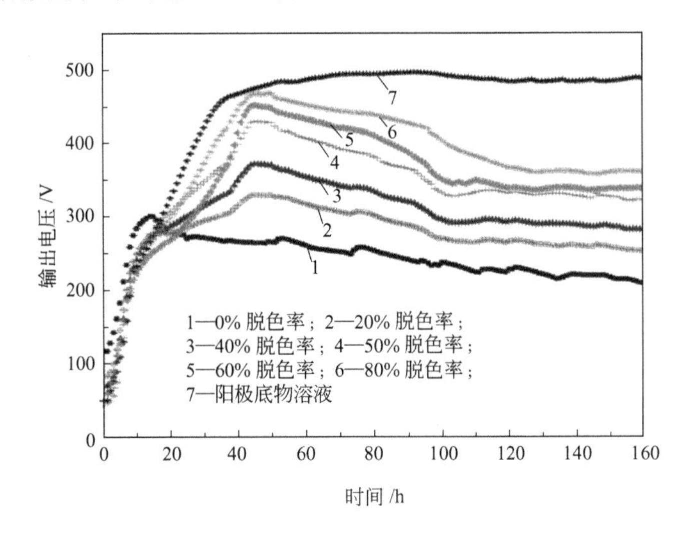

图 3.96 MPEC 脱色率对 MFC 输出电压的影响

(MPEC 条件：20mg/L 苋莱红；初始 pH 2.5；1.0g/L Na_2SO_4；MFC 条件：初始 pH 9.0)

(2) MPEC 脱色率对 MFC 处理 COD 去除率的影响

MPEC 处理至不同脱色率后 MFC 处理的 COD 去除结果见图 3.97，结

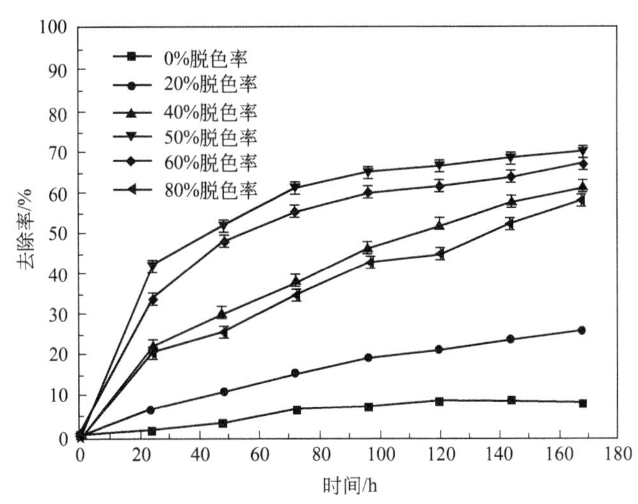

图 3.97 MPEC 脱色率对 MFC 处理 COD 去除率的影响

(MPEC 条件：20mg/L 苋莱红；初始 pH 2.5；1.0g/L Na_2SO_4；MFC 条件：初始 pH 9.0)

果与 RhB 类似。

(3) MPEC 和 MFC 的 COD 总去除率及 MPEC 处理过程中的 BOD_5/COD 比值

MPEC 和 MFC 的 COD 总去除率及 MPEC 处理过程中的 BOD_5/COD 比值结果见表 3.17。MPEC 和 MFC 的 COD 总去除率结果与 RhB 类似，即当 MPEC 脱色率低于 50%时，MPEC 和 MFC 过程的 COD 总去除率会随着 MPEC 脱色率升高而升高，当 MPEC 脱色率等于或高于 50%时，COD 总去除率达到一稳定值。BOD_5/COD 比值随着脱色率的升高而升高，由初始的 0.26 升高到脱色率 80%的 0.37，表明 MPEC 处理可使提高 AR 的可生化性。

表 3.17 不同脱色率时不同过程的 COD 去除率和 MPEC 过程的 BOD_5/COD 比值

脱色率/%	COD 去除率/%			MPEC 处理的 BOD_5/COD
	MPEC	MFC	总①	
0	0	8.22±0.86	8.22±0.86	0.26±0.01
20	10.62±0.92	25.87±2.04	33.74±0.94	0.28±0.01
40	20.92±1.52	60.68±4.05	68.91±1.58	0.31±0.01
50	28.22±1.95	69.72±4.16	78.27±2.03	0.32±0.01
60	35.55±2.16	67.18±4.18	78.85±2.15	0.34±0.01
80	46.45±2.68	57.85±4.02	77.42±2.79	0.37±0.01

① 总 COD 去除率=MPEC COD 去除率+(100%−MPEC COD 去除率)×MFC COD 去除率。

3.7.6 MPEC 处理实际印染废水

为了考察 MPEC 实际应用的可行性，将 MPEC 应用于处理实际印染废水，该印染废水的性质见表 3.18。处理过程中考察了色度、可生化性和矿化情况。印染废水的紫外-可见吸收光谱 [图 3.98(a)] 表明处理过程中吸光度明显下降，由表 3.18 处理前后 BOD_5 和 TOC 可知其去除率分别约为 17%和 40%，处理 4h 有机物和 COD 的去除率 [图 3.98(b)] 分别为 52%和 45%。处理前后 BOD_5/COD 比值分别为 0.26 和 0.41，表明 MPEC 处理印染废水可提高其可生化性，并使其得到部分矿化，适用于印染废水的预处理。

表 3.18 印染废水在 MPEC 处理前后的性质

印染废水	电导率 /(μS/cm)	COD/(mg/L)	BOD_5/(mg/L)	BOD_5/COD	TOC/(mg/L)
处理前	442.3±0.3	635.1±7.6	172.5±2.8	0.27±0.01	121.3±1.5
处理后	438.2±0.3	348.6±4.3	142.9±2.6	0.41±0.01	73.1±1.1

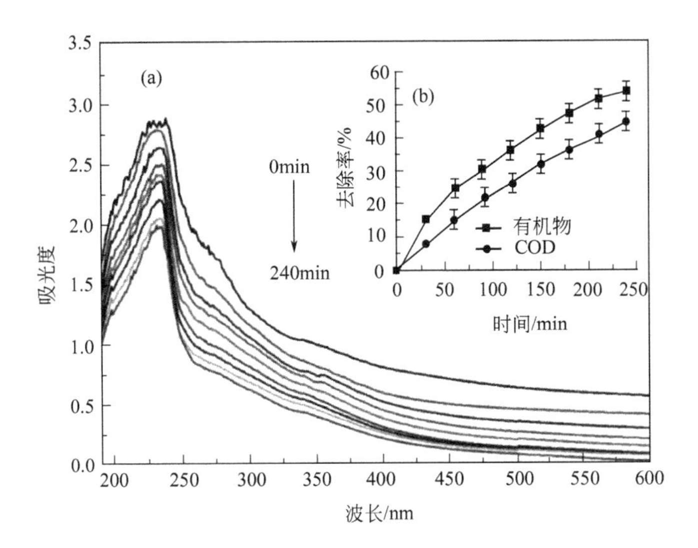

图 3.98　MPEC 处理印染废水过程中间隔 30min 的紫外-可见光谱（a）以及有机物和 COD 的去除率（b）

3.7.7　MPEC 与生物法联用的实际应用前景预测

综合上述 MPEC 实验的结果，染料溶液可经 MPEC 预处理至脱色率 50%，然后采用传统生物法处理。采用这种 MPEC 和生物法联用的方法，难降解有机物可首先经 MPEC 有效和快速脱色提高其可生化性，然后采用经济的生物法处理，获得有效低成本的处理。实际处理系统，还可制备可见光响应的光催化剂，应用免费光源——太阳光为激发光源，进一步降低能耗。

参考文献

［1］ Garcia J C，Oliveira J L，Silva A E，et al. Comparative study of the degradation of real textile effluents by photocatalytic reactions involving UV/TiO_2/H_2O_2 and UV/Fe^{2+}/H_2O_2 systems［J］. Journal of Hazardous Materials，2007，147（1-2）：105-110.

［2］ Ma J，Song W，Chen C，et al. Fenton degradation of organic compounds promoted by dyes under visible irradiation［J］. Environmental Science & Technology，2005，39（15）：5810.

［3］ Uygur A，Kök E. Decolorisation treatments of azo dye waste waters including dichlorotriazinyl reactive groups by using advanced oxidation method［J］. Coloration Technology，1999，115（11）：350-354.

［4］ Forgacs E，Cserháti T，Oros G. Removal of synthetic dyes from wastewaters：A review［J］. Environment International，2004，30（7）：953-971.

[5] Li X Z, Liu H L, Yue P T, et al. Photoelectrocatalytic oxidation of rose bengal in aqueous solution using a Ti/TiO_2 mesh electrode [J]. Environmental Science & Technology, 2012, 34 (20): 4401-4406.

[6] 徐云兰. 光电液膜反应器处理染料废水的研究 [D]. 上海：上海交通大学，2009.

[7] Xie Y, Yuan C. Visible-light responsive cerium ion modified titania sol and nanocrystallites for x-3b dye photodegradation [J]. Applied Catalysis B Environmental, 2003, 46 (2): 251-259.

[8] Lei Z, Jiang Q, Lian J. Visible-light photocatalytic activity of nitrogen-doped TiO_2 thin film prepared by pulsed laser deposition [J]. Applied Surface Science, 2008, 254 (15): 4620-4625.

[9] Liu S, Fu W, Yang H, et al. Synthesis and characterization of self-organized oxide nanotube arrays via a facile electrochemical anodization [J]. China Ceramics, 2010, 10 (7): 227-230.

[10] Xu Y, He Y, Cao X, et al. TiO_2/Ti rotating disk photoelectrocatalytic (pec) reactor: A combination of highly effective thin-film pec and conventional pec processes on a single electrode [J]. Environmental Science & Technology, 2008, 42 (7): 2612-2617.

[11] Xu Y L, Zhong D J, Jia J P. Electrochemical-assisted photodegradation of allura red and textile effluent using a half-exposed rotating TiO_2/Ti disc electrode [J]. Journal of Environmental Science & Health Part A Toxic/hazardous Substances & Environmental Engineering, 2008, 43 (5): 503.

[12] Zhong D J, Tao F M, Xu Y L, et al. Fabrication and electrochemical characterization of boron-doped diamond interdigitated array disc electrode [J]. ARCHIVE Proceedings of the Institution of Mechanical Engineers Part E Journal of Process Mechanical Engineering 1989-1996 (2007, 221 (4): 201-205.

[13] Liu H, Li X Z, Leng Y J, et al. An alternative approach to ascertain the rate-determining steps of TiO_2 photoelectrocatalytic reaction by electrochemical impedance spectroscopy [J]. Journal of Physical Chemistry B, 2003, 107 (34): 8988-8996.

[14] Hitchman M L, Fang T. Studies of TiO_2 thin films prepared by chemical vapour deposition for photocatalytic and photoelectrocatalytic degradation of 4-chlorophenol [J]. Journal of Electroanalytical Chemistry, 2002, 538-539: 165-172.

[15] Zhevalkink J A, Kelderman P, Boelhouwer C. Liquid film thickness in a rotating disc gas-liquid contactor [J]. Water Research, 1978, 12 (8): 577-581.

[16] Zhang W, An T, Xiao X, et al. Photoelectrocatalytic degradation of reactive brilliant orange k-r in a new continuous flow photoelectrocatalytic reactor [J]. Transactions of Shenyang Ligong University, 2009, 255 (2): 221-229.

[17] Zanoni M V B, Sene J J, Anderson M A. Photoelectrocatalytic degradation of remazol brilliant orange 3r on titanium dioxide thin-film electrodes [J]. Journal of Photochemistry & Photobiology A Chemistry, 2003, 157 (1): 55-63.

[18] Kavan L, Stoto T, Graetzel M, et al. Cheminform abstract: Quantum size effects in nanocrystalline semiconducting TiO_2 layers prepared by anodic oxidativehydrolysis of $TiCl_3$ [J]. Cheminform, 1993, 24 (52): 9493.

[19] Habibi M H, Talebian N, Choi J H. Characterization and photocatalytic activity of nanostructured indium tinoxide thin-film electrode for azo-dye degradation [J]. Thin Solid Films, 2006, 515 (4): 1461-1469.

[20] 颜晓莉，吏惠祥，雷乐成，等. 负载型二氧化钛光电催化降解苯酚废水的反应动力学 [J]. 化工学报，2004，55 (3): 426-433.

[21] Li J, Li L, Zheng L, et al. Photoelectrocatalytic degradation of rhodamine B using Ti/TiO_2 elee trode prepared by laser calcination method [J] . Electrochimica Acta, 2006, 51 (23): 4942-4949.

[22] Xu Y, He Y, Jia J, et al. Cu-TiO_2/Ti dual rotating disk photocatalytic (pc) reactor: Dual electrode degradation facilitated by spontaneous electron transfer [J] . Environmental Science & Technology, 2009, 43 (16): 6289.

[23] Shiraishi F, Tsugunori Nakasako A, Hua Z. Formation of hydrogen peroxide in photocatalytic reactions [J] . Journal of Physical Chemistry A, 2003, 107 (50): 11072-11081.

[24] Shen Z, Yang J, Hu X, et al. Dual electrodes oxidation of dye wastewater with gas diffusion cathode [J] . Environmental Science & Technology, 2005, 39 (6): 1819.

[25] Li X Z, Liu H S. Development of an E-H_2O_2/TiO_2 photoelectrocatalytic oxidation system for water and wastewater treatment [J] . Environmental Science & Technology, 2005, 39 (12): 4614-4620.

[26] Ohno T, Mitsui T, Matsumura M. Photocatalytic activity of s-doped TiO_2 photocatalyst under visible light [J] . Chemistry Letters, 2003, 32 (4): 364-365.

[27] Ohno T. Preparation of visible light active s-doped TiO_2 photocatalysts and their photocatalytic activities [J] . Water Science & Technology A Journal of the International Association on Water Pollution Research, 2004, 49 (4): 159-163.

[28] Xu Y, Zhong D, Jia J, et al. Dual slant-placed electrodes thin-film photocatalytic reactor: Enhanced dye degradation efficiency by self-generated electric field [J] . Chemical Engineering Journal, 2013, 225 (6): 138-143.

[29] Xu Y L, Li J X, Zhong D J, et al. Dual electrodes degradation of amaranth using a thin-film photocatalytic reactor with dual slant-placed electrodes [J] . Journal of Environmental Science & Health Part A Toxic/hazardous Substances & Environmental Engineering, 2013, 48 (13): 1700.

[30] 徐云兰，李珏秀，钟登杰，等．双极液膜法可见光光催化降解染料废水 [J] ．中国环境科学，2014，34 (6)：1463-1470.

[31] Zhong D J, Xu Y L, Hu X B, et al. Degradation of dye wastewater with a photoelectric integration process (mpec): Microbial fuel cells-assisted dual electrodes thin-film photoelectrocatalytic [J] . Journal of Environmental Science & Health Part A, 2018, 53 (3): 253-259 .

[32] 林莉，周毅，朱月香，等．碳含量对C/TiO_2复合材料光催化活性的影响 [J] ．催化学报，2006，27 (1)：45-49.

[33] Leng W H, Zhu W C, Ni J, et al. Photoelectrocatalytic destruction of organics using TiO_2 as photoanode with simultaneous production of H_2O_2 at the cathode [J] . Applied Catalysis A General, 2006, 300 (1): 24-35.

[34] 侯文华，傅献彩，沈文霞，等．物理化学 [M] ．下册：北京：高等教育出版社，2006..

[35] Peavy H S. Rowe D R, Tchobanoglous G. Environmental engineering [M] . Toronto : Mc Grow-Hill, 1988.

[36] Asahi R, Morikawa T, Ohwaki T, et al. Visible-light photocatalysis in nitrogen-doped titanium oxides [J] . Science, 2001, 293 (5528): 269-271.

[37] Wawrzyniak B, Morawski A W. Solar-light-induced photocatalytic decomposition of two azo dyes on new TiO_2 photocatalyst containing nitrogen [J] . Applied Catalysis B Environmental, 2006, 62 (1-2): 150-158.

[38] Egerton T A, Janus M, Morawski A W. New TiO_2/C sol-gel electrodes for photoelectrocatalytic

degradation of sodium oxalate [J]. Chemosphere, 2006, 63 (7): 1203-1208.

[39] Hattori A, Yamamoto M, Tada H, et al. A promoting effect of NH_4F addition on the photocatalytic activity of sol-gel TiO_2 films [J]. Chemistry Letters, 2003, 27 (8): 707-708.

[40] 姜聚慧，陈华军，娄向东，等. 亚铁催化声化学降解罗丹明 B [J]. 环境工程学报，2006，7 (8): 99-103.

[41] Zhang T, Oyama T K, Horikoshi S, et al. Photocatalyzed *n*-demethylation and degradation of methylene blue in titania dispersions exposed to concentrated sunlight [J]. Solar Energy Materials & Solar Cells, 2002, 73 (3): 287-303.

[42] 陈恒，龙明策，徐俊，等. 可见光响应的氯掺杂 TiO_2 的制备、表征及其光催化活性 [J]. 催化学报，2006，27 (10): 890-894.

第4章

电化学氧化技术及其在垃圾渗滤液处理中的应用

垃圾焚烧处理因具有占地少、减量显著、可回收其中热能发电等优势，逐渐成为我国大型城市垃圾处理的主流技术。因生活习惯差异，我国城市生活垃圾水分含量偏高，热值较低，其在储坑发酵脱水过程中，产生了大量渗滤液。垃圾渗滤液成分复杂，有机污染物和重金属含量高，如不妥善处理，会严重污染水体，影响人类健康。

目前，垃圾渗滤液的处理主要有生物法、化学法和物理法。生物法可以有效地去除渗滤液中的大部分可生物降解物质，但无法去除其中难生物降解部分，使得生化出水色度较高、COD仍在1000mg/L左右，无法达标排放。化学法，如臭氧氧化法、TiO_2光催化法、Fenton法等高级氧化技术（advanced oxidation processes，AOPs）被认为是处理难生物降解有机物的有效方法。然而，研究表明，因垃圾渗滤液中含有大量Cl^-等阴离子，它们可以清除AOPs过程产生的自由基，使得这些方法处理渗滤液效果较差。物理法，如膜处理技术常用于垃圾渗滤液深度处理，但因生化处理出水中存在大量生物源胶体物质，膜易被污染和堵塞，影响正常运行。由于渗滤液生化出水中含有较高浓度的Cl^-，采用电化学间接氧化法对其深度处理是一种较有前景的方法。本章将着重介绍板框式电化学反应器和多通道电化学反应器用于垃圾渗滤液生化出水处理、垃圾渗滤液生化出水脱除胶体物质，并对处理过程机理进行了探索，对处理后的生化出水进行了环境医学评价。

4.1 板框式电化学反应器处理焚烧发电厂垃圾渗滤液生化出水

垃圾焚烧发电厂储坑渗滤液是一种高污染废水，其经生化处理后仍具有高COD、高氯离子和高胶体含量。本工作根据生化出水中氯离子浓度较高的特点，面向实际工程应用，采用自行设计的板框式电化学反应器，以钛基氧化钌-氧化铱涂层电极（Ti/RuO_2-IrO_2）作为阳极，304钢板作为阴极，开展了电化学氧化去除废水中难生物降解有机物的动态实验研究。实验考察了电流密度、表观流速、氯离子浓度、电极极间距等因素对去除废水中COD和NH_3-N的影响规律，以探索电化学处理过程的最佳工艺条件，并动态地研究了几种不同电极间距板框式电化学反应器运行的能耗。

4.1.1 板框式电化学反应器设计及实验流程

4.1.1.1 板框式电化学反应器的设计与制作

本实验设计的板框式电化学反应器，如图 4.1 所示。板的尺寸为 250mm×240mm×15mm，框外部尺寸为 200mm×190mm，框内尺寸为 180mm×170mm，框厚度分为 5mm、10mm 和 20mm。框内距离上下部 10mm 处设置有厚 7.7mm 的流体分布板，板上分布有 3 排直径 3mm 的小孔。以钛基氧化钌-氧化铱涂层电极（Ti/RuO_2-IrO_2）作为阳极，304 不锈钢板为阴极。以螺钉连接方式，将电极板紧压在板和框之间形成一个单室电化学反应器。实验装置连接如图 4.1 和图 4.2 所示，以直流稳压电源（KXN-6050D，深圳兆信电子仪器设备厂）作为供电电源。中间储槽为内径 90mm、高 450mm 的圆柱形容器，反应器出水管导入中间储槽液面之下，采用液泵实现废水在反应器与中间储槽之间的循环。

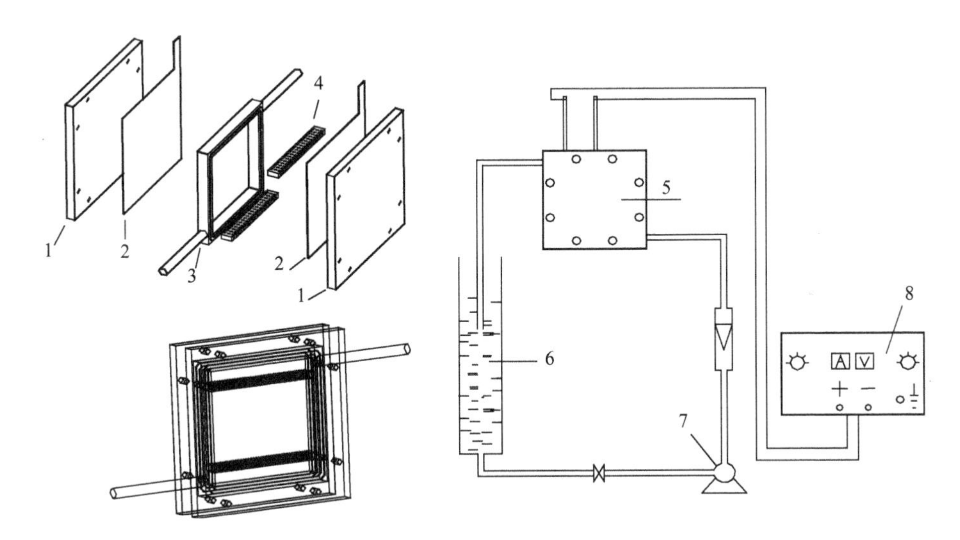

图 4.1 板框式电化学反应器结构和实验装置图

1—亚克力板；2—电极板；3—框架；4—液相分布器；

5—板框式电化学反应器；6—储水槽；7—循环泵；8—直流电源

4.1.1.2 实验流程

实验用垃圾渗滤液生化出水取自重庆市某垃圾焚烧发电厂，该厂生物处理采用“UASB＋A/O”工艺，其水质分析方法和测定结果如表 4.1 所示。

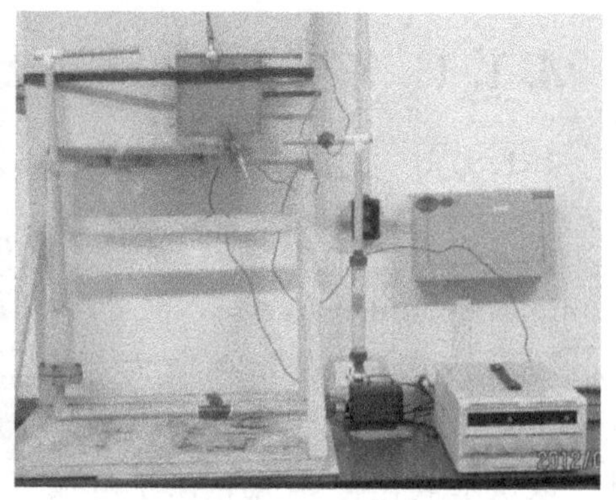

图 4.2　板框式电化学反应器和实验装置实物图

关于高 Cl^- 浓度下废水中 COD 的测定方法是按照国标 HJ/T 399—2007 的要求，将所取试样适当稀释至 Cl^- 浓度小于 1000mg/L，然后按照标准方法中的步骤进行 COD 测定。

表 4.1　生化处理出水主要水质指标测定方法与结果

测定指标	测定结果	分析方法	测定标准
色度	128	稀释倍数法	GB 11903—89
氯离子	4048.745mg/L	硝酸银滴定法	GB 11896—89
COD	678.55mg/L	快速消解分光光度法	HJ/T 399—2007
NH_3-N	15.43mg/L	纳氏试剂分光光度法	HJ 535—2009
pH 值	8.354	玻璃电极法	GB 6920—86

每次实验取生化出水 2L，从中间储槽上端加入，然后打开水阀，废水进入循环泵中，至泵灌满后开启，使废水在整个系统中循环混合，调节流量到设定值。再打开直流稳压电源给反应器供电，电化学氧化过程采用恒电流法操作，将电流控制在设定值，然后就开始了废水的电化学处理过程。在电解处理过程中，每隔一定时间从中间储槽中取水样 10mL，并保存在 4℃冰箱中，待实验结束时用于测定相关水质指标。每次实验取样总体积小于 100mL，相当于小于实验废水体积的 5%，取样几乎不影响实验过程的稳定性。实验保持其他因素水平一定，依次考察电流密度、表观流速、氯化物含量、电极间距对电化学氧化去除废水中 COD 和氨氮的影响。

4.1.1.3　氯/次氯酸浓度的测定

为了分析电化学氧化过程中电生氯及其次氯酸的产生规律及其作用，实验采用硫代硫酸钠滴定反应液中经氯离子氧化生成的活性中间产物氯和次氯酸，并用淀粉碘化钾试纸指示滴定终点，记录硫代硫酸钠用量，并以此测定反应液中氯和次氯酸的含量。本文采用 c_{Cl_2}（mg/L）表示氯/次氯酸的总质量浓度，并按下式计算：

$$c_{Cl_2}=\frac{4\times 70.91\times 1000V_1 c_{Na_2S_2O_3}}{V} \tag{4.1}$$

式中，V_1为硫代硫酸钠标准滴定溶液用量，mL；$c_{Na_2S_2O_3}$ 为硫代硫酸钠标准溶液浓度，mol/L；V 为试样体积，mL；70.91 为氯气的摩尔质量，g/mol。

4.1.1.4 电化学过程能耗计算

根据实验过程中废水 COD 和输入电压随时间变化的数据，分别拟合出输入功率 p-t 的函数，以及 COD 浓度随时间变化的 c_t-t 函数。然后以式（4.2）计算出 0～t 时间内去除单位质量 COD 的平均能耗。

$$\overline{EC}=\frac{1000\times \int_0^t p(t)\mathrm{d}(t)}{V_R(c_0-c_t)} \tag{4.2}$$

式中，$\overline{EC}$为去除单位质量 COD 的平均电耗，kW・h/kg COD；p 为电功率，W；t 为处理时间，h；V_R为实验反应体积，L；c_0、c_t分别表示初始和电解处理时间为t 时废水中 COD 的浓度，mg/L。

4.1.2 电化学氧化脱色效果

电化学氧化处理垃圾渗滤液生化出水脱色效果明显，结果如图 4.3 所示。由图可知，生化出水经电化学氧化处理 20min，即可实现完全脱色。这主要是由于实验中采取的是析氯电极，电化学氧化过程中产生了大量的氯/

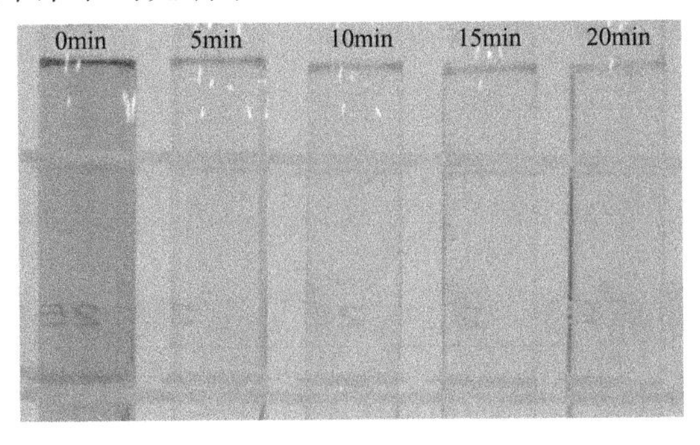

图 4.3 电化学氧化处理 0min、5min、10min、15min 和 20min 后垃圾渗滤液的脱色效果

（实验条件：电流密度 52mA/cm^2；U_1= 2.6cm/s；电极间距为 20mm；Cl^- 浓度 4000mg/L）

次氯酸［如式(4.3)～式(4.5) 所示］，这些强氧化性的活性氯导致了颜色物质的氧化分解。

$$2Cl^- \longrightarrow Cl_2 + 2e^- \tag{4.3}$$

$$Cl_2 + H_2O \longrightarrow HClO + H^+ + Cl^- \tag{4.4}$$

$$HClO \longrightarrow H^+ + ClO^- \tag{4.5}$$

4.1.3 过程参数对 COD 和 NH_3-N 去除的影响

4.1.3.1 电流密度对 COD 去除的影响

在反应器中液体流速为 2.72cm/s，极板间距为 2cm 的条件下，不同电流密度下，废水中 COD 随时间的变化如图 4.4 所示。由图可知，随着电流密度的增大，生化出水中 COD 随时间下降加快，即单位时间内去除 COD 的量增大。电流密度对 COD 的去除这一变化规律与多个研究结果相一致。Chiang 等报道，在渗滤液电化学氧化时，电流密度为 25mA/cm² 时，COD 去除率比电流密度为 6.25mA/cm² 时的高出约 50%。其主要原因可能是电流密度的增大提高了氯气的产率，因为氯气是产生随后去除有机污染物氧化剂的物质。但当电流密度高于 65.35mA/cm² 时，电流密度的增大对 COD 去除效果已不再明显。这表明，在实验流动和相应反应物浓度条件下，65.35mA/cm² 可能已是极限电流密度，在此之上的电流密度下操作，过程的动力学受扩散控制。另外也说明，虽然电流密度的升高可以提高氯气的产

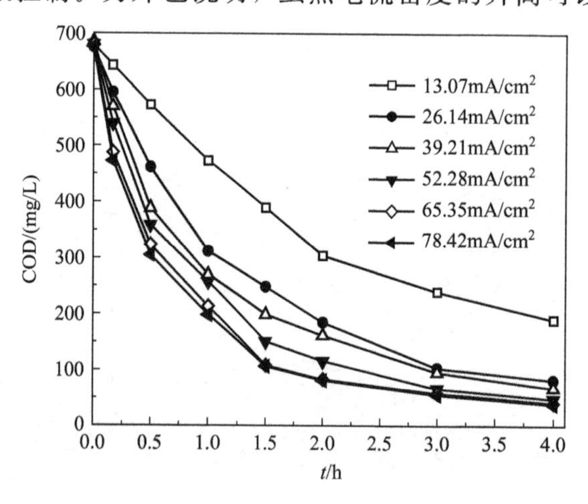

图 4.4 电流密度对 COD 去除的影响

（实验条件：U_l=2.72cm/s；电极间距 20mm；氯离子浓度 4048.7mg/L）

率，但实际上有机污染物的去除主要是依赖于溶液中产生的 HClO。此外，由于废水中有机物成分的复杂性，以及电化学氧化处理过程中可能生成新的难于被氧化的物质，其机理有待于深入研究。

4.1.3.2 电流密度对 NH_3-N 去除的影响

电流密度对生化出水中氨氮去除的影响结果如图 4.5 所示。在 52.28mA/cm^2 等高电流密度下，氨氮的去除率在 20min 内就高达 97%以上，剩余浓度远低于国家一级排放标准（15mg/L），反应速率明显快于 COD 的去除。由于反应体系中存在大量的活性氯，氨氮的去除机理应该是“折点氯化法”过程的机理，即由次氯酸引发的多级反应，最终氨氮以被转化为 N_2 形式去除，反应式如下：

$$2/3NH_4^+ + HClO \longrightarrow 1/3N_2 + H_2O + 5/3H^+ + Cl^- \quad (4.6)$$

$$NH_4^+ + 4HClO \longrightarrow NO_3^- + H_2O + 6H^+ + 4Cl^- \quad (4.7)$$

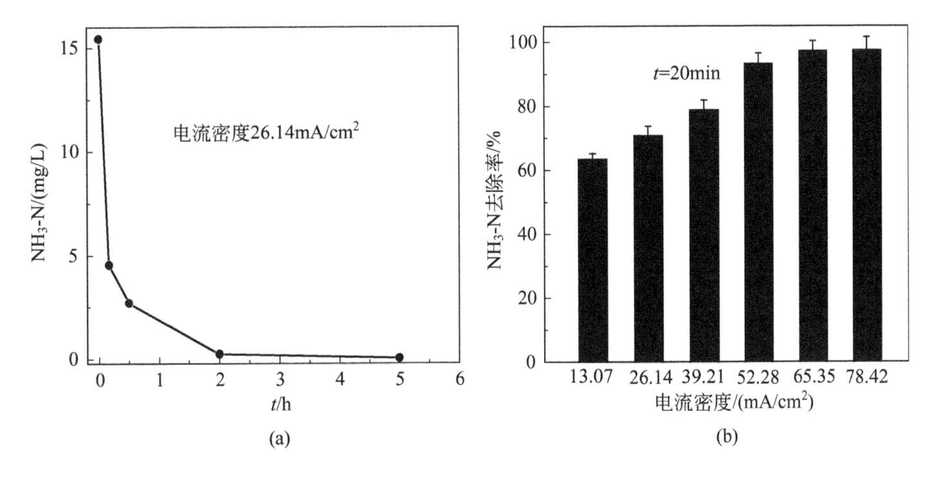

图 4.5 反应时间（a）和电流密度（b）对 NH_3-N 去除的影响

（实验条件：U_l=2.72cm/s；电极间距为 20mm；氯离子浓度 4048.7mg/L）

4.1.3.3 表观流速对 COD 去除的影响

液体表观流速是指废水流经反应器通道的流速（U_l），其对电化学氧化处理效果的影响如图 4.6 所示。由图可知，在表观流速为 2.72cm/s 时具有较好的效果。表观流速的提高会强化氯离子向电极表面的传质过程，提高氯气的生成速率。同时，较快的流速强化了反应体系中反应物之间的混合传质过程，可以强化 COD 去除的间接氧化过程。因此，总体上流速提高应该有利于 COD 的去除。然而，过高的流速并没有提高 COD 的去除速率，这说明废水中有机污染物的去除的确主要是依赖于溶液中产生的 HClO。

4.1.3.4 电极间距对 COD 去除的影响

在电流密度为 65.35mA/cm²、Cl⁻ 浓度为 4048.7mg/L、液体流速为 2.72cm/s 的条件下，电极间距对电氧化过程的影响如图 4.7 所示。实验结果表明，10mm 极间距较 20mm 极间距有利于生化出水中 COD 的去除。这是因为减小极间距，就减少了对流传质距离，增大了反应器内的传质效果，从而强化了反应过程。

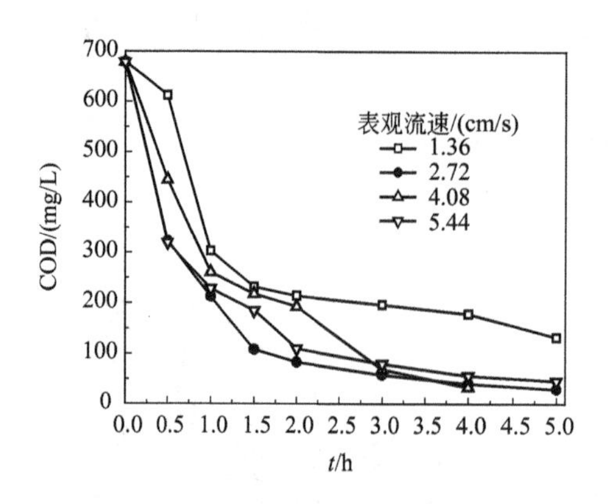

图 4.6 表观流速对 COD 去除的影响
（实验条件：电流密度 65.35mA/cm²；电极间距为 20mm；氯离子浓度 4048.7mg/L）

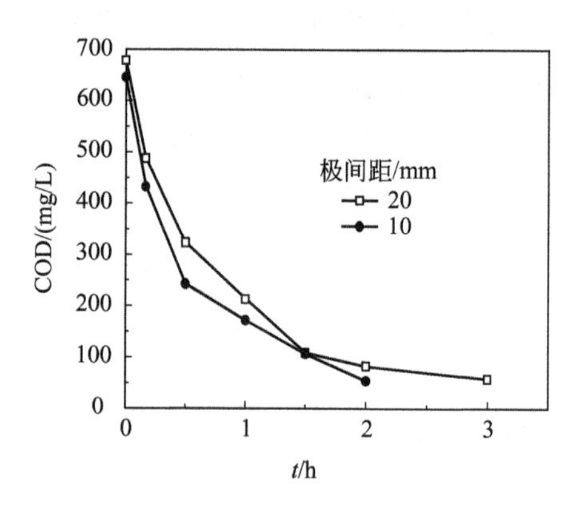

图 4.7 电极间距对 COD 去除的影响
（实验条件：电流密度 65.35mA/cm²；U_l=2.72cm/s；氯离子浓度 4048.7mg/L）

4.1.3.5 氯离子浓度对 COD 去除的影响

由于反应体系对于 COD 的去除以间接氧化机理为主，氯离子浓度无疑是一个重要的影响参数。在原水氯离子浓度基础上，以 NaCl 作为氯离子浓度调节剂，考察氯离子浓度对 COD 去除效果的影响，其结果如图 4.8 所示。由图 4.8 可知，增加体系中氯离子浓度有利于加快 COD 的去除。但当反应液中氯离子浓度超过 5000mg/L 时，其对反应液中 COD 的去除影响已不明显。这一研究结果与几位学者报道的结果相一致。Li 等报道，当 Cl⁻ 浓度由 2500mg/L 上升到 5000mg/L 时，COD 去除率随之升高；但当其由 5000mg/L 增加到 10000mg/L 时，COD 去除率增加变慢。Wang 等也报道，当 Cl⁻ 浓度由 2010mg/L 上升到 4010mg/L 时，COD 去除率升高；但过高的 Cl⁻ 浓度

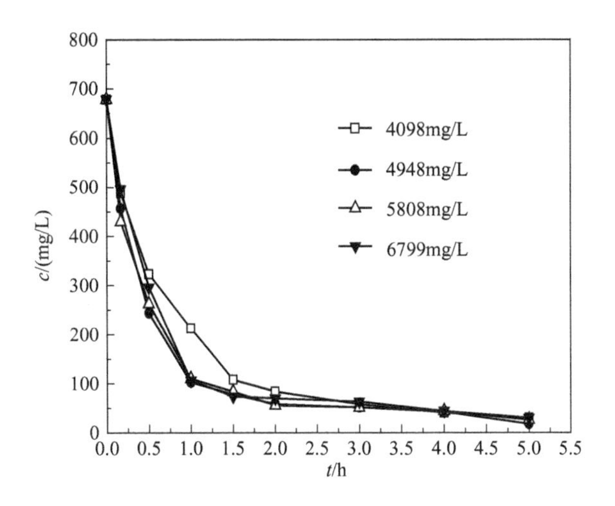

图 4.8　氯离子浓度对 COD 去除的影响

(实验条件：电流密度 65.35mA/cm^2；U_l=2.72cm/s；电极间距 20mm)

不会引起进一步的 COD 去除。Vlyssides 等也发现，当 Cl^- 浓度由 20000mg/L 上升到 40000mg/L 时，其浓度变化对于 COD 去除和能耗几乎没有作用。这说明，COD 去除和能耗在过高的 Cl^- 浓度条件下已变得不敏感了。氯离子作为间接氧化的原料物，适当增加其浓度有利于提高体系中氯气及次氯酸根浓度，从而加快 COD 的去除。由法拉第电解定律可知，在一定电流密度下，体系生成活性氯的量也基本一定，其量已足以满足体系中有机污染物降解的需要了。这样，过量的氯离子加入对于以间接氧化机理为主的 COD 的去除速率就无明显的促进作用了。

4.1.4　电化学氧化去除 COD 的动力学及其机理探讨

由图 4.4 可知，在不同电流密度条件下，废水中 COD 随时间变化的动力学过程出现一个先快速下降和随后一个缓慢变化过程，其转折点发生在 1～1.5h 之间。这一动力学过程也被其他相关研究所证实，且这两阶段的动力学可以分别用准一级反应动力学模型描述。一般认为，COD 去除动力学先快速下降的原因可能是存在较易被氧化降解的物质。而在第二阶段中较慢的电化学氧化速率，可能是第一阶段反应生成积累的中间产物，较难被电化学氧化。

为了分析该电化学过程处理有机物的机理，实验以硝酸银滴定法测定了反应液中氯离子浓度随时间的变化，结果如图 4.9 所示。比较图 4.4 与图

4.9 可知，电流密度对 COD 和氯离子的去除表现出相似的影响规律。当电流密度达到 65.35mA/cm 后，电流密度的增加对于氯离子的消耗也不再显著。由此可知，反应体系中 COD 的去除与氯离子的消耗具有明显的相关性，意味着溶液中 COD 的去除的确以间接氧化机理为主。

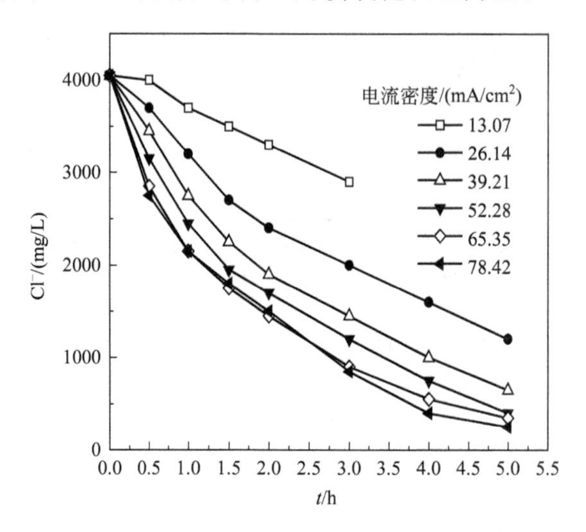

图 4.9 电流密度对反应体系中 Cl^- 去除的影响

（实验条件：U_1=2.72cm/s；电极间距 20mm；氯离子浓度 4048.7mg/L）

为了分析 COD 去除过程的机理，实验测定了不同电流密度下反应体系中氯/次氯酸的浓度随反应时间的变化关系，结果如图 4.10 所示。由图可

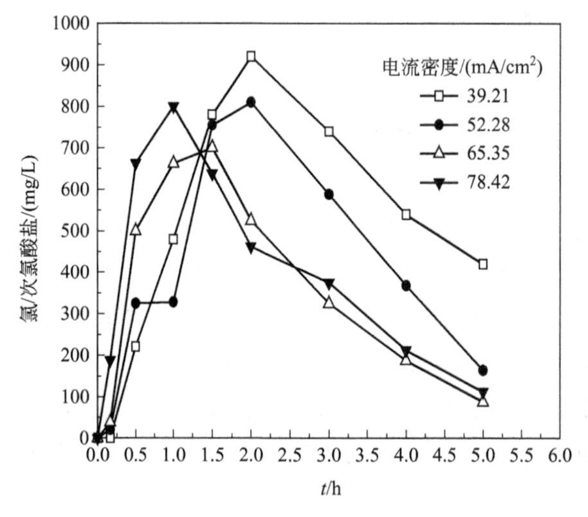

图 4.10 氯/次氯酸盐浓度随时间的变化

（实验条件：U_1=2.72cm/s；电极间距 20mm；氯离子浓度 4048.7mg/L）

知，反应液中氯/次氯酸含量随反应进行出现一峰值，且随电流密度增大，出现峰值的时间由 2h 提前到 1h 左右。溶液中活性氯浓度出现峰值的现象可能是其生成和消耗速率平衡的结果。活性氯的消耗主要来源于与有机物的氧化反应和其自身的分解。在反应初期，由于溶液中较高浓度的 Cl^- 而会产生大量的电生氯，其生成速率大于消耗速率，因而其浓度上升。随着反应进行，Cl^- 浓度越来越低，氯的生成速率逐渐下降，以至低于其消耗速率，因而总体浓度在达到最大值后又开始下降。此外，随着电化学反应的进行，体系的温度也有所升高，也可能加快活性氯的分解，引起其消耗量的增大。仔细对比分析图 4.4 与图 4.10 的变化规律，可以发现，废水中氯/次氯酸出现峰值的时间与 COD 去除动力学两阶段的转折点基本吻合。也就是说，氯/次氯酸浓度开始下降的过程与 COD 去除动力学的第二阶段基本一致。因此，COD 去除动力学第二阶段变慢的原因可能主要与废水中作为氧化剂的氯/次氯酸浓度下降有直接关系。这又反证了废水中 COD 去除的间接氧化机理。根据 Nageswara Rao N 等的研究结果，尽管因渗滤液性质复杂而没有分析第一阶段产生的中间产物的性质，但中间产物的积累应该较少。因此，第一阶段之后溶液中氯/次氯酸浓度下降可能是 COD 去除动力学第二阶段减慢的主要机理。

4.1.5 反应器能耗比较分析

能耗是评价电化学反应器性能的重要指标，为了指导工业电化学反应器的设计开发，在上述研究的基础上，本文对比研究了极间距为 10mm 和 20mm 的单通道，以及极间距为 5mm 的四通道反应器的能耗。各个反应器的操作条件如表 4.2 所示。3 种不同电极间距的电化学反应器在各自的较优的操作条件下氧化处理渗滤液生化出水中 COD 的过程，如图 4.11 所示。

采用 Matlab 软件，从实验数据中可拟合出 c_t-t 的函数关系：

$$c_t=477.4e^{-3.272t}+173.9e^{-0.5189t} \quad \text{（极间距 20mm 反应器）} \tag{4.8}$$

$$c_t=591.9e^{-2.638t}+84.18e^{-0.2038t} \quad \text{（极间距 10mm 反应器）} \tag{4.9}$$

$$c_t=333.5e^{-3.921t}+256.5e^{-0.7296t} \quad \text{（极间距 5mm 反应器）} \tag{4.10}$$

3 种不同极间距电化学反应器在各自较优的操作条件（表 4.2）下处理垃圾渗滤液生化出水过程中的功率变化规律，如图 4.12 所示。

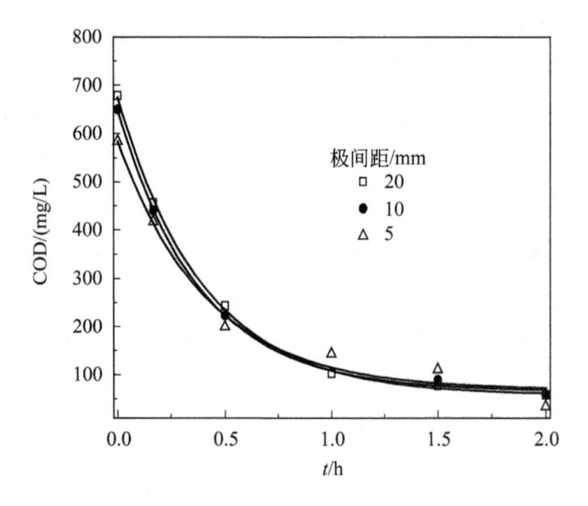

图 4.11　不同极间距电化学反应器氧化处理生化出水 COD 变化图

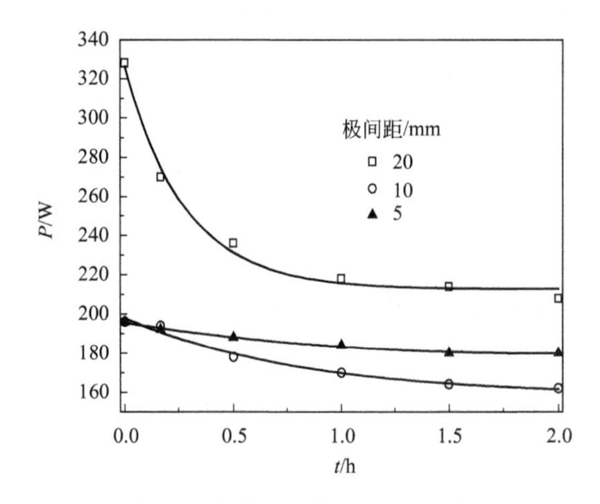

图 4.12　不同极间距电化学反应器氧化处理生化出水 P-t 变化图

表 4.2　不同反应器的操作条件

反应器极间距/mm	电流密度/(mA/cm²)	U_1/(cm/s)	氯离子浓度/(mg/L)
10	65.35	2.72	5000
20	65.35	2.72	5000
5(四通道)	26.32	2.72	5000

采用 Matlab 软件，对 3 种不同极间距电化学反应器氧化处理垃圾渗滤液生化出水 P-t 变化规律进行拟合，可得出这 3 种不同反应器的 P-t 函数关系如下：

$$P=94.94e^{-5.1t}+232.8e^{-0.05727t}\quad（极间距 20mm 反应器）\quad (4.11)$$

$$P=93.17\mathrm{e}^{-0.5988t}+104.4\mathrm{e}^{0.1249t} \quad (极间距 10mm 反应器) \tag{4.12}$$

$$P=53.15\mathrm{e}^{-0.5019t}+142.4\mathrm{e}^{0.0593t} \quad (极间距 5mm 反应器) \tag{4.13}$$

根据拟合得到的 c_t-t、P-t 函数式［式(4.8)～式(4.13)］，代入式(4.2) 中，即可得到 3 种不同极间距电化学反应器电化学氧化处理垃圾渗滤液生化出水过程中 0～t 时间内去除单位 COD 的平均能耗（$\overline{EC}$），结果如下：

极间距为 20mm 的单通道电化学反应器的平均能耗：

$$\overline{EC}=\frac{1000\times\int_0^t P(t)\mathrm{d}t}{V_\mathrm{R}(c_0-c_t)}=\frac{1000\times(-18.616\mathrm{e}^{-5.1t}-4064.9\mathrm{e}^{-0.05727t}+4083.5)}{1357.1-477.4\mathrm{e}^{-3.272t}-173.9\mathrm{e}^{-0.5189}} \tag{4.14}$$

极间距为 10mm 的单通道电化学反应器的平均能耗：

$$\overline{EC}=\frac{1000\times\int_0^t P(t)\mathrm{d}t}{V_\mathrm{R}(c_0-c_t)}=\frac{1000\times(-155.59\mathrm{e}^{-0.5988t}+835.87\mathrm{e}^{0.1249t}-680.28)}{1357.1-591.9\mathrm{e}^{-2.638t}-84.18\mathrm{e}^{-0.2038t}} \tag{4.15}$$

极间距为 5mm 的四通道电化学反应器的平均能耗：

$$\overline{EC}=\frac{1000\times\int_0^t P(t)\mathrm{d}t}{V_\mathrm{R}(c_0-c_t)}=\frac{1000\times(-105.9\mathrm{e}^{-0.5019t}+2401\mathrm{e}^{-0.0593t}-2295.1)}{2035.65-333.5\mathrm{e}^{-3.921t}-256.5\mathrm{e}^{-0.7296t}} \tag{4.16}$$

为了更加清晰地对比这 3 种不同电化学反应器的平均能耗$\overline{EC}$，将式(4.14)～式(4.16) 绘制成函数曲线图，如图 4.13 所示。由图 4.13 可知，随着电化学反应器极间距变小，去除单位质量 COD 的能耗降低。由图 4.11 可知，废水中 COD 在三种反应器中的衰减规律非常相似，但对比极间距为 10mm 和 20mm 的电化学反应器可知，当反应进行到 0.5h 时，剩余 COD 浓度基本相等，但极间距减小 50%，$\overline{EC}$节约 25.17%。而极间距为 5mm 的四通道反应器与极间距为 20mm 的板框式反应器总体尺寸相同，但在 0.5h 处理时间内$\overline{EC}$减少 53.85%。这主要是因为减小极间距，降低了极间电阻，从而降低了过程的能耗。因此，在工业反应器的设计中，应尽量地减小极间距，降低电化学处理的能耗。同时，从图 4.13 中还可以看出，在 0.1h 内，随着电化学处理时间延长，$\overline{EC}$急剧增大，随后随时间延长而逐步增加。这主要因为反应液中的有机物浓度随时间延长而降低，导致反应速率下降，从

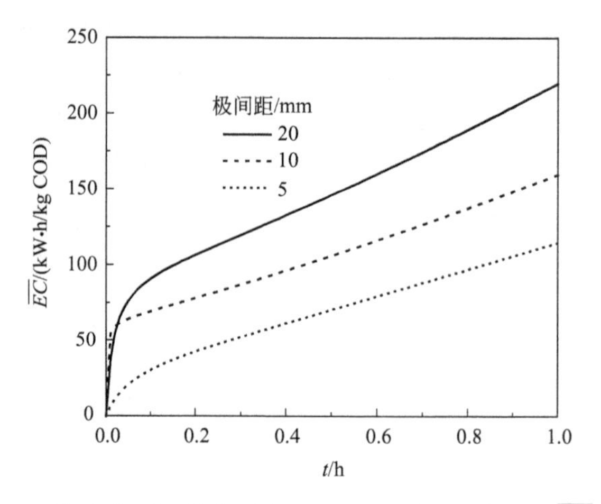

图 4.13 不同极间距电化学反应器处理过程中平均能耗（$\overline{EC}$）对比

而增大了反应过程的能耗。因此，电化学处理过程适宜控制在较短的时间内，以便降低过程的能耗。

4.2 多通道电化学反应器处理垃圾渗滤液生化出水

4.1 节的研究表明，四通道 5mm 极间距电化学反应器较 10mm、20mm 极间距板框式电化学反应器去除单位质量 COD 的能耗低。因为 5mm 四通道反应器具有窄极间距、较大的接触面积，有助于废水中有机物与电极界面的传质过程。由于多通道电化学反应器的低能耗优点，本实验进一步对 5mm 四通道反应器处理渗滤液生化出水的过程进行优化，研究了电流密度、表观流速、初始 Cl^- 浓度、比电极面积等主要工艺参数对 COD 和色度去除的影响，并对过程能耗性能进行了评价。

4.2.1 多通道电化学反应器的设计及制作

本实验所用的电化学反应器结构如图 4.14 所示。其主体结构是一内空为 190mm×32mm×314mm 的长方体有机玻璃敞口容器，底部连接进水管，上部连接出水管。在长方体两侧壁面分别粘接 4 根宽度为 5mm 的有机玻璃块，从而在反应器前后壁面和 4 根有机玻璃块之间形成 5 个卡槽，卡槽的宽度和电极板厚度一致。阴极板（304 钢板，190mm×200mm）和阳极板［钛基氧化钌-氧化铱涂层电极（Ti/RuO_2-IrO_2），190mm×200mm］依次从反应器顶部插入相应卡槽，并用直流稳压电源（KXN-6050D）连接阴极和阳极，形成由 3 块阴极板和 2 块阳极板隔成的极距为 5mm 的箱式四通道电化学反应器。反应器顶部加盖一块开有若干小孔的有机玻璃盖片，防止电化学反应时产生的大量泡沫溢出反应器。电化学反应的实验装置如图 4.15 所示。

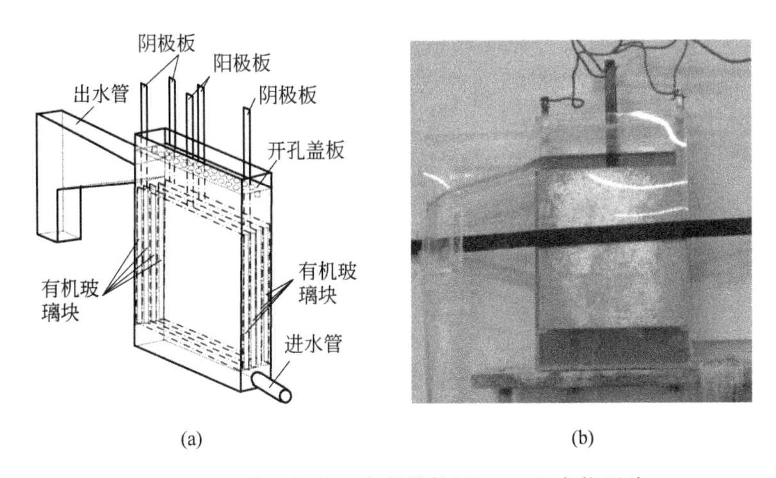

图 4.14　四通道电化学反应器结构图（a）和实物照片（b）

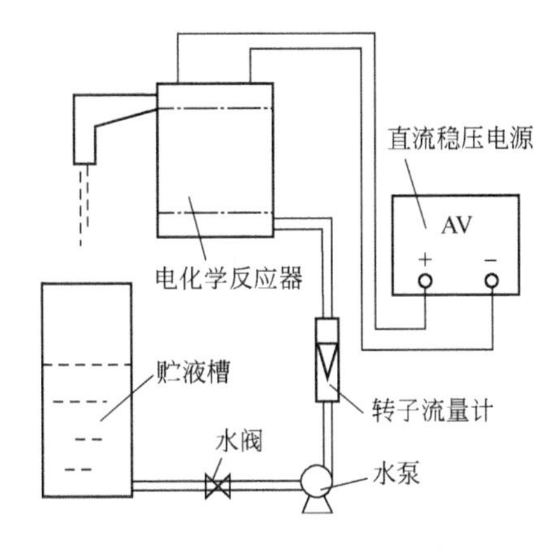

图 4.15　四通道电化学反应装置实验流程图

实验水样为重庆同兴垃圾焚烧发电厂的垃圾渗滤液经“UASB＋A/O”工艺处理后的生化出水。测得的水质为：pH 值为 8.36，COD 为 690mg/L，Cl^- 为 2816mg/L，色度为 312.5 倍。相应的排放标准［《生活垃圾填埋场污染控制标准》（GB 16889—2008）］为：pH 值为 6～9，COD 为 100mg/L，色度为 40 倍。

4.2.2 电化学反应器能耗的计算

在实验过程中，输入电压 U 和电流 I 基本不随时间 t 发生改变。根据实验过程中废水 COD 随时间 t 变化的数据，可根据式（4.17）计算出 0～t 时间内去除单位质量 COD 的平均能耗。

$$\overline{EC}=\frac{1000UIt}{V(c_0-c_t)} \tag{4.17}$$

式中，$\overline{EC}$为去除单位质量 COD 的平均电耗，kW·h/kg COD；U 为输入电压，V；I 为输入电流，A；t 为处理时间，h；V 为废水体积，L；c_0 为初始 COD 浓度，mg/L；c_t为电解处理时间为 t 时废水中 COD 的浓度，mg/L。

废水电化学氧化处理过程的氧化电流效率 η 可通过下式进行计算：

$$\eta=\frac{\Delta \text{COD}FV}{8I\Delta t}\times 100\% \tag{4.18}$$

式中，ΔCOD 为 COD 的变化量，g/L；F 为法拉第常数；V 为处理水的体积，L；Δt 为电解时间，h；I 为电流，A。

4.2.3 电流密度的影响

改变电流密度，考察不同电流密度下，废水中 COD、色度、pH 和温度随反应时间的变化，其结果如图 4.16 所示。由图 4.16(a) 可知，废水的 COD 浓度随着反应时间的延长呈不断下降的趋势，前 30min COD 的去除速率较快，当电流密度为 20mA/cm^{2}时，COD 的去除率可达 54.5%。这一方面是因为电解初期较易被电化学氧化的有机物含量所占的比重较大，所以此时 COD 的降解速率较快，之后随着难电化学氧化有机物比重的增大，COD 的降解速率也逐渐下降；另一方面，电解初期的电化学氧化以间接氧化为主，此时废水中由电解产生的强氧化性物质的含量较高，因此 COD 的降解速率快。从图中还可看出，电流密度越大，COD 的去除效果越好。这是因为随着电流密度的增大，通过阴极和阳极的电子增多，由此产生的羟基自由基以及 O_3、Cl_2 等强氧化性物质增多，导致极板表面的电化学直接氧化和水中的间接氧化增强，从而使 COD 的降解速率加快。但当电流密度提高到 20mA/cm^2，再增加电流密度，对 COD 去除效果的提高不再明显，尤其是在电解开始的 60min 内。这可能是因为电流密度增加到一定程度后，COD

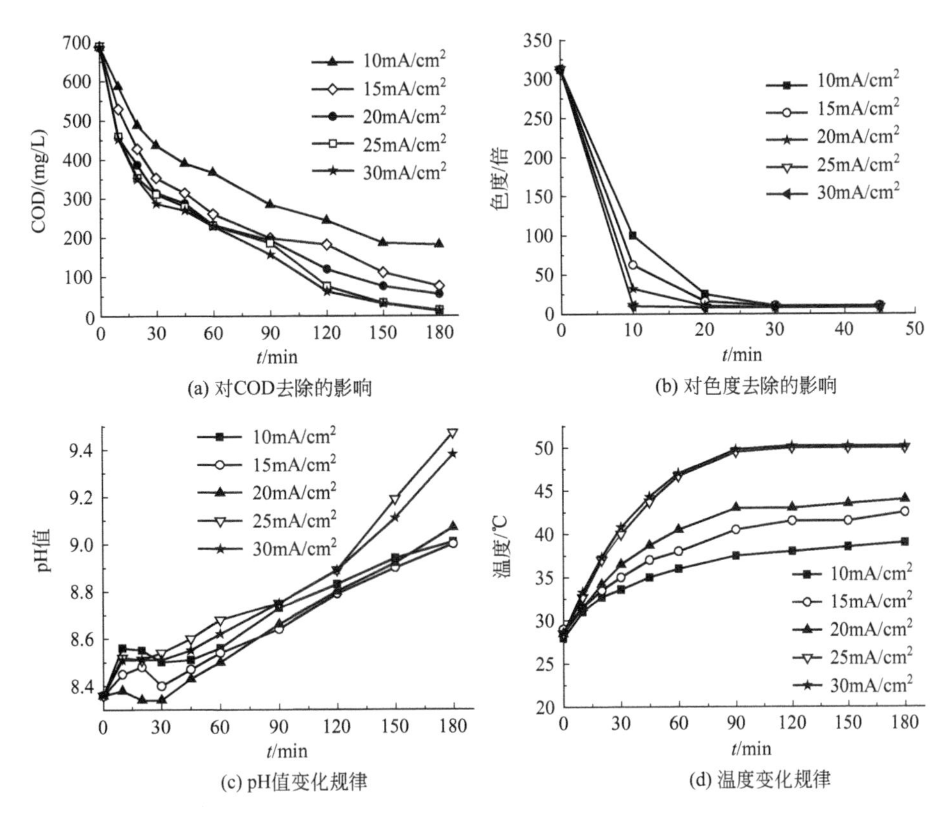

图 4.16 电流密度对电化学处理废水过程的影响

（实验条件：比电极面积 43.4m^2/m^3；表观流速 2.92cm/s；氯离子浓度 2816mg/L）

的去除主要受控于物质的传递，因此 COD 去除速率的增加趋缓。当电流密度为 20mA/cm^2 时，电解 180min，COD 可降到 55mg/L，满足排放标准要求。

由图 4.16(b) 可知，电解对于色度的去除效果相当明显。电解 30min，不同电流密度下，色度均可降到 10 倍或以下，电流密度越大，相同时间内的色度去除效果越好。当电流密度为 20mA/cm^2 时，电解 10min，色度可降到 32 倍，满足排放标准要求。由图 4.16(a) 可知，在电解处理的前 30min 内，废水 COD 变化速率最大，这也意味着废水中的有色物质是最先去除的部分。

由图 4.16(c) 可知，电解过程中，废水的 pH 值除开始 30min 内略有波动外，之后随着电解时间的延长呈不断上升的趋势。电流密度越大，pH 值增加越大。电流密度大于 25mA/cm^2 时，电解 120min 后，pH 值增大趋势更为明显。结合图 4.16(a)，可以看出，在 pH 值增加明显的同时，废水中的 COD 的去除率也有所增加。电解初期污染物质的去除以间接氧化为主，可能的反应式如下：

阳极反应：

$$2Cl^- \longrightarrow Cl_2 + 2e^- \tag{4.19}$$

$$6HClO + 3H_2O \longrightarrow 2ClO_3 + 4Cl^- + 12H^+ + 1.5O_2 + 8e^- \tag{4.20}$$

$$2H_2O \longrightarrow O_2 + 4H^+ + 4e^- \tag{4.21}$$

溶液反应：

$$Cl_2 + H_2O \longrightarrow HClO + H^+ + Cl^- \tag{4.22}$$

$$HClO \longrightarrow H^+ + Cl^-O \tag{4.23}$$

阴极反应：

$$2H_2O + 2e^- \longrightarrow 2OH^- + H_2 \tag{4.24}$$

$$ClO^- + H_2O + 2e^- \longrightarrow Cl^- + 2OH^- \tag{4.25}$$

此时，溶液中生成的 ClO^- 具有强氧化性，能氧化废水中的污染物质，污染物质的去除以间接氧化为主。因阳极反应、溶液反应产生 H^+，而阴极反应产生 OH^-，所以此时废水的 pH 值有一定的波动。但随电解时间的延长，废水中 Cl^- 浓度逐渐降低，反应机理可能从间接氧化往直接氧化转换。这时，污染物质在阳极上直接氧化而失去电子，水在阴极上得到电子，产生 OH^-，从而使废水 pH 值不断上升。

由图 4.16(d) 可以看出，电解过程中，废水的温度呈不断上升的趋势，90min 后变化趋缓。电流密度越大，废水升温越快，最后稳定的温度也越高。当电流密度大于 $25mA/cm^2$ 时，再提高电流密度，废水的升温趋于稳定。

4.2.4 表观流速的影响

改变反应器中液体的流速，考察不同表观流速下，废水中 COD 随反应时间的变化，其结果如图 4.17 所示。由图 4.17 可知，随着废水流速的提高，COD 的去除速率呈现先增加后降低的趋势。这是因为随流速的增加，废水中各反应物之间的混合传质过程得到强化，有利于 COD 的去除。但随着流速的继续提高，极间流体对流传质作用增强，也促进了 ClO^- 向阴极的传递，使反应 (4.25) 得到强化，反而降低了氧化剂 ClO^- 的浓度。因此，流速过高，COD 的去除速率反而会降低。适宜的表观流速约为 2.92cm/s。

4.2.5 氯离子浓度的影响

使用 NaCl 调节废水的 Cl^- 浓度，考察不同 Cl^- 浓度下，废水中 COD 随

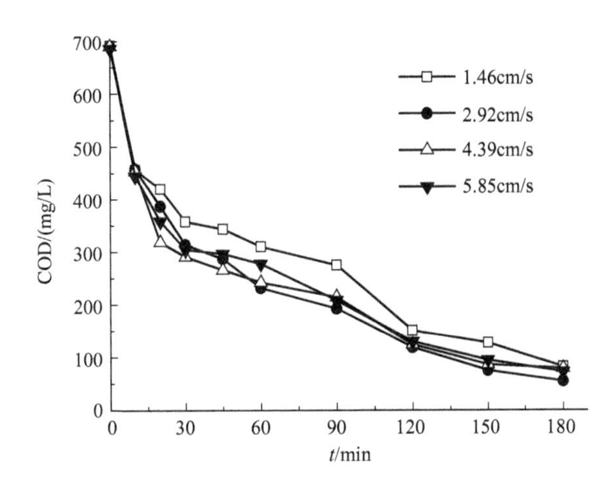

图 4.17　反应器流道内表观流速对 COD 去除的影响

（实验条件：比电极面积 43.4m^2/m^3；电流密度 20mA/cm^2；氯离子浓度 2816mg/L）

反应时间的变化，其结果如图 4.18 所示。由图 4.18 可知，随着废水中 Cl^- 浓度的升高，COD 的去除速率呈现先升高后降低的趋势，且对 COD 去除率的提高主要作用于电解的前 30min。在电流密度为 20mA/cm^2，表观流速为 2.92cm/s 条件下，氯离子浓度升高到 4732mg/L 时，电解 30min，COD 去除率已达 69.2%，但继续升高到 6654mg/L，COD 的去除率反而下降到 43.3%。由于反应体系对于 COD 的去除以间接氧化机理为主，因此，适当提高废水中 Cl^- 浓度，有利于废水中产生更多的氯气，增大废水中次氯酸根浓度，从而加快 COD 的去除。但是氯气以及其他含氯的氧化物在水中的存在并不稳定，它们与有机物的氧化反应易受传质以及反应平衡的影响，所以氯离子浓度增大到一定程度后，生成的大量间接氧化物可能会析出或者与水中的其他离子反应，从而不能有效地氧化有机物，反而使 COD 降解率降低。适宜的氯离子浓度约为 4732mg/L。

4.2.6　比电极面积的影响

改变废水的体积（3L、5L、7L），考察不同比电极面积下，废水中 COD 随反应时间的变化规律，其结果如图 4.19 所示。由图 4.19 可知，废水体积增大，其比电极面积减小，COD 的去除速率降低。由于反应器内流体的体积约为 1L，所以当废水体积为 3L、5L 和 7L 时，对应的电解时间和在废水贮液槽中的停留时间的比值分别约为 1∶2、1∶4 和 1∶6。因为电解

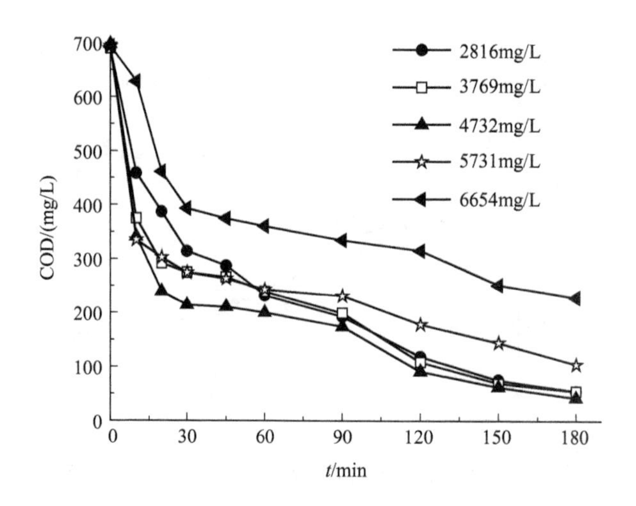

图 4.18 氯离子浓度对 COD 去除的影响

（实验条件：比电极面积 43.4m^2/m^3；电流密度 20mA/cm^2；表观流速 2.92cm/s）

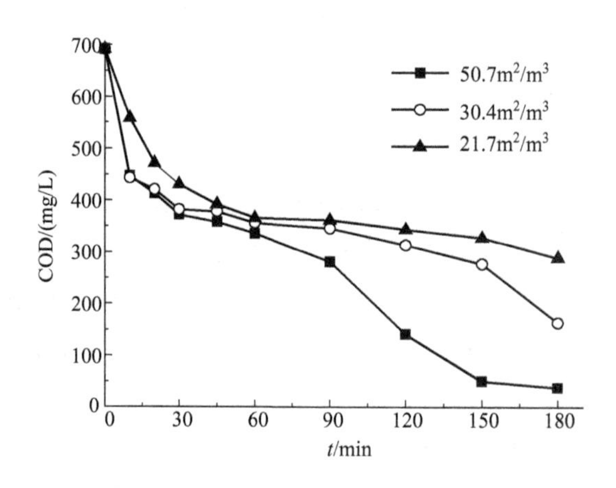

图 4.19 比电极面积对 COD 去除的影响

（实验条件：电流密度 20mA/cm^2；表观流速 2.92cm/s；氯离子浓度 2816mg/L）

初期以间接氧化为主，所以，只要废水中产生的氧化性物质足够多，无论废水是处于反应器中还是反应器外的贮液槽或管路中，这些由于电解产生的氧化物都能对废水中的有机物进行氧化分解。因此，当废水体积在 5L 以下时，电解前 30min，废水中 COD 的去除速率基本相同。但当废水体积增大到 7L 时，废水中电解产生的氧化物不足以降解其中的有机物，因此 COD 的去除速率明显降低。电解 90min 以后，废水体积不同，COD 的去除速率明显不同。这可能是因为该时期 COD 的去除机理发生了改变，废水中有机物的去除以直接氧化为主，这个过程须在反应器中进行。因此，废水体积越小，相同时间内，废水在反应器中的电解时间越长，因而COD的去除效果就越明显。

4.2.7 多通道电化学反应器能耗分析

通过前面实验的优化，四通道电化学反应器氧化处理垃圾渗滤液生化出水的适宜反应条件为：电流密度 $20mA/cm^2$，电压 4.5V，表观流速 2.72cm/s，废水中初始 Cl^- 浓度 4732mg/L；比电极面积 $43.4m^2/m^3$。在此条件下考察电化学反应器的能耗和电解过程的电流效率，其结果见表 4.3。

表 4.3 不同处理时间的平均能耗和电流效率

处理时间 t/h	0.17	0.33	0.5	0.75	1	1.5	2	2.5	3
c_t/(mg/L)	340.4	239.3	214.4	210.9	200.2	174.3	91.2	62.4	42.6
$\overline{EC}$/(kW·h/kgCOD)	18.3	28.5	40.5	60.3	78.6	112.1	129.0	153.9	179.1
η/%	79.3	52.7	36.7	24.6	18.9	13.3	11.5	9.7	8.3

从表 4.3 中可以看出，随着电化学处理时间的延长，$\overline{EC}$呈不断增大的趋势。这主要是因为废水中易降解的有机物浓度随时间延长不断降低，从而使反应的能耗增加。并且，电解时间越长，电解过程的电流效率越低，不利于有机污染物的电化学氧化。因此，为提高电解过程的电解效率以及降低电化学处理的能耗，电化学处理时间不宜过长。

4.3 电化学法去除生物源有机纳米胶体

垃圾焚烧发电厂的渗滤液是垃圾在短期堆放过程中产生的，具有较好的可生化性，因此多数厂采用现行的生物法进行处理。但生物处理过程中会产生大量生物源有机纳米胶体，在自然界和废水中，它是一种类似纤维和透明的外聚合颗粒的物质，但生物源纳米有机胶体是一种在尺寸范围上更加特别的物质，它能被过滤器上的透析膜所截留并分离。生物源有机纳米胶体能富集有机氮，从而引起环境的富营养化。并且，其能与消毒剂反应生成对人类和生态系统造成危害的副产物，如亚硝胺类。生物源有机纳米胶体最大的问题在于引起膜污垢，随着膜技术的应用推广，这一问题越来越受到重视，对生物源纳米胶体去除的研究显得十分迫切。

电化学法能有效去除复杂废水体系中的胶体，且存在设备简单、产泥量少、反应时间短等优点，已广泛用于废水胶体的脱除研究。但电化学法用于垃圾渗滤液生化出水方面的研究还比较少，本实验采用能耗较小的5mm四通道电化学反应器，对垃圾焚烧发电厂渗滤液生化出水中的胶体物质进行脱除处理，考察了电化学处理时间、比电极面积和处理后废水的静置时间等参数对胶体脱除的影响，并选用膜过滤通量来表征胶体的去除强弱。

4.3.1 实验流程及膜过滤通量的计算

实验水样同样为重庆某垃圾焚烧发电厂的垃圾渗滤液经“UASB＋A/O”工艺处理后的生化出水。测得的水质为：pH值为8.36，COD为690mg/L，Cl^-为2816mg/L，色度为312.5倍。实验时，先将一定体积的垃圾渗滤液生化出水加入贮液槽，加入一定量的NaCl并搅拌溶解，使废水中Cl^-浓度达到约5000mg/L。打开水阀，等废水灌满循环泵后，开启泵，以实现废水在反应器和贮液槽之间的循环。通过水阀控制循环体系中废水流量为400 L/h，待整个体系循环稳定后，打开直流稳压电源处理废水，调节电源，使反应器中电流密度维持在$20mA/cm^2$。电化学处理一定时间后，关闭直流稳压电源，停止反应，并将处理后的废水盛装于容器中，待静置一定时间后，使用0.22μm的滤膜进行定量抽滤实验，实验中，保持抽滤过程中的真空度恒定在0.085MPa，测定滤液体积V随过滤时间t的变化，得到V-t关系曲线。研究考察电化学处理时间、比电极面积、电化学处理出水静置时间对过滤性能的影响，以及电化学处理出水静置过程中，体系中COD和余氯的变化规律。

实验采用膜过滤通量N来衡量废水中胶体的去除效果，膜过滤通量越大，废水中生物源有机纳米胶体越小，说明电化学处理废水去除胶体效果越明显。N的表达式如下所示：

$$N=\frac{\mathrm{d}V}{S\,\mathrm{d}t} \tag{4.26}$$

式中，S为过膜面积，cm^2；V为废水体积，mL；t为过滤时间，min。

4.3.2 电化学处理时间的影响

在比电极面积为$30.4m^2/m^3$，处理后废水的静置时间为24h条件下，考察不同的电化学处理时间对垃圾渗滤液生化出水过滤性能的影响，滤液体

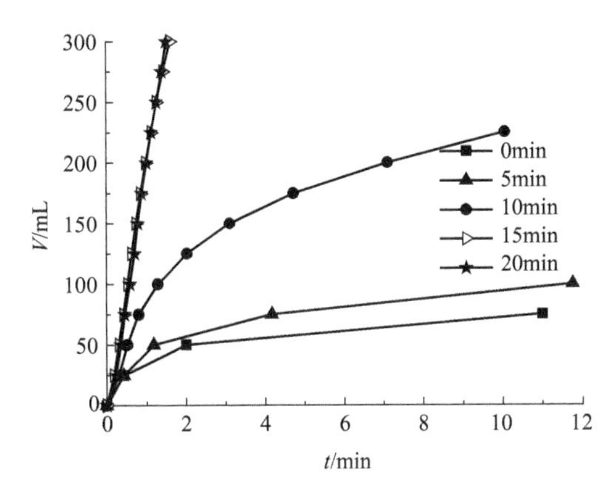

图 4.20　电化学处理时间对垃圾渗滤液生化出水过滤性能的影响

（实验条件：比电极面积 30.4m^2/m^3；沉淀时间 24h）

积随过滤时间的变化结果如图 4.20 所示。由图 4.20 可知，电化学处理时间对垃圾渗滤液生化出水过滤性能的影响较大。随着电化学处理时间的延长，电化学处理后的垃圾渗滤液生化出水的过滤性能变好。当处理时间仅有 5min 时，电化学处理后出水与未经处理的原水比较，其过滤性能的提高不明显。而处理时间超过 15min 后，再增加电化学处理时间，处理后废水的过滤性能基本上不再提高。

电化学氧化过程中，废水中 COD 的去除以间接氧化机理为主，废水中的 Cl^- 迁移到阳极并氧化为 Cl_2，之后溶于水中，生成强氧化性的 ClO^-，由它实现对溶液中有机物的氧化。在这个过程当中，废水中胶体物质被分解破坏，从而使处理后的废水的过滤性能得到提高。反应器通电后，废水中的 Cl^- 开始向阳极迁移随后被氧化，但在电化学处理的前几分钟所生成的 ClO^- 的数量有限。因此，废水中胶体物质分解有限，导致在开始的 5min 内，处理后废水的过滤性能提高不明显。随着电解时间的延长，因电解生成的强氧化性物质逐渐增多，去除的胶体物质也不断增加。因此，处理后废水的过滤性能逐渐提高。电化学处理一定时间后，废水中生成的强氧化性物质经过一定时间的作用，足够破坏其中的胶体物质，因此，再增加电化学处理时间，对处理后废水的过滤性能的影响就很小了。本实验中，5L 废水电化学处理脱去胶体物质的临界处理时间为 15min。由于电化学处理时直流电源的电压为 4.5V，电流为 30.4A，因此可以算出使废水中胶体物质刚好被氧化破坏时所需的电量，即临界电能为 6.84kW·h/m^3 废水。

4.3.3　比电极面积的影响

在电化学处理时间为 15min，处理后废水的静置时间为 24h 条件下，改变废水体积（3L、5L、7L），考察不同的比电极面积对垃圾渗滤液生化出水过滤性能的影响，结果如图4.21所示。由图可知，随着比电极面积的减小，电化学处理后的垃圾渗滤液生化出水的过滤性能变差。比电极面积为$50.7m^2/m^3$时，处理后废水的过滤性能最好，比电极面积减小到$30.4m^2/m^3$时，处理后废水的过滤性能略有降低，但当比电极面积降到$21.7m^2/m^3$时，处理后废水的过滤性能明显降低。因此，比电极面积应大于$30.4m^2/m^3$。

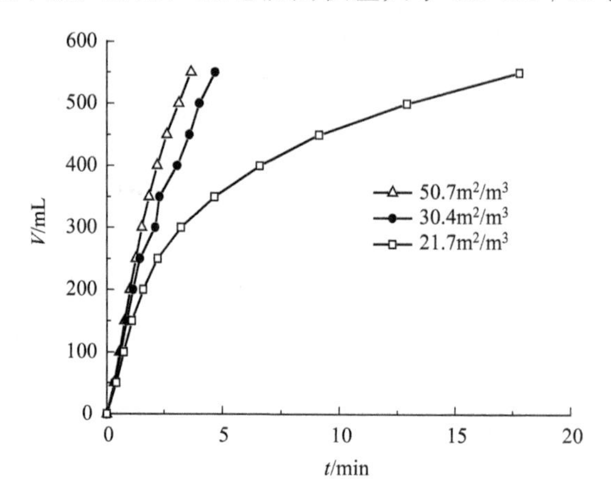

图4.21　比电极面积对垃圾渗滤液生化出水过滤性能的影响

（实验条件：电解时间15min；静置时间24h）

由以上的讨论可知，废水过滤性能的改变和废水中胶体的破坏程度有关。当比电极面积较大时，废水体积较小，废水中由电解产生的强氧化性物质几乎能完全破坏废水中的胶体，因此，处理后废水的过滤性能差别不大。但比电极面积减小到一定程度后，废水中的胶体不能被完全破坏，处理后废水的过滤性能就会降低。比电极面积减小，废水体积就会增大，由于处理时间一定，输入单位体积废水的电量就会相应减小。当体积增加到7L时，可算得处理单位体积废水消耗的电能为$4.89kW \cdot h/m^3$废水，小于胶体被完全破坏的临界电能，即$6.84kW \cdot h/m^3$废水，因此有处理后废水的过滤性能明显降低的现象。

4.3.4　电化学处理出水静置时间的影响

在比电极面积为$30.4m^2/m^3$，恒压过滤压力为0.085MPa的条件下，改变电化学处理出水静置时间，考察电化学处理时间分别为10min和15min时，不同的电化学处理出水静置时间对垃圾渗滤液生化出水过滤性能的影

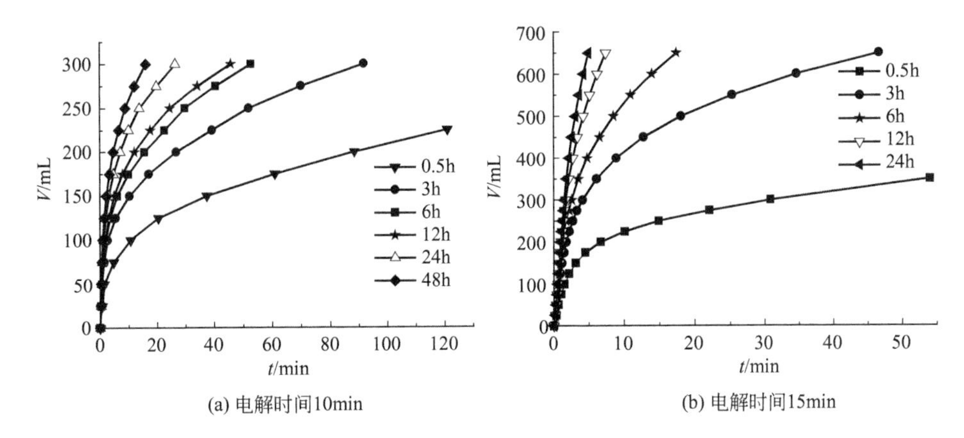

图 4.22 电化学处理出水静置时间对垃圾渗滤液生化出水过滤性能的影响

（实验条件：比电极面积 30.4m^2/m^3）

响，滤液体积随过滤时间的变化结果如图 4.22 所示。由图 4.22 可知，废水经电化学处理后静置，随着静置时间的延长，处理后废水的过滤性能相应提高，静置的前 6h 对过滤性能的影响最大。

由以上实验结果可知，处理后的废水在静置过程中，废水中依然有一系列的物理化学反应发生，伴随着这些反应，废水中的胶体被破坏，从而使废水的过滤性能提高。静置的前 6h 反应较快，因而废水的过滤性能提高较大，随着时间的延长，反应趋缓，废水过滤性能的提高也变缓。同时，静置时间还可能会影响胶体物质处理后的聚集成团并最终沉淀等反应。实验中也观察到，静置时间越长，白色沉淀物越多。

4.3.5 电化学处理出水静置过程中 COD 和余氯的变化规律

在比电极面积为 30.4m^2/m^3，电化学处理时间为 15min 的条件下，考察电化学处理出水静置过程中 COD 和余氯的变化规律，结果如图 4.23 所示。从图 4.23 中可以看出，电化学处理废水 15min，再静置 0.5h，就可以使废水的 COD 从处理前的 690mg/L 降至 395mg/L，降解率达 43.8%。在随后的静置过程中，随着静置时间的延长，废水的 COD 还有进一步的降低，静置 24h，废水的 COD 可降至 362mg/L。废水静置过程中，在 COD 降低的同时，废水中的余氯也在不断地降低，电化学处理废水 15min，再静置

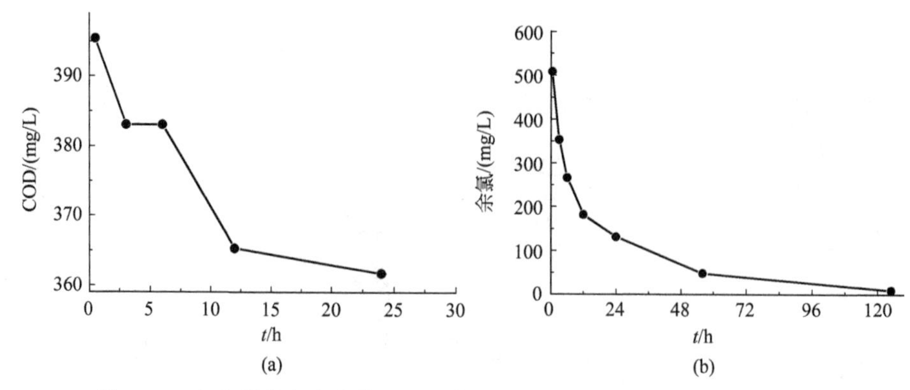

图 4.23 电化学处理出水静置过程中 COD（a）和余氯（b）的变化规律

（实验条件：比电极面积 30.4m^2/m^3；电解时间 15min；废水初始 COD 为 690mg/L）

0.5h，废水中的余氯浓度为 508mg/L，静置 24h，废水中的余氯浓度降至 131mg/L。由此可见，在静置过程中，余氯降低的程度大于 COD 降低的程度。联系静置过程中 COD 和余氯的降低规律，可以看出，在废水静置过程中，废水中的残余氧化剂（如余氯）还在继续降解废水中的有机物，破坏废水中的胶体，从而使废水在停止电解后，COD 依然有所降低，过滤性能也能得到改善。

4.3.6 电化学处理前后垃圾渗滤液过滤性能的比较

在比电极面积为 30.4m^2/m^3时，处理 15min，处理后静置 24h 对废水过滤性能的改善效果较好，因此，比较该处理条件下处理后的废水和未经处理的废水的过滤性能。它们的滤液体积随过滤时间的变化结果如图 4.24 所示。

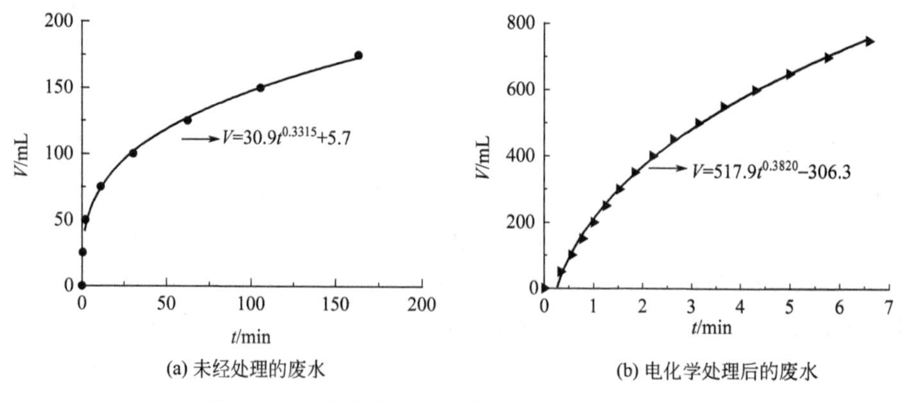

图 4.24 电化学处理前后废水的过滤性能对比图

对数据进行非线性拟合，可得废水过滤体积 V 和过滤时间 t 之间的关系，见图 4.24。由 $N=\frac{dV}{Sdt}$，$S=13.2cm^2$，可进一步得到过滤通量 N 和过滤时间 t 之间的关系，其结果见图 4.25。由图 4.25 可知，随着过滤时间的延长，电化学处理后的废水和未经处理的废水的过滤通量都呈现下降的趋势。但电化学处理后的废水的过滤通量远大于未处理废水的过滤通量。

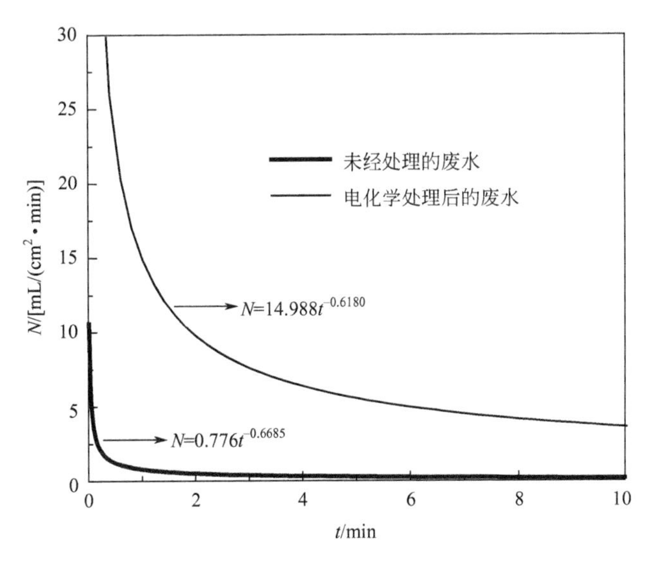

图 4.25　电化学处理前后废水的过滤通量对比图

4.4　电化学降解垃圾渗滤液生化出水中有机污染物的机理

通过对电化学处理垃圾渗滤液生化出水的性能研究可知，电化学法对垃圾焚烧发电厂垃圾渗滤液生化出水的处理效果良好，能很好地去除废水中的 COD、NH_3-N、色度。上述工作优化了电化学反应器，研究了电化学去除生化出水中 COD 的最佳工艺条件，并分析了 COD 降解的动力学机理。研究表明，COD 去除过程为先快后慢的两阶段过程，在反应初期溶液中生成大量的 ClO^-，其具有强氧化性，能氧化废水中的污染物质，污染物质的去除以间接氧化为主。随着废水中氯离子的减少，体系中生成的 ClO^- 浓度降低，以及易降解有机物的减少，间接氧化被削弱，反应后期可能存在间接氧化与直接氧化共存的状态，COD 整体的去除速率开始降低。

在了解电化学氧化去除垃圾渗滤液生化出水动力学过程的基础上，实验采用 GC-MS 联用技术研究电化学法对废水中有机污染物的去除特性。实验考察了生化出水原液以及经不同时间电化学处理的生化出水中的有机物成分组成。通过对比分析不同电化学反应时间对有机物的去除效果，可以分析电化学氧化过程对有机物的去除机理。通过对有机物降解的深入分析，可以进一步优化设计电化学氧化工艺流程。

4.4.1 实验方法及气质测定条件

4.4.1.1 实验样品及其预处理

实验采用能耗较小的 5mm 四通道电化学反应器，对生化出水进行电化学氧化，得到废水中 COD 的降解特性曲线，如图 4.26 所示。实验根据 COD 降解动力学拐点时间取样，以充分分析废水体系中有机物随电化学反应的变化特征。从图 4.26 可知，反应从开始到进行 1h 为 COD 的快速降解阶段，1～3h 为 COD 降解的减速阶段，3h 后 COD 的含量降至 100mg/L 以下，再进行电化学氧化，COD 的降解不明显。因此，实验选择的取样点分别为电化学反应 1h、3h、4h 和生化出水原液。

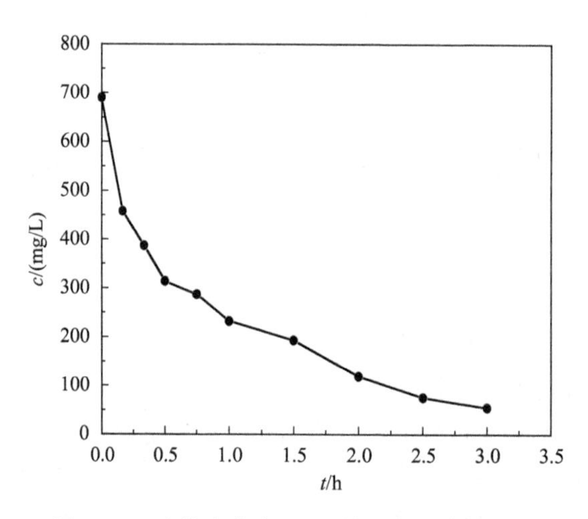

图 4.26 生化出水中 COD 的电化学降解规律

（实验条件：电流密度 20mA/cm^2；氯离子浓度 5000mg/L；流量 400L/h）

实验取废水样品 500mL，采用二氯甲烷作为萃取剂，为了保证从废水中萃取的有机物成分更加全面，废水将在中性、碱性、酸性三种条件下进行萃取。取样后，先用 5mol/L 的 NaOH 将样品调至中性，用 50mL 的二氯甲烷萃取，用力振荡 5min，静置分层，分离萃取层，再用 50mL 的二氯甲烷重复萃取萃余部分废水，将两次萃取的有机层合并。然后，将中性条件下的萃余部分调 pH 值至 12，用 25mL 二氯甲烷萃取，重复萃取两次，将两次萃取液合并。碱性萃取过程中，存在乳化现象，为了实现有机相与水相的充分分离，实验将乳化液放入低速离心机进行分离（4000r/min，5min）。碱性萃取结束后，将萃余部分用 20%的浓硫酸调 pH 值至 2，用 25mL 二氯甲烷进行萃取，过程重复两次，两次萃取液合并。最后，将从三个 pH 条件下得到的萃取层混合，采用低速离心机进行离心分液，得有机层。使用旋转浓缩蒸发仪将上述有机混合液浓缩至 1～2mL。为了尽量去除浓缩有机物中的水分，本实验采用无水硫酸钠对浓缩液进行脱水处理 1.5h。然后用小型高速台式离心机（15000r/min，5min）分离吸水硫酸钠晶体。将吸水干燥后的有机液放入 Agilent 取样瓶中于 277K 条件下密封存放，待测备用。

4.4.1.2 气质联用仪测定条件

实验用气质联用仪型号为 Agilent 7890A-5975C，其色谱柱为 DB25 石英毛细管色谱柱（30m×250μm×0.25μm）；载气为 He，流速 2.0mL/min，线速度 39.3cm/s，柱头压 68.95kPa；进样量为 1μL；分流比 10∶1；离子源温度为 230℃；四极杆温度为 150℃。GC-MS 接口温度为 250℃；进样口温度为 220℃；初始温度为 40℃；连接杆温度 280℃；程序升温 50℃，2min；50～120℃ 为 5℃/min，120℃ 稳定 5min；120～180℃ 为 5℃/min，180℃稳定 5min；180～220℃ 为 5℃/min，220℃ 稳定 5min；220～290℃ 为 5℃/min，整个过程运行 70min；质谱离子源为电子轰击源（EI）；电子倍增器电压 1282eV；发射电子能量为 50eV。

4.4.2 垃圾渗滤液生化出水中有机污染物成分分析

通过 GC-MS 分析，垃圾渗滤液生化出水原液中共检测出有机污染物 86 种左右，匹配度高于 60%的有 32 种，见表 4.4。从表中可知，生化出水原液中的有机污染物主要为烷烃、芳烃、酯醚三大类。生化出水中检测到的化合物多为难降解小分子有机化合物，它们大多源于生活垃圾材质的溶出，如塑化剂、双酚 A 等。另外，生化出水中检测到一些“三致”化合物，如敌敌畏、氧化乐果、噁虫威、敌草隆，它们多数被我国列入环境优先污染物

“黑名单”。它们都是农用药剂。由于城市垃圾的复杂性，很难找到这些农药残留物的输入源，推测它们可能是通过蔬菜水果的废弃物进入城市垃圾，这从侧面反映了农村大量有毒农药的使用，也表明当前我国的环境污染十分严峻，包括农村和城市，需引起政府和人们高度重视。

表 4.4　生化处理出水中有机物成分分析

序号	有机物名称	保留时间/min	相对含量/%	匹配度/%	备注
1	二氯甲烷	4.13	0.46	98	
2	1,3,5-三甲苯	5.146	6.62	93	
3	丁氧硫氰醚	5.413	1.49	95	
4	乙基磷酸二乙酯	7.43	0.34	98	
5	磷酸三乙酯	7.655	2.9	96	
6	对异丙基甲苯	7.885	0.23	57	
7	十二烷	8.414	2.13	96	
8	*N*-亚硝基哌啶	9.831	1.58	62	
9	2-甲基萘	9.944	0.89	96	
10	十四烷	11.153	2.85	98	
11	邻苯二甲酸二甲酯	11.270	0.17	91	
12	噁虫威	11.431	1.09	78	杀虫剂
13	氧化乐果	11.65	0.42	85	杀虫剂
14	十五烷	12.42	2.74	96	
15	2,4-二甲基苯酚	12.693	1.34	71	
16	*N*-亚硝基二丙胺	13.485	0.14	98	
17	十六烷	13.661	1.3	98	
18	十七烷	15.18	0.87	97	
19	4-硝基苯酚	16.015	0.45		
20	十九烷	17.36	1.78	95	
21	邻苯二甲酸二乙酯	17.822	3.53	64	
22	邻苯二甲酸二(2-乙基己)酯	18.983	3.22	99	
23	二十烷	19.225	1.14	98	
24	敌敌畏	19.550	0.48	79	杀虫剂
25	脱氢松香酸	19.657	7.9	97	
26	二十一烷	20.221	1.5	96	

续表

序号	有机物名称	保留时间/min	相对含量/%	匹配度/%	备注
27	敌草隆	20.288	5.68	77	除草剂
28	二十二烷	21.443	1.78	98	
29	二十三烷	22.401	1.08	99	
30	二噁硫磷	23.235	0.53	94	
31	二十四烷	23.465	2.19	99	
32	二十七烷	23.636	1.78	99	

生化出水中检测到的有机物都具有结构稳定、活性较小的特点，它们的结构中没有活性基团，在自然界中很少与其他物质发生化学反应，所以很难在环境中降解去除。这些有机物的分子量大多分布在100～500之间，多为非极性有机物，很难通过过滤、吸附的方式去除。为了彻底将这些难降解还原性小分子有机物氧化转变为无毒害的CO_2和H_2O，工业上离不开高级氧化技术的应用，而电化学氧化法正具有这一优势。

4.4.3 电化学处理不同时间的废水中有机污染物的去除特性

实验分析了电化学氧化过程对垃圾渗滤液生化出水中有机物的去除特性，研究了经不同时间电解处理的废水中有机物的分布情况。实验选择电化学处理1h、3h、4h的废水，进行GC-MS分析，所得色谱图如图4.27所示。

垃圾渗滤液生化出水经电化学反应1h、3h、4h后检测到的有机物种类分别为40种、44种、71种，均较生化出水原液少。在电化学反应的前1h内，有机物的种类减少了50%左右，随着电化学的进行，废水体系中的有机物种类有增多的趋势，反应3h较反应1h时废水中有机物增量不大，但反应4h时，体系中有机物种类较反应1h时明显增加，这可能是因为在电化学反应前期，废水中有机物种类多、浓度大，电化学过程传质快，有机物的去除明显。因此，废水中的COD快速降低，在1h内COD由700mg/L降低到230mg/L，相应体系中有机物的种类也快速减少。由于电化学氧化有机物的过程为多步反应，有机物需要经过多步分解才会变为CO_2和H_2O，中间会有大量的中间物质生成，在电化学反应后期，废水中有机物的浓度下降，电

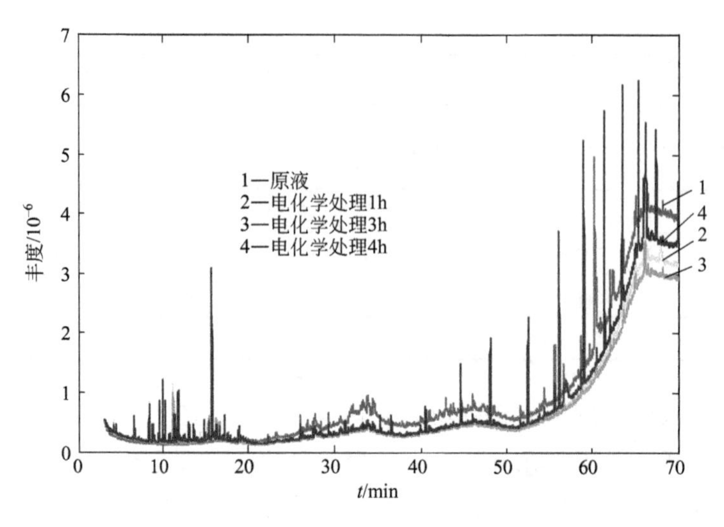

图 4.27 电化学处理不同时间废水的 GC-MS 分析图

化学氧化效率下降，中间体的生成速率高于有机物的消失速率，从而导致随着电化学氧化的进行，废水体系中的有机物种类增多的现象发生。

电化学处理不同时间的废水中检测到的有机物成分见表 4.5。表中所列有机物的匹配度高于 60%。对比表 4.4 中所列生化出水中的有机物成分可知，生化出水经电解后有机物得到有效的去除，其中烷烃类有机物去除最为明显，电解处理 1h、3h、4h 后废水中均未检测到大量的烷烃类物质，芳烃和少量酯类物质在电解后出水中检测到，它们大多含有苯环，这也说明含苯环结构的有机物很难氧化去除。另外，电解后出水中检测到大量的氯代有机物，其比例远高于生化出水。说明本实验存在生成氯代有机物的风险，需要对这些氯代有机物的环境生物毒性进行测定。

表 4.5 电化学处理不同时间出水中有机物成分对比

序号	电解 1h	电解 3h	电解 4h
1	五氯乙烷	五氯乙烷	1,3-二氯丙烷
2	1,3-二氯丙烷	1,3-二氯丙烷	二氯甲烷
3	乙草黄	乙草黄	戊酰苯草胺
4	六氯乙烷	六氯乙烷	磷酸三乙酯
5	磷酸三丁酯	戊酰苯草胺	氯苯
6	四氯化碳	磷酸三乙酯	二氯二氟甲烷
7	3-氯苯胺	四氯化碳	二苯并呋喃
8	戊酰苯草胺	3-氯苯胺	1,1-二氯乙烷
9	氯苯	硝基苯	邻苯二甲酸二戊酯

续表

序号	电解 1h	电解 3h	电解 4h
10	庚烯磷	氯苯	塑化剂
11	二氯二氟甲烷	二氯二氟甲烷	
12	保棉磷	1,2-二氯乙烷	
13	1,1-二氯乙烷	1,1-二氯乙烷	
14	邻苯二甲酸二正辛酯	邻苯二甲酸二正辛酯	
15	邻苯二甲酸二丁酯	邻苯二甲酸二(2-乙基己)酯	

4.5 垃圾渗滤液生化出水电化学处理出水的环境医学评价

通过 4.4 节的研究可知，电化学氧化处理后的垃圾渗滤液生化出水中检测到大量的氯代有机物，其数量远高于生化出水本来的水质，这表明采样电化学间接氧化处理垃圾渗滤液生化出水存在生成氯代有机物的风险，需要对这些氯代有机物的环境生物毒性进行测定。本节采用斑马鱼对处理后的垃圾渗滤液生化出水进行急性毒性实验，以评估处理后的废水的生物安全性。

4.5.1 实验水样水质及斑马鱼实验流程

4.5.1.1 实验水样

采用四通道的电化学反应器处理垃圾渗滤液生化出水，处理条件为：电解时间为 4h、电流密度为 $20mA/cm^2$、氯离子浓度为 5000mg/L、流体流速为 2.72cm/s。每次实验取生化出水原液 5L，电化学处理完成后，用 0.22μm 孔径的混合膜对反应液进行过滤。经电化学处理后反应液 COD、NH_3-N、色度等明显降低，呈透明无色，但具有明显的漂白粉味道，实验证实里面含有大量的强氧化剂氯/次氯酸。并且通过膜过滤通量实验得知，经电化学处理后废水的膜过滤通量提高了 20 倍以上，说明废水中胶体物质得到明显去除。实验研究了生化出水原液、电化学处理后废水、电化学处理后废水经 Na_2SO_3 还原后出水、高浓度 NaCl 溶液等水体对斑马鱼的急性毒性，各种水样的水质状况如表 4.6 所示。

表 4.6　实验水样的水质状况

供试样品	COD /(mg/L)	pH 值	Cl^- /(mg/L)	Cl_2/HClO /(mg/L)	色度
生化出水原液	741.15	8.38	3299.0	0	312.5
电化学处理4h后废水	86.35	9.01	3423.9	485.5	<5
采用 Na_2SO_3还原后的电化学处理后废水	95.27	2.38	3423.9	0	<5
高浓度 NaCl 溶液	0	7.21	3298.9～3423.9	0	<5

4.5.1.2　斑马鱼急性毒性实验

试验鱼种为斑马鱼，野生型（WT），由重庆大学生物工程学院力-发育生物学研究室斑马鱼房驯养，个体健壮，大小一致，平均体长为（30±5）mm，平均体重为（0.3±0.1)g。饲料为新鲜丰年虫（实验室每日人工孵化)，每日喂食 2 次，培养温度 28℃，按照 14h∶10h 光周期培养，培养期间自然死亡率小于 0.5%。试验前 24h 停止喂食，整个试验期间也不进行喂食。

实验参考国家水质检测标准文件 GB/T 13267—91《水质　物质对淡水鱼（斑马鱼）急性毒性测定方法》进行，并采用静水式进行试验。实验直接验证处理后废水对斑马鱼成鱼的影响。正式试验不对水样进行稀释，取四个玻璃水槽，分别标注：对照组、电化学处理 4h 废水、电化学处理 4h 后废水经 Na_2SO_3还原后出水、高浓度盐水，对照组为标准稀释水。试验前 24h 试验鱼群停止喂食，将试验液温度恒定在（23±1)℃，用小鱼网从鱼群中随机选取个体健康的 10 尾鱼于试验溶液中，过程迅速完成。

仔细观察并记录斑马鱼的中毒症状，包括游动、平衡、呼吸、体色变化等。在试验开始后的 3～6h 内要特别注意观察。每天对各试验液的溶解氧、pH 和温度等试验参数至少测定一次。并对每个容器中的死鱼数目进行记录，每天两次（试验中发现的死鱼需及时清出)。

4.5.2　电化学处理后出水的毒性分析

实验根据《水质　物质对淡水鱼（斑马鱼）急性毒性测定方法》（GB/T 13267—91）的要求，保证水温在（23±1)℃、pH 值在 6.6～8.0、溶解氧浓度高于 4.0mg/L，并在相同实验条件下，研究了生化出水原液、电化学处理后废水、电化学处理后废水经 Na_2SO_3 还原后出水、高浓度盐水（NaCl 形式）等水体对斑马鱼的急性毒性，斑马鱼急性毒性实验结果见表

4.7。从表 4.7 可知，测试样品中，生化出水原液、电化学处理 4h 后废水经 Na_2SO_3还原后出水、电化学处理 4h 后废水中的斑马鱼均具有较强的急性中毒症状，高浓度盐水中的斑马鱼无急性中毒症状（24h）。虽然前三者对斑马鱼均具有明显的急性毒性，但各自的中毒症状又有所不同，表明三者中导致斑马鱼急性中毒的污染物存在差异。斑马鱼对不同体系的污染物压力响应不同，表现为不同的全致死时间，为了直观地表达样品对斑马鱼的致死能力，实验绘制了样品-全致死时间关系图，如图 4.28 所示。

表 4.7 斑马鱼急性毒性观察记录

测试样品	死亡数/尾	全致死时间/h	急性中毒症状
生化出水原液	10	3.16	碰撞、急游、侧翻、鳃盖鲜红、静止不动、呼吸变慢
电化学处理 4h 后废水	10	0.08	急游、侧翻、体色变白、短时致死
采用 Na_2SO_3还原的电化学处理后的废水	10	2.26	碰撞、急游、侧翻、上浮液面吞吐空气、鳃盖鲜红
高浓度盐水	0		正常
空白对照	0		正常

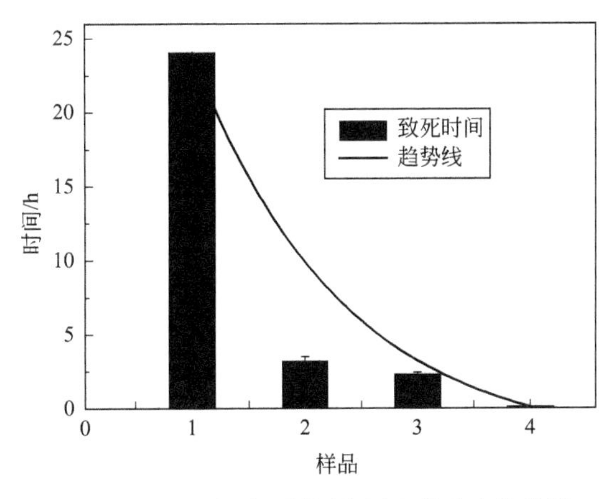

图 4.28 斑马鱼对不同污染压力的响应趋势线

1—高浓度盐水；2—生化出水原液；3—电化学处理 4h 后废水经 Na_2SO_3还原后出水；4—电化学处理 4h 后废水

由图 4.28 可知，废水样品对斑马鱼的致死毒性大小为：电化学处理 4h 后废水＞电化学处理 4h 后废水经 Na_2SO_3还原后出水＞生化出水原液。其中电化学处理 4h 后废水可以在 5min 内将斑马鱼致死。电化学处理 4h 后废水经 Na_2SO_3还原后出水可以在 2.26h 致死所有斑马鱼。生化出水则需要 3.16h 致死所有斑马鱼。电化学处理 4h 后废水 COD 小于 100mg/L，色度小于 5，表现为无色透明，但是具有较多的氯/次氯酸生成，电化学处理 4h 后废水经 24h 曝气测得其浓度为 485.5mg/L，并能长时间停留在废水体系中。废水的斑马鱼毒性症状表现为短时致死、鱼体变白，可推测为次氯酸氧化剂漂白作用所致。为了进一步证实推测，实验采用 Na_2SO_3 还原体系中存在的氯/次氯酸氧化剂，并将还原后的出水用于斑马鱼实验，斑马鱼亦有明显的中毒特性，表现为急游、侧翻、上浮液面吞吐空气、鳃盖鲜红。但较直接电化学处理后废水斑马鱼存活时间大大延长，且中毒特性较之缓和，鱼身无变白现象发生。因此，可以证实氯/次氯酸是电化学处理 4h 后废水快速致死斑马鱼的主要原因。

4.5.3 渗滤液生化出水的毒性分析

垃圾渗滤液生化出水原液 COD 高于 700mg/L、色度大于 300、胶体含量高、氯离子浓度也大于 3000mg/L。因为生化出水成分复杂，其导致斑马鱼急性中毒的主要原因很难确定，可能是有机污染物、胶体颗粒、氯离子等。为了证实生化出水原液的主要致毒成分，实验设计生化出水原液与电化学处理后废水经 Na_2SO_3 还原后出水、高浓度盐水对比实验。实验采用 NaCl 配制了与生化出水中含有相同氯离子浓度的高浓度盐水，在 24h 试验期间无斑马鱼中毒症状发生，表明高浓度氯离子并不是引起斑马鱼急性中毒的化学物质。

对比生化出水和经 Na_2SO_3 还原的电化学处理 4h 后废水的急性中毒症状，得知斑马鱼在进入二者的前 5min，都表现出明显的中毒特征，如急游、碰撞、侧翻等，并没有明显的不同。但入水时间越长，斑马鱼在两种水体中的行为差异越大。在生化出水中，斑马鱼初期表现出强烈的不适，中毒特征明显，一段时间后，斑马鱼在水体中活动变弱、游动缓慢乏力，开始静止不动，但鱼身平衡。在经 Na_2SO_3 还原的电化学处理 4h 后废水中，斑马鱼的中毒特征明显且一直持续，斑马鱼在水体中呈侧翻与急游交替进行状态，并且趋向于向水体表层游动。

在同样实验条件下，斑马鱼在生化出水中的存活时间久于在经 Na_2SO_3 还原的电化学处理 4h 后废水中，上述实验结果表明，电化学处理后废水经 Na_2SO_3 还原后出水比生化出水对斑马鱼的急性毒性更大。又经 Na_2SO_3 还原的电化学处理 4h 后废水是采用 0.22μm 混合膜过滤处理的废水，废水中不存在胶体颗粒物质，表明生化出水废水致死斑马鱼的主要原因并不是因为胶体颗粒的存在，经 Na_2SO_3 还原的电化学处理4h后废水具有更强毒性是因为电化学过程中生成了毒性更大的有机污染物。实验推测这种有机污染物为氯代有机物，因为电化学处理后出水的COD低于100mg/L，较生化出水低。并且，含高氯离子浓度的垃圾渗滤液生化出水废水在电化学过程中生成大量的氯/次氯酸，氯/次氯酸可以与水体中的有机物发生取代反应生成氯代有机污染物。

参 考 文 献

[1] Zhang Y，Shang X，Li K，et al. Technologies status and management strategies of municipal solid waste disposal in china [J]. Ecology & Environmental Sciences，2011，20 (2)：389-396.

[2] Turro E，Giannis A，Cossu R，et al. Electrochemical oxidation of stabilized landfill leachate on dsa electrodes [J]. Journal of Hazardous Materials，2011，190 (1)：460-465.

[3] Nie Y. Development and prospects of municipal solid waste (MSW) incineration in china [J]. Frontiers of Environmental Science & Engineering in China，2008，2 (1)：1-7.

[4] Zhao G H，Pang Y N，Liu L，et al. Highly efficient and energy-saving sectional treatment of landfill leachate with a synergistic system of biochemical treatment and electrochemical oxidation on a boron-doped diamond electrode [J]. Journal of Hazardous Materials，2010，179 (1-3)：1078-1083.

[5] Bilgili M S，Demir A，Akkaya E，et al. Cod fractions of leachate from aerobic and anaerobic pilot scale landfill reactors [J]. Journal of Hazardous Materials，2008，158 (1)：157.

[6] Jiang B J，Tian Z J，Jiang J M. Effect of adding fillers on rubbish degradation and leachate yield and water quality [J]. Ciesc Journal，2013，779-780 (5)：1289-1297.

[7] Fernandes A，Pacheco M J，Ciríaco L，et al. Anodic oxidation of a biologically treated leachate on a boron-doped diamond anode [J]. Journal of Hazardous Materials，2012，s 199-200 (2)：82-87.

[8] Grebel J E，Pignatello J J，Mitch W A. Effect of halide ions and carbonates on organic contaminant degradation by hydroxyl radical-based advanced oxidation processes in saline waters [J]. Environmental Science & Technology，2010，44 (17)：6822.

[9] Liao C H，Kang S F，Wu F A. Hydroxyl radical scavenging role of chloride and bicarbonate ions in the H_2O_2/UV process [J]. Chemosphere，2001，44 (5)：1193-1200.

[10] Song G，Wang J，Chiu C A，et al. Biogenic nanoscale colloids in wastewater effluents [J]. Environmental Science & Technology，2010，44 (21)：8216.

[11] Bagastyo A Y，Radjenovic J，Mu Y，et al. Electrochemical oxidation of reverse osmosis concentrate on mixed metal oxide (MMO) titanium coated electrodes [J]. Water Research，2011，45 (16)：4951-4959.

[12] Chiang L C，Chang J E，Wen T C. Indirect oxidation effect in electrochemical oxidation treatment of landfill leachate [J]. Water Research，1995，29 (2)：671-678.

[13] State Environmental Protection Administration. Water and wastewater monitoring analysis method. 4nd ed. Beijing：China Environmental Science Press，2011：170-172.

[14] Feki F，Aloui F，Feki M，et al. Electrochemical oxidation post-treatment of landfill leachates treated with membrane bioreactor [J]. Chemosphere，2009，75 (2)：256-260.

[15] Chiang L C，Chang J E，Wen T C. Electrochemical treatability of refractory pollutants in landfill leachate [J]. Hazardous Waste & Hazardous Materials，1995，12 (1)：71-82.

[16] Zhang H，Ran X，Wu X，et al. Evaluation of electro-oxidation of biologically treated landfill leachate using response surface methodology [J]. Journal of Hazardous Materials，2011，188 (1)：261-268.

[17] Pérez G，Saiz J，Ibañez R，et al. Assessment of the formation of inorganic oxidation by-products during the electrocatalytic treatment of ammonium from landfill leachates [J]. Water Research，2012，46 (8)：2579.

[18] Xiao-Ming L I，Min W，Jiao Z K，et al. Study on electrolytic oxidation for landfill leachate treat-

ment [J]. China Water & Wastewater, 2001, 17 (3): 380-388.
[19] Wang P, Lau I W, Fang H H. Landfill leachate treatment by anaerobic process and electrochemical oxidation [J]. Chinese Journal of Enviromental Science, 2001, 22 (5): 70.
[20] Vlyssides A G, Karlis P K, Mahnken G. Influence of various parameters on the electrochemical treatment of landfill leachates [J]. Journal of Applied Electrochemistry, 2003, 33 (2): 155-159.
[21] Rao N N, Rohit M, Nitin G, et al. Kinetics of electrooxidation of landfill leachate in a three-dimensional carbon bed electrochemical reactor [J]. Chemosphere, 2009, 76 (9): 1206.
[22] Raffaello Cossu, Michele Mascia, Simonetta Palmas A, et al. Electrochemical treatment of landfill leachate: Oxidation at Ti/PbO_2 and Ti/SnO_2 anodes [J]. Environmental Science & Technology, 1998, 32 (22): 3570-3573.
[23] Deng Y, Englehardt J D. Electrochemical oxidation for landfill leachate treatment [J]. Waste Management, 2007, 27 (3): 380-388.
[24] 胡晨燕，李光明，夏凤毅，等．电解法深度处理生活垃圾焚烧厂渗滤液研究 [J]. 中国给水排水，2006，22 (15)：95-99.
[25] Grossart H P, Simon M, Logan B E. Formation of macroscopic organic aggregates (lake snow) in a large lake: The significance of transparent exopolymer particles, plankton, and zooplankton [J]. Limnology & Oceanography, 1997, 42 (8): 1651-1659.
[26] Passow U. Transparent exopolymer particles (TEP) in aquatic environments [J]. Progress in Oceanography, 2002, 55 (3-4): 287-333.
[27] Leenheer J A, Dotson A, Westerhoff P. Dissolved organic nitrogen fractionation [J]. Annals of Environmental Science, 2007: 45-56.
[28] Bronk D A, Roberts Q N, Sanderson M P, et al. Effluent organic nitrogen (EON): Bioavailability and photochemical and salinity-mediated release [J]. Environmental Science & Technology, 2010, 44 (15): 5830-5835.
[29] Pehlivanoglu E, Sedlak D L. Bioavailability of wastewater-derived organic nitrogen to the alga selenastrum capricornutum [J]. Water Research, 2004, 38 (14-15): 3189-3196.
[30] Dotson A, Westerhoff P, Krasner S W. Nitrogen enriched dissolved organic matter (DOM) isolates and their affinity to form emerging disinfection by-products [J]. Water Science & Technology, 2009, 60 (1): 135-143.
[31] And W A M, Sedlak D L. Characterization and fate of *n*-nitrosodimethylamine precursors in municipal wastewater treatment plants [J]. Environmental Science & Technology, 2004, 38 (5): 1445-1454.
[32] 叶秀雅，周少奇，郑可．运用GC-MS技术分析垃圾渗滤液有机污染物的去除特性 [J]. 化工进展，2011，30 (6)：1374-1378.
[33] 刘军，鲍林发，汪苹．运用GC-MS联用技术对垃圾渗滤液中有机污染物成分的分析 [J]. 环境工程学报，2003，4 (8)：31-33.
[34] 陈波．垃圾沥滤液生化出水的电化学处理及环境医学评价 [D]. 重庆：重庆理工大学，2013.

第5章

$O_3/Ca(OH)_2$氧化反应新体系及其应用

与其他高级氧化技术相比，催化臭氧氧化法（COP）具有不受废水色度、胶体物质、高温高压和 pH 条件限制的优点。众多研究表明，COP 可作为难降解废水生化处理的预处理和深度处理手段，同时也是废水膜处理中膜污染控制的有效手段。因此，可认为 COP 是一种具有广阔应用前景的高级氧化技术，近年来该技术获得了较大进展。

本章将主要围绕 $O_3/Ca(OH)_2$ 氧化反应新体系，介绍新氧化体系配套反应器——臭氧微泡反应器的设计、传质及产生羟基自由基性能；$O_3/Ca(OH)_2$ 氧化反应新体系处理垃圾渗滤液生化出水提高膜分离性能；以及该体系结合微泡反应器处理典型化工废水污染物。

5.1 微泡 $O_3/Ca(OH)_2$ 氧化反应新体系

催化臭氧氧化技术是一种在臭氧氧化法基础上结合催化剂达到快速、高效降解有机物的技术，在有机废水的污染治理中显示出很好的应用前景。该技术按催化剂的相态分为均相催化臭氧氧化和非均相催化臭氧氧化。

5.1.1 催化臭氧氧化反应器的应用现状

催化臭氧氧化技术研究的重点在于两方面：第一，寻求一种效果好且性能稳定的催化剂，主要有金属氧化物催化剂、负载型催化剂和活性炭催化剂等，这几种不同催化剂的研究进展如第 1 章 1.3.4 详细介绍；第二，在催化臭氧氧化体系中，臭氧体积传质系数远远高于其分解速率常数，因此性能优良的催化剂想要达到理想效果需与反应器相结合，性能优良的反应器研究是另一重点。传统的臭氧反应器主要有三相流化床、固定床、鼓泡反应器等，但这些反应器接触面小、传质效率低，降低了臭氧利用率。为提高催化剂与臭氧接触面积和传质效率，研究者对传统装置进行了改进。

亓丽丽等建立三相流化床非均相臭氧催化氧化系统与 MnO_x/SiO_2 催化剂相结合，用以降解对氯苯酚污染物。实验中采用尾气梯级再循环方式设计非均相臭氧催化组合系统，实现气液全返混状态。该体系反应进行 30min，臭氧利用率达到 73.87%，B/C 由原来的 0.03 提高至 0.35，60min 后 TOC 去除率可达到 63.58%。

MEI 等将陶瓷膜反应器和加压氧化工艺相组合技术应用于催化臭氧氧化体系降解腐殖酸。与传统气升式反应器相比，该技术能够提升膜分离层中的金属氧化物的催化性能，将有机物氧化成小分子，有效降低膜污染。该体系反应进行 60min，COD 去除率能增加到 91%，B/C 由原来的 0.01 增加到 0.52。

Khuntia 等将催化剂与微泡反应器联合使用可以很大程度地增加臭氧有效因子。与一般的鼓泡法相比，微泡法更有利于污染物的氧化和 TOC 的去除。臭氧催化氧化体系中最大的局限是臭氧利用率较低，导致处理成本较高。提高臭氧的传质效率，可有效提高臭氧利用率，从而降低处理成本。因此，催化剂与传质效率好的反应器相结合，减小气泡的尺寸来提升气体传质系数，可进一步提高体系催化效率。

5.1.2 微纳米气泡在水处理中的应用

5.1.2.1 微纳米气泡特性

微纳米气泡主要有比表面积大、水中停留时间长、传质效率高、界面 ζ 电位较高、能释放产生自由基等特点。气泡特性受表面张力影响较大，在液相中微气泡尺寸越小，其表面张力越大，气泡内部压力与气泡直径成反比，压力与直径的关系根据 Young-Laplace 方程表达为：

$$p=p_1+\frac{2\sigma}{r} \tag{5.1}$$

式中，p 为气泡内部压力；p_1 为液相压力；σ 为表面张力；r 为气泡半径。

微气泡在液相中收缩破裂瞬间，气液界面剧烈变化消失，将界面上高浓度离子积蓄的能量瞬间释放出来，此时可能激发产生·OH，羟基自由基具有强氧化性，可氧化降解废水中难降解有机物，实现对水质的净化作用。Takahashi 等研究证明臭氧作为微泡气体收缩破裂时更容易产生·OH，因此以微泡形式强化臭氧氧化技术不仅有气液传质方面的强化，还能产生·OH进一步提高氧化能力。微气泡气液界面·OH 产生示意图，如图 5.1 所示。

5.1.2.2 微气泡的产生

目前，根据气泡发生的机制不同可将微纳米气泡产生技术分为分散空气

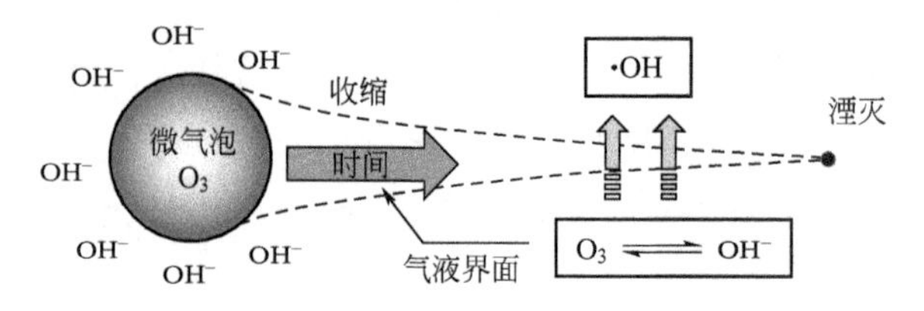

图 5.1 微气泡气液界面带电机理及·OH 产生示意图

法、溶气释气法、超声空化法等。传统溶气释气法主要有压力溶气系统、溶气释放系统、气浮分离系统。传统溶气释气法被广泛应用于现代工业技术中，但其存在微泡产生不连续且效率较低等缺点。分散空气法主要是通过高速旋流、水力剪切等方式，反复剪切破碎，最终形成大量微泡溶解于水中。在实际应用中，根据需求将采取不同的产生微泡方式，最常用方式详见表 5.1。

表 5.1 常用微纳米气泡发生装置

分类		原理	优点	缺点	图示
溶气释气法	加压溶气减压释气	加压强制气体溶解于水，达过饱和状态，再减压释放气体，产生微气泡	产生气泡数量多，粒度均匀，稳定	过程不连续，微气泡的产生效率低	
	压力溶气叶轮散气	叶轮组件直接散气产生微气泡，同时实现气液混合、增压溶气、减压释气过程	气液混合、溶气、释气同时完成，效率高	产生气泡粒径大小不稳定	
	高速旋流	混合流体进入装置空心部旋转，气体在中心轴形成负压轴，负压轴气体通过外部液体和内部高速旋转液体间缝隙时被切断形成微泡气体	气泡量大，浓度均匀，效率高	气体吸入量难以控制，流路复杂，加工难度高	

续表

分类		原理	优点	缺点	图示
分散空气法	过流断面渐缩突扩	过流断面先缩小再突然扩大，水流在通道内剧烈碰撞，形成涡流，对气泡进行切割，再次收缩时，流态剧变，紊动更为剧烈，气泡进一步变小，最终产生微纳米气泡	流道较宽，不宜堵塞，混合搅拌作用较强，维修方便	内壁光洁度要求高，水质水量变化幅度大时，难以调节充氧量	第一段 第二段 第三段
	微孔结构	利用某些微孔结构，当压缩气体经过微孔介质时，被微孔切割成微纳米气泡	方式简单，介质孔径越小，气泡粒径越小	装置制造加工要求较高，易造成堵塞	液面 液相 微孔板 气相

5.1.2.3 微气泡在废水处理中的应用

由于臭氧溶解性较低，臭氧氧化处理染料废水的速率控制步骤是臭氧从气相到液相的传质。因此在臭氧氧化技术上常使用微泡形式加以强化，一方面臭氧微泡化大大提高了气-液接触面积，有效地提高了其传质效率；另一方面微泡化臭氧在微泡收缩破裂瞬间将产生羟基自由基，提高了体系氧化能力，从而达到有机污染物高效降解的目的。

Gao等研究设计了套管式微反应器将臭氧微泡化处理酸性红14，结果表明臭氧分散膜孔径越小，臭氧传质效率和臭氧利用率越高，酸性红14脱色越快。套管式微反应器体系在温度为25℃，pH值为7，进气臭氧浓度为75mg/L，进气流量为40～80L/h，液体流量为12～24L/h条件下，臭氧传质系数高达2.50～8.23min^{-1}，比常规鼓泡气液接触器高出至少一个数量级。郑天龙等对比了微孔-臭氧和微气泡-臭氧工艺处理腈纶废水，结果表明相对微孔-臭氧体系，微气泡-臭氧体系对COD、UV_{254}和NH_3-N去除率分别提高了25.0%、34.9%和9.0%。微气泡-臭氧体系的气含率、传质系数和臭氧利用率分别是微孔-臭氧体系的11倍、3倍和1.5倍。Chu等对比了普通气泡与微泡两种体系臭氧处理活性黑5，结果表明微泡系统中臭氧传质系数比普通气泡体系高 1.8 倍，在染料初始浓度相同条件下，一级反应常数高 3.2～3.6 倍，在染料初始浓度为 230mg/L 条件下，微泡系统中臭氧处理 80min，TOC 去除率为 80%，而普通气泡系统处理 130min，TOC 去除率为 34%，同时还证明了在微泡系统中羟基自由基的产生量明显高于普通体系。臭氧微泡化有利于气液两相接触，提高传质面积和传质效率，从而可提高体系产生羟基自由基的能力。

5.1.3 微泡 $O_3/Ca(OH)_2$ 氧化反应新体系的提出

目前，臭氧催化剂的发展正朝着廉价、易得、方便回收处理的方向发展。以 $Ca(OH)_2$ 为臭氧氧化催化剂，不仅有利于产生强氧化性的·OH，Ca^{2+} 和碱性环境还可以消除体系中产生的 CO_3^{2-}、HCO_3^- 等·OH 清除剂；另外，由于臭氧在水中的溶解度比较低，因而将其微泡化通入液相体系中，不仅可以提高臭氧溶解度，还有利于产生强氧化性的·OH。因此，本工作提出了 $O_3/Ca(OH)_2$ 氧化反应新体系，并研制了配套的新型臭氧微泡加压反应器，以提高臭氧利用率，降低处理成本。

5.2 微泡反应器的设计及其传质和产生羟基自由基的性能

目前，臭氧处理废水在工程应用上仍存在以下问题：①臭氧在水中的溶解度低，影响其传质，从而使臭氧利用率低；②传统的气液反应器（如：鼓泡塔、流化床反应器），产生臭氧气泡较大，传质面积小，从而使臭氧的传质效率低；③臭氧分子氧化易将大分子中不饱和键断裂，使其分解为小分子物质，而臭氧直接氧化具有较高的选择性，氧化能力差，对这些小分子有机污染物矿化降解效果较差；④臭氧制备成本较高，且难以保存，需现场制备臭氧，从而导致工艺复杂。

近年来，为了进一步强化臭氧传质效率，中空纤维膜、微通道反应器、多孔陶瓷膜等新型反应器被开发研究。本工作提出了一种新型高效的气液混合形式，设计出微泡反应器强化臭氧氧化技术。本节主要介绍了臭氧微泡反应器的设计，并采用 VOF 模型模拟外加压力场对微泡反应器内气液界面的影响规律，同时结合雷诺应力模型（RSM）对其内部的流场分布进行了三维数值模拟分析。并考察了该反应器在不同压力、温度、进口臭氧浓度和流量下对液相中臭氧浓度以及羟基自由基生成量的影响。同时，还对比研究了传统鼓泡反应器与该微泡反应器液相中臭氧浓度和羟基自由基的产生量，并用模拟染料废水对比考察了降解与矿化效果，为新型高效臭氧氧化反应器的研发提供了一定的依据。

5.2.1 臭氧微泡反应器的设计与制作

5.2.1.1 微泡产生装置的选择

本研究主要利用微泡技术对臭氧氧化反应加以强化，因此，微气泡发生器是本研究的核心系统之一。目前，实验研究中微气泡的制备主要采用加压溶气减压释气方式、压力溶气叶轮散气（如：气液混合泵）、高速旋流（如：水力喷射空气旋流器）、过流断面渐缩突扩（如：文丘里管）和微多孔结构（如：曝气头）等方式。其中气液混合泵具有溶气效果好、传质效率高；气泡粒径小且均匀，供气稳定；操作简单、易于检修，应用范围广等特点。因此，选用气液混合泵（南方泵业，自吸式气液混合泵，25QY-2DS）作为新设计反应器的微气泡发生器，其结构图如图 5.2 所示。在该气液混合泵中气液两相从泵吸入口进入，在进入泵体内之前先经过气液混合梁，初步将大气泡分散成

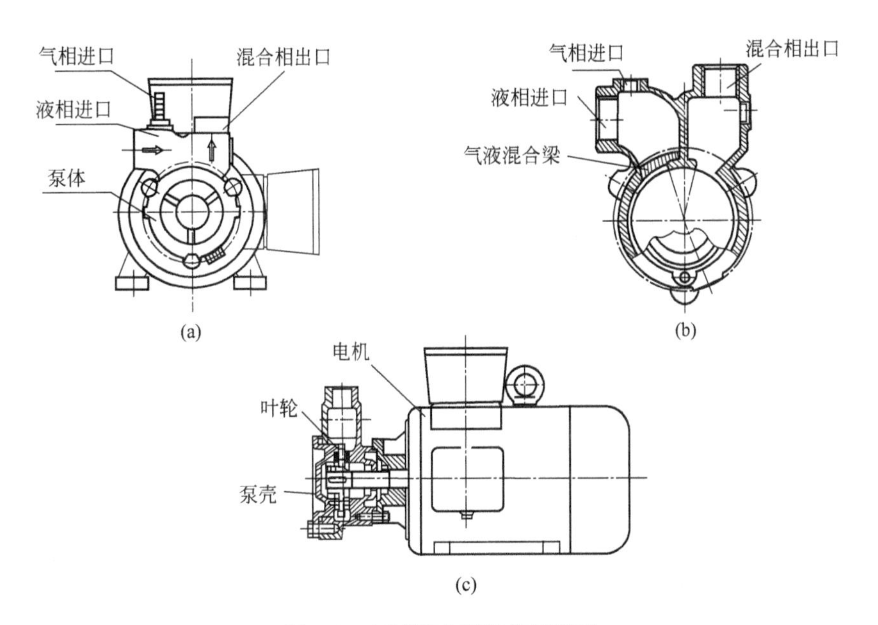

图 5.2 气液混合泵结构原理图

小气泡进入泵体内，进入泵体内叶轮叶片的气液混合相在叶轮的高速转动作用下充分混合，最终形成微气泡从泵体的出水口排出。据厂家技术提供该气液混合泵产生微泡粒径约为20～30μm，气体溶解率高达95%以上。

5.2.1.2 管式反应器的设计

管式反应器是本研究体系中另一个核心系统，在体系中为进一步强化臭氧的传质效率，对体系反应器部分采取了加压措施，从而反应器密封方法需进一步提高。在设计中通过多次实验测试，最终选择了法兰连接，O形圈轴向密封，两端法兰采用拉杆固定，通过实验验证该结构体系能安全承受气液混合泵提供最大压力（0.40MPa）。采用CATIA及CAD等软件对反应管结构进行呈现，其3D图及局部剖面图，如图5.3所示。

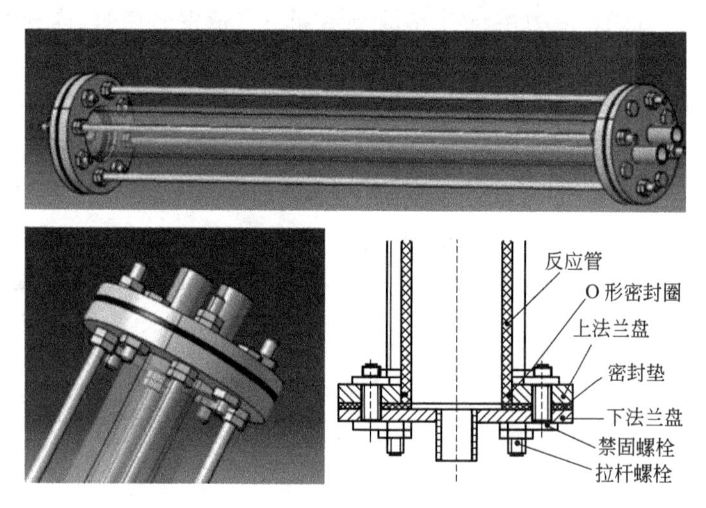

图5.3 管式反应器及局部剖面图

5.2.1.3 反应体系的设计及制作

整个实验体系由臭氧发生器、管式加压反应器、液体储槽、气液混合泵、臭氧检测仪以及流量计、压力表和尾气吸收装置组成，实验装置示意图和实物图如图5.4、图5.5所示。实验所用管式反应器容积为3.5L，反应器出口连接球形阀调节反应器内压力和废水流量，整个反应体系构成一个连续循环的反应体系。实验所用臭氧由臭氧发生器产生，通过流量计调节控制流量，并采用紫外臭氧浓度检测仪测定臭氧浓度。采用气液混合泵充分混合气液两相，实现气体微泡化以及整个反应体系的循环过程。

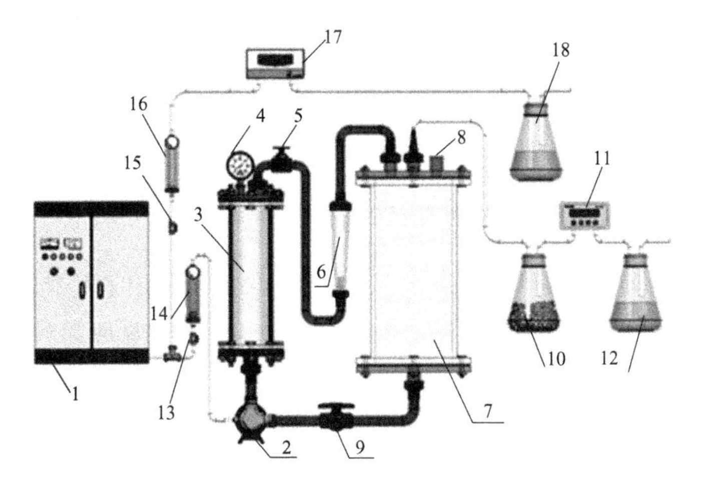

图 5.4　臭氧微泡反应系统实验装置示意图

1—臭氧发生器；2—气液混合泵；3—氧化反应管；4—压力表；5—球形阀；
6—液体流量计；7—储液槽；8—进料口；9,13,15—阀门；10—气体干燥器；
11,17—臭氧检测仪；12,18—尾气吸收装置；14,16—气体流量计

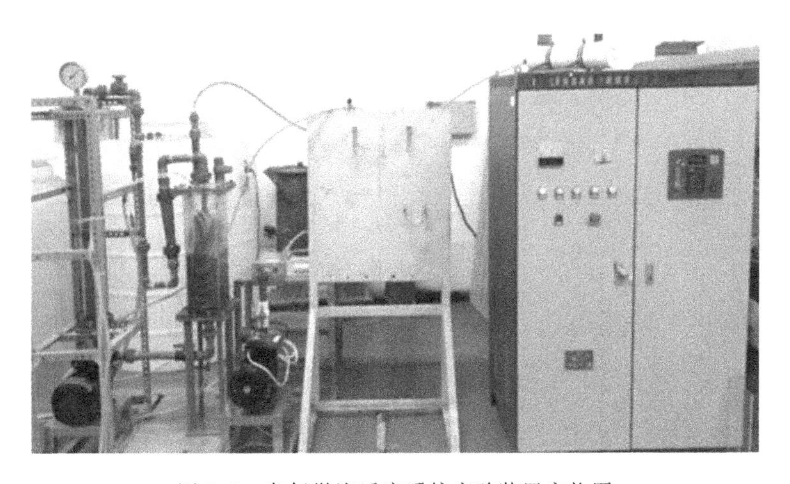

图 5.5　臭氧微泡反应系统实验装置实物图

5.2.2　臭氧微泡反应器处理废水过程中 O_3 和·OH 浓度的测定

5.2.2.1　测定臭氧浓度的实验流程和方法

取 8L 去离子水于储液槽中，启动气液混合泵；同时启动臭氧发生器，待臭氧浓度稳定后，打开进气管上阀门；在一定实验条件下通入臭氧开始计

时，定时取样，采用靛蓝二磺酸钠分光光度法测定水中臭氧浓度。该方法的原理是在磷酸盐缓冲溶液存在条件下，臭氧与蓝色的靛蓝二磺酸钠等摩尔反应，而靛蓝二磺酸钠在 610nm 处有较强吸光度，测定靛蓝二磺酸钠摩尔吸光系数 ε，再根据朗伯-比尔定律计算出液相中的臭氧浓度。

5.2.2.2 测定羟基自由基浓度的实验流程和方法

根据 Nohemi 等对羟基自由基的测定方法，本研究采用了对苯二甲酸（TA）捕捉羟基自由基形成 2-羟基对苯二甲酸（TAOH），化学反应如式(5.2) 所示。其中捕捉剂对苯二甲酸（TA）不具荧光性，而 2-羟基对苯二甲酸（TAOH）荧光测定中在激发光谱为 315nm，发射波长为 425nm 条件下有较强吸收峰，其荧光光谱扫描图和标准曲线图如图 5.6 所示。进行·OH含量测定时，先配制初始浓度为 4×10^{-3} mol/L 的对苯二甲酸（TA），将其溶解于 10×10^{-3} mol/L 的 NaOH 溶液中，取 8 L 该溶液于储液槽中，启动混合泵，同时启动臭氧发生器，待臭氧浓度稳定后，打开进气管上阀门，通入臭氧开始计时，定时取样，测定液相样品的荧光吸光度，计算其羟基自由基浓度。

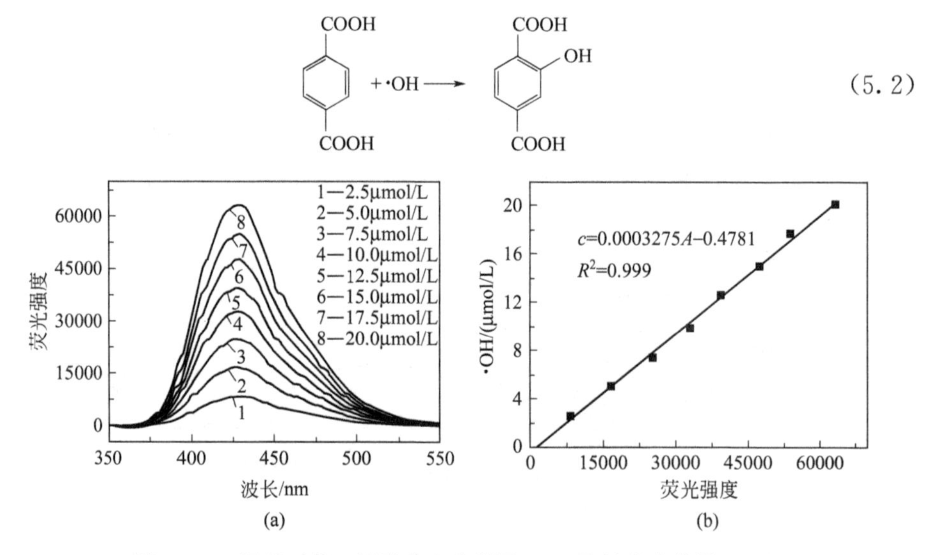

图 5.6 2-羟基对苯二甲酸荧光光谱图（a）及标准曲线图（b）

5.2.3 臭氧微泡反应器数值模拟分析

微泡发生器和管式加压反应器是本体系的两个核心系统，这两部分组合构成了微泡加压反应器。在该反应器中气液两相通过气液混合泵充分混合，形成均匀的两相混合液，为考察在该反应器中气液两相的存在形态，本研究采用 VOF 模型模拟了不同外加压力场对反应器内气液界面的影响规律，同时结合雷诺应力模型（RSM）对其内部的流场分布进行了三维数值模拟分析，为微泡加压反应器的设计与实际应用提供理论依据。

5.2.3.1 数值模拟几何模型

数值模拟所用几何模型按照实际设计微泡加压反应器建立，其具体的几何尺寸如表 5.2 所示。本次模拟实验的几何模型以及相应的网格如图 5.7、图 5.8 所示。模拟计算的模型坐标原点设置在气液混合泵中心，向上为正。考虑到气液混合泵叶轮的影响对该部分网格进行局部加密，最小网格尺寸为 2mm，用 ICEM CFD15.0 分区生成网格的办法，分区生成非结构化网格，模型的网格个数为 1246216 个。

表 5.2 实验和模拟微泡加压反应器几何尺寸

参数项目	符号	尺寸/mm	参数项目	符号	尺寸/mm
泵进口管内径	D_1	26	反应管长度	L_1	890
泵出口管内径	D_2	20	泵体宽度	H_1	100
反应管内径	D_3	60	叶轮宽度	H_2	30
反应管出口内径	D_4	20	叶轮径长	r_1	15
气体进口管内径	D_5	4	泵体外径	R_1	65

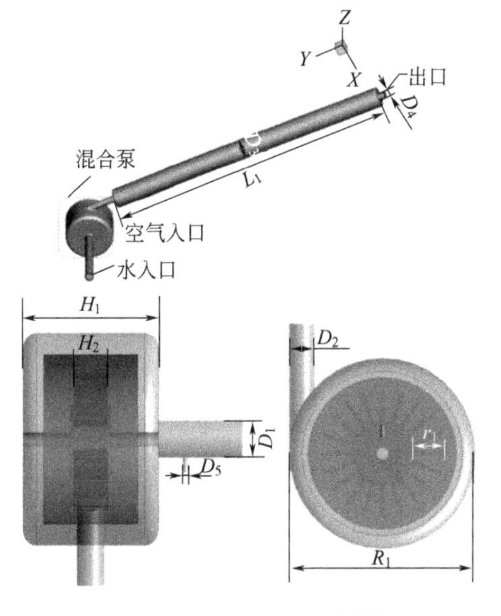

图 5.7 微泡反应器几何模型

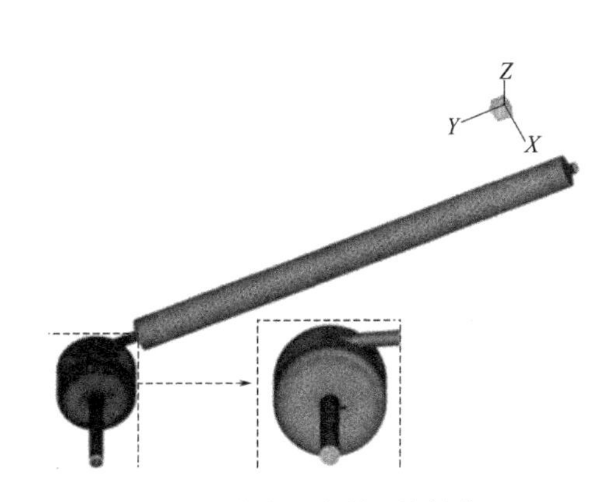

图 5.8 微泡反应器网格划分图

5.2.3.2 边界条件

本模拟实验工作采用 ANSYS FLUENT15.0 求解计算，模拟介质为水和空气。在进行模拟计算前，首先在整个计算流域充满空气，然后将气液混合泵所在的区域定义为水相，即进行“管泵”操作。流场的数值计算从速度进口开始，其中包括气相进口和液相进口，其进口类型为 WELOCITY-INLET，垂直于进口截面进料。顶端出口定义为压力出口，即 PRESSURE-OUTLET。整个模拟计算基于压力计算，用的模拟算法是 SIMPLE，由于涉及两相间界面运动，采用瞬态计算，相关的参数如压力离散格式为 PRESTO!，压力的松弛因子为 0.2，动量的松弛因子为 0.8，瞬态计算的时间步长为 1.0×10^{-6}，其他设置保持默认。

5.2.3.3 不同压力对微泡反应器内气含率的影响

图 5.9 所示为不同压力对微泡加压反应器内气含率变化的影响规律。由气含率分布云图可以看出，在 0～0.1MPa 间，随着出口的外加压力的不断增加，气相主要分布于微泡加压反应管的中下部分。

为了定量地分析液相中气含率随反应器轴向的变化规律，分别取反应器上（$y=100$cm）、中（$y=60$cm）、下（$y=13$cm）三个位置的横截面的气含率分布图进行讨论，其结果如图 5.10 所示。从图 5.10 可以明显地看出，各个横截面上的气含率分布都是不对称的状态，且随着反应器中压力的增大，气含率在截面上的分布也在动态地变化。对上述三个横截面而言，微泡反应管中间区域（$y=60$cm）气含率分布最高，即在微泡反应管中间的一定区域内是气液接触面积最大的，可以推断该段区域应该是微泡反应管发生反应最集中的区域。在 $y=13$cm 的横截面，即在微泡反应管的底部，随着外加压力的增加，除反应管中心的一定范围外，其气含率分布逐渐增加。在微泡反应管的末端，即在 $y=100$cm 处，其气含率总体较低，并在 0.08MPa 时气含率似乎达到最大值。

进一步地分析，对图 5.10 相应截面气含率进行积分平均得气含率值，结果如图 5.11 所示。由图可以看出，在微泡反应器中部（$y=60$cm）气含率最高，上部（$y=100$cm）气含率最低。当体系压力为 0MPa 时气含率相对较高，这可能是因为模拟计算开始时反应器内部是空气，提取结果时空气仍未完全排出，从而提高了该阶段的气含率。当体系压力在 0.02～0.08MPa 间，微泡反应器中气含率随着体系压力的增加而增加。显然，这可

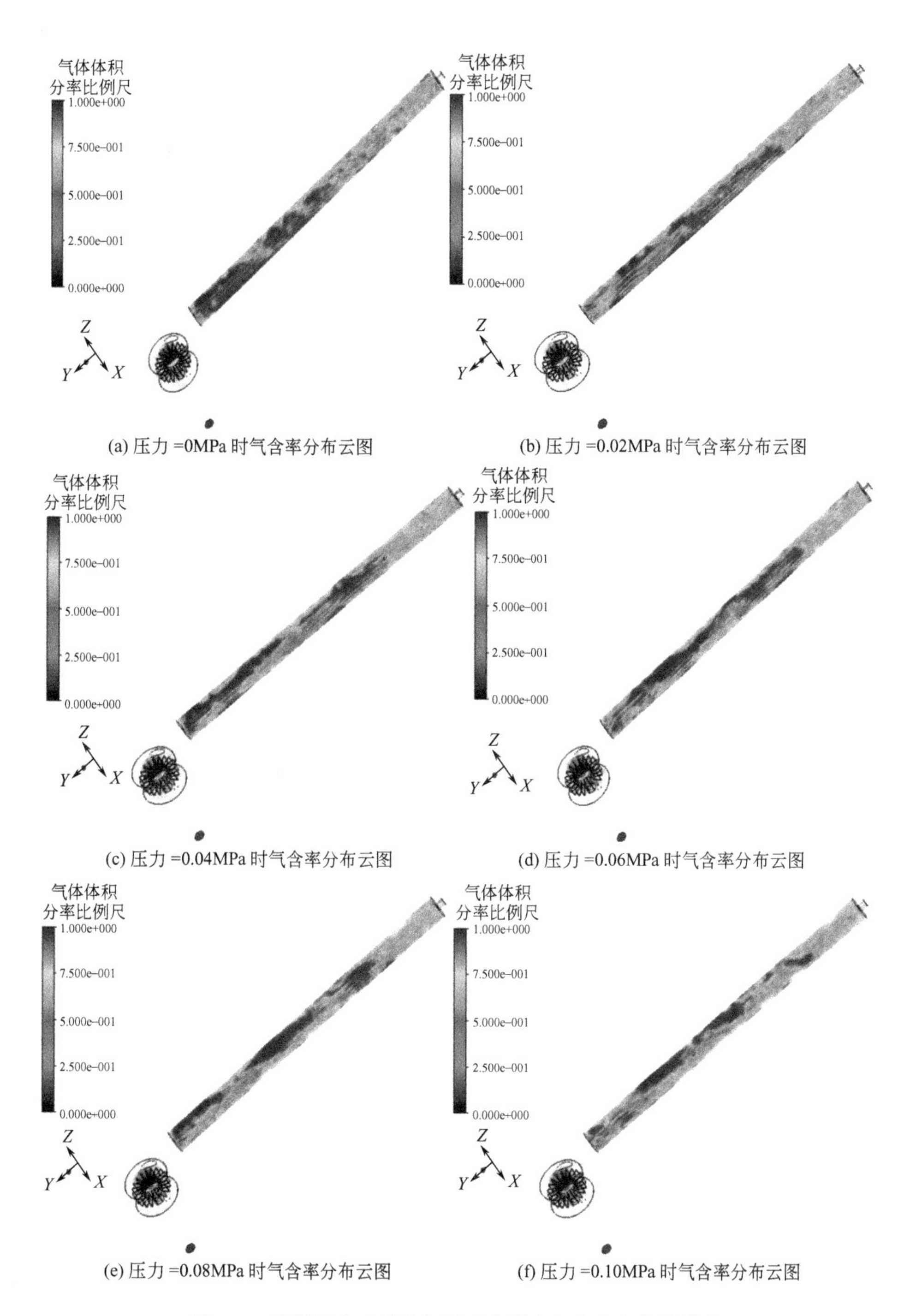

(a) 压力 =0MPa 时气含率分布云图

(b) 压力 =0.02MPa 时气含率分布云图

(c) 压力 =0.04MPa 时气含率分布云图

(d) 压力 =0.06MPa 时气含率分布云图

(e) 压力 =0.08MPa 时气含率分布云图

(f) 压力 =0.10MPa 时气含率分布云图

图 5.9　不同压力对微泡加压反应器内气含率变化的影响

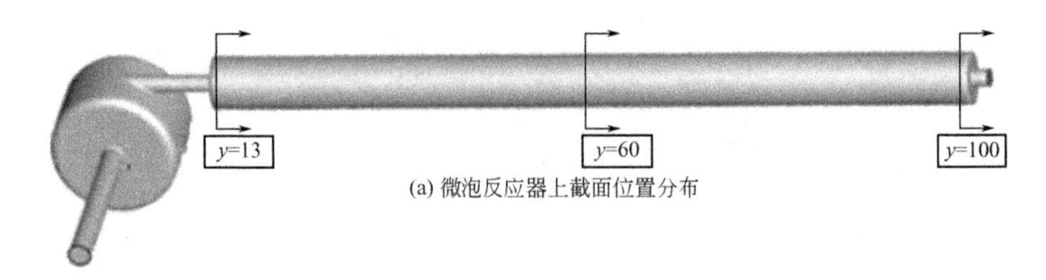

(a) 微泡反应器上截面位置分布

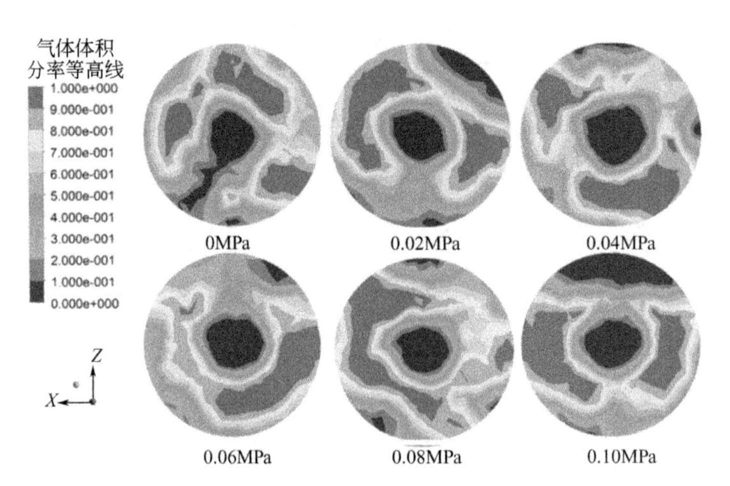

(b) 在 y=13cm 横截面上不同压力下气含率分布

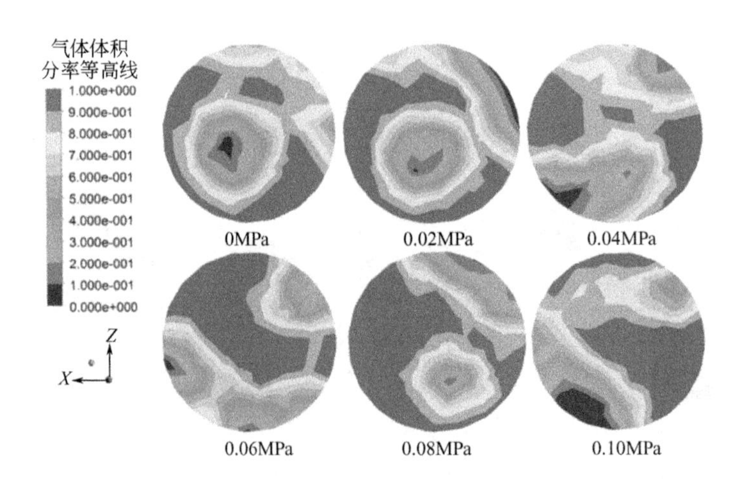

(c) 在 y=60cm 横截面上不同压力下气含率分布

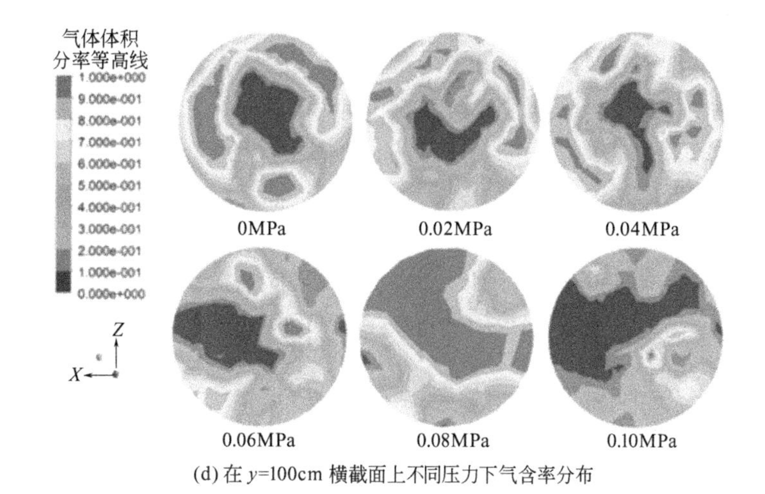

(d) 在 y=100cm 横截面上不同压力下气含率分布

图 5.10　不同压力对不同横截面气含率分布的影响

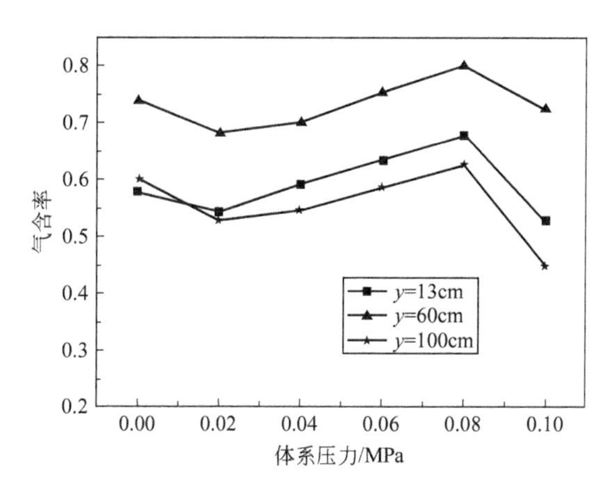

图 5.11　不同压力对微泡反应器中气含率的影响

能是压力增大引起气体溶气率增大的缘故。但当压力大于 0.08MPa 后，微泡反应器中气含率随着体系压力的增加有降低的趋势，这可能由于反应器内压力太大，使得反应器内流速降低，吸气量减小造成的。

5.2.3.4　不同压力对微泡加压反应器速度分布的影响

不同操作压力对微泡加压反应器内速度分布云图的影响，如图 5.12 所示。当外加压力为 0MPa 时，在反应器内速度分布较为均匀对称，如图 5.12(a)所示。其次，当外加压力增加到 0.02MPa 时，速度的分布区域

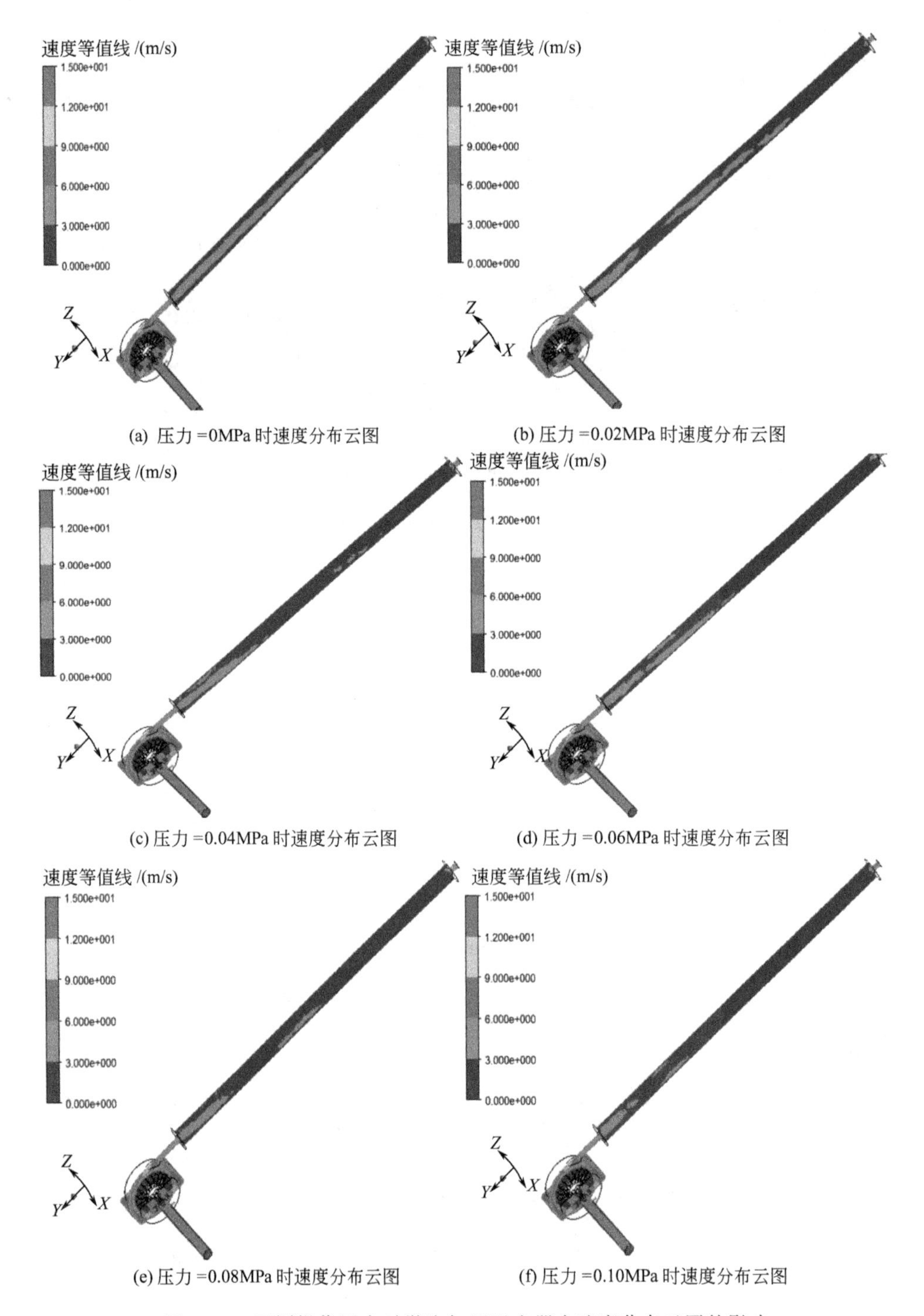

(a) 压力 =0MPa 时速度分布云图

(b) 压力 =0.02MPa 时速度分布云图

(c) 压力 =0.04MPa 时速度分布云图

(d) 压力 =0.06MPa 时速度分布云图

(e) 压力 =0.08MPa 时速度分布云图

(f) 压力 =0.10MPa 时速度分布云图

图 5.12　不同操作压力对微泡加压反应器内速度分布云图的影响

发生变化，在管式反应器竖直方向的速度分布区域出现明显的变窄，并且开始出现了分布区域的断裂，如图 5.12(b) 所示。最后，随着压力的继续增加，管式反应器竖直方向的速度分布区域明显变小，甚至出现了部分消失，如图 5.12(c)、图 5.12(d)、图 5.12(e)、图 5.12(f) 所示。

5.2.4 不同操作参数对微泡反应器液相中 O_3 和·OH 浓度的影响

5.2.4.1 反应器压力的影响

在臭氧进口浓度约为 65mg/L，流量 3.5L/min，温度 25℃条件下，考察了反应器压力对液相中臭氧浓度和羟基自由基浓度的影响规律，结果如图 5.13 所示。

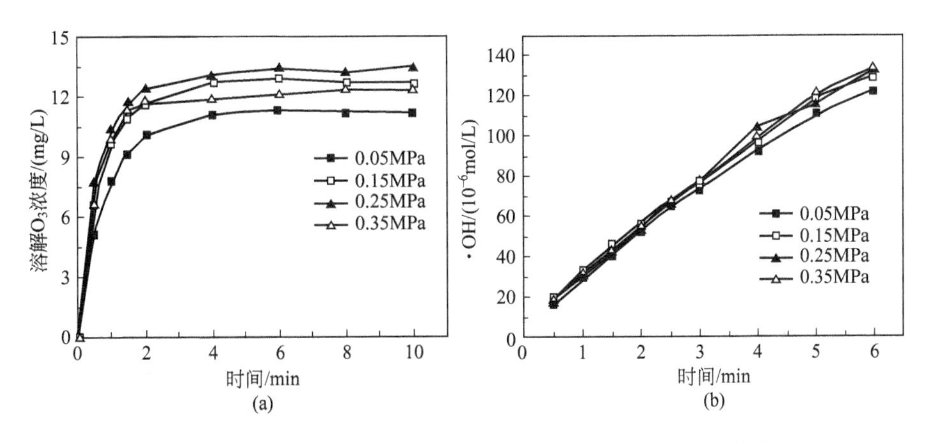

图 5.13 反应器压力对液相中 O_3 (a) 和·OH (b) 浓度的影响

(实验条件：臭氧进口浓度约为 65mg/L；流量 3.5L/min；温度 25℃)

由图 5.13(a) 可知，在不同反应器压力下，液相中臭氧浓度在运行时间大约为 2min 之前迅速增大，然后缓慢增大，在 4～6min 时达到稳定值。当反应器压力在 0.05～0.25MPa 之间时，随着体系压力的增加，液相中臭氧浓度略有增加。由亨利定律可知，气相压力增加有利于提高水中臭氧饱和溶解度，从而可以提高臭氧在水中的传质效率。但当反应器压力在 0.25～0.35MPa 之间时，随着压力增加液相中臭氧浓度略有减小的现象。据报道，纳米气泡直径小、比表面积大，在液相中稳定性好，使得界面内部的气体很难穿过界面扩散出去，从而使纳米气泡内部的气体难以在短时间内溶解于水中。在微泡反应器中，由气泡聚并能量理论可知，系统压力升高气泡聚并的推动力降低，小气泡聚并成为大气泡的趋势减弱，大气泡破裂成为小气泡的趋势增强。较高的压力条件有助于产生大量比较稳定的纳米级气泡，从而导致在该条件下液相中臭氧浓度略有降低。

由图 5.13(b) 可知，在不同反应器压力下，液相中由于羟基自由基捕获量随着运行时间的延长而增大，其浓度也逐渐升高。但随着反应器中压力增加，液相中·OH 浓度的增加更加明显，表明压力升高有助于羟基自由基的产生。

5.2.4.2 液相温度的影响

不同温度对液相中臭氧浓度和羟基自由基浓度的影响规律如图 5.14 所示。由图 5.14(a) 可知，在不同液相温度下，液相中臭氧浓度在运行时间大约为 2min 之前迅速增大，然后缓慢变化，在 4～6min 时达到稳定值。液相中臭氧浓度随着温度增加而有明显的降低。有研究表明，温度在 273～333K 之间，臭氧在水中溶解度亨利常数为：

$$\lg\left(\frac{H_{O_3}}{\mathrm{kPa \cdot m^3/mol}}\right)=5.12-\frac{1230}{T/\mathrm{K}} \tag{5.3}$$

式中，H_{O_3} 表示臭氧在该体系中的亨利常数，$\mathrm{kPa \cdot m^3/mol}$；$T$ 表示体系温度，K。由此可知，液相温度升高，H_{O_3} 增大，使得液相中臭氧浓度降低。

由图 5.14(b) 可知，温度在 25～35℃间，水中羟基自由基浓度随温度的增加而增加。这是因为随着体系温度升高臭氧在水中稳定性减弱，分解速率上升，微气泡臭氧在分解过程中气泡收缩破裂现象更加剧烈，从而加快了

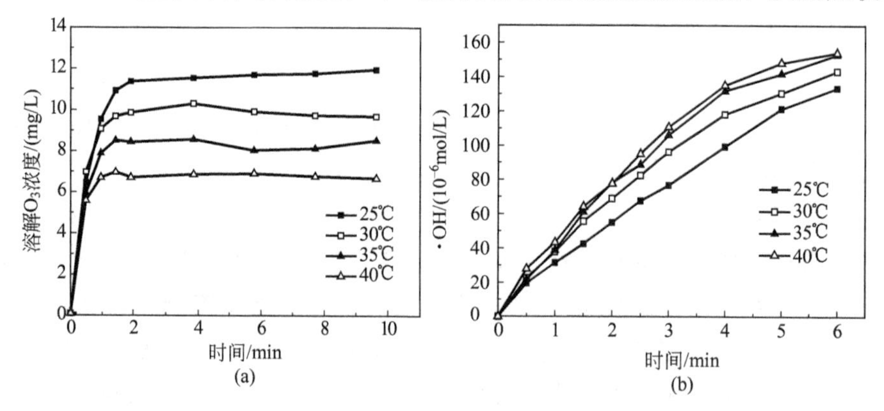

图 5.14 体系温度对液相中 O_3(a) 和·OH(b) 浓度的影响

(实验条件：臭氧进口浓度约为 65mg/L；流量 3.5L/min；体系压力 0.35MPa)

羟基自由基产生速率。而在35～40℃间，液相中·OH基本保持不变，这主要因为·OH的产生来源于液相中臭氧的分解反应，而在温度较高情况下液相中臭氧浓度较低，因此·OH不再随体系温度的升高而明显增加，实验中最佳温度为35℃。

5.2.4.3 臭氧进口浓度的影响

在O_3进口流量3.5L/min，体系压力0.35MPa，温度25℃条件下，考察了不同臭氧进口浓度对液相中臭氧浓度和羟基自由基浓度的影响规律，结果如图5.15所示。由图可知，液相中臭氧及羟基自由基浓度均随进口臭氧浓度的增加而增加。这主要因为进口臭氧浓度增加提高气相进入液相的传质推动力，使液相中臭氧浓度增加。液相中臭氧浓度增加，提高了生成羟基自由基反应的速率，从而使液相中羟基自由基浓度也随之增加。

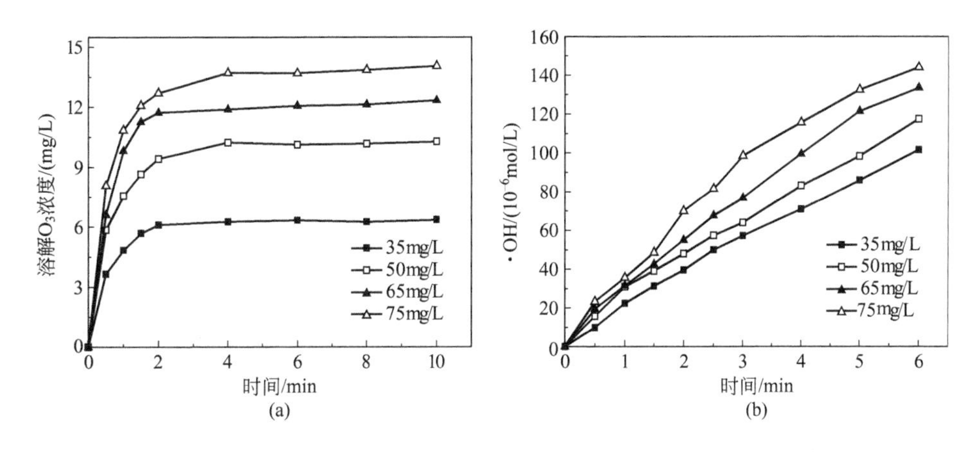

图5.15 臭氧进口浓度对液相中O_3(a)和·OH(b)浓度的影响

（实验条件：O_3进口流量3.5L/min；体系压力0.35MPa；温度25℃）

5.2.4.4 臭氧进口流量的影响

在O_3进口浓度65mg/L，体系压力0.35MPa，温度25℃条件下，考察了不同臭氧进口流量对液相中臭氧浓度和羟基自由基浓度的影响规律，结果如图5.16所示。由图可知，液相中臭氧及羟基自由基浓度均随进口臭氧流量的增加而增加。这主要因为增加进口臭氧流量就会增大液相中气泡数量，从而增加了气液传质面积，有利于传质的高效进行。此外，流量增加提高了单位时间内臭氧的进入量，从而提高了臭氧及羟基自由基浓度。

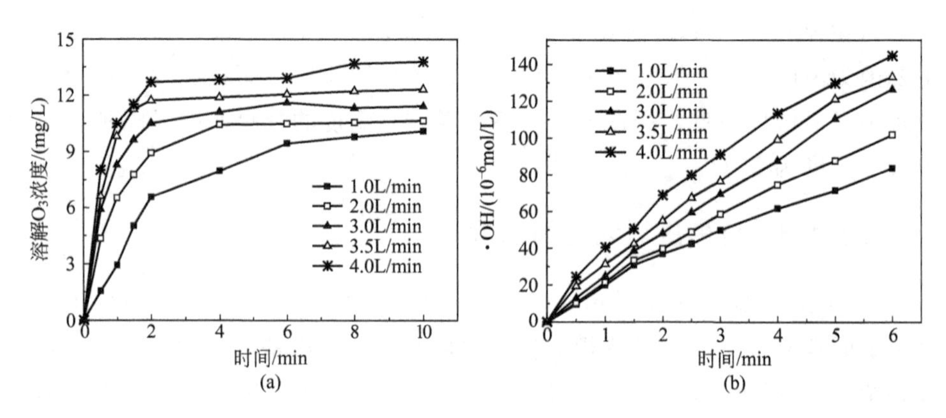

图 5.16 臭氧进口流量对液相中 O_3(a) 和·OH(b) 浓度的影响

（实验条件：O_3进口浓度 65mg/L；体系压力 0.35MPa；温度 25℃）

5.2.5 微泡反应器与传统鼓泡反应器的性能比较

5.2.5.1 臭氧传质及其产生羟基自由基性能比较

在臭氧进口浓度 65mg/L，流量 3.5L/min，温度 25℃，体系压力 0.35MPa 条件下，微泡反应体系与鼓泡反应体系中液相中 O_3 以及·OH 浓度随时间的变化结果如图 5.17 和图 5.18 所示。由图 5.17 可知，微泡反应器中臭氧溶于水的速率较快，在通入臭氧 2min 后水中臭氧浓度基本达到稳定状态，而鼓泡体系中曝气 6min 后水中臭氧浓度才基本达到稳定状态。而

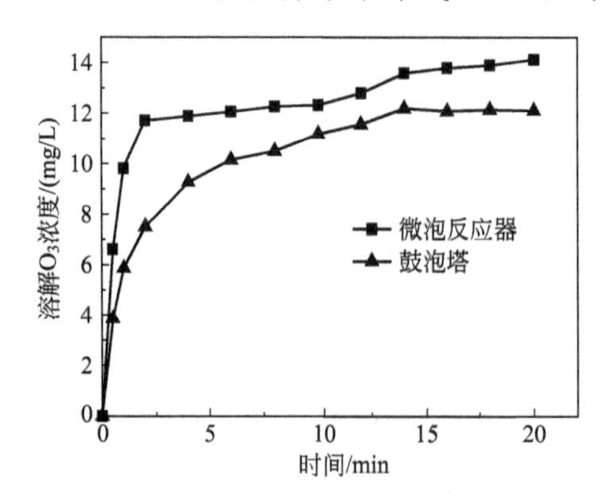

图 5.17 微泡体系与鼓泡体系液相中 O_3 浓度随时间的变化

（实验条件：O_3进口浓度 65mg/L；O_3流量 3.5L/min；体系压力 0.35MPa；温度 25℃）

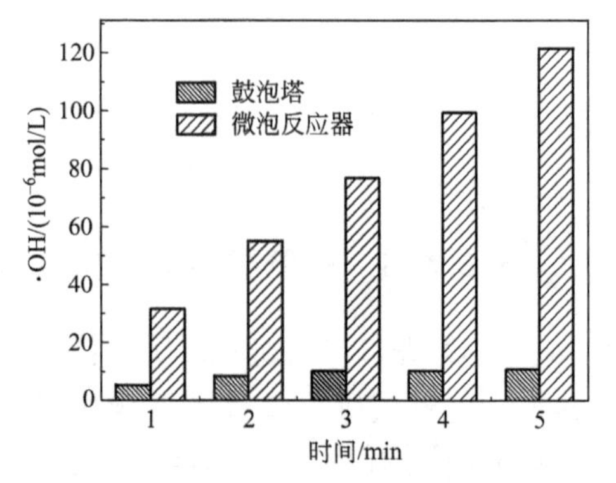

图 5.18 微泡体系与鼓泡体系液相中·OH 浓度随时间的变化

（实验条件：O_3进口浓度 65mg/L；O_3流量 3.5L/min；体系压力 0.35MPa；温度 25℃）

且，液相中臭氧浓度达到稳定后，微泡体系中臭氧浓度为 14mg/L，比鼓泡体系约高 10%。这表明，鼓泡体系中臭氧传质速率低于微泡反应体系。这是因为相对鼓泡体系而言，微泡体系中气泡粒径更小，微气泡具有较大的表面积，且微气泡内压更大，两者结合有效地提高了传质面积和传质推动力，从而提高了其传质效率，增加了臭氧溶解度。

由图 5.18 可知，微泡反应体系中·OH 的含量明显高于传统鼓泡体系，臭氧通入 5min，微泡体系中·OH 浓度高达 121.45×10^{-6} mol/L，而鼓泡体系中较低，仅为 10.86×10^{-6} mol/L，微泡体系中羟基自由基产生能力提高了约 11 倍。这说明微气泡强化不仅能改善臭氧传质性能，提高液相臭氧浓度，同时也产生更多的羟基自由基，其化学氧化能力也必然有很大提高。

5.2.5.2 微泡反应器与鼓泡反应器中 AR18 的降解与矿化动力学比较

在臭氧进口浓度 70mg/L，流量 3.0L/min，温度 25℃，pH 值约为 8，染料初始浓度为 300mg/L，其 TOC 初始浓度约为 95mg/L，微泡体系中压力 0.35MPa 条件下，考察了微泡体系和鼓泡体系对 AR18 脱色及矿化的处理效果，结果如图 5.19、图 5.20 所示。

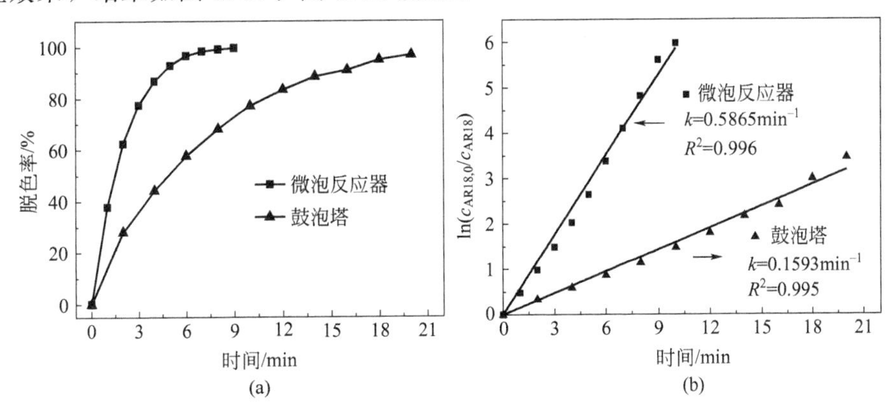

图 5.19 微泡反应器与鼓泡反应器中 AR18 脱色率比较

（实验条件：O_3 进口浓度 70mg/L；O_3 流量 3.0L/min；体系压力 0.35MPa；温度 25℃；染料初始浓度为 300mg/L；pH 值约为 8）

以 $\ln(c_{t,0}/c_t)$ 与反应时间 t 进行一级动力学拟合，臭氧氧化降解 AR18 的动力学方程式为：

$$-\frac{dc_t}{dt}=kc_t \tag{5.4}$$

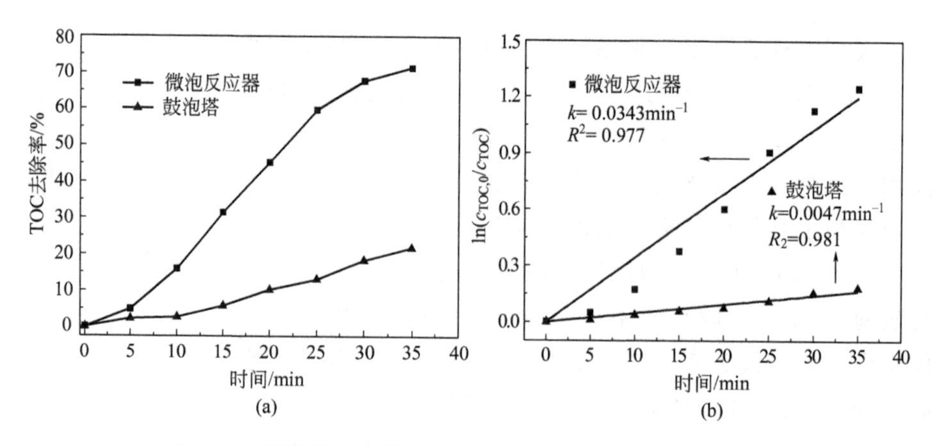

图 5.20　微泡体系与鼓泡体系对 AR18 TOC 去除率的比较

从 $t=0$，$c_t=c_{t,0}$到 $t=t$，$c_t=c_t$对上式积分：

$$\ln\frac{c_{t,0}}{c_t}=kt \tag{5.5}$$

式中，$c_{t,0}$为反应初始时废水中染料浓度 $c_{AR18,0}$或初始 TOC 浓度 $c_{TOC,0}$；c_t为 t 时刻废水中染料浓度 c_{AR18}或 TOC 浓度 c_{TOC}；k 为反应速率常数［图 5.19(b)、图 5.20(b) 直线斜率］。

由图 5.19 可知，微泡反应体系中废水脱色速率更快，完全脱色仅需处理 8min。而在鼓泡体系中氧化处理 20min，其脱色率约为 96%。通过一级动力学拟合，线性相关系数 R^2均大于 0.99，微泡体系中脱色反应速率常数为 0.5865min^{-1}，约为鼓泡体系的 4 倍。

由图 5.20 可知，微泡反应体系中染料矿化速率远大于鼓泡体系，鼓泡体系中臭氧氧化处理 35min，废水 TOC 去除率仅为 21.76%，而在微泡体系中 TOC 去除率高达 70%以上。通过一级动力学拟合，线性相关系数 R^2 均大于 0.97，微泡体系和鼓泡体系中矿化一级反应速率常数分别为 0.0343min^{-1}和 0.0047min^{-1}，微泡体系中反应速率常数约高一个数量级。微泡体系中脱色率和矿化率都高于鼓泡体系，证实了本臭氧微泡化体系的高效性，这与两种反应器的臭氧和羟基自由基浓度测定结果一致。

5.3　$O_3/Ca(OH)_2$氧化处理垃圾渗滤液生化出水提高膜分离性能

垃圾焚烧发电厂渗滤液生化出水是一种高盐，且含腐殖酸类和水溶性小分子有机物的复杂废水，必须采用一些物理化学方法深度处理，才能达标排放。膜分离法对渗滤液生化出水深度处理具有令人满意的效果，但生化出水中存在的大量生物源纳米胶体物质和一些腐殖酸类物质易导致膜的污染和堵塞，使处理成本较高。借助于渗滤液中较高浓度的 Cl^-，采用电化学间接氧化有机物原理，可有效氧化除去水中有机物，但要达到废水一级排放标准，其电耗成本很高。传统的活性炭吸附法，由于对生化出水中大量小分子极性有机物吸附能力差，也没有表现出较好的效果。近年来，催化臭氧氧化技术在废水处理领域的应用，已引起人们重视。垃圾渗滤液生化出水中主要含极性小分子有机物、腐殖酸类物质和无机盐类，具有较高的碱度。向此类废水中加入石灰可以脱掉其中的碳酸根离子，同时还可以除去大量的腐殖酸。

本工作提出了采用 $Ca(OH)_2$ 絮凝-臭氧催化氧化预处理渗滤液生化出水工艺。旨在通过 $Ca(OH)_2$ 絮凝去除废水中碱度和金属离子，再利用废水中的 OH^- 催化 O_3 氧化有机物，将废水中的大分子腐殖酸类物质氧化成小分子有机物或达到部分矿化去除的目的，以提高纳滤膜、反渗透膜深度处理的效能和减轻膜污染。

5.3.1 垃圾渗滤液水质及实验装置

5.3.1.1 垃圾渗滤液生化出水及其水质特性

实验过程中所用的垃圾渗滤液生化出水取自重庆市某垃圾焚烧发电厂，该厂生物处理过程采用 MBR（膜生物反应器）工艺。采用国家标准方法，测得其主要废水指标如表 5.3 所示。

表 5.3　垃圾渗滤液生化出水的水质指标

水质指标	垃圾渗滤液生化出水	水质指标	垃圾渗滤液生化出水
COD/(mg/L)	1220～1330	UV_{254}/cm^{-1}	6.2～6.4
TOC/(mg/L)	273.9～297.9	Cl^-/(mg/L)	3935.3～4035.3
TN/(mg/L)	593.4～612.5	SO_4^{2-}/(mg/L)	897.1～947.1
色度/倍	730～810	$Ca^{2+}+Mg^{2+}$/(mg/L)	2251.4～2361.4
NH_3-N/(mg/L)	7.1～8.7	Pb/(μg/L)	895.9～917.9
pH 值	8.0～8.8	Cu/(μg/L)	2145.5～2182.5
电导率/(mS/cm)	13.7～14.4	Cd/(μg/L)	10.2～13.2
碱度/(mgCaO/L)	1826.1～1906.1	Cr/(μg/L)	142.2～148.4

5.3.1.2 小试实验装置及实验流程

取 $Ca(OH)_2$ 絮凝后的上清液 6L，放入搅拌槽反应器中（玻璃发酵罐，

BIOTECH-2002过程控制器，双层六直叶圆盘涡轮式搅拌桨），加入一定量的$Ca(OH)_2$粉末。然后以一定的搅拌强度搅拌1min，使体系充分混合均匀。之后，启动臭氧发生器（北京322，HBO3-30型臭氧发生器），将臭氧输入反应器中，在搅拌条件下发生催化臭氧氧化处理废水中的有机物。当安装在反应器入口之前的臭氧检测仪（北京322，HBT-2000型）检测到臭氧来临时，反应开始计时。为监测反应器中催化臭氧反应的实际状况，在反应器出口处安装了一个低浓度臭氧检测仪（深圳吉顺安，JSA-O3-UV型）。在反应过程中，同时观察并记录反应器进出口处臭氧的浓度。整个试验系统，如图5.21所示。在反应过程中，每隔一定时间从反应器中抽取水样20mL，并让其静置澄清6h以上，取上清液测其COD值。实验主要考察了$Ca(OH)_2$用量、搅拌强度、臭氧剂量和臭氧输入速率对催化O_3氧化去除COD的影响及O_3的利用率。

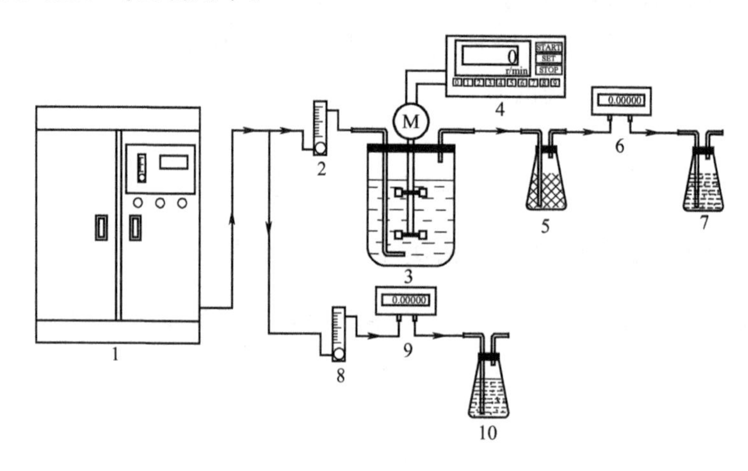

图5.21 催化臭氧氧化系统实验装置

1—臭氧发生器；2,8—气体流量计；3—搅拌反应器；4—转速调节器；5—干燥器；6,9—臭氧检测器；7,10—臭氧吸收瓶

5.3.1.3 中试实验装置及实验流程

该装置主要由臭氧混合水泵、循环水泵、循环撞击流反应罐和相应的连接管道组成。循环撞击流反应罐主要由一个圆柱反应罐体和设置于罐体上部的撞击流入射管组成，反应罐体顶部设有尾气出气口、液体送入口和浆料送入口，反应罐体底部设有排水孔。臭氧混合水泵和循环水泵分别位于反应罐体两侧，并分别运用合适的管道连接反应罐体下部两侧和上部的撞击流入射管。循环撞击流反应罐内径为400mm、高度为1320mm，撞击流入射管直

径为60mm，其插入反应罐深度为150mm，即两个撞击流入射管之间相距100mm，撞击平面距离顶部400mm。实验装置图及实验装置连接图如图5.22和图5.23所示。

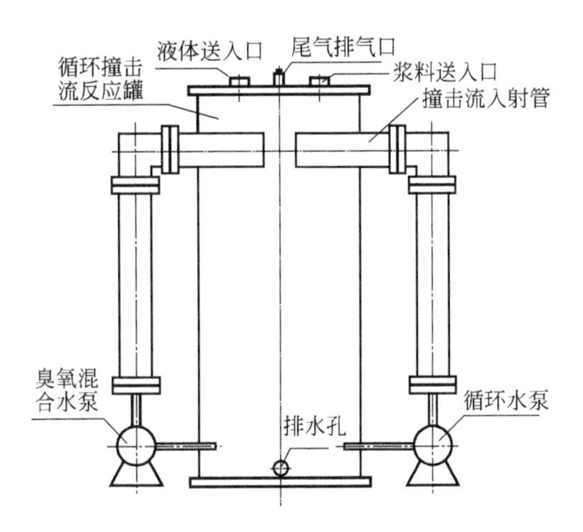

图5.22 气液强制混合反应器

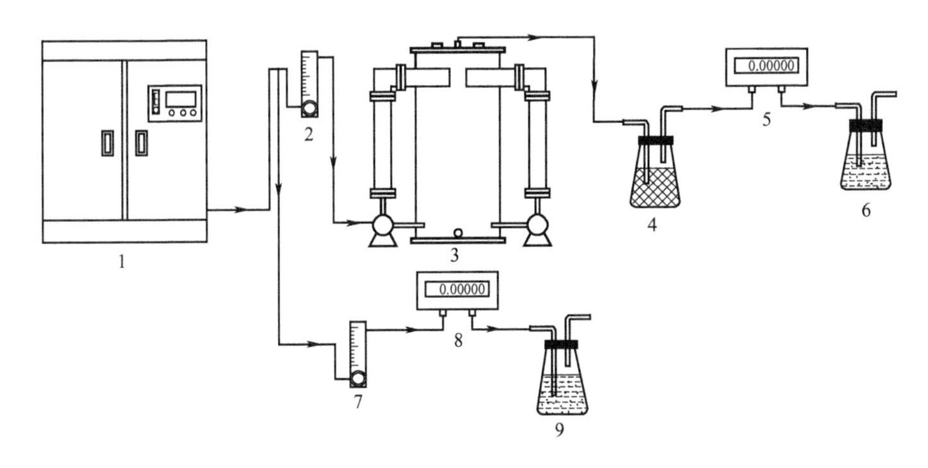

图5.23 催化臭氧氧化系统中试实验装置

1—臭氧发生器；2,7—气体流量计；3—气液混合反应器；4—干燥器；5,8—臭氧检测器；6,9—臭氧吸收瓶

首先通过水泵经过反应罐体顶部的反应液体送入口向反应罐体中输送245L生化出水；接着按照3.5g/L的计量称取$Ca(OH)_2$总计857.5g，制成浆料，从反应器顶部浆料送入口灌注进反应罐体，并关闭浆料送入口；为了使浆料与生化出水混合，运转臭氧混合水泵和循环水泵，废水通过两个水

泵从下至上输送，混合 5min；打开臭氧输送管道开关，向臭氧混合水泵中通入浓度为 54.3mg/L 的臭氧，臭氧流量为 3L/min。反应过程中，未反应的臭氧及尾气将从反应罐体顶部尾气出口排出。连续反应 2h，将反应后的液体通过反应罐体底部排水孔排出，整个反应过程中每隔 10min 取样一次，样品放置一段时间使其沉淀后，取上层清液测其 COD、色度、pH 的变化。

5.3.1.4 反渗透（RO）处理

为了比较生化出水预处理对反渗透的效果，分别取 3g/L、8g/L $Ca(OH)_2$ 絮凝沉淀出水，以及 O_3 处理 3g/L $Ca(OH)_2$ 絮凝出水各 80L，经硅藻土过滤器过滤后，采用浓盐酸调节其 pH 值约为 7，然后采用纳滤-反渗透一体化设备（南京万德斯环保科技有限公司，如图 5.24 所示。）进行反渗透处理。膜元件是采用专利复合反渗透膜 GE AG4040F 型构成的卷式膜，膜组件性能主要参数为：有效膜面积为 7.9m^2；产水量为 8m^3/d，最大操作温度为 50℃；脱盐率为 99.5%；一般操作通量为 15～35L/(m^2·h)；一般操作压力为 1.3～1.6MPa；连续操作 pH 值范围为 4～11，最佳脱盐率时的 pH 值为 7.0～7.5；短时清洗 pH 值范围为 2～11.5。

图 5.24 纳滤-反渗透一体化设备

处理时，先检查管路的开闭情况，给泵排气，开启反渗透进水泵循环 50s，使废水充满整个 RO 膜系统，再开启 RO 高压泵，调节浓水进、出水阀门开度，设定跨膜压力为 1.09MPa。在这个过程中废水中的污染物已经有一部分附着在膜上，以这个为起点记录运行时间，然后连续运行。实验过程中，每隔一定时间分别取产水、混合水样品，以分析水中物质的变化情况。RO膜处理废水分为恒定浓度和浓缩两种模式进行操作，前者指的是浓水和产水都回流到废水进水储槽的模式，而后者是浓水回流进水储槽，产水外排的运行模式。每次废水处理完毕，先对膜进行清水流洗30min，测其清水通量。如果通量未完全恢复至初始值，再用2%的柠檬酸溶液清洗90min，洗液温度不超过30℃，用清水冲洗干净残留洗液后，测定清水通量。若通量仍未完全恢复至初始值，再用0.05% EDTA-2Na混合NaOH溶液清洗，洗液pH=11～12，清洗90min，用清水冲洗干净残留洗液后，测定清水通量。如果通量仍未完全恢复至初始值，重复酸洗碱洗过程，直至通量基本恢复初始值。然后，等待下次实验。

5.3.1.5 废水纳滤（NF）处理

为了比较生化出水预处理对纳滤的效果，分别取2g/L、8g/L $Ca(OH)_2$絮凝沉淀出水，以及O_3处理2g/L $Ca(OH)_2$絮凝出水各80L，经硅藻土过滤器过滤后，采用浓盐酸调节其pH值约为7，然后采用纳滤反渗透一体化设备进行纳滤处理。膜元件是DURASLICK NF 4040型GE复合纳滤卷式膜。处理时，先检查管路的开闭情况，给泵排气，开启纳滤进水泵循环50 s，使废水充满整个NF膜系统，再开启NF高压泵，调节浓水进、出水阀门开度，设定跨膜压力为0.9MPa。在这个过程中废水中的污染物已经有一部分附着在膜上，以这个为起点记录运行时间，然后连续运行。实验过程中，每隔一定时间分别取产水、混合水样品，以分析水中物质的变化情况。NF膜处理废水在恒定浓度模式下进行操作，指的是浓水和产水都回流到废水进水储槽的模式。每次废水处理完毕，先对膜进行清水流洗30min，测其清水通量。如果通量未完全恢复至初始值，再用0.063%柠檬酸+0.039% NaOH溶液清洗30min，洗液温度不超过30℃，用清水冲洗干净残留洗液后，测定清水通量。若通量仍未完全恢复至初始值，再用0.05%的EDTA-2Na溶液清洗30min，洗液温度不超过30℃，用清水冲洗干净残留洗液后，测定清水通量。如果通量仍未完全恢复至初始值，重复酸洗碱洗过程，直至通量基本恢复初始值。然后，等待下次实验。

5.3.1.6 废水样的GC-MS分析条件

由相关文献报道，结合实际情况多次试验得出垃圾渗滤液生化出水中有机物分析测试条件如下：气相色谱-质谱联用仪，Agilent 7890 A-5975C；色谱柱，DB 25石英毛细管色谱柱（30mm×250μm×0.25μm）；载气为氦气，流速 1.0mL/min，线速度 36.3cm/s，压力 7.0669psi（1psi=6895Pa）；离子源温度，220℃；GC-MS 接口温度，280℃；进样口温度，250℃；初始温度 40℃；连接杆温度，280℃；程序升温 40℃，2min；40～120℃（升温速度 20℃/min），120℃，2min，120～200℃（升温速度 20℃/min），200℃，2min，200～250℃（升温速度 20℃/min），250℃，2min，250～300℃（升温速度 20℃/min），300℃，2min；质谱离子源，电子离子源（EI）；电子倍增器电压，1341eV；发射电子能量，69.9eV。

5.3.2 $Ca(OH)_2$催化 O_3氧化处理生化出水小试实验效果

5.3.2.1 $Ca(OH)_2$用量对絮凝预处理生化出水中 COD 的影响

由于生化出水会因处理工艺条件的波动而使得出水中初始 COD 浓度不同，实验考察了 $Ca(OH)_2$用量对生化出水中 COD 的影响（见图 5.25）。可以看出，对于不同初始 COD 浓度的水样，废水中 COD 浓度都随 $Ca(OH)_2$用量的增大而降低。当 $Ca(OH)_2$用量为 12g/L 时，各个水样的 COD 浓度几乎都降至最小程度，COD 去除率均达到 70%～75%。水样的颜色也由最初的深棕红色变成了淡黄色。

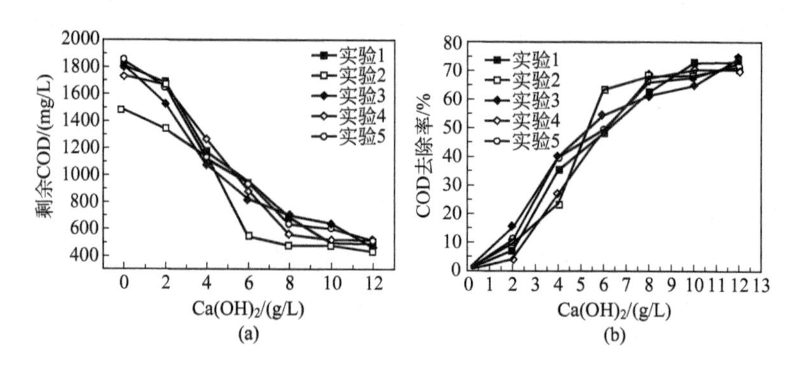

图 5.25 $Ca(OH)_2$用量对生化出水中 COD 的浓度（a）及 COD 去除率（b）的影响

石灰絮凝主要去除废水中的大分子物质，尤其是腐殖酸类物质，对废水脱色有较大作用。Baig 等研究了用 $Ca(OH)_2$絮凝垃圾渗滤液原水，当用量为 1g/L 时，对废水 COD 的去除率为 27%。Renoua 等采用石灰沉淀预处理渗滤液发现，不同来源的渗滤液由于其组成不同，存在不同的最佳 $Ca(OH)_2$用量，废水 COD 的去除率最高可达 25.5%，去除的有机物主要是腐殖酸。该过程的机理如下：

$$Ca(HCO_3)_2 + Ca(OH)_2 \longrightarrow 2CaCO_3 \downarrow + 2H_2O \tag{5.6}$$

$$Mg(HCO_3)_2 + Ca(OH)_2 \longrightarrow MgCO_3 \downarrow + CaCO_3 \downarrow + 2H_2O \tag{5.7}$$

$$MgCO_3 + Ca(OH)_2 \longrightarrow CaCO_3 \downarrow + Mg(OH)_2 \downarrow \tag{5.8}$$

目前，渗滤液预处理广泛使用铁系、铝系和铁铝组合絮凝剂，以及有机无机混合絮凝剂，在使用时一般需要调节废水 pH 值和温度，才能达到最佳效果。本实验采用 $Ca(OH)_2$直接预处理生化出水，COD 去除率较高，且固体产物沉降分离较快，在 5min 内沉降到一半的高度，3h 后絮凝物降到总体积的 1/8，且 24h 内基本不再变化。所以，$Ca(OH)_2$预处理生化出水方法具有较高的实用性。

5.3.2.2 $Ca(OH)_2$催化 O_3氧化预处理出水主要过程参数的影响

(1) $Ca(OH)_2$用量的影响

以 12g/L 的 $Ca(OH)_2$用量预处理生化出水，得到上清液，其 pH 值为 12～13。考察了 $Ca(OH)_2$用量对催化 O_3 氧化其中有机物的动力学和对 O_3 利用率的影响，其结果如图 5.26 所示。由图可知，$Ca(OH)_2$用量对去除 COD 的动力学过程没有特别明显的影响，但预处理上清液中 1～2g/L $Ca(OH)_2$有利于提高废水中 COD 去除的速率。图 5.26(b) 表明，0～2g/L 的 $Ca(OH)_2$用量可以保持较高的臭氧利用率，过量的 $Ca(OH)_2$会导致臭氧利用率下降。当 $Ca(OH)_2$投加量为 2g/L 时，COD 去除效果最好，O_3利用率最高。其可能的原因是，在被 $Ca(OH)_2$饱和的预处理出水中，氢氧根催化 O_3分解产生强氧化能力的羟基自由基，它氧化水中有机物将产生 CO_2，

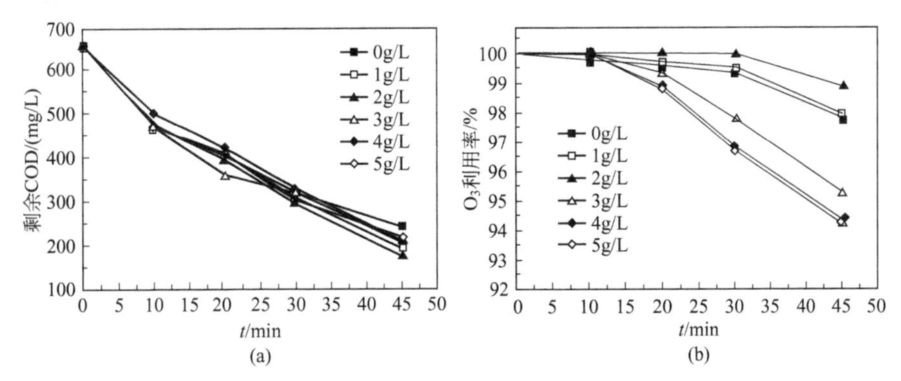

图 5.26 $Ca(OH)_2$用量对去除 COD (a) 及 O_3利用率 (b) 的影响

(实验条件：进口 O_3浓度是 44mg/L；流量是 3L/min)

而CO_2在碱性条件下会以碳酸根形式存在。由于CO_3^{2-}又是一种自由基清除剂，它的存在必然降低臭氧利用率。但由于预处理出水中存在$Ca(OH)_2$与Ca^{2+}的电离平衡，废水中的CO_3^{2-}就会与Ca^{2+}快速反应生成$CaCO_3$沉淀而及时消除CO_3^{2-}，从而提高了臭氧的利用率。

(2) 搅拌强度的影响

在上述预处理的上清液中，加入2g/L的$Ca(OH)_2$作为催化剂。然后在不同搅拌强度下，按7.92g/h O_3的通入速率，催化臭氧氧化反应60min。得到搅拌强度对催化氧化废水有机物的动力学和对尾气中O_3浓度的影响，结果如图5.27所示。由图可知，当搅拌转速小于600r/min时，搅拌强度的增大可以明显提高去除COD的速率，并减小出口尾气中O_3的浓度，继续增大搅拌强度对COD的去除没有明显的作用，但还可以适当降低出口尾气中O_3的浓度。尾气中O_3浓度越低说明其利用率就越高，废水COD下降就越快。这说明，当搅拌转速小于600r/min时，$Ca(OH)_2$催化O_3氧化的多相反应过程受O_3由气相向液相的传质控制。之后，该反应过程属于羟基自由基与有机物之间的化学反应控制。

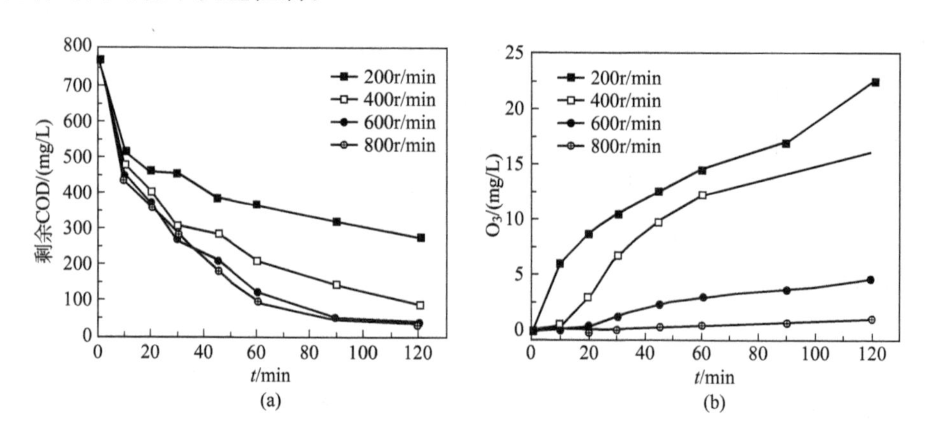

图5.27 搅拌强度对$Ca(OH)_2$催化O_3氧化去除COD (a)

与出口尾气中O_3浓度 (b) 的影响

(实验条件：进口O_3浓度是44mg/L；流量是3L/min)

(3) O_3浓度的影响

取预处理废水的上清液，加入$Ca(OH)_2$的量为2g/L，在搅拌强度为800r/min，气相进口流量为3L/min的条件下，反应60min。考察了进口气相中臭氧浓度的影响，结果如图5.28所示。当O_3的浓度小于66.24mg/L时，随着O_3浓度的增大，废水中COD去除速率加快，尾气中O_3浓度也相

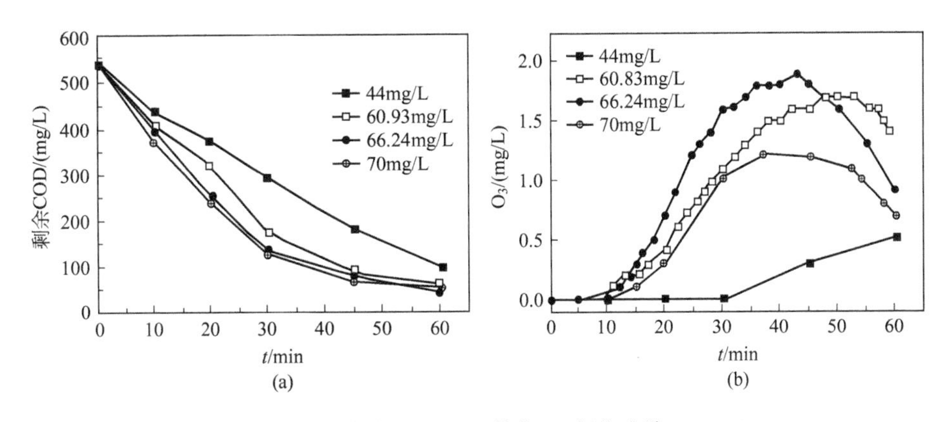

图 5.28　O_3浓度对 $Ca(OH)_2$催化 O_3氧化去除 COD（a）与出口尾气中 O_3浓度（b）的影响

应提高。但当 O_3浓度高于 66.24mg/L 时，继续增大其值对 COD 去除效果已不再明显。这一现象说明，当气相中 O_3浓度小于 66.24mg/L 时，该催化反应过程受 O_3的传质控制；大于该浓度时，反应过程受羟基自由基与有机物之间的氧化反应速率控制。由于在整个催化反应过程中，体系被 $Ca(OH)_2$所饱和，其 pH 值稳定在 12～13 之间，所以可以认为反应体系中 OH^-催化生成羟基自由基的速率基本不变。这样，在搅拌转速为 800r/min，进口气相中 O_3浓度大于 66.24mg/L 条件下，反应动力学可以认为基本上是羟基自由基氧化有机污染物反应的本征动力学。此外，由图 5.27(b) 可知，尾气中 O_3浓度随着进气浓度的增大而增大，但反应到一定时间后，出口浓度开始下降，这可能是反应体系温度已达 40℃以上，O_3迅速分解所致。

5.3.2.3　$Ca(OH)_2$催化臭氧氧化有机污染物的机理探讨

如图 5.25(a) 所示，在垃圾渗滤液生化出水预处理的上清液中，适量存在的 $Ca(OH)_2$可以强化碱性介质中 OH^-催化 O_3氧化有机物去除 COD 的动力学速率，并提高了 O_3的利用率。用 XRD 对催化反应液相中的固相物质进行了分析，使用 Jade 6.0 软件分析，得出了 XRD 衍射谱图，结果如图 5.29所示。由此可知，在 $2\theta=29°\sim50°$范围内，出现几个较强的 $CaCO_3$晶体的衍射峰。这说明在 $Ca(OH)_2$催化 O_3氧化反应体系中存在着碳酸根与钙离子的沉淀反应，适量 $Ca(OH)_2$的存在及时消除了体系中的自由基清除剂，强化了催化臭氧氧化废水中有机污染物的动力学过程，而且提高了臭氧的利用率。

$Ca(OH)_2$催化臭氧氧化废水过程，实际上是 OH^-催化臭氧首先产生羟

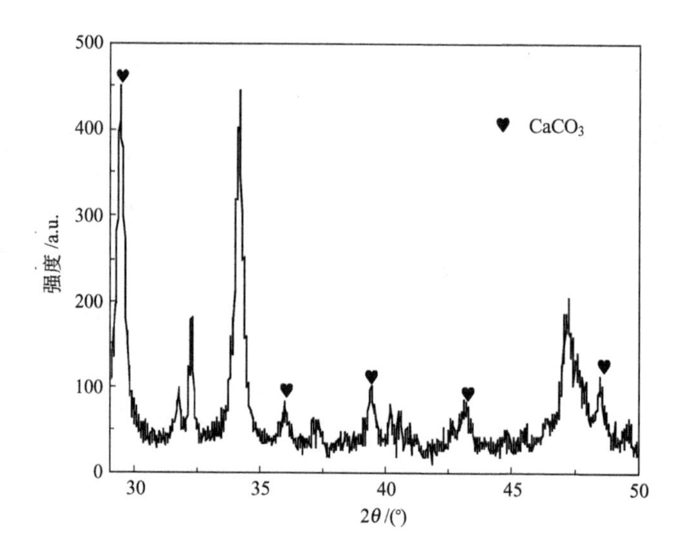

图 5.29　催化臭氧氧化反应体系中固体物质的 XRD

基自由基，然后氧化有机污染物的过程。当有机物被彻底氧化时，产生的CO_2在碱性条件下以CO_3^{2-}形式存在，可与水中的钙离子反应生成少量$CaCO_3$沉淀，其主要机理如下：

① $Ca(OH)_2$在废水中的溶解并电离产生Ca^{2+}和OH^-：

$$Ca(OH)_2 \longrightarrow Ca^{2+} + 2OH^- \tag{5.9}$$

② 溶液中的O_3在碱性介质中反应产生羟基自由基：

$$O_3 + OH^- \longrightarrow HO_2^- + O_2 \tag{5.10}$$

$$O_3 + HO_2^- \longrightarrow HO_2 \cdot + O_3^- \cdot \tag{5.11}$$

$$O_3^- \cdot + H_2O \longrightarrow HO \cdot + O_2 + OH^- \tag{5.12}$$

③ 羟基自由基氧化矿化有机污染物产生CO_2：

$$HO \cdot + \text{污染物} \longrightarrow CO_2 + H_2O + \cdots \tag{5.13}$$

④ 有机污染物矿化产物CO_2的自由基清除反应：

$$CO_2 + 2OH^- \longrightarrow CO_3^{2-} + H_2O \tag{5.14}$$

$$HO \cdot + CO_3^{2-} \longrightarrow OH^- + CO_3^- \cdot \tag{5.15}$$

$$CO_3^- \cdot + O_3 \longrightarrow O_2 + CO_2 + O_2^- \cdot \tag{5.16}$$

⑤ $Ca(OH)_2$存在下对溶液中自由基清除剂CO_3^{2-}的沉淀分离反应：

$$CO_3^{2-} + Ca^{2+} \longrightarrow CaCO_3 \downarrow \tag{5.17}$$

臭氧氧化机理为上述的（5.10）～（5.13）步，在缺少氢氧根的条件下，产生羟基自由基的量很少，单独的臭氧氧化能力较弱，投加氢氧化钙催化臭氧氧化，不仅可以提供足够的氢氧根以保证羟基自由基的产生，而且这一沉淀反应可及时去除 CO_3^{2-}，由于它是·OH 的清除剂，从而提高了催化 O_3 降解和矿化有机物的效率。

5.3.3 $Ca(OH)_2$催化 O_3氧化处理生化出水中试实验效果

5.3.3.1 废水 COD、pH 值、色度随时间的变化规律

在臭氧中试处理装置中加入 245L 生化出水，通入流量为 3L/min、浓度为 54.3mg/L 的臭氧，处理 2h 后生化出水的 COD、pH 值和色度等因素随时间的变化规律如图 5.30 所示。随时间的延长 COD 逐渐降低，反应到 90min 时，COD 的降解速率有所减缓。pH 值也是随着反应的进行逐渐降

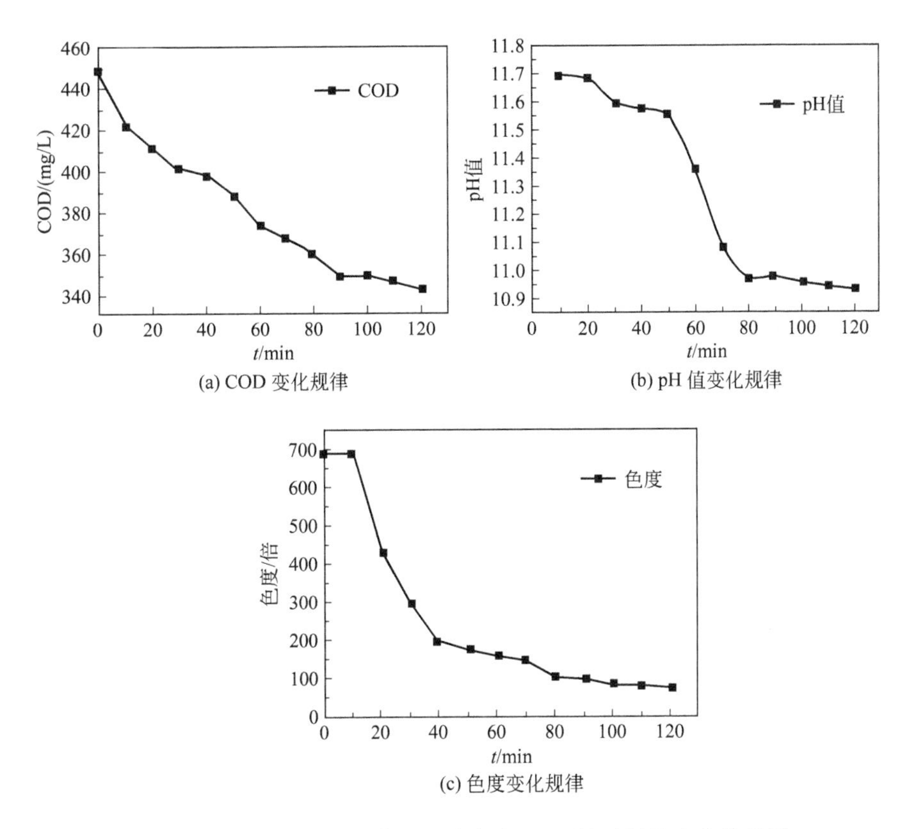

(a) COD 变化规律

(b) pH 值变化规律

(c) 色度变化规律

图 5.30 COD(a)、pH 值(b) 和色度 (c) 随时间的变化关系图

[实验条件：臭氧浓度 54.3mg/L；臭氧流量 3L/min；
反应体积 245L；$Ca(OH)_2$浓度 3.5g/L]

低，可能是由于反应过程中 OH^- 的消耗，导致 pH 值减小，当反应到 90min 时，pH 值的减小变缓，这可能正是由于整个反应速率下降，反应过程中 OH^- 的消耗速率减慢。色度的变化曲线同 COD 和 pH 值一样，先下降较快，后下降较慢，分界点几乎也是在 90min 时。如 5.3.2.3 中所述，在 $Ca(OH)_2$ 催化 O_3 氧化反应体系中存在着碳酸根与钙离子的沉淀反应，适量 $Ca(OH)_2$ 的存在及时消除了体系中的自由基清除剂，强化了催化臭氧氧化废水中有机污染物的动力学过程，而且提高了臭氧的利用率。

5.3.3.2 处理过程能耗分析

选用新设计的臭氧反应器，处理生化出水 245L，$Ca(OH)_2$ 加入量为 3.5g/L，总共加入 857.5g 的 $Ca(OH)_2$，反应时间 2h。处理效果如下：

ΔCOD=(448.87－343.03)mg/L=105.84mg/L，去除率为 23.58%

Δ 色度=687.97－76.03=611.94 ，去除率为 88.95%

ΔpH=11.682－10.96=0.722

反应过程中通入的臭氧浓度为 54.3mg/L，流量为 3L/min。臭氧发生器的功率为 2.2kW，气液混合器中循环泵的总功率=1.1× 2=2.2kW，总反应时间 2h，消耗电能=(2.2kW+2.2kW)×2h=8.8kW·h，即放大实验的 COD 减少的能耗量与电能的关系为 0.34kW·h/g COD。小试实验结果显示 COD 降低到同等程度时，能耗为 0.755kW·h/g COD，可见中试实验装置能耗低于小试实验装置。

另外，研究结果也表明单纯用催化臭氧氧化的方式短时间内无法使废水 COD 迅速达到 100mg/L 以下，但是脱色效果较好，反应 40min 时，颜色脱去效果明显，这主要是因为垃圾渗滤液中含有大量的含不饱和键的有机物，还有芳香环、杂环和多环化合物，这些物质是废水中的腐殖酸物质的主要成分，使废水带有颜色，臭氧处理废水过程中，臭氧可有效地破坏这类化合物中的不饱和键。废水中加入 $Ca(OH)_2$ 不仅可以提供足够的氢氧根以保证羟基自由基的产生，还可及时去除·OH 的清除剂 CO_3^{2-}，从而达到降解有机物的目的，但是将有机物完全矿化需要更多的臭氧和更长反应时间。因此，从工程应用上来看，催化臭氧氧化法用于废水处理过程中的脱色，作为膜处理过程的前处理技术比较合理。

5.3.4 $Ca(OH)_2$催化 O_3氧化处理生化出水提高反渗透性能

5.3.4.1 渗滤液生化出水的 $Ca(OH)_2$絮凝沉淀处理

$Ca(OH)_2$用量对垃圾渗滤液生化出水絮凝沉淀处理效果的影响，结果如图 5.31 所示。由图 5.31 可知，当 $Ca(OH)_2$的用量由 0g/L 增大至 8g/L 时，渗滤液生化出水的 COD 持续由 1222mg/L 降低至 857mg/L，COD 去除率约为 30%；当 $Ca(OH)_2$用量继续由 8g/L 增大至 10g/L 时，COD 的去除效果降低，所以较优的 $Ca(OH)_2$用量为 8g/L。但絮凝沉淀处理后的废水的电导率也出现了增大，实验测得废水中 Ca^{2+} 和 Mg^{2+} 总量由初始的 2306.4mg/L 升高至 2774.8mg/L，增加约 20.3%。由图 5.31 可知，电导率 G 随着 $Ca(OH)_2$用量的增大呈现先降低后升高的规律，在 3g/L 时达到最小值，为 12.4mS/cm，此时废水中 Ca^{2+} 和 Mg^{2+} 总量仅为 438.2mg/L，与初始值相比减少了约 81%。Ca^{2+} 和 Mg^{2+} 总量的降低，主要是由于加入的 $Ca(OH)_2$与废水中存在的钙镁酸式碳酸盐反应沉淀而去除造成，主要反应如式(5.6)～式(5.8)所示。

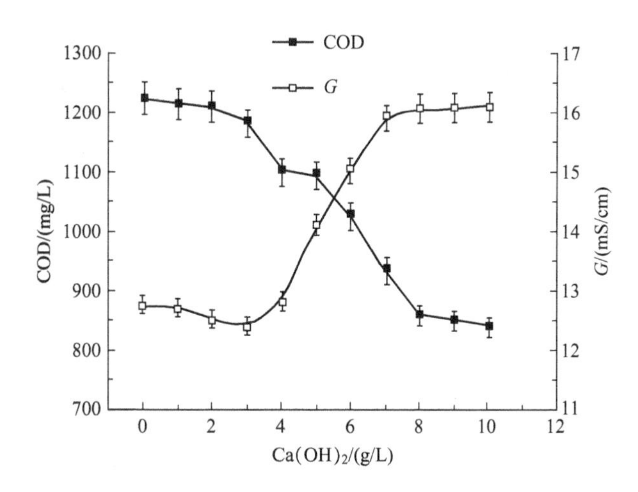

图 5.31　$Ca(OH)_2$用量对 MBR 出水絮凝沉淀处理后 COD 和电导率的影响

由此可知，在废水电导率最低即 $Ca(OH)_2$用量为 3g/L 时，废水中的 COD 去除率虽然没有达到最大值，但 Ca^{2+} 和 Mg^{2+} 总量得到了较大程度的去除。这两种条件下的絮凝沉淀出水，由于其含金属离子和有机物种类相同，而浓度不同，正好可用以考察有机物和无机离子协同作用对废水反渗透处理的影响，并探讨膜污染的机理。

5.3.4.2 $Ca(OH)_2$絮凝沉淀出水的臭氧氧化处理效果

为了进一步探索生化出水反渗透预处理的工艺，采用经 3g/L $Ca(OH)_2$ 絮凝沉淀后的废水用 O_3 氧化处理，其处理效果如图 5.32 所示。由图 5.32 可知，$Ca(OH)_2$絮凝沉淀后废水的色度、COD 和 UV_{254} 值比生化出水分别降低了 30.6%、20%和 27.1%。UV_{254}是衡量水中腐殖酸类大分子有机物以及含 C═C 双键和 C═O 双键的芳香族化合物含量的一项重要指标。以上 3 种指标降低幅度相差不大，表明 $Ca(OH)_2$絮凝沉淀主要去除了废水中的大分子腐殖酸类物质。在此基础上，再经臭氧氧化处理后的废水色度、COD 和 UV_{254}值比 $Ca(OH)_2$絮凝沉淀出水又分别降低了 28%、29.2%和 28.1%。实验过程中还发现，絮凝沉淀出水经过 O_3处理后，废水中有少量沉淀生成，且废水中的 Ca^{2+} 和 Mg^{2+} 浓度由初始的 438.2mg/L 降低至 276.77mg/L，去除率为 36.8%。O_3的氧化处理进一步降低了废水中的 COD、Ca^{2+} 和 Mg^{2+}

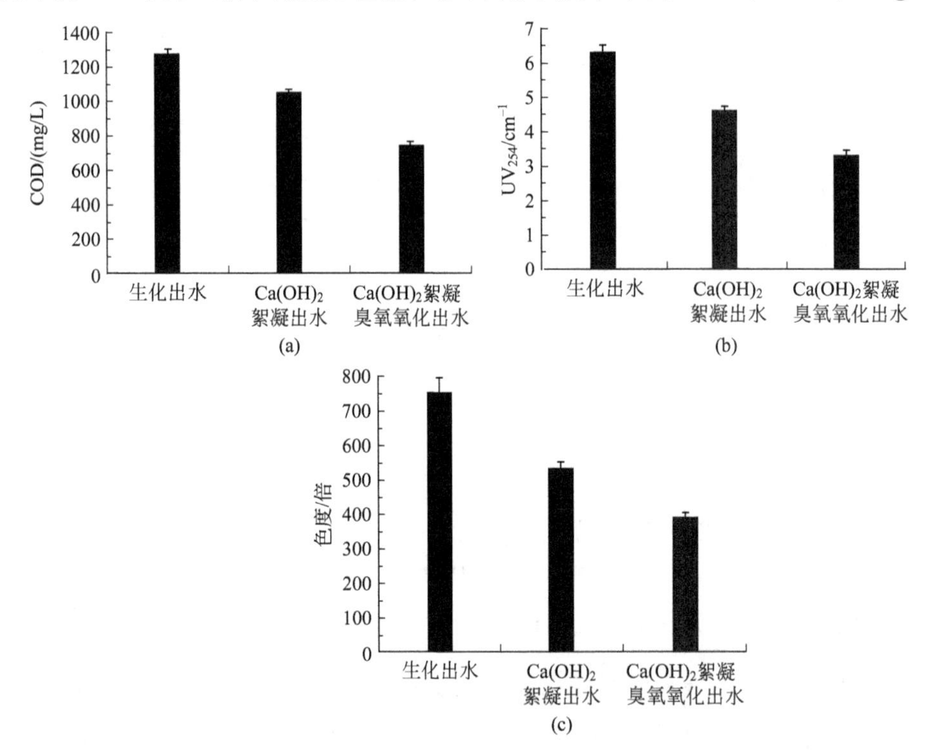

图 5.32 生化出水、$Ca(OH)_2$絮凝出水、$Ca(OH)_2$絮凝臭氧氧化出水的 COD (a)、UV_{254} (b)、色度 (c) 的变化

总量，显然有助于提高反渗透膜处理的通量和减轻膜污染。

臭氧氧化废水中的有机物，一般有直接氧化和催化氧化两种作用机理。臭氧氧化机理实验表明，$Ca(OH)_2$絮凝沉淀后直接进行臭氧氧化的废水颜色由红棕色变为淡黄色，COD由1050mg/L降为681mg/L，而pH值调为7的废水样的颜色经臭氧氧化后仍为深黄色，COD仅降低至768mg/L。这说明臭氧直接氧化$Ca(OH)_2$絮凝沉淀出水应该还有催化氧化的作用，这种作用对COD去除的贡献率约占23.6%。因此，臭氧氧化$Ca(OH)_2$絮凝沉淀出水中的有机物应该是直接氧化和催化氧化两种机理共存。由于$Ca(OH)_2$絮凝沉淀出水的pH值高达11，废水中存在一定量的OH^-，它会与通入的臭氧形成OH^-/O_3催化体系，从而提高臭氧氧化的效率。同时，废水中存在的Ca^{2+}与有机物矿化产生的CO_2在碱性介质中反应也可能生成了$CaCO_3$沉淀，这与实验中发现的少量沉淀的现象相一致。其催化臭氧氧化机理如式(5.9)～式(5.17)所示，投加$Ca(OH)_2$催化臭氧氧化，可以提供足够的OH^-以促使·OH等强氧化性自由基的产生，发生的如式(5.17)所示的沉淀反应还可及时去除CO_3^{2-}等·OH清除剂，提高催化O_3氧化降解和矿化有机物的效率。

5.3.4.3 不同预处理废水反渗透处理性能比较

(1) 恒定浓度操作模式下RO处理废水的膜通量、产水COD的变化规律

分别以渗滤液生化出水、3g/L和8g/L $Ca(OH)_2$絮凝沉淀出水以及3g/L $Ca(OH)_2$絮凝沉淀后O_3氧化出水进行RO处理，其膜通量和产水COD浓度变化规律如图5.33所示。由图5.33可知，4种不同废水RO处理产水通量的大小顺序规律为：3g/L $Ca(OH)_2$絮凝沉淀后O_3氧化处理出水> 3g/L $Ca(OH)_2$絮凝沉淀出水> MBR出水> 8g/L $Ca(OH)_2$絮凝沉淀出水。且随着时间的延长，4种废水的通量均有所升高，这主要是因为运行过程中，体系温度在不断升高，导致膜通量增大。另外，实验测得与这4种废水相对应的电导率分别为：12.5mS/cm、13.03mS/cm、13.85mS/cm和16.83mS/cm，这个与结果也与Ca^{2+}和Mg^{2+}总浓度测定结果相一致。研究表明，Ca^{2+}和Mg^{2+}浓度越高，膜通量就越低。

废水中的成分十分复杂，腐殖酸的存在容易造成膜的污染，但当体系中离子强度不同污染情况有所不同。腐殖酸类物质可以看作是带负电的亲水胶体，通常在低离子强度下，由于带负电的基团相互排斥，使得腐殖酸分子将

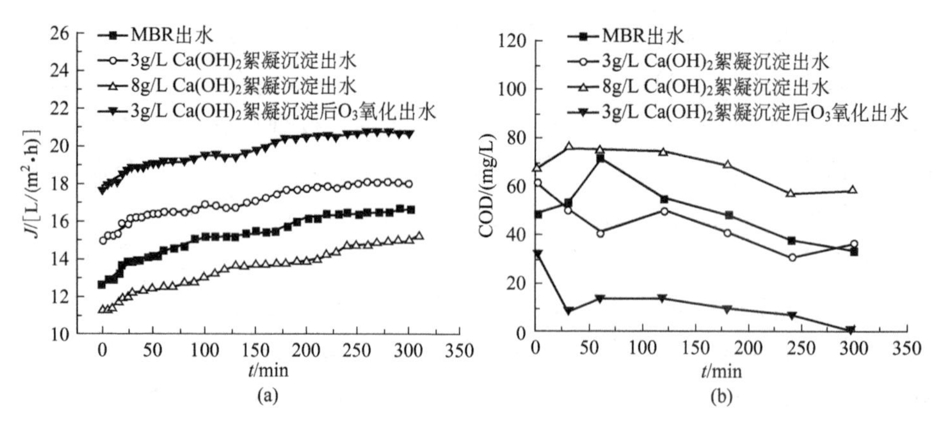

图 5.33 恒定浓度操作模式下废水 RO 产水膜通量（a）和产水 COD（b）随时间的变化规律

（实验条件：$V_1=80L$；$t=23.5\sim29.5℃$；跨膜压力 $p=1.09MPa$）

选择一种拉伸的近似于线型的构型存在；而在高离子强度下，阳离子附着于带负电荷的基团上，聚合体链中分子内部的排斥减少，因而分子链将盘旋成一种卷曲甚至球状的分子构型。而大分子的变形，分子链的盘卷排斥了围绕着分子的一部分水合水，使分子的水合程度降低，腐殖酸分子即由亲水胶体变为疏水胶体。这也使得腐殖酸更容易吸附在膜表面，导致膜污染加剧，通量下降。然而，在反渗透处理的 4 种废水中，腐殖酸浓度最高的 MBR 出水的 RO 产水膜通量并不是最小的。这说明，废水的电导率和 Ca^{2+} 和 Mg^{2+} 的浓度对膜通量存在着决定性的影响。

如图 5.33(b) 所示，4 种废水的 RO 产水 COD 都在 100mg/L 以下，且符合如下顺序规律：8g/L $Ca(OH)_2$ 絮凝沉淀出水＞ MBR 出水＞ 3g/L $Ca(OH)_2$ 絮凝沉淀出水 ＞ 3g/L $Ca(OH)_2$ 絮凝沉淀后 O_3 氧化出水。这一结果与废水的电导率和废水中 Ca^{2+} 和 Mg^{2+} 的总浓度大小顺序一致。可以看出，废水中 Ca^{2+} 和 Mg^{2+} 的总浓度越高，对膜的污染越大，同时还会造成反渗透出水中有机物浓度升高，使得产水的 COD 浓度变大。

（2）浓缩操作模式下 RO 处理废水的膜通量、产水 COD 的变化规律

对以上 4 种废水进行 RO 浓缩处理，考虑到膜的承受能力，4 种废水样体积浓缩倍数均设定为 2，结果如图 5.34 所示。经 O_3 氧化处理过的废水，最先达到预定浓缩倍数，所用时间为 11min，比 3g/L $Ca(OH)_2$ 絮凝沉淀出水提前 5min，比 MBR 出水提前 15min，比 8g/L $Ca(OH)_2$ 絮凝沉淀出水提前 24min。这一结果与它们相应的膜通量大小结果一致。

如前所述，当废水中同时存在腐殖酸以及 Ca^{2+} 和 Mg^{2+} 时，Ca^{2+} 和 Mg^{2+} 的浓度越高，膜通量越低。浓缩过程中，由于各种废水中含有的腐殖

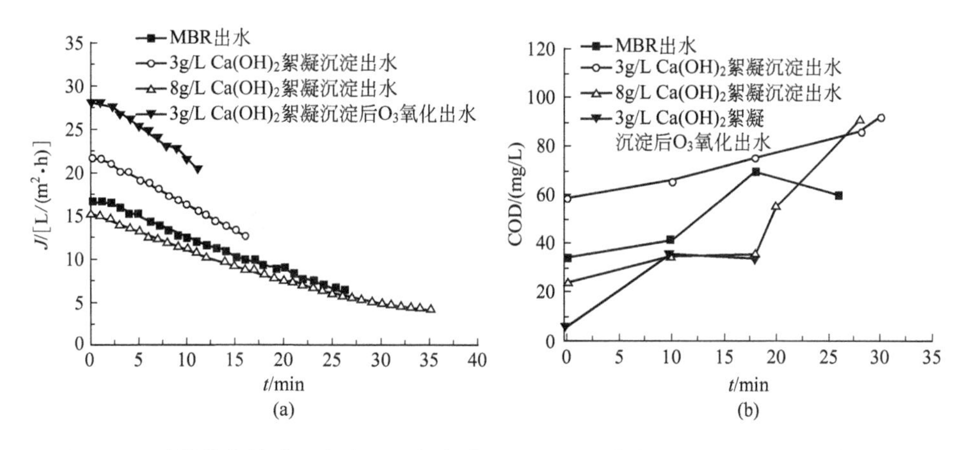

图 5.34 浓缩操作模式下废水 RO 产水膜通量（a）和产水 COD（b）随时间的变化

（实验条件：V_1=80L；t=29.5℃；跨膜压力 p=1.09MPa）

酸以及 Ca^{2+} 和 Mg^{2+} 的浓度不同，导致膜通量下降速率不同。反渗透装置经长期运行，处理的料液中的溶质分子会与膜发生物理化学作用而引起其在膜表面或膜孔内的吸附或沉积，从而使膜孔径变小或堵塞。随着浓缩过程的进行，循环液中有机物和盐含量逐渐增加，且废水中初始污染物浓度越大，浓缩过程中浓度升高越快，系统的渗透压提高越快，系统施加给膜的有效压力降低越快，膜的水通量随之降低越明显。

如图 5.34(b) 所示，4 种不同废水的产水 COD 浓度也均低于 100mg/L。实验发现，随着浓缩过程的进行，废水温度并无明显升高，但 COD 均呈现出上升的趋势。这可能是由于浓差极化现象所引起，污染物在膜料液侧表面积累使水分子透过膜的阻力增加，阻碍了膜面上的水分子和溶质分子的溶解扩散，占据了盐水通道空间，限制了膜孔中的水流流动，各个时间点的产水量变少，导致单位体积内的有机物含量升高。

5.3.4.4 反渗透膜污染情况比较分析

将以上 4 种废水进行 RO 处理后，用清水冲洗 RO 膜 30min 后通量的恢复情况如图 5.35 所示。由图 5.35 可知，RO 膜处理废水后膜通量恢复情况为：3g/L $Ca(OH)_2$ 絮凝沉淀后 O_3 氧化出水 > 3g/L $Ca(OH)_2$ 絮凝沉淀出水 > 8g/L $Ca(OH)_2$ 絮凝沉淀出水 > MBR 出水。

当钙离子存在时，腐殖酸可以与钙离子进行离子交换和络合作用，络合物的形成降低了溶液的电负性，使膜与腐殖酸分子间的静电斥力减少，使腐殖酸沉积速率加快，膜污染加重。同时，溶液中游离的 Ca^{2+} 又能与膜表面

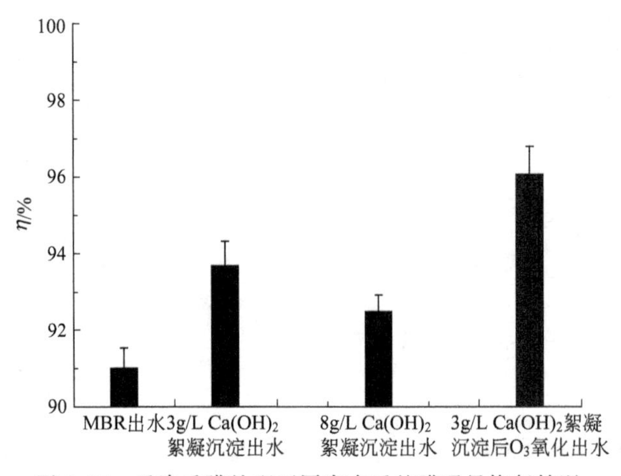

图 5.35　反渗透膜处理不同废水后的膜通量恢复情况

的负电荷基团静电键合，在膜与腐殖酸之间形成“盐桥”，使膜表面的荷电强度降低，进一步减弱了膜表面和腐殖酸分子之间的电排斥，使腐殖酸更多地吸附在膜表面造成膜的污染。因此，废水中的 Ca^{2+} 与腐殖酸浓度的相对大小决定了对膜的污染程度。

结合前面的结果可知，4 种废水的 COD 大小顺序为：MBR 出水 >3g/L $Ca(OH)_2$ 絮凝沉淀出水 >8g/L $Ca(OH)_2$ 絮凝沉淀出水 >3g/L $Ca(OH)_2$ 絮凝沉淀后 O_3 氧化出水。实验测得这 4 种废水的 Ca^{2+} 和 Mg^{2+} 的浓度大小顺序为：8g/L $Ca(OH)_2$ 絮凝沉淀出水> MBR 出水 > 3g/L $Ca(OH)_2$ 絮凝沉淀出水 >3g/L $Ca(OH)_2$ 絮凝沉淀后 O_3 氧化出水。MBR 出水中的有机物和 Ca^{2+}、Mg^{2+} 的浓度均较高，因此膜通量恢复程度最低。其次是 8g/L $Ca(OH)_2$ 絮凝沉淀出水，其 COD 在 4 种废水中较低，但是 Ca^{2+} 和 Mg^{2+} 的浓度最大，导致其膜污染程度较高，仅次于 MBR 出水。3g/L $Ca(OH)_2$ 絮凝沉淀出水的 COD 高于 8g/L $Ca(OH)_2$ 絮凝沉淀出水的 COD，但由于其中的 Ca^{2+} 和 Mg^{2+} 的浓度较低，腐殖酸与 Ca^{2+} 共同作用对膜造成的污染相对就较轻。O_3 氧化处理过的 3g/L $Ca(OH)_2$ 絮凝沉淀出水中 COD、Ca^{2+} 和 Mg^{2+} 的浓度均是最小的。因此，其对膜造成的污染最轻。

5.3.5　$Ca(OH)_2$ 催化 O_3 氧化处理生化出水提高纳滤性能及机理

5.3.5.1　生化出水的 $Ca(OH)_2$ 絮凝处理

$Ca(OH)_2$ 用量对 MBR 出水中 COD 及电导率的影响，结果如图 5.36 所示。

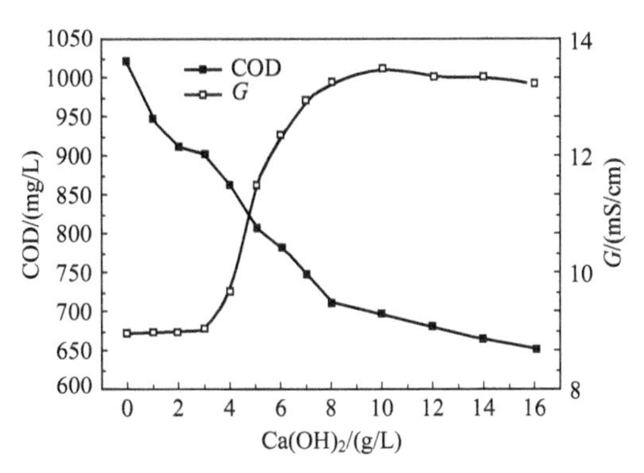

图 5.36 $Ca(OH)_2$用量对 MBR 出水絮凝过程中 COD 与电导率的影响

由此可知，当$Ca(OH)_2$的用量由 0g/L 增大至 8g/L 时，MBR 出水的 COD 持续降低，由 1019mg/L 降低至 710mg/L，COD 去除率约达 30.3%；但当其用量由 8g/L 继续增大至 16g/L 时，COD 的变化平缓，去除效果无明显增加。因此，就去除 COD 而言，较优的 $Ca(OH)_2$用量为 8g/L。与此同时，絮凝出水的电导率由 8.974mS/cm 减小到 8.949mS/cm，再由 8.949mS/cm 增加到 13.35mS/cm。电导率最低时 $Ca(OH)_2$用量为 2g/L。Renoua 等采用石灰絮凝预处理渗滤液的研究表明，不同来源的渗滤液由于其组成不同，存在不同的最佳 $Ca(OH)_2$用量，废水 COD 的去除率最高可达 25.5%。而且，去除的有机物主要是腐殖酸。由此表明，$Ca(OH)_2$作为生化出水的絮凝剂，也有很好的去除其中腐殖酸的效果。

5.3.5.2 2g/L $Ca(OH)_2$絮凝出水的臭氧氧化处理

废水中的成分十分复杂，腐殖酸的存在容易造成膜的污染，尤其当存在 Ca^{2+}时，其污染情况会有所变化。腐殖酸类物质可以看作是带负电的亲水胶体，当其溶解在溶液中，分子链中的羧基和羟基即解离出质子使溶液呈酸性。通常在低离子强度下，溶液 pH＝6.5～9.5 时，由于带负电的基团相互排斥，使得腐殖酸分子将选择一种拉伸的近似于线型的构型存在；而在高离子强度下，阳离子附着于带负电荷的基团上，聚合体链中分子内部的排斥减因而分子链将盘旋成一种卷曲甚至球状的分子构型。而大分子的变形，分子链的盘卷排斥了围绕着分子的一部分水合水，使分子的水合程度降低，腐殖酸分子即由亲水胶体变为疏水胶体。

为了进一步探索生化出水纳滤预处理工艺，采用经过 2g/L $Ca(OH)_2$絮凝后的清液用 O_3氧化，结果如图 5.37 所示，$Ca(OH)_2$絮凝后的废水 COD

比生化出水降低了 7.1%，$Ca(OH)_2$ 絮凝后的废水色度比生化出水降低了 30.6%，这说明 $Ca(OH)_2$ 絮凝去除了废水中的大分子有色物质，通常为腐殖酸类物质。在此基础上，通入碱性絮凝出水中的 O_3，可更加高效地氧化降解与矿化有机物。经臭氧处理后的废水色度比 2g/L $Ca(OH)_2$ 絮凝出水色度降低了 28%，COD 降低了 33.8%。实验中还发现，臭氧氧化过程中有少量沉淀生成。因此，可能是废水中存在的 Ca^{2+} 与有机物矿化产生的 CO_2 在碱性介质中反应生成了 $CaCO_3$ 沉淀。

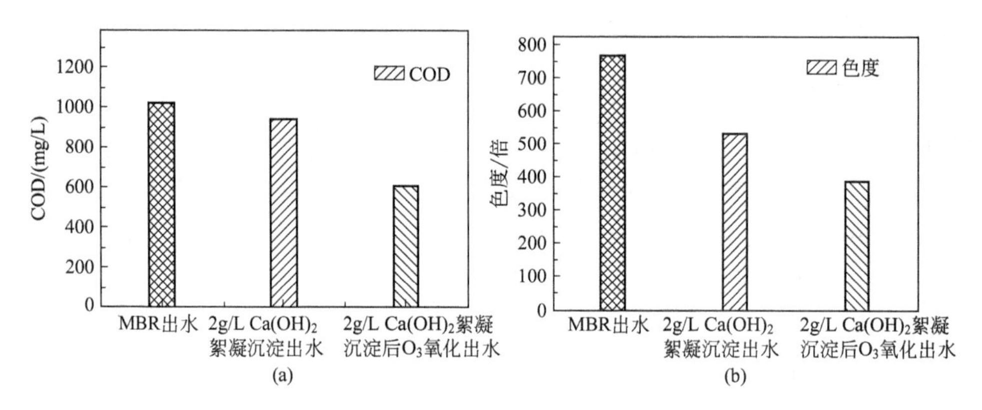

图 5.37 生化出水絮凝及其臭氧处理过程中 COD(a)、色度(b) 的变化

5.3.5.3 废水纳滤处理性能比较

(1) 恒定浓度操作模式下 NF 处理废水时的膜通量、出水中 COD 的变化规律

分别以 MBR 出水及其三种预处理出水进行 NF 处理，其膜通量和产水 COD 浓度如图 5.38 所示。随着时间的延长，四种废水的通量均有所升高，这主要是体系温度不断升高引起的。8g/L 的 $Ca(OH)_2$ 絮凝水样产水通量在最高位置，比 2g/L $Ca(OH)_2$ 絮凝出水最大高 2.9%，比 O_3 处理过的 2g/L $Ca(OH)_2$ 絮凝水样最大高 3.5%，比 MBR 出水产水通量最大高 8.2% 。即其产水通量的大小顺序为：8g/L $Ca(OH)_2$ 絮凝出水＞ 2g/L $Ca(OH)_2$ 絮凝出水＞ O_3 处理过的 2g/L $Ca(OH)_2$ 絮凝出水＞ MBR 出水。

8g/L $Ca(OH)_2$ 絮凝出水和 2g/L $Ca(OH)_2$ 絮凝出水，因其絮凝剂 $Ca(OH)_2$ 用量不同，导致絮凝出水 COD 不同，但其废水中有机物种类应是相近的，与 MBR 出水相比亦是如此。这三种废水 COD 大小顺序为：MBR 出水＞ 2g/L $Ca(OH)_2$ 絮凝出水＞ 8g/L $Ca(OH)_2$ 絮凝出水，与其 NF 产水通量大小顺序相反。这说明 COD 越高，NF 产水通量越低，有机物含量的

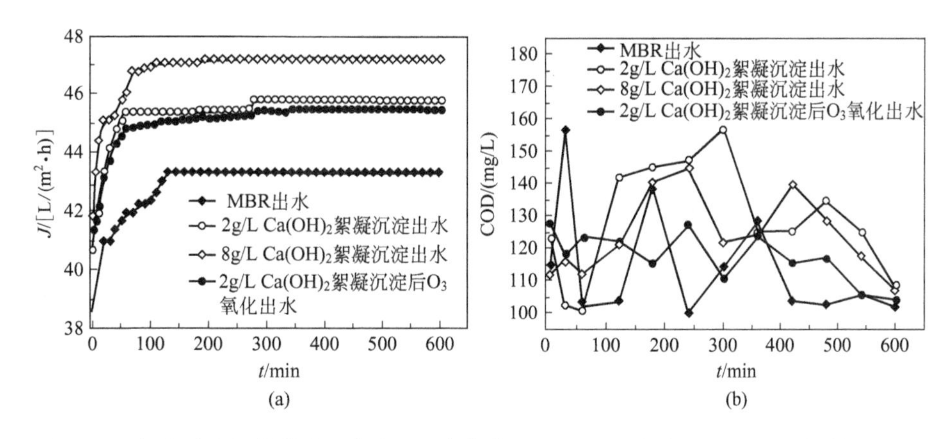

图 5.38　恒定浓度操作模式下废水 NF 产水膜通量（a）和产水 COD（b）随时间变化

（实验条件：$V_1=80L$；$t=23.5\sim29.5℃$；跨膜压力 $p=0.9MPa$）

大小是造成 NF 膜污染的一个重要因素。纳滤膜技术用于处理废水的过程中，有机物是造成膜污染的主要因素。高分子有机物的浓差极化现象有利于它们吸附在膜表面上，带有憎水部分的有机物与水之间的相互作用使扩散慢的有机物浓缩富集在膜表面，导致膜通量下降。

8g/L $Ca(OH)_2$ 絮凝出水与 O_3 处理过的 2g/L $Ca(OH)_2$ 絮凝出水的 COD 相近，但是两者 NF 产水通量却不相同。这说明 NF 膜处理废水过程中，造成膜污染的因素不仅与废水有机物的含量有关，还与废水中有机物的种类有关。因为经 O_3 处理过的 2g/L $Ca(OH)_2$ 絮凝出水，其废水中的有机物种类发生了化学反应，生成了大量其他种类的有机物。

四种废水 NF 产水 COD 随时间的变化曲线如图 5.38(b) 所示，各废水 NF 产水 COD 均出现波动，这可能是由于 NF 膜处理废水的过程中，设备运转产生热量，导致废水体系的温度不稳定，从而影响有机物在 NF 膜中的扩撒。但其 COD 范围都在 100～160mg/L 之间。各废水产水 COD 平均值顺序为：MBR 产水 COD 114.4mg/L≈O_3 处理 2g/L $Ca(OH)_2$ 絮凝出水产水 COD 117.7mg/L＜8g/L $Ca(OH)_2$ 絮凝出水产水 COD 123.8mg/L≈2g/L $Ca(OH)_2$ 絮凝出水产水 COD 128.3mg/L。似乎，废水的通量增大，产水中 COD 浓度有增大的趋势。

（2）纳滤膜污染情况比较分析

把上述废水进行 NF 膜处理后，对膜进行清水流洗，在低压高流量条件下用清水冲洗 30min，考察了膜通量的恢复情况，在不同跨膜压力下测定清水通量，水温与测定初始清水通量时的水温一致，再与初始清水膜通量作比较，以 $\eta=J_t/J_0$ 作为膜通量的恢复指标，结果得出处理废水后的 NF 膜经清水流洗后，η 均可达到 100%。这说明 NF 膜不易被污染，且容易清洗。

5.3.5.4 纳滤过程的机理分析

采用 GC-MS 对各个废水样进行分析，所得质谱图如图 5.39 所示。经计算机谱库检索，垃圾渗滤液生化出水共检索出 86 种有机污染物，其中可信度在 60%以上的有机物有 32 种，结果如表 5.4 所示。在 86 种有机物中，烷烯烃、卤代烷烃、硅烷类 10 种，羧酸类 3 种，酯类 13 种，醇、酚类 4 种，醛、酮类 9 种，胺、酰胺类 14 种，杂环类 29 种，烯腈类 2 种，其他 2 种。其中烷烃、烯烃、酯、醛、酮、酰胺、杂环化合物等检出较多。

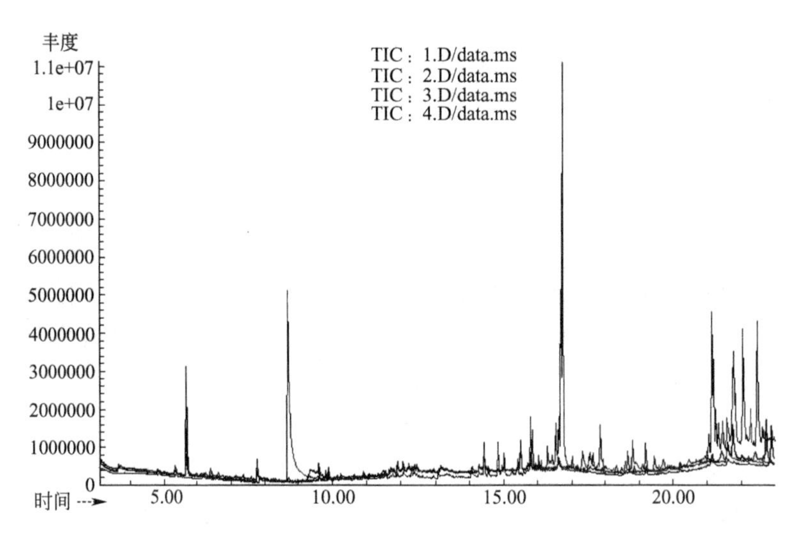

图 5.39 GC-MS 测定 MBR 出水及三种预处理水样的质谱图

1—8g/L 絮凝出水；2—MBR 出水；3—2g/L 絮凝出水；4—O_3处理 2g/L 絮凝出水

(1) $Ca(OH)_2$絮凝处理 MBR 出水的机理分析

由各废水样 GC-MS 数据分析可得，8g/L $Ca(OH)_2$絮凝出水中检测出 37 种物质，其中主要有烯烃、卤代烷烃、硅烷类 5 种，酯类 6 种，醇、酚类 7 种，醛、酮类 9 种，胺、酰胺类 2 种，苯类 2 种，杂环类 6 种。但可信度在 60%以上的有 16 种，分别为烯烃、卤代烷烃、硅烷类 2 种，酯类 2 种，醇、酚类 4 种，醛、酮类 4 种，胺、酰胺类 2 种，杂环类 2 种。杂环化合物种类较生化出水减少了 23 种，其他种类化合物相差不大，这说明 $Ca(OH)_2$絮凝易去除杂环类化合物。腐殖酸是腐殖质的主要组成成分，其分子量在400～100000之间，主要由碳、氢、氧、氮等元素构成，碳、氢比值高。其分子结构中的核有芳香环、杂环和多环化合物，它们由碳链或键桥连接成疏松的网状。$Ca(OH)_2$絮凝去除杂环类化合物相当于去除了部分腐殖酸。

表5.4　GC-MS测定垃圾渗滤液生化出水计算机谱库检索定性分析

序号	保留时间/min	有机污染物名称	相对含量/%	可信度/%
1	6.188	二氯甲烷	0.24	76
2	7.851	磷酸三乙酯	0.05	94
3	8.712	*N*,*α*-二甲基苯乙胺	14.07	83
4	9.007	甲基苯丙胺	1.24	78
5	11.906	2-腈基吩嗪	0.13	64
6	12.322	6-甲氧基-3-硝基-2-甲基吡啶	0.12	64
7	12.391	二乙基氨基丙酮	0.18	64
8	13.095	1,3,5-三-2-丙烯基-1,3,5-三嗪-2,4,6(1*H*,3*H*,5*H*)-三酮	0.14	96
9	14.066	磷酸三(2-氯乙基)酯	0.4	91
10	14.43	磷酸三(1-氯-2丙基)酯	0.98	93
11	14.562	磷酸二(1-氯-2-丙基)(3-氯-1-丙基)酯	0.23	91
12	15.255	氯胺酮	0.24	99
13	15.417	利多卡因	0.43	76
14	15.712	5-丁基-3-甲基-1-(4-硝基苯基)吡唑	0.15	78
15	15.792	4,8-二氧-2-金刚烷酸异丙酯	1.47	92
16	16.104	惹烯	0.39	60
17	16.347	3-甲基-1,5-二苯基-2-吡唑啉	0.15	83
18	16.439	1,1′-(2-甲基-1-丙烯基)双苯	0.81	60
19	16.740	10-甲基-9-乙基蒽	11.56	64
20	17.34	2-[2-吡啶基]环己醇	1.58	90
21	17.542	4,4′-(1-甲基亚乙基)双酚	1.26	95
22	17.854	*N*-甲基正丁氧基羰基缬氨酸戊酯	1.64	62
23	18.599	1-(3-氨基-5,6,7,8-四氢-6-甲基噻吩并[2,3-B][1,6]萘啶-2-基)-1-乙酮	0.39	62

续表

序号	保留时间/min	有机污染物名称	相对含量/%	可信度/%
24	18.807	三羰基[(1,2,3,4,5,6-己烯基)-1,4-二甲基苯]钼	1.08	91
25	19.096	三环[9.2.2.2(4,7)]十七-1(14)2.4(17)5.7(16)11(15),12-七烯	0.25	62
26	19.194	4-碘苄基戊二酸丙基酯	0.92	60
27	20.228	二(2-乙基己基)邻苯二甲酸酯	0.14	64
28	21.065	3-甲基-1-氧代-2,3-二氢-1H-吡唑并[4,3-C][1,10]菲咯啉	0.76	62
29	21.152	5-十八烷基-1H-1,2,4-三唑	3.19	91
30	21.187	1,2,3,3a,4,5,6,7,8,9-十氢芷	4.22	64
31	21.591	芥酸酰胺	2.34	91
32	22.469	6-(3-硝基苯基)喹喔啉	4.89	90

2g/L $Ca(OH)_2$絮凝出水中的有机物为烯烃、卤代烷烃、硅烷类6种，酯类5种，醇、酚类6种，醛、酮类5种，胺、酰胺类2种，苯类1种，杂环类2种。可信度在60%以上的有机物有16种，其中烯烃、卤代烷烃、硅烷类3种，酯类4种，醇、酚类3种，醛、酮类2种，胺、酰胺类2种，杂环类2种。同样地，杂环类化合物絮凝去除最多。这些杂环化合物中多含有吡唑、喹啉、噻吩等物质。

(2) 臭氧处理絮凝MBR出水的机理分析

经O_3处理2g/L $Ca(OH)_2$絮凝出水中有机物中烷烃、卤代烷烃类7种，酯类10种，醇、酚类3种，醛、酮类3种，胺、酰胺类2种，硅氧烷类5种，杂环类11种。明显看出经O_3处理过的2g/L $Ca(OH)_2$絮凝出水比未经臭氧处理的絮凝出水水样，硅氧烷、酯类、杂环类有机物等种类增多。也就是说，O_3与有机物发生了化学反应，生成了一系列含氧化合物。此外，硅烷类有机物未检测出来，说明其可能与臭氧反应生成了硅氧烷。

(3) NF处理废水的机理分析

O_3处理2g/L $Ca(OH)_2$絮凝出水经过纳滤处理的浓水中，未检测出硅氧烷类物质，产水中只检测到一种硅氧烷类物质，说明这类物质当其含量达到一定的时候，可能较易黏附在膜表面或者附着在膜孔内，从而导致其NF产水通量低于未经臭氧氧化的絮凝出水。即使其COD较2g/L $Ca(OH)_2$絮凝出水的COD低，但由于溶液中存在硅氧烷类物质，导致废水膜通量下降。

Shrawan K. Singh 等研究发现，经臭氧处理过的渗滤液用于膜处理，并没有减轻膜污染，其原因可能也是臭氧反应后生成的副产物更易导致膜污染。因此，本工作研究表明了这种副产物可能就是硅氧烷类物质。

上述四种废水用于 RO 处理，其 RO 产水经过 GC-MS 检测分析得，RO 产水中所含的少量有机物有酯类、硅氧烷类、烷烃、酰肼类等物质。而 NF 产水中含酯类、硅氧烷类、酮类、胺和酰胺类、杂环类、烷烯烃类、芳香烃、酰肼类等物质。由此可知，酮类、胺和酰胺类、杂环类和芳香烃可以通过 NF 膜，而这部分有机物在废水中所占的比例及物质种类均较多。因此，若是可以在 NF 膜分离过程之前，将这类物质以某种方式有选择性地去除，那么预处理过的废水经 NF 处理后，其有机物种类及含量均有可能降低，使 COD 达到 100mg/L 以下，从而达到废水排放的一级标准。

5.4 $O_3/Ca(OH)_2$体系结合微泡反应器处理典型化工废水

臭氧（O_3）是强氧化剂（氧化还原电位 2.07V），可有效地提高废水的矿化降解能力。在氧化处理过程中，臭氧的传质和氧化性能是反应过程效率的两个决定性因素。在酸性条件下，臭氧具有较高选择性，对大多数有机污染物难以达到完全矿化降解的目的。在强碱性条件下，臭氧被 OH^- 催化产生强氧化性的·OH，从而使有机污染物达到高效降解的目的。与此同时，在较高 pH 条件下，有机污染物被矿化产生 CO_2，CO_2 在碱性条件下以 CO_3^{2-} 和 HCO_3^- 形式存在，而 CO_3^{2-} 和 HCO_3^- 是·OH 消除剂，会及时消除臭氧分解产生的·OH，导致有机污染物氧化降解和矿化效率降低。

为了进一步提高臭氧氧化性能，臭氧氧化技术通常与 H_2O_2、光催化、超声以及电催化结合应用，但这些耦合技术提高了废水处理成本，且处理工艺难以实现工业化。因此，本工作提出了 $O_3/Ca(OH)_2$ 体系，在该体系中 $Ca(OH)_2$ 在水溶液中电离为 Ca^{2+} 和 OH^-，而 Ca^{2+} 能及时去除羟基自由基消除剂（HCO_3^- 和 CO_3^{2-}），与 HCO_3^- 和 CO_3^{2-} 反应形成 $CaCO_3$，提高了氧化过程降解效率。同时将 $O_3/Ca(OH)_2$ 体系与新型高效微泡反应体系结合，该结合工艺实现了传质和氧化两方面性能强化，从而达到高效矿化降解有机污染物的目的。

本节对比研究了 O_3、$Ca(OH)_2$、$O_3/Ca(OH)_2$ 三个体系在微泡反应器中对酸性红 18（AR18）染料废水、苯酚废水、对硝基苯酚废水的降解矿化效果，同时还考察了在 $O_3/Ca(OH)_2$ 体系中 $Ca(OH)_2$ 用量、体系压力、温度、臭氧浓度、废水初始浓度等主要参数对有机污染物降解和矿化的影响，探讨了 $O_3/Ca(OH)_2$ 体系的强化机理。

5.4.1 $O_3/Ca(OH)_2$ 体系结合微泡反应器氧化处理酸性红 18

5.4.1.1 O_3、$Ca(OH)_2$、$O_3/Ca(OH)_2$ 三种体系对 AR18 降解矿化的动力学

在臭氧进口浓度 65mg/L，流量 3.5L/min，体系温度 25℃，体系压力为 0.35MPa，酸性红 18 初始浓度 450mg/L（TOC 初始浓度约为 145mg/L）条件下，考察 O_3、$Ca(OH)_2$、$O_3/Ca(OH)_2$ 三种体系对酸性红 18 染料废水脱色及矿化率的影响，结果如图 5.40 所示。由图可以看出，$O_3/Ca(OH)_2$ 体系对废水的脱色及矿化效率明显高于单独臭氧工艺和单独 $Ca(OH)_2$ 工艺。在 $O_3/Ca(OH)_2$ 体系中脱色率达 99%以上仅需氧化处理 5min，氧化处理 25min 其 TOC 去除率高达 95%以上。而单独的臭氧工艺完全脱色需要 10min，且氧化处理 35min 其 TOC 去除率仅为 60%。单独 $Ca(OH)_2$ 工艺对废水的脱色率最高仅为 40.95%，基本没有矿化作用。因此，本研究所提出的 $O_3/Ca(OH)_2$ 体系强化臭氧氧化处理染料废水具有高效性，值得进一步探讨研究。

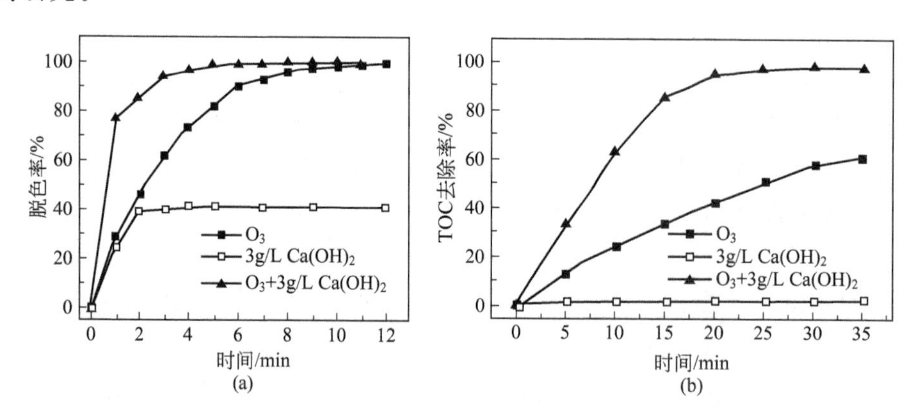

图 5.40 O_3、$Ca(OH)_2$、$O_3/Ca(OH)_2$ 三种体系对酸性红 18 脱色（a）及矿化（b）的比较

（实验条件：臭氧进口浓度 65mg/L；臭氧流量 3.5L/min；体系温度 25℃；体系压力 0.35MPa；酸性红 18 初始浓度 450mg/L）

5.4.1.2 $O_3/Ca(OH)_2$体系中不同操作参数对AR18降解和矿化的影响

(1) $Ca(OH)_2$用量的影响

实验考察不同$Ca(OH)_2$用量对酸性红18染料废水中pH值变化及脱色矿化效果的影响，结果如图5.41所示。由图5.41(a)可知，反应体系pH值随$Ca(OH)_2$用量变化。当体系不加入$Ca(OH)_2$时，氧化处理35min，反应体系pH值从初始8下降到3，当加入0.5g/L $Ca(OH)_2$时，氧化处理35min，反应体系pH值从初始12下降到7，而加入1g/L以上$Ca(OH)_2$时，整个实验过程中pH值一直保持在11.5以上，这是因为$Ca(OH)_2$在水中电离产生Ca^{2+}和OH^-，当$Ca(OH)_2$用量超过其溶解度时，能持续电离产生OH^-，从而使体系中一直保持较高pH值。

由图5.41(b)、图5.41(c)可知，$Ca(OH)_2$的加入有利于提高废水脱色

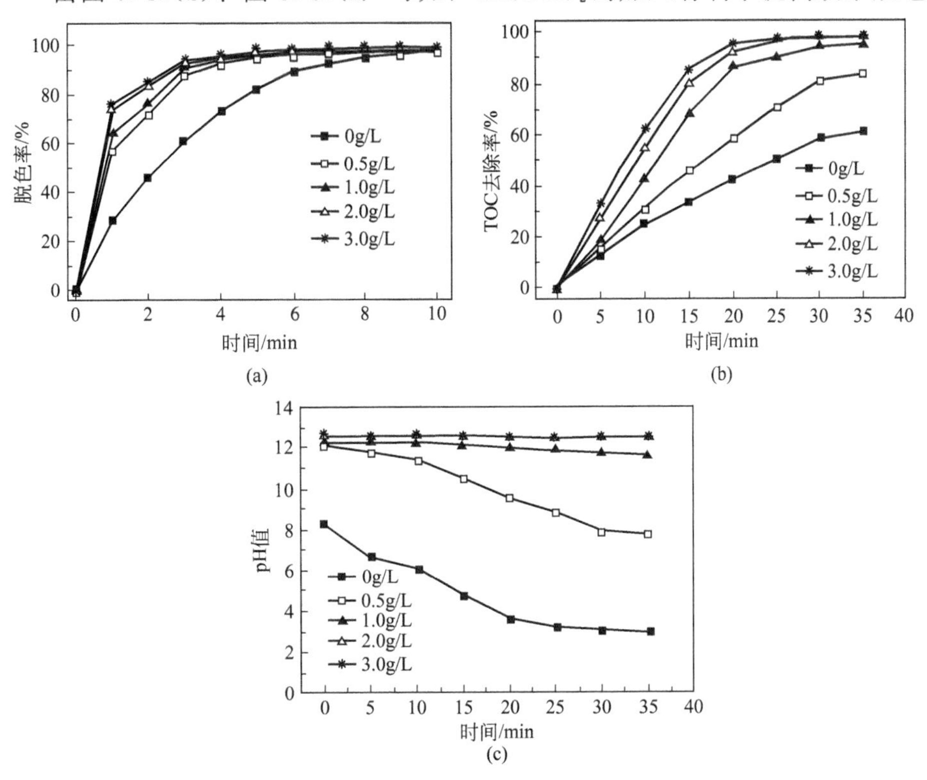

图5.41 $Ca(OH)_2$用量对染料废水降解(a)、矿化(b)及体系pH值(c)的影响

(实验条件：臭氧进口浓度65mg/L；臭氧流量3.5L/min；体系温度25℃；体系压力0.35MPa；酸性红18初始浓度450mg/L)

和矿化效率，加入量在 0～2g/L 之间，废水脱色率和 TOC 去除率均随 $Ca(OH)_2$用量的增加而增加，当 $Ca(OH)_2$用量由 2g/L 增加到 3g/L 时，脱色率和 TOC 去除率不再增加，因此，该体系中最佳 $Ca(OH)_2$用量为 2g/L。这是因为 $Ca(OH)_2$电离产生 Ca^{2+} 和 OH^-，提高了体系的 pH 值，有利于羟基自由基产生，且 Ca^{2+} 能及时去除有机物矿化产生的 HCO_3^- 和 CO_3^{2-}。相比之下，$Ca(OH)_2$的作用对 TOC 去除影响更大，这是因为脱色阶段是有色基团的去除，臭氧分子和羟基自由基共同作用完成。而矿化阶段以羟基自由基氧化为主，由于臭氧分子对一些氧化产生的中间产物（小分子有机酸、醛、酮等）难以矿化降解，而在 $Ca(OH)_2$体系中 pH 值较高，有利于羟基自由基产生，因此更有利于染料矿化降解。

（2）体系压力的影响

在臭氧进口浓度 65mg/L，流量 3.5L/min，体系温度 25℃，$Ca(OH)_2$用量为 3g/L，酸性红 18 初始浓度 450mg/L（TOC 初始浓度约为 145mg/L）条件下，考察不同体系压力对酸性红 18 染料废水脱色及矿化效果的影响，结果如图 5.42 所示。由图可以看出，不同反应体系压力变化对废水脱色和 TOC 去除率影响较小。相对微泡加压强化臭氧氧化技术而言，微泡加压强化 $O_3/Ca(OH)_2$体系提高了其降解效率，在该体系中完全脱色仅需 5min，氧化处理 25minTOC 去除率高达 95%以上。

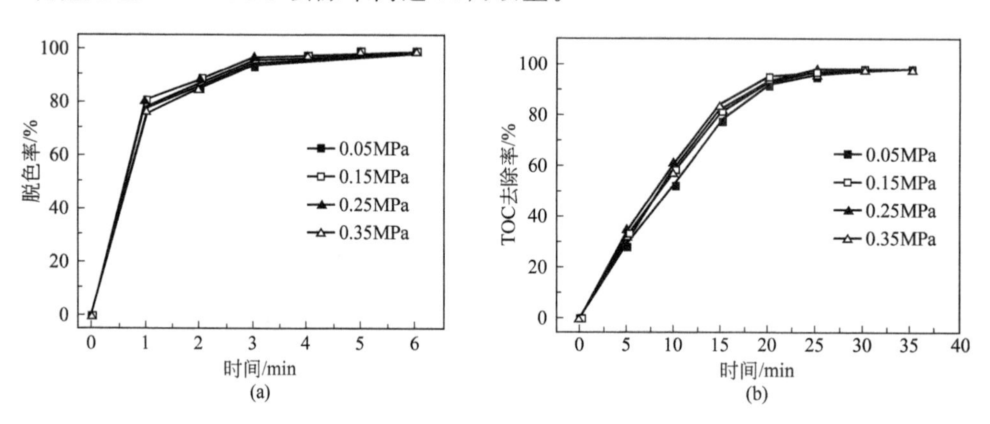

图 5.42 体系压力对染料废水降解（a）及矿化（b）的影响
[实验条件：臭氧进口浓度 65mg/L；臭氧流量 3.5L/min；体系温度 25℃；$Ca(OH)_2$用量 3g/L；酸性红 18 初始浓度 450mg/L]

（3）体系温度的影响

反应温度从 25℃升高到 40℃对酸性红 18 染料废水脱色及矿化效果的影响，结果如图 5.43 所示。由图可以看出，不同反应温度变化对废水脱色基本没有影响，对 TOC 去除率略不同。一般情况下，随着温度升高臭氧在液相中的溶解度降低，使传质效率降低，但羟基自由基产生速率提高。在 $O_3/Ca(OH)_2$ 体系中，其 pH 值较高，臭氧能及时分解产生大量羟基自由基氧化降解染料废水，该体系对氧化效率的提高远远大于其反应温度的作用，因此导致反应温度在 $O_3/Ca(OH)_2$ 体系中对废水脱色及矿化影响较小。

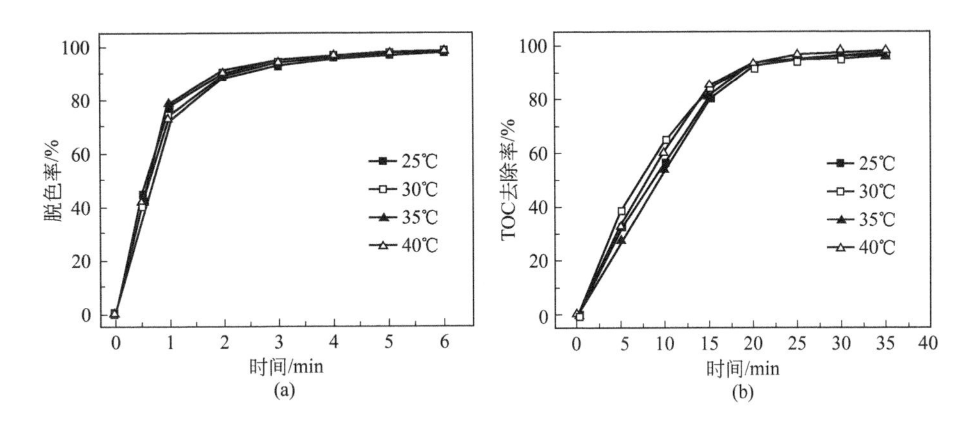

图 5.43　体系温度对染料废水降解（a）及矿化（b）的影响

[实验条件：臭氧进口浓度 65mg/L；臭氧流量 3.5L/min；体系压力 0.35MPa；$Ca(OH)_2$ 用量 3g/L；酸性红 18 初始浓度 450mg/L]

（4）酸性红 18 初始浓度的影响

在臭氧进口浓度 65mg/L，流量 3.5L/min，体系压力为 0.35MPa，温度 25℃，$Ca(OH)_2$ 用量为 3g/L 条件下，考察不同酸性红 18 初始浓度对染料废水脱色及矿化效果的影响，结果如图 5.44 所示。由图可知，染料初始浓度从 300mg/L 增加到 750mg/L，氧化处理 10min 都能达到完全脱色，氧化处理 35min 其矿化率都高达 95%以上。染料初始浓度越低，完全脱色和完全矿化所需时间越短。染料初始浓度增加，因为臭氧剂量以及·OH 产生量与废水中的染料分子的比率下降，完全降解需要消耗更多的臭氧，因此需要通入臭氧的氧化过程的时间相对较长。

（5）臭氧进口流量的影响

不同臭氧进口流量对酸性红 18 染料废水脱色及矿化效果的影响，结果如图 5.45 所示。由图可知，废水脱色率和 TOC 去除率随着臭氧流量的增加而增加，其中对废水脱色率影响较小，对 TOC 去除率影响较大。臭氧进口流量从 1L/min 增加到 3L/min，氧化处理 35min，其 TOC 去除率增加了约 37%，能达到完全矿化。当臭氧进口流量从 3L/min 增加到 4L/min，对废

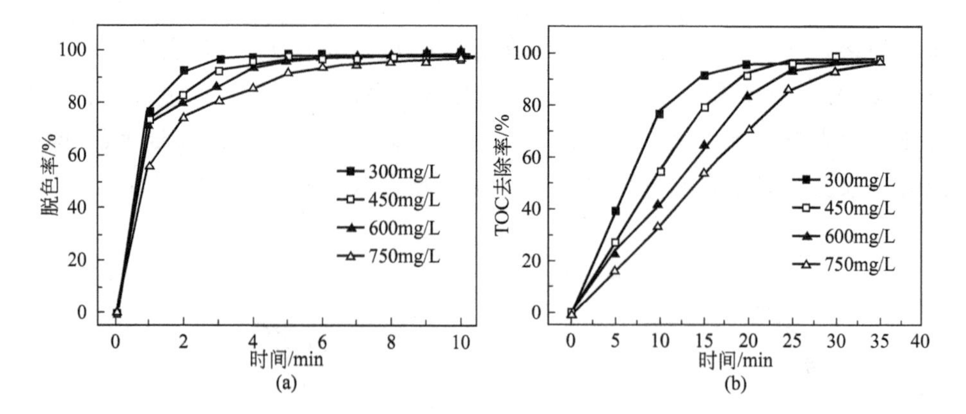

图 5.44 酸性红 18 初始浓度对染料废水降解（a）及矿化（b）的影响

[实验条件：臭氧进口浓度 65mg/L；臭氧流量 3.5L/min；体系压力 0.35MPa；温度 25℃；$Ca(OH)_2$用量 3g/L]

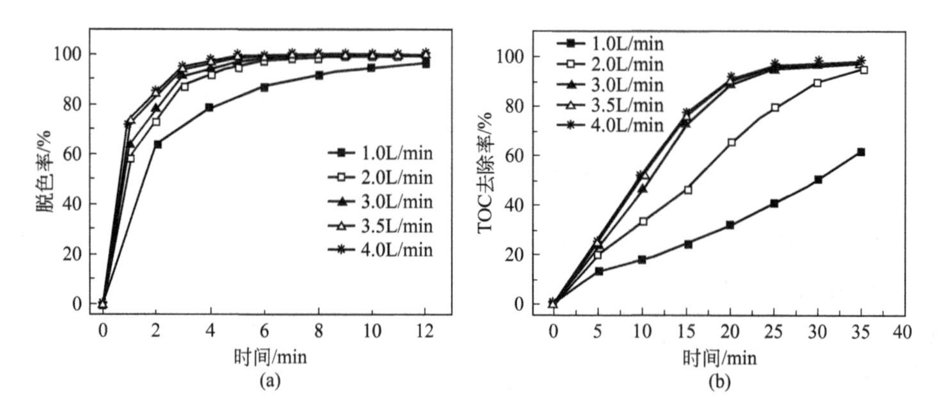

图 5.45 臭氧进口流量对染料废水脱色（a）和矿化（b）的影响

[实验条件：臭氧进口浓度 65mg/L；体系压力为 0.35MPa；温度 25℃；$Ca(OH)_2$用量 3g/L；酸性红 18 初始浓度 450mg/L]

水脱色及矿化效果基本无影响，因此该体系中最佳臭氧流量为 3L/min。这是因为在染料初始浓度及臭氧浓度一定条件下，提高臭氧流量即提高了同一氧化时间段臭氧剂量，从而提高氧化速率。但臭氧流量超过 3L/min 时，臭氧输入剂量可能大于液相中臭氧消耗量，从而导致臭氧流量的继续增加不能有效提高废水脱色和矿化效率。

（6）臭氧进口浓度的影响

在臭氧进口流量 3.5L/min，体系压力为 0.35MPa，温度 25℃，$Ca(OH)_2$用

量为 3g/L，酸性红 18 初始浓度 450mg/L（TOC 初始浓度约为 145mg/L）条件下，考察不同臭氧进口浓度对酸性红 18 染料废水脱色及矿化效果的影响，结果如图 5.46 所示。由图可知，臭氧浓度在 30～65mg/L 间，废水脱色率和 TOC 去除率随着臭氧浓度的增加而增加。这是因为臭氧浓度提高，增加了单位摩尔染料的臭氧剂量及羟基自由基产生量，同时也提高了气液传质驱动力，有效提高了其传质效率。当臭氧进口浓度高于 65mg/L 时，废水脱色率和 TOC 去除率基本稳定不变。这是由于臭氧在水中的溶解度低，因此臭氧氧化处理废水的限制步骤是其传质效率。但当水中臭氧浓度较大，超过化学反应所需最大浓度时，该阶段限制步骤将由化学控制转变成动力学控制，所以臭氧浓度超过该临界值后废水脱色率和 TOC 去除率不再随臭氧浓度的增加而增加。

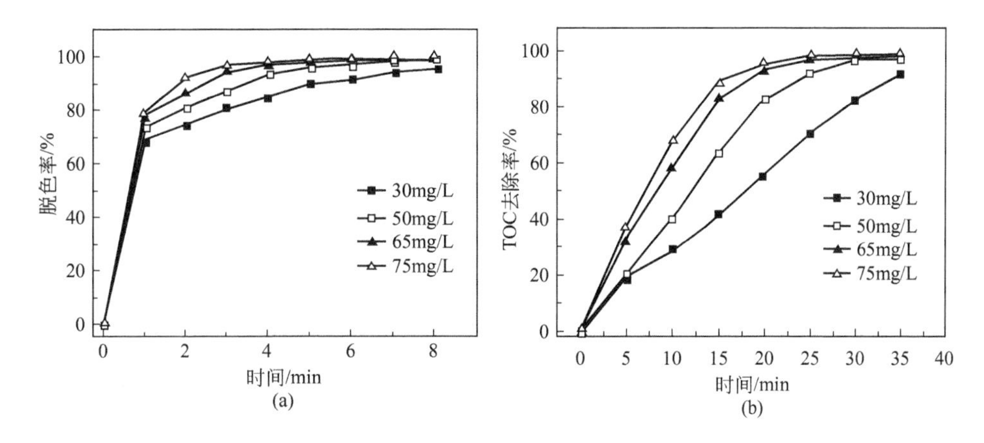

图 5.46 臭氧进口浓度对染料废水脱色（a）和矿化（b）的影响

[实验条件：臭氧流量 3.5L/min；体系压力为 0.35MPa；温度 25℃；$Ca(OH)_2$用量 3g/L；酸性红 18 初始浓度 450mg/L]

5.4.1.3 $Ca(OH)_2$强化机理的研究

（1）O_3、$O_3/Ca(OH)_2$体系中降解过程研究

为了考察 $O_3/Ca(OH)_2$ 体系降解酸性红 18 的强化机理，在 O_3 和 $O_3/Ca(OH)_2$两个体系实验过程中进行采样，采用紫外分光光度计扫描不同时间段样品，吸收光谱如图 5.47 所示。由图可以看出，酸性红 18 在 200～250nm、325nm 和 510nm 三处有明显吸收峰。在 $O_3/Ca(OH)_2$体系中通入臭氧氧化处理 2min 后，325nm 和 510nm 处吸收峰完全消失，而在单独臭氧体系中需氧化处理 6min 后才能完全消失。510nm 处吸收峰与—N ═N—基

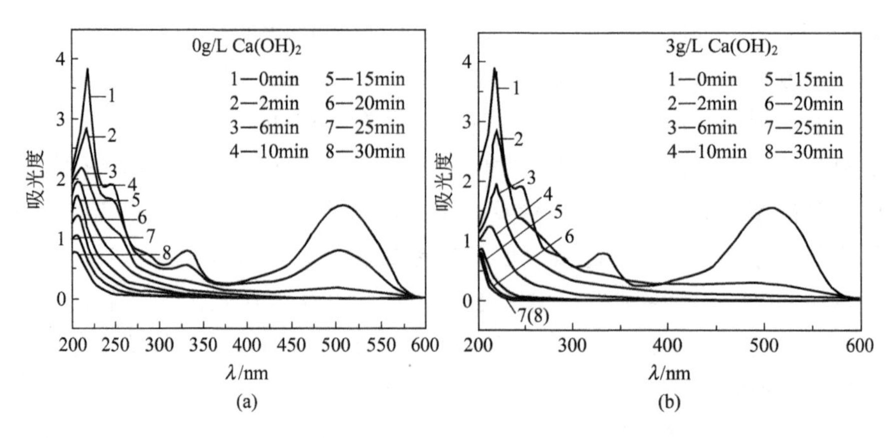

图 5.47 酸性红 18 降解过程中紫外光谱扫描图

团的 n-π^* 迁移有关，该峰值的降低表明酸性红 18 染料中—N ═N—被臭氧和羟基自由基破坏，325nm 处峰值代表酸性红 18 分子中芳环的含量，这是由于与—N ═N—相连的萘环 π-π^* 迁移导致，325nm 处峰值的降低表明染料分子中芳环和降解中间体芳环的降低。氧化过程中 325nm 和 510nm 处吸收峰消失较快，而 200～250nm 之间吸收峰消失较慢，这说明在酸性红 18 降解过程中先是有色基团被破坏分解，产生芳香化合物、苯环等小分子物质，再进一步氧化降解，达到完全矿化的目的。

(2) $O_3/Ca(OH)_2$、$O_3/NaOH$ 体系中降解过程研究

由于 $Ca(OH)_2$ 在水溶液中电离出 Ca^{2+} 和 OH^-，而 O_3/OH^- 体系有利于羟基自由基产生，为进一步验证在该体系中不仅仅是单纯的 OH^-（高 pH 值）作用，本研究对比了 $O_3/Ca(OH)_2$ 与 $O_3/NaOH$（初始 pH 值均为 12.5）两个体系处理过程中 CO_3^{2-}、SO_4^{2-} 含量以及 TOC 去除率，结果如图 5.48、图 5.49 所示。

由图 5.48 可以看出，在 $O_3/Ca(OH)_2$ 体系中 TOC 去除率明显高于 $O_3/NaOH$ 体系，在 $O_3/Ca(OH)_2$ 体系中氧化处理 25min TOC 去除率高达 95%以上，而在 $O_3/NaOH$ 体系中氧化处理 35min TOC 去除率仅为 43.3%。在两种体系中氧化处理 10min，$O_3/Ca(OH)_2$ 体系中 CO_3^{2-} 浓度略高于 $O_3/NaOH$ 体系，这是因为在该阶段 $O_3/Ca(OH)_2$ 体系中已经存在矿化，而 $O_3/NaOH$ 体系中为大分子降解为小分子过程，因此在该阶段 $O_3/Ca(OH)_2$ 体系中 CO_3^{2-} 产生量大于后者，随后 $O_3/NaOH$ 体系中 CO_3^{2-} 含量远高于 $O_3/Ca(OH)$ 体系。氧化处理 35min 后，$O_3/NaOH$ 体系中 CO_3^{2-} 含量为 228.98mg/L，是 $O_3/Ca(OH)$ 体系中的 17 倍。这是因为在 $O_3/Ca(OH)_2$

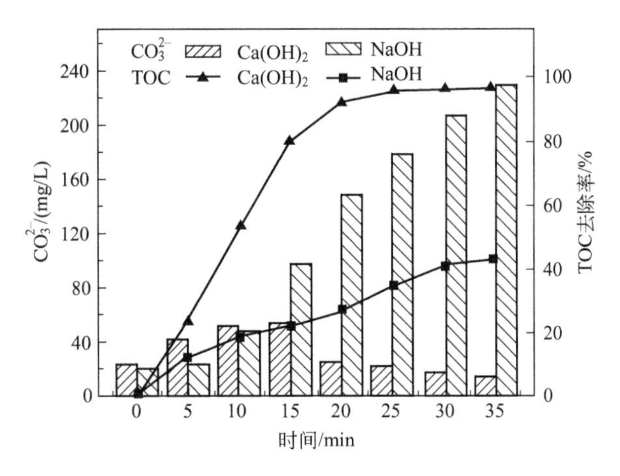

图 5.48 相同初始 pH 值下 O_3/NaOH 与 O_3/Ca(OH)$_2$对废水中 CO_3^{2-} 含量及 TOC 去除率的影响

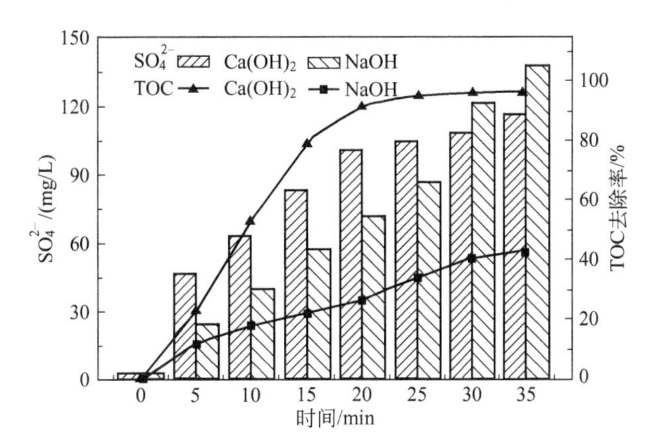

图 5.49 相同初始 pH 值下 O_3/NaOH 与 O_3/Ca(OH)$_2$ 对废水中 SO_4^{2-} 含量及 TOC 去除率的影响

体系中 Ca^{2+} 与 CO_3^{2-} 反应生成 $CaCO_3$ 沉淀，及时去除了羟基自由基消除剂（CO_3^{2-}），而在 O_3/NaOH 体系中，矿化产生的 CO_2 以 CO_3^{2-} 形式存在于溶液中，消除了 O_3/OH^- 产生的羟基自由基，阻碍矿化降解反应的高效进行。

两种体系溶液中 SO_4^{2-} 含量如图 5.49 所示，由图可知，氧化处理 25min 内，在 O_3/Ca(OH)$_2$体系中矿化产物 SO_4^{2-} 含量高于 O_3/NaOH 体系。两个体系中 TOC 去除率可证明 O_3/Ca(OH)$_2$体系中染料矿化降解速率更快，从而导致废水中 SO_4^{2-} 含量增加更快。氧化处理 25min 后 O_3/Ca(OH)$_2$体系中基本达到完全矿化，其 SO_4^{2-} 含量也不再增加。但氧化处理 25min 后

O_3/NaOH体系 SO_4^{2-} 含量更高，这是因为在 O_3/$Ca(OH)_2$体系中部分 SO_4^{2-} 与 Ca^{2+} 反应生成了 $CaSO_4$。

(3) O_3/$Ca(OH)_2$体系中反应沉淀物分析

采用XRD对 O_3/$Ca(OH)_2$催化体系反应液中固体沉淀物质进行分析，经过Jade 6.0软件分析得出XRD衍射图谱，如图5.50所示。由图5.50可以看出，在 2θ 为20°~50°时，呈现出多个较强的 $CaCO_3$衍射峰以及衍射较弱的 $CaSO_4$衍射峰，说明在 O_3/$Ca(OH)_2$体系中酸性红18降解形成的 CO_3^{2-} 和 SO_4^{2-} 与 Ca^{2+} 反应生成了 $CaCO_3$和 $CaSO_4$沉淀。同时证明了 $Ca(OH)_2$的存在能及时去除了体系中的自由基清除剂 CO_3^{2-}，强化了臭氧氧化染料废水的动力学过程。

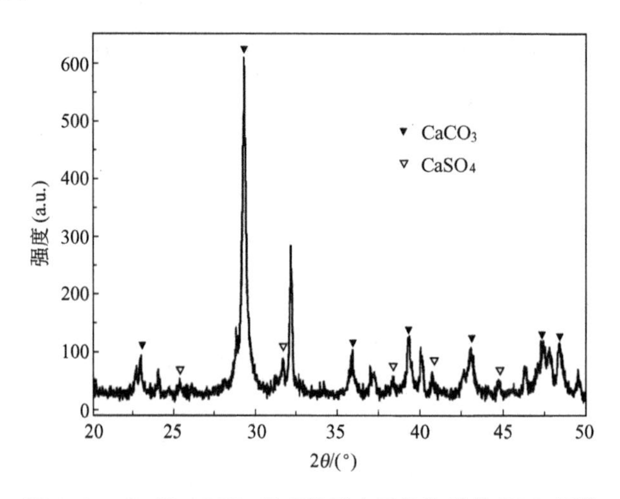

图5.50 O_3/$Ca(OH)_2$反应体系中固体物质的XRD图谱

综上所述，O_3/$Ca(OH)_2$体系中两种机理共存，一方面3g/L氢氧化钙悬浊液中pH值高达12以上，$Ca(OH)_2$电离使废水中产生 OH^-，与通入的臭氧形成 OH^-/O_3催化体系，从而提高了臭氧氧化效率；另一方面废水中存在的 Ca^{2+} 与酸性红18矿化产生的 CO_2 在碱性介质中反应也可能生成 $CaCO_3$沉淀，这与实验中对固体沉淀物的物相分析结果一致。

5.4.2 O_3/$Ca(OH)_2$体系结合微泡反应器氧化处理苯酚废水

5.4.2.1 $Ca(OH)_2$对苯酚废水臭氧化过程的强化作用

在臭氧进口流量3.5L/min，臭氧入口浓度65mg/L，初始苯酚浓度

450mg/L（初始 TOC 为 365mg/L），臭氧反应器压力 0.25MPa，$Ca(OH)_2$ 用量 3g/L，液相温度 25℃ 条件下，对比研究 $Ca(OH)_2$ 对苯酚降解率和 TOC 去除率及三种情况下 pH 值变化的影响，结果如图 5.51 所示。可以看出，单独的 $Ca(OH)_2$ 对苯酚的降解几乎没有影响，而 $O_3/Ca(OH)_2$ 过程中在 $Ca(OH)_2$ 提供的碱性条件下（初始 pH＝12.6）促使产生·OH 无选择性地氧化有机物，使 TOC 去除效率极高（处理 45min 后达 98.5%），而简单臭氧氧化处理在初始 pH（pH＝7.4）条件下，只能通过 O_3 分子有选择性地氧化有机物，使得矿化效率低（处理 45min 后为 38.59%）。全学军等分别用 NaOH 和 $Ca(OH)_2$ 调节染料废水到同样的 pH 进行臭氧化实验，结果表明，$O_3/Ca(OH)_2$ 体系具有更高的矿化效果。因此，$Ca(OH)_2$ 对苯酚废水的臭氧化处理具有显著的强化作用。

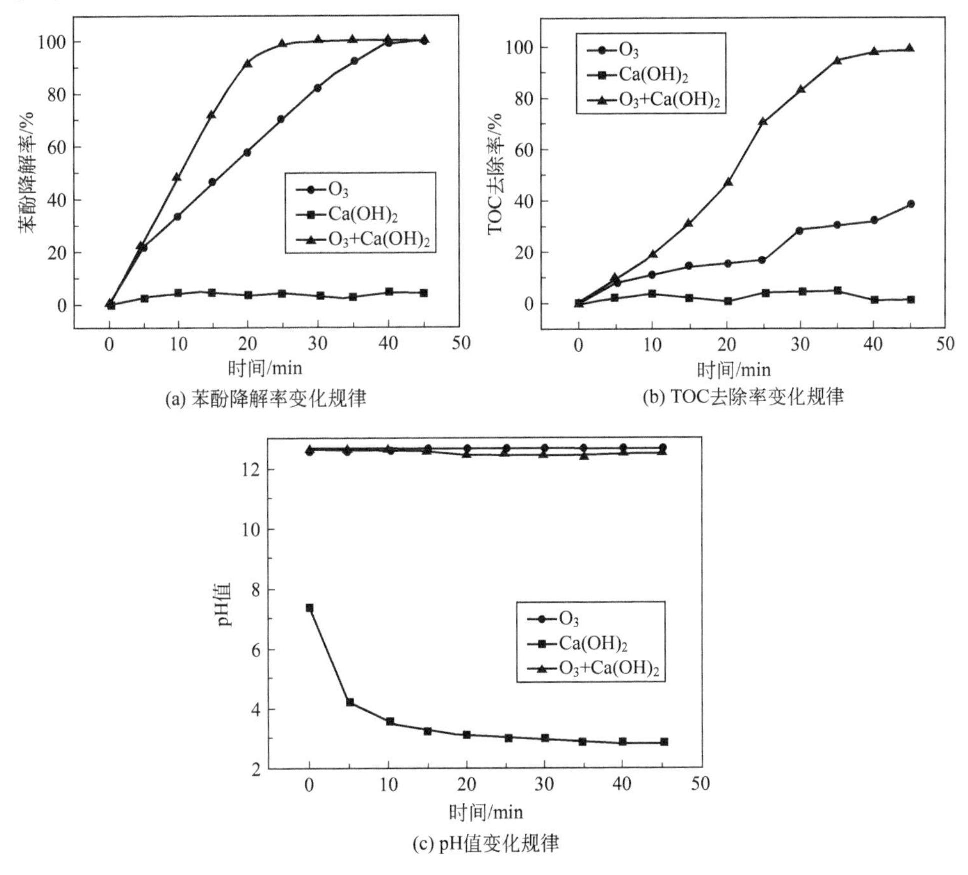

图 5.51 $Ca(OH)_2$ 对苯酚的降解与矿化作用

［实验条件：臭氧进口流量 3.5L/min；臭氧浓度 65mg/L；初始酚浓度 450mg/L；臭氧反应器压力 0.25MPa；$Ca(OH)_2$ 用量 3g/L；液相温度 25℃］

5.4.2.2 $Ca(OH)_2$用量对苯酚废水降解和矿化的影响

由于臭氧氧化过程中溶液 pH 值和 Ca^{2+} 浓度的重要性，首先研究了 $Ca(OH)_2$用量对苯酚的降解和 TOC 去除效率的影响，结果如图 5.52 所示。由图可知，降解所需时间比 TOC 去除时间更短，相比之下，$Ca(OH)_2$的用量对 TOC 比对降解有更明显的影响。这是由于在臭氧氧化中，臭氧分子快速选择性地攻击不饱和键，从而快速除去苯酚，但苯酚降解所产生的中间体不容易被臭氧分子所氧化。当 $Ca(OH)_2$用量在 0～2g/L 时，随着其用量的增加，TOC 去除速率迅速增大，当 $Ca(OH)_2$用量为 2～4g/L 时，$Ca(OH)_2$用量对 TOC 去除作用逐渐减小。随着 $Ca(OH)_2$用量的增加，溶液的 pH 值也升高，最终达到 $Ca(OH)_2$的饱和 pH 值，众所周知，臭氧能够在高 pH 值下形成非选择性的强氧化性物质，因此，当 $Ca(OH)_2$的用量超过其在废水

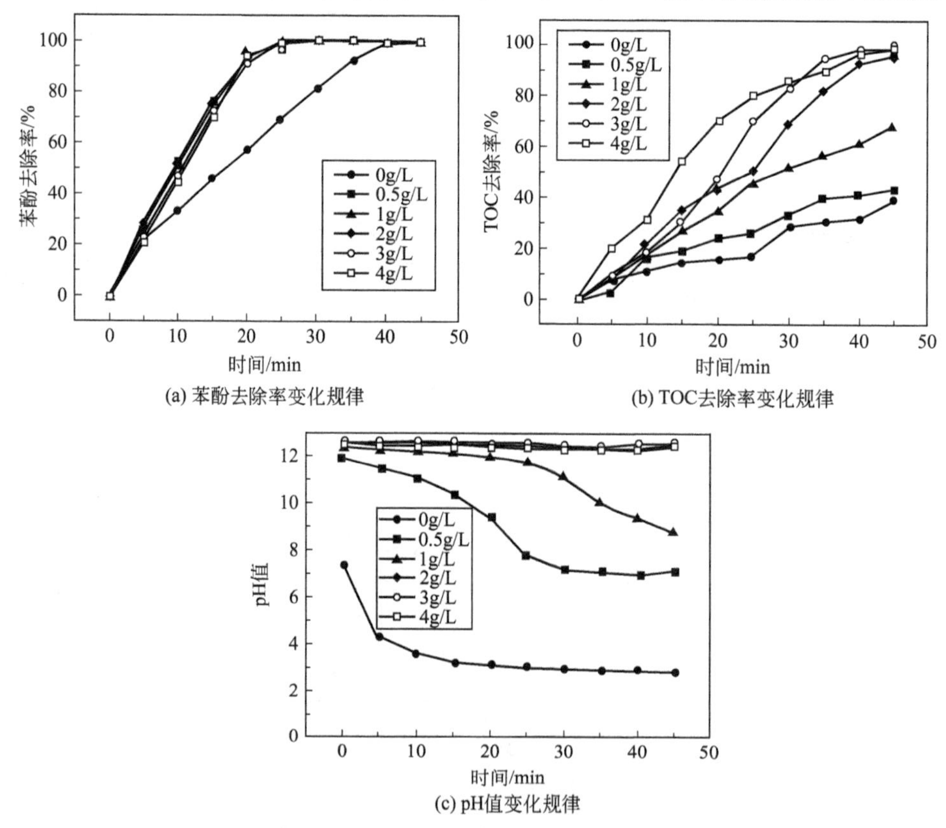

图 5.52 $Ca(OH)_2$用量对苯酚和 TOC 去除率以及液相 pH 值的影响

（实验条件：臭氧进口流量 3.5L/min；臭氧浓度 65mg/L；初始苯酚浓度 450mg/L；臭氧反应器压力 0.25MPa；液相温度 25℃）

中的溶解度时 [$Ca(OH)_2$溶解度随温度的升高而降低，20℃时，$Ca(OH)_2$的溶解度为 1.65g/L]，过量的$Ca(OH)_2$可稳定液相的饱和 pH 值（本文选择 3g/L），使臭氧稳定地产生大量的羟基自由基，导致邻位副产物进一步矿化并在更短的时间内（本实验中约 45min）达到更高的 TOC 去除率。

5.4.2.3 反应器压力对苯酚废水降解和矿化的影响

反应器压力可能会影响微泡的分散和聚集状态，影响两相之间的传质。反应器压力对苯酚废水的降解和 TOC 去除率的影响，结果如图 5.53 所示。由图可知，反应器压力对 0.05～0.35MPa 压力范围内的苯酚的降解和 TOC 去除效果影响不大，说明增加的外部压力对微泡体系中的臭氧传质影响不明显。由于微气泡产生的界面张力的影响，微气泡中的内部压力远远大于其外部压力，因此微气泡内部压力主导着传质速率。所以在臭氧微泡反应器中，臭氧的传质速率已经大大提升，从而外部压力对苯酚降解和矿化的影响较小。

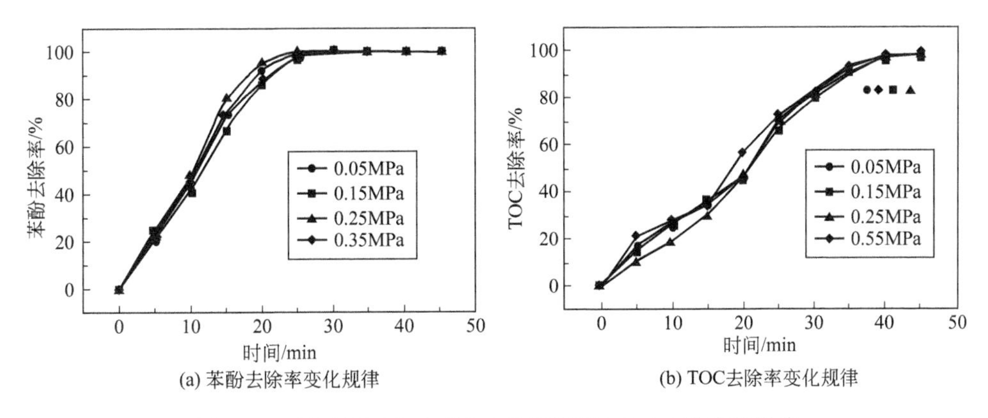

图 5.53 反应器压力对苯酚去除率及其 TOC 去除率的影响

[实验条件：臭氧进口流量 3.5L/min；臭氧浓度 65mg/L；初始苯酚浓度 450mg/L；$Ca(OH)_2$用量 3g/L；液相温度 25℃]

5.4.2.4 液相温度对苯酚废水降解和矿化的影响

液相温度会显著影响臭氧在水中的溶解度和稳定性，这可能会影响臭氧氧化效率。在臭氧进口流量 3.5L/min，臭氧入口浓度 65mg/L，初始苯酚浓度 450mg/L，苯酚废水 TOC 为 365mg/L，反应器压力 0.25MPa，$Ca(OH)_2$用量 3g/L 条件下，研究了液相温度对苯酚废水降解和 TOC 去除的影响，如图 5.54 所示。当温度从 25℃升至 40℃时，一般来说，增加液相

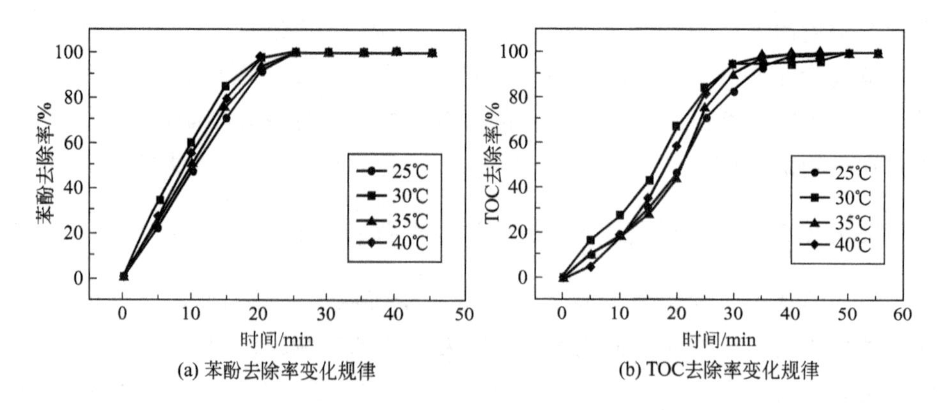

(a) 苯酚去除率变化规律　(b) TOC去除率变化规律

图 5.54　液相温度对苯酚去除率及其 TOC 去除率的影响

[实验条件：臭氧进口流量 3.5L/min；臭氧浓度 65mg/L；初始苯酚浓度 450mg/L；反应器压力 0.25MPa；$Ca(OH)_2$用量 3g/L]

温度抑制臭氧的传质，但是臭氧氧化反应的速度明显增加，两者综合作用的结果使得温度对苯酚降解和矿化的效果不显著。

5.4.2.5　初始苯酚浓度对苯酚废水降解和矿化的影响

不同浓度含酚废水的臭氧氧化过程的规律，如图 5.55 所示。在采用较低浓度苯酚溶液的过程中，苯酚的降解率和 TOC 去除率要高得多，当初始酚浓度从 300mg/L 增加到 750mg/L，苯酚的降解和 TOC 的去除速率降低，达到完全去除的时间明显延长。当废水中苯酚浓度升高时，溶液中臭氧分子

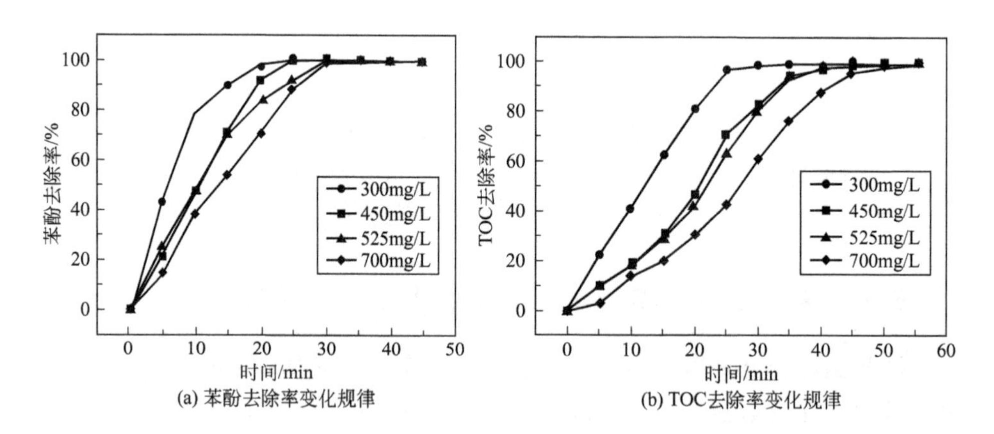

(a) 苯酚去除率变化规律　(b) TOC去除率变化规律

图 5.55　不同初始苯酚浓度对苯酚去除率及其 TOC 去除率的影响

[实验条件：臭氧进口流量 3.5L/min；臭氧浓度 65mg/L；臭氧反应器压力 0.25MPa；$Ca(OH)_2$用量 3g/L；液相温度 25℃]

与苯酚分子的比例降低，且降解的中间体浓度也升高，导致对矿化反应产生更显著的抑制作用，从而降低降解与矿化速率，当臭氧流量一定时，达到完全降解与矿化的时间自然需要延长。

5.4.2.6 臭氧进口浓度对苯酚废水降解和矿化的影响

在臭氧进口流量 3.5L/min，初始苯酚浓度 450mg/L，TOC 365mg/L，臭氧反应器压力 0.25MPa，$Ca(OH)_2$用量 3g/L，液相温度 25℃条件下，探索进口臭氧浓度对苯酚的降解率和 TOC 去除率的影响，结果如图 5.56 所示，降解率和 TOC 去除率随着臭氧浓度从 30mg/L 到 75mg/L 的增加而增加。结果表明，进口臭氧浓度对苯酚溶液降解率和 TOC 去除率有显著影响。

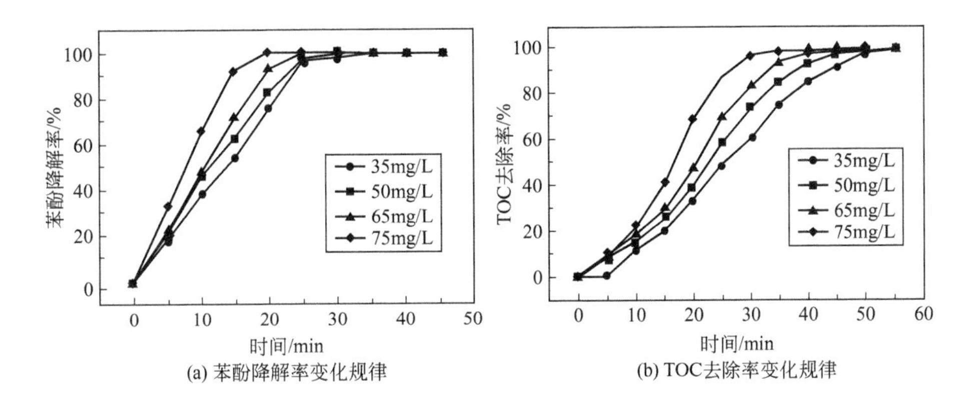

图 5.56 臭氧进口浓度对苯酚降解率及其 TOC 去除率的影响

[实验条件：氧进口流量 3.5L/min；初始苯酚浓度 450mg/L；臭氧反应器压力 0.25MPa；$Ca(OH)_2$用量 3g/L；液相温度 25℃]

5.4.2.7 臭氧进口流量对苯酚废水降解和矿化的影响

在臭氧入口浓度 65mg/L，初始苯酚浓度 450mg/L，TOC 365mg/L，臭氧反应器压力 0.25MPa，$Ca(OH)_2$用量 3g/L，液相温度 25℃条件下，研究了臭氧流量对苯酚的降解率和 TOC 去除率的影响，如图 5.57 所示。臭氧流量在 3L/min 以下时，苯酚的降解和 TOC 去除率随着臭氧流量的增加而增加，但之后没有明显变化。臭氧用量的增加，加速了臭氧氧化过程，然而，当臭氧对液相的输入速率超过臭氧氧化反应消耗的臭氧速率时，继续增加臭氧流量对降解和 TOC 去除效率没有明显的影响。

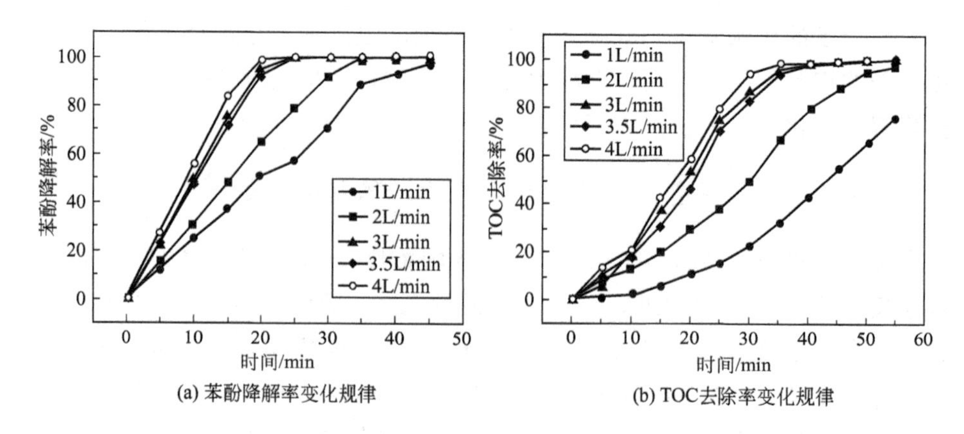

图 5.57 臭氧进口流量对苯酚降解率及其 TOC 去除率的影响

［实验条件：臭氧入口浓度 65mg/L；初始苯酚浓度 450mg/L；TOC 365mg/L；臭氧反应器压力 0.25MPa；$Ca(OH)_2$用量 3g/L；液相温度 25℃］

5.4.3 $O_3/Ca(OH)_2$体系结合微泡反应器氧化处理对硝基苯酚废水

5.4.3.1 O_3、$Ca(OH)_2$、$O_3/Ca(OH)_2$三种体系处理对硝基苯酚效果对比

在臭氧进口流量 3.5L/min，臭氧入口浓度 65mg/L，初始酚浓度 450mg/L，TOC 165mg/L，臭氧反应器压力 0.25MPa，$Ca(OH)_2$用量 3g/L，液相温度 25℃条件下，对比研究了 O_3、$Ca(OH)_2$、$O_3/Ca(OH)_2$三种体系对对硝基苯酚（PNP）降解率和 TOC 去除率的影响，结果如图 5.58 所示。从图中可以看出，单独的 $Ca(OH)_2$对 PNP 的降解几乎没有影响，而 $O_3/Ca(OH)_2$过程中 TOC 去除效率（处理 45min 后为 99.36%）是简单臭氧氧化处理的约 1.78 倍（处理 45min 后为 55.63%）。因此，$Ca(OH)_2$对 PNP 废水的臭氧氧化处理具有显著的强化作用，这可能是 $Ca(OH)_2$的存在能及时去除了体系中的自由基清除剂 CO_3^{2-} 的缘故。

5.4.3.2 $Ca(OH)_2$用量的影响

根据液相的 pH 值，臭氧可以通过直接或间接氧化 PNP 生成大量中间产物。由于臭氧氧化过程中溶液 pH 值的重要性，首先研究了 $Ca(OH)_2$用量对 PNP 的降解和 TOC 去除效率的影响，结果如图 5.59 所示。由此可见，

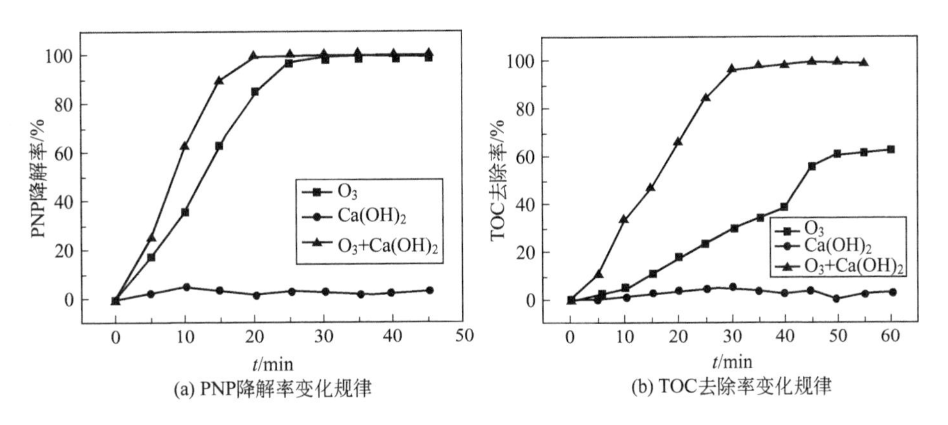

(a) PNP降解率变化规律　　(b) TOC去除率变化规律

图 5.58　O_3、$Ca(OH)_2$、$O_3/Ca(OH)_2$三种体系对 PNP 的降解率与 TOC 去除率的影响

[实验条件：臭氧进口流量 3.5L/min；臭氧浓度 65mg/L；初始酚浓度 450mg/L；臭氧反应器压力 0.25MPa；$Ca(OH)_2$用量 3g/L]

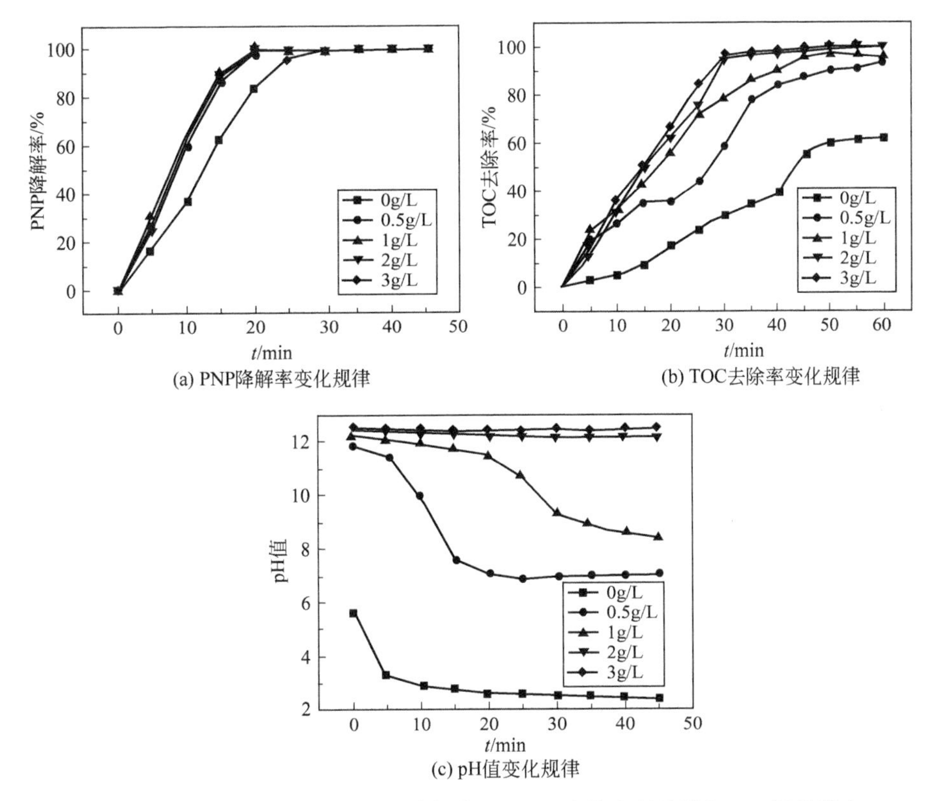

(a) PNP降解率变化规律　　(b) TOC去除率变化规律

(c) pH值变化规律

图 5.59　$Ca(OH)_2$用量对 PNP 降解率和 TOC 去除率以及液相 pH 值的影响

(实验条件：臭氧进口流量 3.5L/min；臭氧浓度 65mg/L；初始酚浓度 450mg/L；臭氧反应器压力 0.25MPa；液相温度 25℃)

降解所需时间比 TOC 去除时间更短，相比之下，$Ca(OH)_2$的用量对 TOC 比对降解有更明显的影响。这是由于在臭氧氧化中，臭氧分子快速选择性地攻击不饱和键，从而快速除去 PNP，但 PNP 降解所产生的中间体不容易被臭氧分子所氧化。当 $Ca(OH)_2$ 用量在 0～2g/L 时，随着其用量的增加，TOC 去除速率迅速增大，当 $Ca(OH)_2$用量为 3g/L 时，$Ca(OH)_2$用量的增加对 TOC 去除作用逐渐减小。随着 $Ca(OH)_2$用量的增加，溶液的 pH 值也升高，最终达到了 $Ca(OH)_2$的饱和 pH 值。众所周知，臭氧能够在高 pH 值下形成非选择性的强氧化性物质。因此，当 $Ca(OH)_2$的用量超过其在废水中的溶解度时，过量的 $Ca(OH)_2$可稳定液相的饱和 pH 值，使臭氧稳定地产生大量的羟基自由基，导致邻位副产物进一步矿化并在更短的时间内（本实验中约 45min）达到更高的 TOC 去除率。

5.4.3.3 反应器压力的影响

反应器压力对 PNP 废水的降解率和 TOC 去除率的影响，结果如图 5.60 所示。由图可知，反应器压力对 0.05～0.35MPa 压力范围内的 PNP 的降解和 TOC 去除效果影响不大。这种现象表明，增加的外部压力对微泡体系中的臭氧传质影响不明显。由于微气泡产生的界面张力的影响，微气泡中的内部压力远远大于其外部压力，因此微气泡内部压力主导着传质速率。所以在臭氧反应器中，采用气液泵混合器，通过产生微气泡以及两相之间传质面积的增加，臭氧的传质速率已经大大提升，从而外部压力对 PNP 降解和矿化的影响较小。

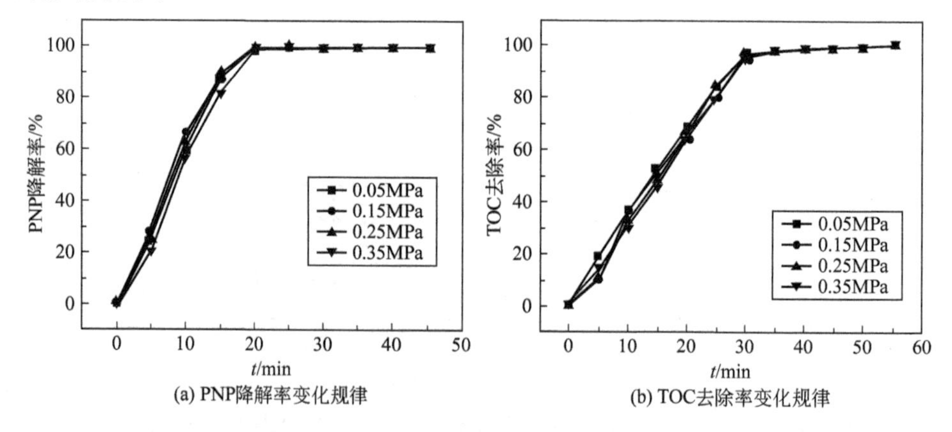

图 5.60 反应器压力对 PNP 降解率及其 TOC 去除率的影响

［实验条件：臭氧进口流量 3.5L/min；臭氧浓度 65mg/L；初始酚浓度 450mg/L；$Ca(OH)_2$用量 3g/L；液相温度 25℃］

5.4.3.4 液相温度的影响

液相温度会显著影响臭氧在水中的溶解度和稳定性，这可能会影响臭氧氧化效率。液相温度对PNP降解率和TOC去除率的影响，如图5.61所示。当温度从25℃升至40℃时，PNP降解以及TOC的去除率的差异不明显，可能是由于增加液相温度抑制臭氧的传质，但是臭氧化反应的速度明显增加，两者综合作用的结果使得温度对PNP降解和矿化的效果不显著。

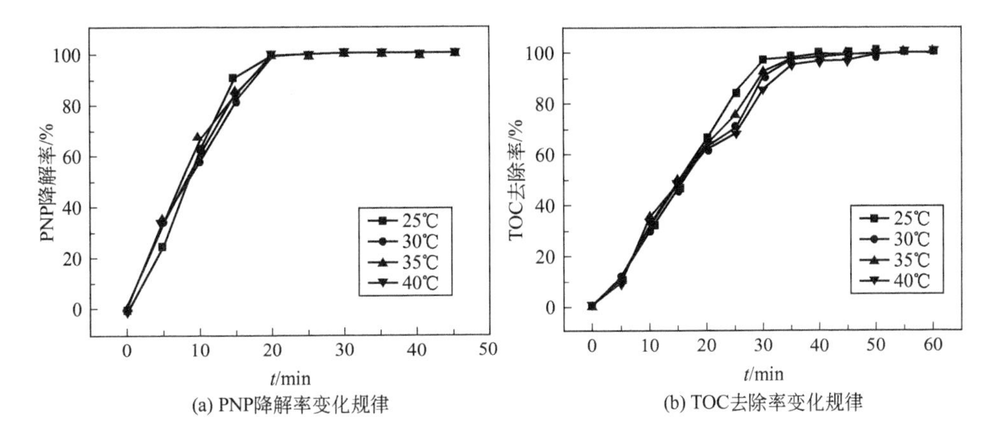

图5.61 液相温度对PNP降解率及其TOC去除率的影响

[实验条件：臭氧进口流量3.5L/min；臭氧浓度65mg/L；初始酚浓度450mg/L；反应器压力0.25MPa；$Ca(OH)_2$用量3g/L]

5.4.3.5 初始PNP浓度的影响

不同浓度含酚废水的臭氧氧化过程的规律如图5.62所示。当初始酚浓度从300mg/L增加到750mg/L，PNP的降解和TOC的去除速率降低，达到完全去除的时间明显延长。当废水中PNP浓度升高时，溶液中臭氧分子与PNP分子的比例降低，当臭氧流量一定时，达到完全降解与矿化的时间自然需要延长。同时，PNP浓度增高，降解的中间体浓度也升高，导致对矿化反应产生更显著的抑制作用，从而降低降解与矿化速率。因此，对于较高的初始酚浓度，完全降解和TOC去除的时间将更长。

5.4.3.6 臭氧进口浓度的影响

进口臭氧浓度对PNP溶液的降解率和TOC去除率的影响结果如图5.63所示。降解率和TOC去除率随着臭氧浓度从30mg/L到75mg/L的

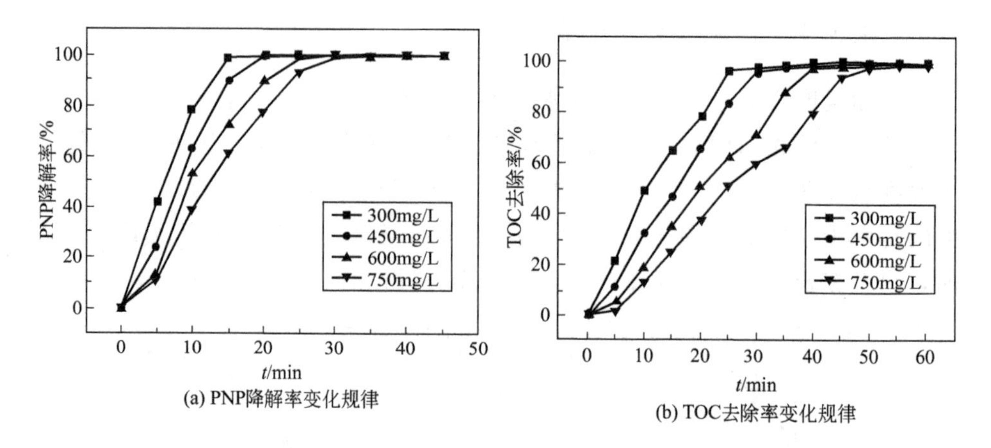

图 5.62 不同初始浓度对 PNP 降解率及其 TOC 去除率的影响

[实验条件：臭氧进口流量 3.5L/min；臭氧浓度 65mg/L；臭氧反应器压力 0.25MPa；$Ca(OH)_2$用量 3g/L；液相温度 25℃]

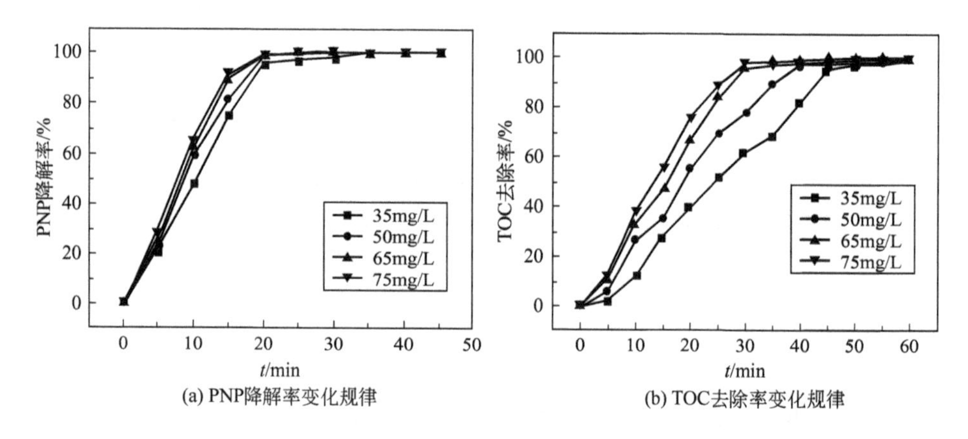

图 5.63 臭氧进口浓度对 PNP 降解率及其 TOC 去除率的影响

[实验条件：臭氧进口流量 3.5L/min；初始酚浓度 450mg/L；臭氧反应器压力 0.25MPa；$Ca(OH)_2$用量 3g/L；液相温度 25℃]

增加而增加，进口臭氧浓度对 PNP 溶液降解率和 TOC 去除率有显著影响，尤其对 TOC 去除率影响较大，增加的进口臭氧浓度可增加 PNP 和 TOC 去除也得到了其他研究人员的验证。实验还发现，臭氧浓度在 65mg/L 以上时，酚的去除率和 TOC 去除率没有明显增加。可能废水臭氧氧化的限制步骤是臭氧的传质，因此，当臭氧入口浓度超过某一临界值时，限速步骤将转变为动力学控制的状态。当然，臭氧的临界值应该取决于废水中有机物的分子结构。

5.4.3.7 臭氧进口流量的影响

臭氧流量对 PNP 的降解率和 TOC 去除率的影响规律如图 5.64 所示。当臭氧流量由 1L/min 增大为 3.5L/min 时，PNP 的降解率和 TOC 去除率随着臭氧流量的增加而增加；但当臭氧流量继续增大至 4L/min 时，PNP 的降解率和 TOC 去除率无明显提高。在一定的臭氧浓度和一定的酚初始浓度下，臭氧流量的增加意味着在同一时期的臭氧氧化时间内臭氧用量的增加，从而加速了臭氧氧化过程，然而，当臭氧对液相的输入速率超过臭氧化反应消耗的臭氧速率时，继续增加臭氧流量对 PNP 降解和 TOC 去除效率没有明显的影响。

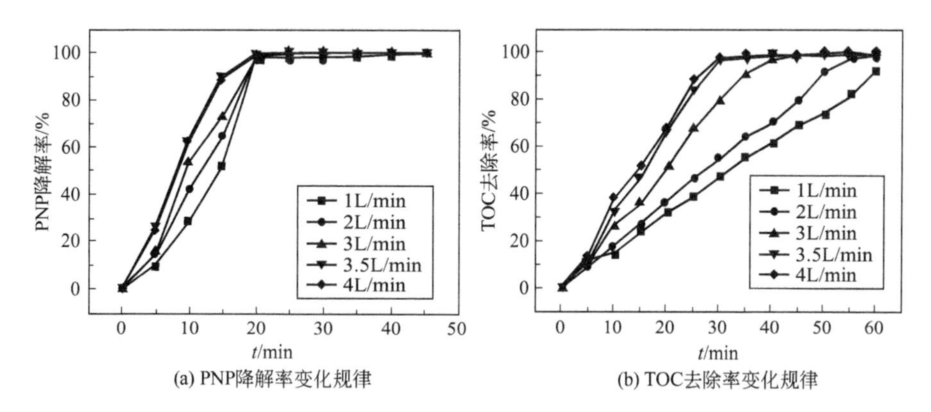

图 5.64 臭氧进口流量对 PNP 降解率及其 TOC 去除率的影响

[实验条件：臭氧浓度 65mg/L，初始酚浓度 450mg/L；臭氧反应器压力 0.25MPa；$Ca(OH)_2$用量 3g/L；液相温度 25℃]

参 考 文 献

[1] Wang D. Optimization and interpretation of O_3 and O_3/H_2O_2 oxidation processes to pretreat hydrocortisone pharmaceutical wastewater [J]. Environmental Technology，2015，36 (5-8)：1026.

[2] Kasprzyk-Hordern B，Ziółek M，Nawrocki J. Catalytic ozonation and methods of enhancing molecular ozone reactions in water treatment [J]. Applied Catalysis B Environmental，2003，46 (4)：639-669.

[3] Roberto Andreozzi，Vincenzo Caprio，Ilio Ermellino，et al. Ozone solubility in phosphate-buffered aqueous solutions：Effect of temperature，tert-butyl alcohol，and pH [J]. Industrial & Engineering Chemistry Research，1996，35 (4)：1467-1471.

[4] Qi L，Yao J，You H，et al. Oxidation products and degradation pathways of 4-chlorophenol by catalytic ozonation with $MnO_x/\gamma\text{-}Al_2O_3/TiO_2$ as catalyst in aqueous solution [J]. Environmental Letters，2014，49 (3)：327-337.

[5] Mei H，Xu H，Zhang H，et al. Application of airlift ceramic ultrafiltration membrane ozonation reactor in the degradation of humic acids [J]. Desalination & Water Treatment，2015，56 (2)：285-294.

[6] Khuntia S，Majumder S K，Ghosh P. Catalytic ozonation of dye in a microbubble system：Hydroxyl

radical contribution and effect of salt [J]. Journal of Environmental Chemical Engineering，2016，4 (2)：2250-2258.

[7] Masayoshi Takahashi，Taro Kawamura，Yoshitaka Yamamoto，et al. Effect of shrinking microbubble on gas hydrate formation [J]. J phys chem b，2016，107 (107)：2171-2173.

[8] Takahashi M. Zeta potential of microbubbles in aqueous solutions：Electrical properties of the gas-water interface [J]. Journal of Physical Chemistry B，2005，109 (46)：21858.

[9] Takahashi M，Ishikawa H，Asano T，et al. Effect of microbubbles on ozonized water for photoresist removal [J]. Journal of Physical Chemistry C，2015，116 (23)：12578-12583.

[10] Dupre V，Ponasse M，Aurelle Y，et al. Bubble formation by water release in nozzles——i. Mechanisms [J]. Water Research，1998，32 (8)：2491-2497.

[11] 熊永磊，杨小丽，宋海亮．微纳米气泡在水处理中的应用及其发生装置研究 [J]. 环境工程，2016，34 (6)：23-27.

[12] Gao M，Zeng Z，Sun B，et al. Ozonation of azo dye acid red 14 in a microporous tube-in-tube microchannel reactor：Decolorization and mechanism [J]. Chemosphere，2012，89 (2)：190.

[13] 郑天龙，田艳丽，阿荣娜，等．微气泡-臭氧和微孔-臭氧工艺深度处理腈纶废水的对比研究 [J]. 环境工程，2014，32 (8)：53-58.

[14] Chu L B，Xing X H，Yu A F，et al. Enhanced ozonation of simulated dyestuff wastewater by microbubbles [J]. Chemosphere，2007，68 (10)：1854-1860.

[15] 王璐，冯玥，韦彦斐，等．臭氧气泡大小对分散染料废水氧化处理效果的影响 [J]. 环境污染与防治，2013，35 (2)：11-16.

[16] Tisa F，Abdul Raman A A，Wan D W. Applicability of fluidized bed reactor in recalcitrant compound degradation through advanced oxidation processes：A review [J]. Journal of Environmental Management，2014，146 (2014)：260-275.

[17] Zhang D. Decomposition of 4-nitrophenol by ozonation in ahollow fiber membrane reactor [J]. Chemical Engineering Communications，2009，197 (3)：377-386.

[18] Zhu Y，Chen S，Xie Q，et al. Hierarchical porous ceramic membrane with energetic ozonation capability for enhancing water treatment [J]. Journal of Membrane Science，2013，431 (431)：197-204.

[19] 张全忠，吴潘，梁斌，等．液相中臭氧浓度的检测 [J]. 工业水处理，2001，21 (4)：30-32.

[20] Milan-Segovia N，Wang Y，Cannon F S，et al. Comparison of hydroxyl radical generation for various advanced oxidation combinations as applied to foundries [J]. Ozone Science & Engineering，2007，29 (6)：461-471.

[21] Feng L，Yao Q Y. Numerical simulation of gas-liquid two-phase flow based on the VOF model in pump station pressure piping [J]. China Rural Water & Hydropower，2012.

[22] Moslemi M，Davies S H，Masten S J. Ozone mass transfer in a recirculating loop semibatch reactor operated at high pressure [J]. Journal of Advanced Oxidation Technologies，2010，13 (1)：79-88.

[23] Ushikubo F Y，Furukawa T，Nakagawa R，et al. Evidence of the existence and the stability of nano-bubbles in water [J]. Colloids & Surfaces A Physicochemical & Engineering Aspects，2010，361 (1)：31-37.

[24] Rischbieter E，Hendrik Stein A，Schumpe A. Ozone solubilities in water and aqueous salt solutions [J]. J chem eng data，2013，45 (2)：338-340.

[25] Nöthe T，Fahlenkamp H，Von C S. Ozonation of wastewater：Rate of ozone consumption and hydroxyl radical yield [J]. Environmental Science & Technology，2009，43 (15)：5990.

[26] Bai C，Xiong X，Gong W，et al. Removal of rhodamine b by ozone-based advanced oxidation process. Desalination [J]. Desalination，2011，278 (1)：84-90.

[27] Barik A J，Gogate P R. Degradation of 4-chloro 2-aminophenol using a novel combined process based on hydrodynamic cavitation，UV photolysis and ozone [J]. Ultrasonics Sonochemistry，2015，30：70-78.

[28] 国家环境保护总局《水和废水监测分析方法》编委会．水和废水监测分析方法 [M]．第4版. 北京：中国环境科学出版社，2002..

[29] 陈波．垃圾沥滤液生化出水的电化学处理及环境医学评价 [D]. 重庆：重庆理工大学，2013.

[30] Baig S, Coulomb I, Courant P, et al. Treatment of landfill leachates: Lapeyrouse and satrod case studies [J]. Ozone Science & Engineering, 1999, 21 (1): 1-22.
[31] Renou S, Poulain S, Givaudan J G, et al. Treatment process adapted to stabilized leachates: Lime precipitation-prefiltration-reverse osmosis [J]. Journal of Membrane Science, 2008, 313 (1-2): 9-22.
[32] Hee-ChanYoo, Soon-HaingCho, Seok-OhKo. Modification of coagulation and fenton oxidation processes for cost-effective leachate treatment [J]. Journal of Environmental Science & Health Part A Toxic/hazardous Substances & Environmental Engineering, 2001, 36 (1): 39-48.
[33] Lema J M, Mendez R, Blazquez R. Characteristics of landfill leachates and alternatives for their treatment: A review [J]. Water Air & Soil Pollution, 1988, 40 (3-4): 223-250.
[34] Xu S C, Zhou H D, Wei X Y, et al. The pH dependence and effects of the oxidative products of some aromatic compounds in ozonation under irradiation [J]. Ozone Science & Engineering, 1989, 11 (3): 281-296.
[35] Eaton A. Measuring UV-absorbing organics: A standard method [J]. Journal, 1995, 87(2): 86-90.
[36] 晏云鹏，全学军，程治良，等．垃圾焚烧发电厂渗滤液生化出水的催化臭氧氧化处理 [J]. 环境工程学报，2015，9 (1)：219-224.
[37] [加] 斯尼茨尔．环境中的腐植物质 [M]. 北京：化学工业出版社，1979.
[38] Tang C Y, Kwon Y N, Leckie J O. Fouling of reverse osmosis and nanofiltration membranes byhumic acid——effects of solution composition and hydrodynamic conditions [J]. Journal of Membrane Science, 2007, 290 (1): 86-94.
[39] Chaturapruek A, Visvanathan C, Ahn K H. Ozonation of membrane bioreactor effluent for landfill leachate treatment [J]. Environmental Technology, 2005, 26 (1): 65.
[40] Hong S, Elimelech M. Chemical and physical aspects of natural organic matter (nom) fouling of nanofiltration membranes [J]. Journal of Membrane Science, 1997, 132 (2): 159-181.
[41] Aken P V, Lambert N, Degrä¨Ve J, et al. Comparison of different oxidation methods for recalcitrance removal of landfill leachate [J]. Ozone Science & Engineering, 2011, 33 (4): 294-300.
[42] Hu E, Wu X, Shang S, et al. Catalytic ozonation of simulated textile dyeing wastewater using mesoporous carbon aerogel supported copper oxide catalyst [J]. Journal of Cleaner Production, 2016, 112: 4710-4718.
[43] 程治良，罗丹，吴俊，等．$Ca(OH)_2$絮凝沉淀-臭氧氧化垃圾渗滤液生化出水提高反渗透性能 [J]. 环境化学，2016，35 (6)：1296-1304.
[44] Acar E, Ozbelge T L. Oxidation of acid red-151 aqueous solutions by the peroxone process and its kinetic evaluation [J]. Ozone Science & Engineering, 2006, 28 (3): 155-164.
[45] Oguz E, Keskinler B, Çelik C, et al. Determination of the optimum conditions in the removal of bomaplex red cr-l dye from the textile wastewater using O_3, H_2O_2, HCO_3^- and PAC [J]. Journal of Hazardous Materials, 2006, 131 (1-3): 66-72.
[46] 高美平．套管式微反应器中臭氧氧化处理酸性红 B 染料废水的研究 [D]. 北京：北京化工大学，2012..
[47] Quan X, Luo D, Wu J, et al. Ozonation of acid red 18 wastewater using $O_3/Ca(OH)_2$ system in a micro bubble gas-liquid reactor [J]. Journal of Environmental Chemical Engineering, 2017, 5 (1): 283-291.
[48] Xiong Z, Lai B, Yuan Y, et al. Degradation of p-nitrophenol (PNP) in aqueous solution by a micro-size Fe^0/O_3 process (MFe^0/O_3): Optimization, kinetic, performance and mechanism [J]. Chemical Engineering Journal, 2016, 302: 137-145.
[49] Urbano V R, Maniero M G, Pérez-Moya M, et al. Influence of pH and ozone dose on sulfaquinoxaline ozonation [J]. Journal of Environmental Management, 2016, 195 (Pt 2): 224.
[50] Qiang Z, Liu C, Dong B, et al. Degradation mechanism of alachlor during direct ozonation and O_3/H_2O_2 advanced oxidation process [J]. Chemosphere, 2010, 78 (5): 517-526.
[51] 罗丹．臭氧氧化处理染料废水的过程强化 [D]. 重庆：重庆理工大学，2017..
[52] 晏云鹏．垃圾焚烧厂渗滤液生化出水臭氧氧化提高膜处理性能研究 [D]. 重庆：重庆理工大学，2015.

第6章

类 Fenton 催化材料的制备及其应用

与其他高级氧化技术相比，Fenton 氧化法具有反应快速、操作简单、可自动产生絮凝等优点。但是传统的 Fenton 试剂法存在以下缺陷：①对反应环境的 pH 值要求较高（仅在 3.0 左右有较好效果）；②铁离子回收成本高，难以重复利用；③反应出水后处理过程复杂，涉及反应后液体的酸度调节、金属离子絮凝回收等。

针对上述技术问题，提出制备一种新型过氧化氢催化材料，将催化过氧化氢反应的活性金属离子固载化，减少或避免活性成分的流失。并将反应所需的酸性环境局部化，通过形成酸性位点或酸性基团，将酸性条件控制在催化材料的结构表面，不影响整体溶液的酸碱环境。

本章以活性炭为载体，Fe^{3+} 为活性金属成分，制备得到 Fe/AC 催化材料，对性能较优的 Fe/AC 材料进行了 DTA、XRD 以及 FT-IR 表征；并且以 BPA 为目标污染物，研究了制备条件的不同对 Fe/AC 催化性能和稳定性的影响，并利用制备得到的优良 Fe/AC 材料催化 H_2O_2 对 BPA 的降解作了系统研究，并探讨了其催化过氧化氢降解 BPA 的动力学过程。

6.1 Fe/AC 催化材料的制备及表征

活性炭材料具有孔隙结构发达、比表面积大、表面官能团丰富、灰分含量低、化学性质稳定、机械强度高、不溶于水和有机溶剂、可再生重复利用等优点，被广泛应用于水体、空气、土壤等环境中的有机、无机、细菌等污染物的治理。

活性炭表面具有丰富的官能团结构，主要分为含氧官能团和含氮官能团。如图 6.1 所示，含氧官能团主要有羧基、酚羟基、羰基、内酯基及环式过氧基等，含氮官能团主要存在形式有酰氨基、酰亚氨基等。因此，可对活性炭表面的化学结构进行改性，使活性炭具有某些特殊的化学性质。如贾建国等利用硝酸对活性炭表面进行改性，使活性炭表面含氧基团的量增加，酸性增强；黄伟等也对硝酸改性活性炭进行了研究，改性后的活性炭的灰分、pH 值均显著降低，表面氧含量有所增加；其他对活性炭表面进行改性的方法有等离子体改性、负载金属离子改性等。

活性炭由于结构和表面化学性质的优越性，近年来被广泛用作载体或催化材料，应用于废水处理领域。何莼等研究了以沸石和活性炭分别为载体材料，负载 Fe^{3+} 和 Cu^{2+} 对苯酚的降解效率，比较了沸石和活性炭作为催化剂载体的优

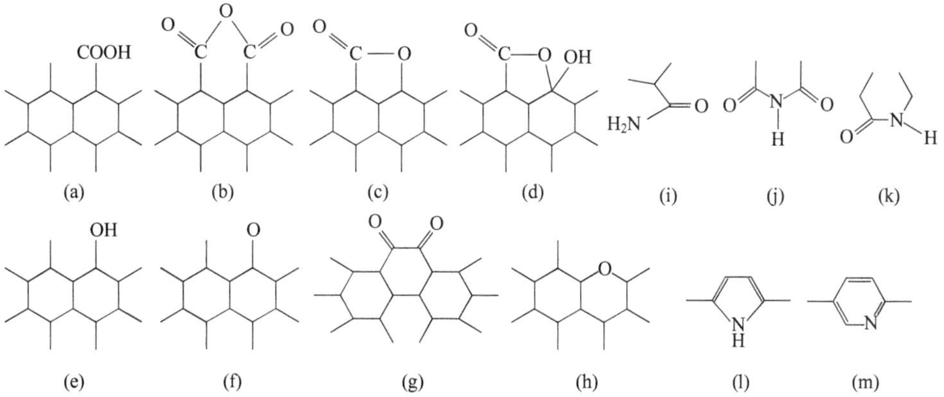

图 6.1 活性炭表面官能团

缺点。严新焕等对 Fe/活性炭作催化剂降解氨基苯酚废水进行了研究，结果证明其 COD 脱除率高达 92%。李建旭等利用 Fe^{2+}/活性炭非均相 Fenton 体系降解苯酚废水，苯酚去除率最高达 92%，其催化剂可重复使用 5 次。此外，何立平等研究了 Fe/活性炭多相类 Fenton 体系催化降解罗丹明 B；曲振平等研究了磺化碳材料固载 Fe^{2+} 催化降解甲基橙，均取得了较理想的效果。

因此，本研究结合类 Fenton 反应所需的条件，首先使用硝酸对活性炭表面进行化学改性，增加其含氧基团数量，使活性炭表面酸化。再通过负载 Fe^{3+} 作为催化活性成分，形成载铁活性炭材料 Fe/AC。并以环境内分泌干扰物 BPA 为目标有机污染物，系统研究了制备过程中 Fe 源、载 Fe^{3+} 量、煅烧温度等主要工艺参数对 Fe/AC 材料催化性能和稳定性的影响。

6.1.1 Fe/AC 催化剂的制备

以分析纯粉末活性炭（AC）为原料（平均粒径为 0.15mm，比表面积为 302.36m^2/g），按照预处理洗涤—硝酸氧化改性—吸附载铁—热处理工艺过程，制备得到 Fe/AC 催化剂。

（1）活性炭的预处理

首先使用沸水对活性炭进行搅拌洗涤 1～2 次，并用蒸馏水多次洗涤，以便除去 AC 结构上的水溶性杂质。将充分洗涤过的活性炭，在 105℃烘箱中过夜烘干去除水分。使用 8%的稀硝酸溶液对干燥后的活性炭，按 5mL/g AC 的用量，于 50℃条件下在摇床上恒温浸渍处理 5h。然后将酸化处理的 AC 抽滤、经蒸馏水洗至滤液 pH 值稳定为止。最后置于烘箱中 110℃条件下干燥 10h 左右，制得酸化改性的 AC 材料。

(2) Fe/AC 催化剂的制备

以酸化处理得到的 AC 为载体，采用恒温浸渍法负载铁，再经过热处理得到 Fe/AC 催化剂。先称取一定量的 AC，将其加入含不同浓度 Fe^{3+} 的 $Fe(NO_3)_3$溶液中，然后将吸附体系置于恒温振荡器中于 25℃条件下恒温浸渍 6～12h。固液分离后的 AC 在 105℃烘干处理 10h 左右，即制得 Fe/AC 催化材料。将所得 Fe/AC 进一步在马弗炉中于 200℃、250℃、300℃、350℃、400℃等温度下进行煅烧，得到催化剂样品。

6.1.2 Fe/AC 材料的 DTA 分析

实验以未经任何处理的 AC 样品为参照，对 Fe/AC 作 DTA 分析，结果如图 6.2 所示。Fe/AC 与 AC 的 DTA 曲线有部分差异，Fe/AC 材料在 25～150℃热稳定性较好，当温度超过 150℃时，dT/dt 开始增大。同时 Fe/AC 材料放热峰较 AC 材料的放热峰高，并且其达到顶点的温度较 AC 偏低。通过实验证明，Fe/AC 在煅烧温度≤250℃时，其对 BPA 的吸附率变化不大，维持在 90%左右。在此温度范围内，DTA 曲线虽然有上升的趋势，但其 dT/dt 增大较为缓慢，说明在不超过 250℃时，Fe/AC 材料能保持较好的稳定性。当煅烧温度超过 250℃后，其对 BPA 的吸附率显著下降。而 Fe/AC 在 DTA 曲线中，其 dT/dt 迅速增大，并且出现较大的放热峰，说明 Fe/AC 结构开始发生较大的变化，在煅烧温度超过 250℃后 Fe/AC 的热稳定性变化明显。

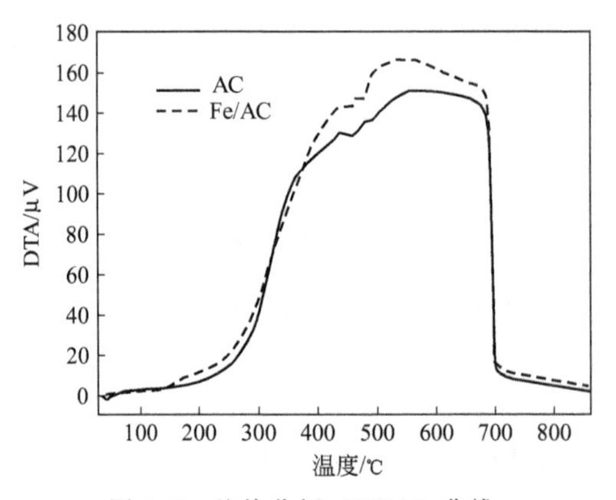

图 6.2　差热分析（DTA）曲线

6.1.3 Fe/AC 材料的 XRD 分析

AC 材料与不同温度条件下煅烧处理的 Fe/AC 材料的 XRD 扫描谱图，

如图 6.3 所示。经过负载 Fe^{3+} 处理的 AC 材料在 2θ 为 24.1°和 35.6°时均出现了较弱的 Fe_2O_3（赤铁矿）晶体特征峰，说明 Fe^{3+} 并不是以结晶形式的 Fe_2O_3 大量存在于 AC 表面，而是可能与 AC 表面的含氧基团形成了其他结合形式。而没有负载 Fe 的 AC 材料在 2θ 为 24.1°和 35.6°时没有出现特征峰，仅分别在 2θ 为 20°～30°和 40°～50°范围内有两个宽峰，这应该是对应 AC 材料中无定形石墨的晶面特征峰。

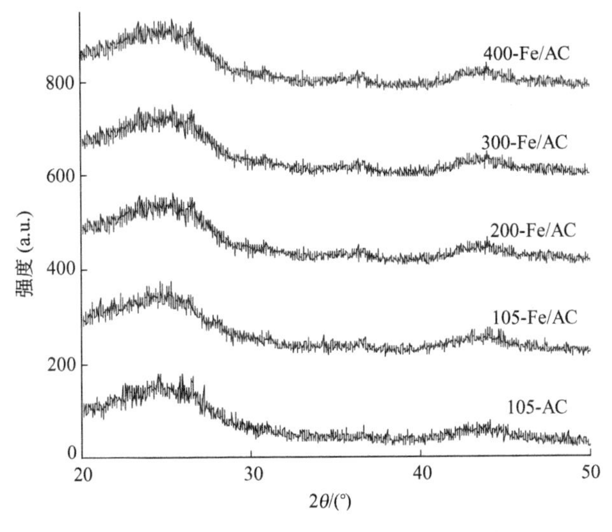

图 6.3　AC 和 Fe/AC 材料的 XRD 分析

6.1.4　Fe/AC 材料的 FT-IR 分析

在红外谱图中可知，3200～3700cm^{-1} 归属为样品表面羟基 O—H 键的伸缩振动，或者样品表面的物理吸附水；2250～2400cm^{-1} 归属为 C≡N 和 C≡C 三键特征峰；1640cm^{-1} 归属为 C═C 键的伸缩振动；2850～2980cm^{-1} 归属为甲基和亚甲基官能团；1580～1800cm^{-1} 归属为 C═O 官能团（羧基、酸酐、内酯等）；1500～1580cm^{-1} 归属为芳香碳环碳骨架振动；1000～1250cm^{-1} 归属为含氧的 C—O—C 醚键、内酯和酚的结构。

以 AC 材料为对照分别对 HNO_3/AC 和 HNO_3/Fe/AC 材料进行 IR 分析，结果如图 6.4 所示。HNO_3/AC 和 HNO_3/Fe/AC 材料在 1580～1800cm^{-1} 有较强的吸收峰，而 AC 材料吸收峰较弱，这表明 AC 经过 HNO_3 处理后，其表面的含氧官能团 C═O 的量有所增加。同时 HNO_3/Fe/AC 材料的吸收峰与 HNO_3/AC 相比，表明 Fe^{3+} 的负载并没有对 HNO_3/AC 表面的含氧基团结构产生明显影响；在 1000～1250cm^{-1} AC、HNO_3/AC 和

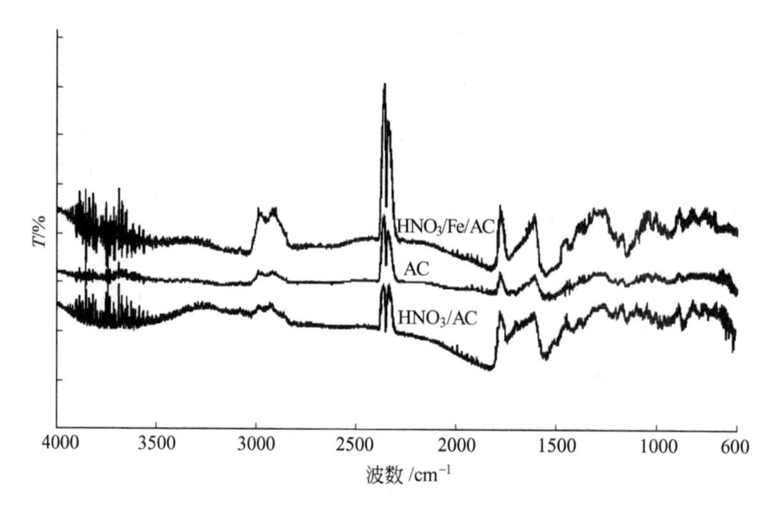

图 6.4　AC、HNO_3/AC 和 HNO_3/Fe/AC 材料 IR 分析

HNO_3/Fe/AC 材料均存在吸收峰，证明其含有醚键、内酯和酚的结构，但是从吸收峰的强弱可见，经过 HNO_3处理的 AC 材料含有含氧基团的量相比于 AC 材料显著增加；同时在 2250～2400cm^{-1}、1640cm^{-1}、2850～2980cm^{-1}范围内，经过 HNO_3处理的 AC 材料相对应的表面基团吸收峰的强度均有所增强。由此可见，HNO_3对 AC 的表面酸化处理能有效增加 AC 材料表面含氧基团的数量，有利于 AC 表面形成酸性环境。

6.2 Fe/AC 催化 H_2O_2降解双酚 A 的性能

本节以内分泌干扰物双酚 A（BPA）为模型污染物，重点研究合成的类 Fenton 催化新材料 Fe/AC 催化 H_2O_2降解 BPA 的性能，对合成工艺参数进行了优化，并进一步考察了 Fe/AC 材料的重复使用性能。

6.2.1 实验流程及测定方法

6.2.1.1 AC 对 Fe^{3+}的吸附性能及其载 Fe^{3+}量的测定

通过 AC 对 Fe^{3+}的等温吸附实验，测定其对 Fe^{3+}的等温吸附线。采用磺基水杨酸光度法测定溶液中 Fe^{3+}的浓度，根据溶液初始 Fe^{3+}的浓度和浸渍吸附处理后浓度的差值计算出催化剂上 Fe^{3+}的负载量。

6.2.1.2 Fe/AC 催化 H_2O_2 降解 BPA 实验

以浓度为 50mg/L 的 BPA 溶液为实验对象，每次实验取 100mL 溶液加入 250mL 锥形瓶中，再加入一定量 Fe/AC 催化剂和过氧化氢。将锥形瓶置于恒温振荡器内，在适当转速和一定温度条件下进行催化降解 BPA，每隔 10min 取样 2mL。实验全面考察了催化剂热处理温度、载铁量对催化剂活性和稳定性的影响，并优化了 Fe/AC 催化 H_2O_2 降解 BPA 的工艺参数。

BPA 的浓度采用分光光度法测定，即在波长 276nm 处测定溶液中 BPA 的吸光度值，其光谱扫描图和标准曲线图如图 6.5 所示，再按标准曲线求取其相应的浓度，BPA 降解率根据式(6.1) 计算：

$$\eta_{BPA}=\frac{c_0-c_t}{c_0}\times 100\% \tag{6.1}$$

式中，c_0 为初始 BPA 溶液的浓度；c_t 为 t 时刻 BPA 溶液的浓度。

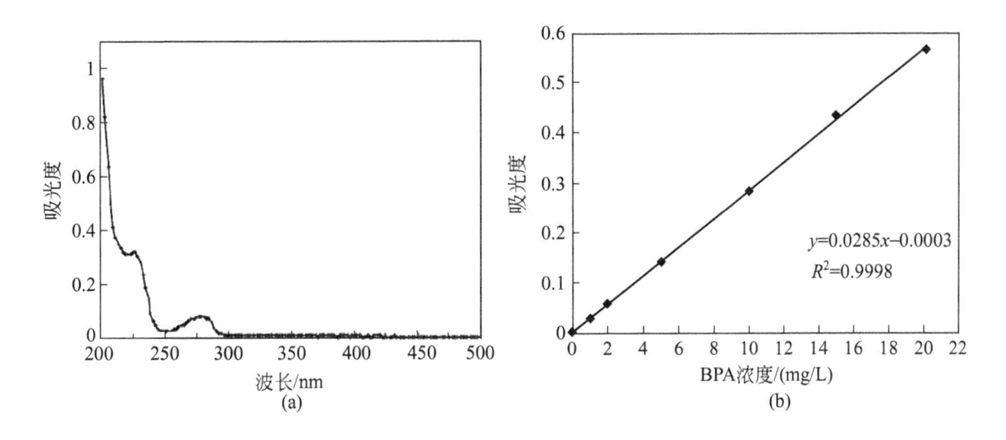

图 6.5 BPA 紫外可见光谱扫描图 (a) 和标准曲线图 (b)

6.2.1.3 过氧化氢浓度测定方法

溶液中 H_2O_2 的浓度采用钛盐分光光度法测定，在酸性介质中，过氧化氢与钛离子能生成稳定的橙色络合物——过钛酸，此络合物在 400nm 波长处有固定吸收峰，并且其颜色的深浅与样品中过氧化氢的含量成正比。通过分光光度计在 400nm 波长条件下测定其吸光度值，从而计算出过氧化氢的浓度，该方法得到的标准曲线如图 6.6 所示。

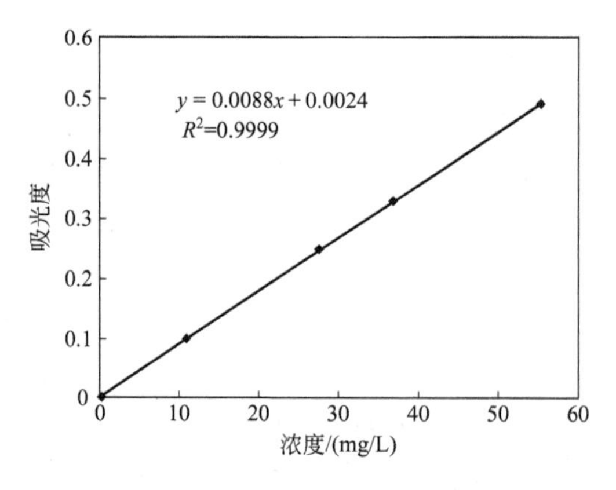

图 6.6　过氧化氢标准曲线

6.2.2　AC 对 Fe^{3+} 的吸附性能

AC 材料对 Fe^{3+} 的等温吸附实验数据如图 6.7 所示。将实验数据分别用 Langmuir 和 Freundlich 吸附等温线拟合。Langmuir 等温吸附是假定吸附剂表面是单分子层吸附，各位点具有相同的吸附能量，吸附时没有相互作用，其方程如式(6.2) 所示。Freundlich 等温吸附是基于吸附位点分布和吸附能量的指数级经验公式，如式(6.3) 所示。

$$\frac{c_e}{Q_e}=\frac{c_e}{Q_{max}}+\frac{1}{K_L Q_{max}} \tag{6.2}$$

式中，c_e为 Fe^{3+} 溶液的平衡浓度，mg/L；Q_e为平衡吸附量，mg/g；Q_{max}表示单分子层吸附的最大饱和吸附量，mg/g；K_L为吸附平衡常数，L/mg。

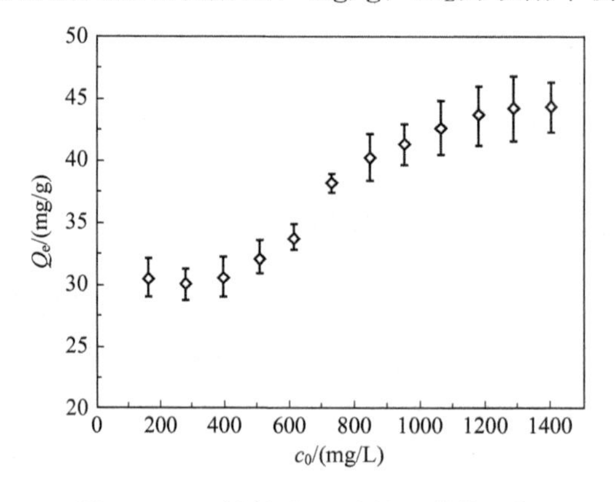

图 6.7　AC 材料对 Fe^{3+} 的吸附等温线

$$Q_e = K_F c_e^{1/n} \qquad (6.3)$$

式中，c_e为 Fe^{3+} 溶液的平衡浓度，mg/L；Q_e为平衡吸附量，mg/g；K_F，n 为 Freundlich 常数，分别表示吸附能力与吸附密度。

将实验数据代入 Langmuir 等温线方程和 Freundlich 等温线方程进行拟合处理，其结果如图 6.8 和表 6.1 所示。

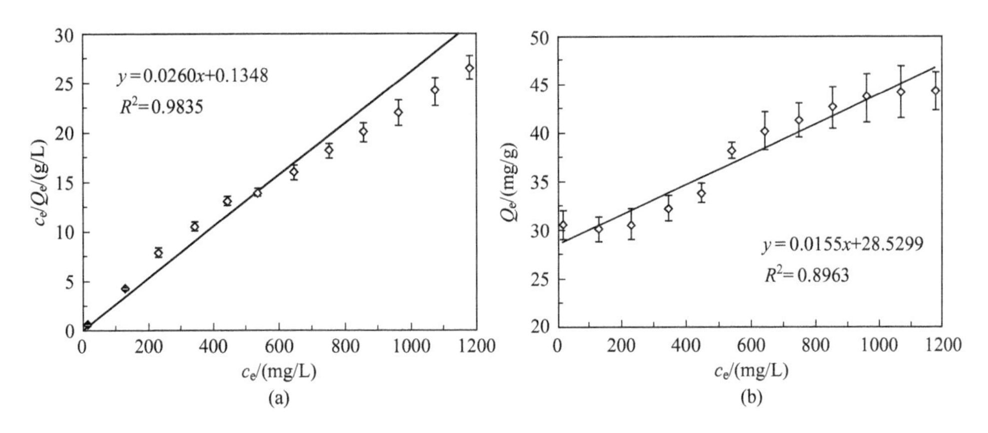

图 6.8 Langmuir（a）和 Freundlich（b）等温吸附拟合曲线

表 6.1 Fe/AC 对 Fe^{3+} 的等温吸附常数

Langmuir 等温吸附方程			Freundlich 等温吸附方程		
Q_{max}/(mg/g)	K_L/(L/mg)	R^2	K_F	n	R^2
47.62	0.0093	0.9857	12.352	11.494	0.9373

由图 6.8 和表 6.1 可以看出，Langmuir 等温线能更好地符合 AC 对 Fe^{3+} 的等温吸附情况，且 AC 吸附 Fe^{3+} 的饱和量为 47.62mg/g。同时也说明，Fe^{3+} 在 AC 表面上具有较理想的均匀分布，可以制备出催化活性位点分布较好的催化剂。

6.2.3 不同铁源对 Fe/AC 材料性能的影响

实验选取 $FeSO_4$ 和 $Fe(NO_3)_3$ 作为不同的铁源进行改性处理。分别以酸化改性后的 AC 为原料，通过 0.025mol/L 的 $FeSO_4$ 和 $Fe(NO_3)_3$ 溶液对 AC 材料进行浸渍处理，分别标号为 FS/AC 和 FN/AC。然后在 105℃条件下煅烧得到载铁活性炭样品 FS/AC、FN/AC。室温条件下，FS/AC、FN/AC 加入量 5g/L、H_2O_2 加入量 5mL/L，于磁力搅拌器上匀速对 100mL、50mg/L 的 BPA 溶液进行降解、吸附实验。实验结果如图 6.9 所示，催化反应 2h，FN/AC 对 BPA 的表观降解率达到 96%，而 FS/AC 对 BPA 的降解率仅为 88%。在吸附效果方面，FN/AC 对 BPA 的吸附率稍逊于 FS/AC（分别标为 XF-FN/AC 和 XF-FS/AC），在 2h 内对 BPA 的吸附率为 75%，FS/AC 降解率与其对 BPA 的吸附率相比差别不大，而 FN/AC 对 BPA 的吸附率显著低于其对 BPA 的表观降解率。由此可见，FN/AC 对 BPA 的降解作用优于 FS/AC，$Fe(NO_3)_3$更适合作为 Fe/AC 材料的铁源。

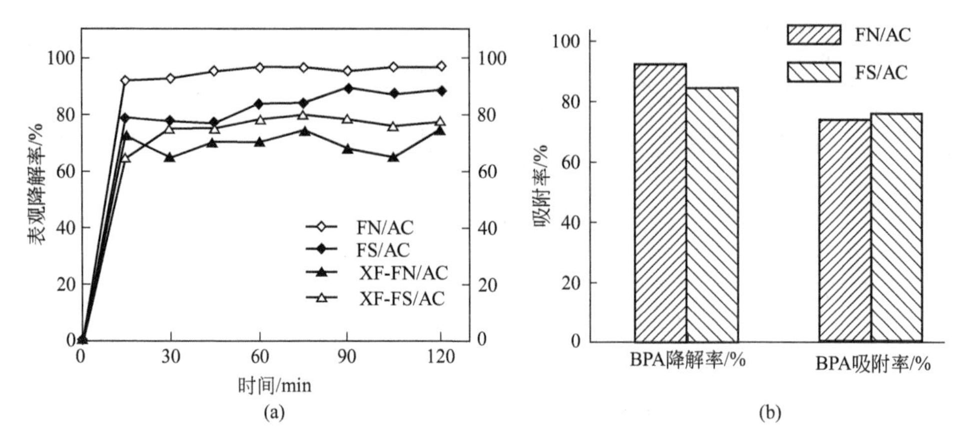

图 6.9　不同铁源对 Fe/AC 催化、吸附 BPA 性能的影响

FN/AC 样品对 BPA 的表观降解率显著优于 FS/AC。这可能是由于 NO_3^- 受热易分解，在 FN/AC 烘干过程中已完全或部分汽化挥发。在挥发过程中铁离子更均匀地分散在 AC 结构表面，同时也避免了 NO_3^- 覆盖在 AC 表面而影响铁的吸附和催化作用，而 SO_4^{2-} 相对热稳定性较好，吸附于活性炭表面不易分解，对活性炭表面的孔隙和铁离子的活性位点有一定覆盖作用，造成在催化过氧化氢的反应中，AC 表面负载的铁与过氧化氢接触位点减少，同时 SO_4^{2-} 对铁在 AC 表面的吸附造成了一定的位阻。

6.2.4　载 Fe^{3+} 量对 Fe/AC 催化性能的影响

由于 Fe/AC 催化过氧化氢降解 BPA 属于典型的非均相催化反应过程，其催化动力学一般应符合 Langmuir-Hinshelwood 模型，即式(2.25) 从此动力学模型可知，在一定温度条件下，反应物 BPA 在 Fe/AC 催化剂上的吸附平衡常数 K 应该是影响动力学变化的主要因素。载 Fe^{3+} 量对 Fe/AC 催化活性的影响实验，同时也测定了无过氧化氢条件下的吸附去除率，如图 6.10 所示。

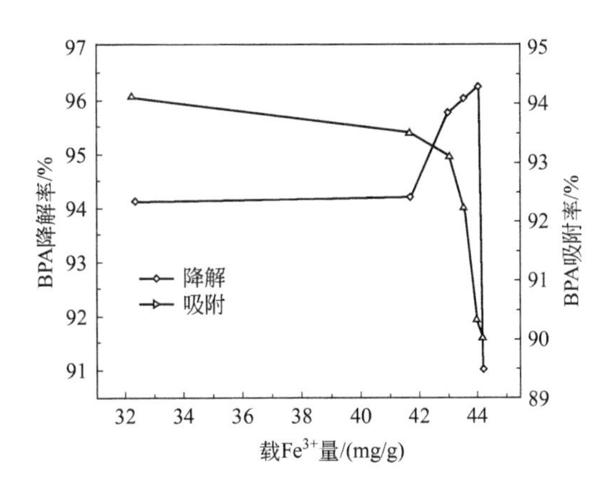

图 6.10　载 Fe^{3+} 量与 Fe/AC 材料性能的关系

（反应条件：反应温度 15℃，pH 7.0，H_2O_2 5mL/L，Fe/AC 5g/L）

由图 6.10 可知，当载铁量在 32～42mg/g AC 之间增大时，BPA 的催化降解率几乎没有明显变化，而吸附去除率缓慢下降；此后当载铁量继续增大到 44.2mg/g 时，吸附去除率急速下降，而催化降解率迅速升高后又急剧下降，在载铁量为 44.05mg/g AC 时，其降解率达到峰值 96.2%。

从多相反应动力学方程式（2.25）可知，当在低浓度下降解 BPA 时，降解速率 $R \approx kKc$。因此，Fe/AC 上载 Fe^{3+} 量的增加引起平衡常数 K 下降的作用对于提高其催化活性是不利因素。然而，随着 Fe^{3+} 负载量的增大催化剂上的催化活性位点也会增多，催化过氧化氢产生的 ·OH 量也自然增多，这就提高了 BPA 的催化降解率。由此可以看出，当 Fe/AC 上载 Fe^{3+} 量小于 44.05mg/g AC 时，其值增大引起活性位点增多起主导作用；超过该临界值时，载铁量的继续增大会引起对降解底物吸附能力的急速降低，导致催化活性快速下降。

为了深入分析 Fe/AC 上的载 Fe^{3+} 量对催化活性与催化剂稳定性的影响，实验测定了 Fe/AC 催化剂在反应溶液中溶出 Fe^{3+} 量的情况，如图 6.11 所示。当载 Fe^{3+} 量≤43.6mg/g 时，Fe^{3+} 溶出量微弱。此时 Fe^{3+} 在 AC 表面的吸附，可能与其表面上的含氧基团形成一定的化学键，属于化学吸附，结合能力较强，不易脱附。当载 Fe^{3+} 量大于 43.6mg/g 时，Fe^{3+} 溶出量迅速增大。此时，可能由于 AC 表面的含氧基团已几乎被完全结合，更多的 Fe^{3+} 主要以物理吸附的形式存在，其结合力相对较弱，因此 Fe^{3+} 溶出量显著增加。但总体看来，Fe/AC 催化剂上铁是很稳定的，与载铁总量相比溶出的 Fe^{3+} 量都很小，几乎可以忽略。这也说明了 Fe/AC 催化降解 BPA 的过程属

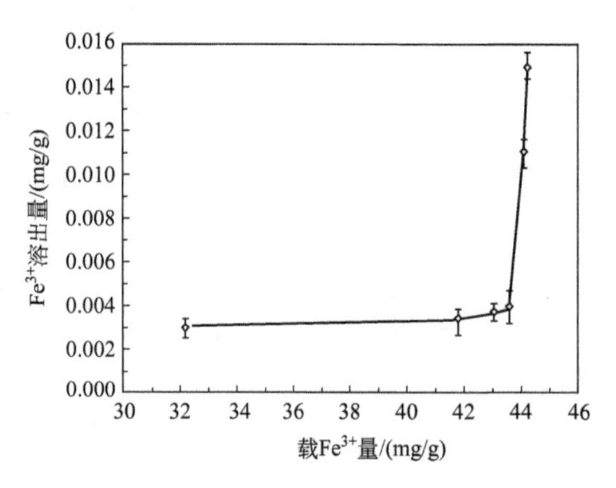

图 6.11　载 Fe^{3+} 量与 Fe^{3+} 溶出量的关系

于非均相催化反应过程，肯定了前面载铁量对催化活性影响的分析。

6.2.5　煅烧温度对 Fe/AC 催化活性和稳定性的影响

将载 Fe^{3+} 量为 44.05mg/g AC 的 Fe/AC 催化剂在不同温度下进行热处理，并以催化过氧化氢降解 BPA 评价其活性，并考察样品中 Fe^{3+} 的溶出性，结果如图 6.12 所示。

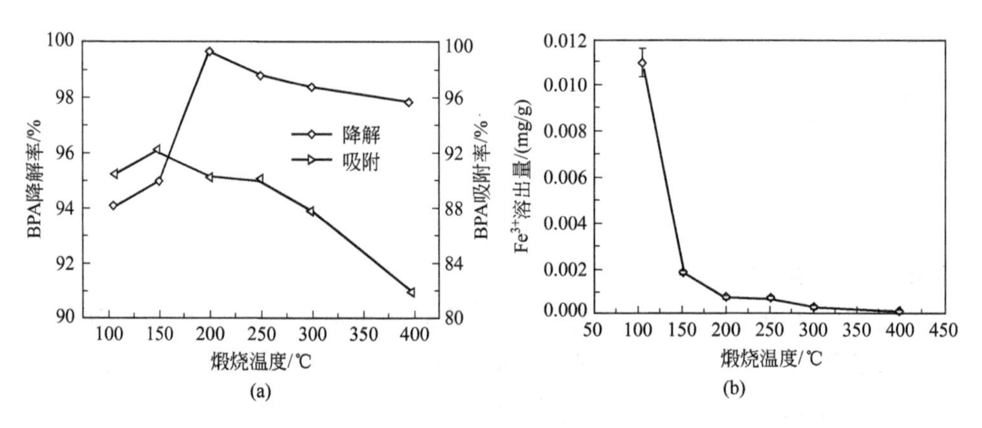

图 6.12　煅烧温度对 Fe/AC 材料性能（a）以及其中 Fe^{3+} 溶出（b）的影响

（反应条件：反应温度 15℃；pH 7.0；H_2O_2 5mL/L；Fe/AC 5g/L）

由图 6.12 可知，Fe/AC 的催化活性在煅烧温度为 200℃时达到最大值，之后随热处理温度升高其催化活性开始下降。而 Fe/AC 对 BPA 的吸附去除率在煅烧温度约为 150℃时达到最高，之后也随热处理温度升高其吸附能力下降。但随着煅烧温度的升高，Fe/AC 在催化过氧化氢降解 BPA 的反应过程中，溶出的 Fe^{3+} 量呈现下降趋势。当煅烧温度达 200℃时，其 Fe^{3+} 的溶出量不足 0.001mg/L；当煅烧温度达到 400℃时，反应后的液相体系中几乎检测不出 Fe^{3+}。由此可见，煅烧温度的升高有助于 Fe/AC 材料表面上的 Fe^{3+} 与表面的稳定结合。Fe/AC 的热处理主要会影响 AC 表面上铁的存在状态和 AC 的表面结构。在较低温度条件下煅烧，可能有利于除去 AC 孔隙中较易挥发的物质，增大了 AC 的比表面积，使得吸附能力稍有提高，这有助于增强催化活性。当煅烧到温度为 150～200℃时，Fe/AC 上吸附的 $Fe(NO_3)_3$ 可能明显提高了已经分解产生的均匀分布的纳米氧化铁物质的催化活性。但继续升高煅烧温度（≥200℃），过高的温度可能引起了载体 AC 结构的破坏，甚至导致部分孔隙结构坍塌，比表面积下降，使得吸附位点数目减少，从而导致催化活性逐渐下降。

6.2.6 Fe/AC 催化剂的稳定性

为考察 Fe/AC 材料的稳定性，实验以 AC 为对照，采用 $Fe(NO_3)_3$ 为 Fe 源、载 Fe^{3+} 量为 44.05mg/g、煅烧温度为 200℃时制得的 Fe/AC，进行催化过氧化氢降解 BPA 的重复性实验，实验结果如图 6.13 所示。AC 对 BPA 溶液的去除率随着 AC 重复使用次数的增加而呈现下降趋势。当使用次数达到 8 次时，AC 对 BPA 的去除率几乎为 0。Fe/AC 对 BPA 溶液的去除率虽然在前两次使用时下降较快，但是当使用次数继续增加，Fe/AC 对 BPA 的去除率并没有继续下降，而是保持在 30%左右。同时，如图 6.13(c) 所示，在相同使用次数时，Fe/AC＋H_2O_2 对 BPA 的去除率均显著高于 AC 单独对 BPA 的去除率。相关研究表明 AC 对 BPA 的去除主要是依靠化学吸附作用，吸附作用对吸附质均存在一定的饱和度，具有较强的吸附性和不可逆性，活性位点更容易达到饱和。因此，连续多次使用后吸附位点达到饱和，对 BPA 不再有继续吸附的能力。Fe/AC＋H_2O_2 对 BPA 的去除率，在前 3 次使用过程中有明显下降，从最初的脱除率 90%以上下降到 40%左右。这可归结为 Fe/AC 表面的活性基团被大量 BPA 占据，界面的 Fenton 反应速率小于 Fe/AC 对 BPA 的吸附速率，从而表现出对 BPA 综合去除率的下降。当 Fe/AC 材料使用次数大于 3 次时，其对 BPA 的脱除率没有明显的下降。这说明 Fe/AC 界面 BPA 的吸附速率与 Fenton 反应降解 BPA 的速率达到了动态平衡。因此，当使用次数继续增加时，其对 BPA 的去除率维持在 30%～40%之间，几乎没有变化。由此可见，Fe/AC 材料在催化过氧化氢的反应中稳定性较好。

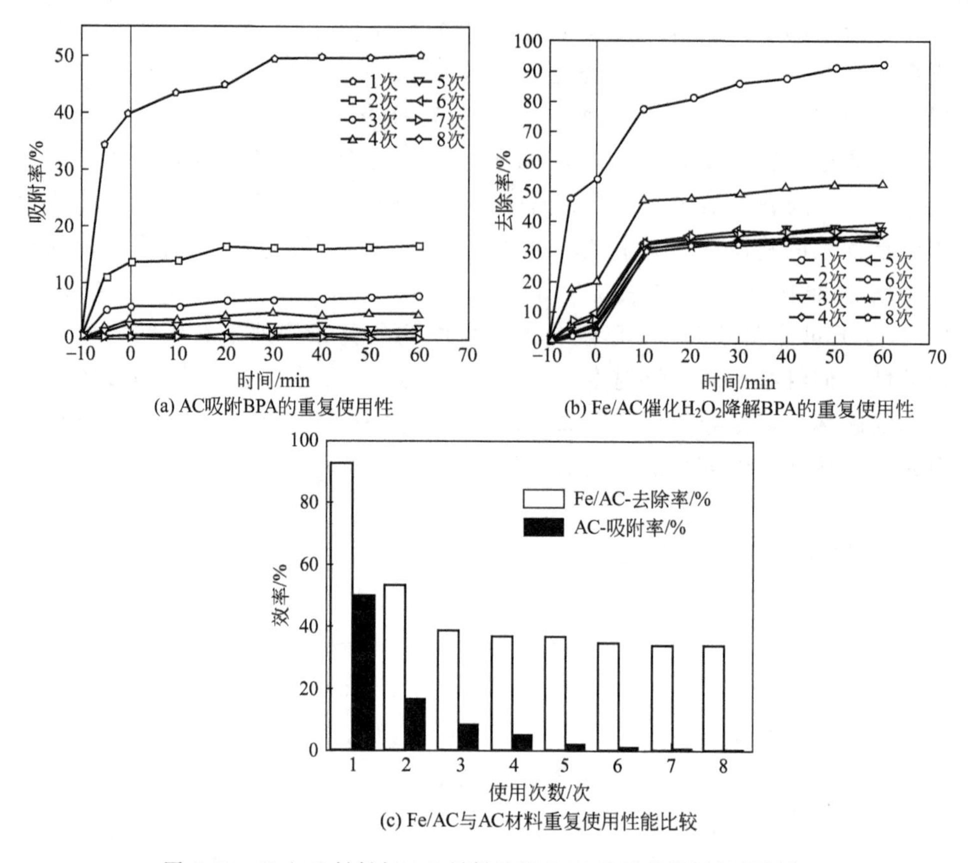

图 6.13 Fe/AC 材料与 AC 材料处理 BPA 的重复使用性能研究
（反应条件：反应时间 60min；反应温度 20℃；pH 7.0；Fe^{3+}/H_2O_2 摩尔比 0.012；H_2O_2 2mL/L）

6.3 Fe/AC 催化 H_2O_2 降解双酚 A 的工艺优化

Fe/AC 催化过氧化氢降解 BPA 的反应属于类 Fenton 反应范畴。Fe/AC 的作用实质是负载于 AC 上的 Fe^{3+} 催化过氧化氢产生羟基自由基（·OH），其对有机污染物进行无差别氧化降解反应。整个反应过程存在吸附-催化氧化两个过程，为典型的非均相催化反应过程。高建峰等研究了反应温度、pH 值、过氧化氢用量等工艺参数对 Fe/AC 催化过氧化氢降解苯酚的影响。结果表明，在不同的反应工艺条件下，对苯酚的降解率有较大差别，存在最佳反应工艺条件。

因此，本节以载 Fe^{3+} 量 44.05mg/g、煅烧温度为 200℃时的较优 Fe/AC 作为催化剂。系统研究了 Fe/AC 催化过氧化氢降解 BPA 反应过程的不同工艺参数——反应时间、反应温度、pH 值、Fe/AC 材料用量、过氧化氢用量对反应过程的影响。在此基础上，使用优良 Fe/AC 材料，在较优工艺条件下对其催化过氧化氢降解 BPA 的动力学过程进行了研究。

6.3.1 反应时间对催化降解 BPA 的影响

反应时间对 Fe/AC 催化过氧化氢降解 BPA 的影响，如图 6.14 所示。BPA 的降解率随着时间的增加而升高，当反应进行到 40min 时，BPA 的降解率已达 98%，随着反应时间的继续延长，BPA 的降解率无明显变化。因此，Fe/AC 催化过氧化氢降解 BPA 的反应时间一般应控制在 40～60min。

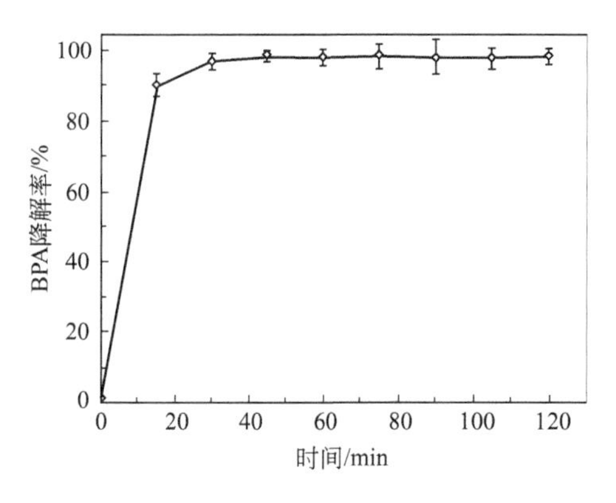

图 6.14 反应时间对 Fe/AC 催化过氧化氢降解 BPA 的影响

（反应条件：反应温度 15℃；pH 7.0；H_2O_2 5mL/L；Fe/AC 5g/L）

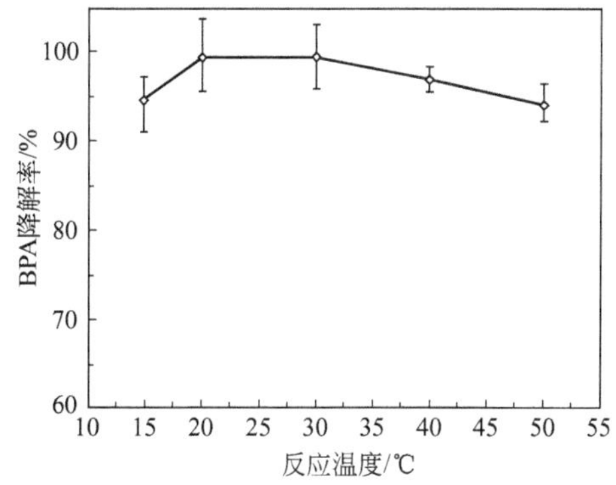

图 6.15 反应温度对 Fe/AC 催化降解 BPA 的影响

（反应条件：反应时间 60min；pH 7.0；H_2O_2 5mL/L；Fe/AC 5g/L）

6.3.2 反应温度对催化降解 BPA 的影响

如图 6.15 所示，BPA 的降解率随着反应温度从 15℃升高到 20℃而增大，随着反应温度继续增大到 30℃，BPA 降解率几乎保持不变。但反应温度超过 30℃时，BPA 的降解率随反应温度升高而降低。Fe/AC 催化过氧化氢降解 BPA 的反应的最佳反应温度范围为 20～30℃。活性炭良好的吸附作用可以将有机物聚集在其表面，再利用吸附在表面的·OH 对有机物进行氧化降解。温度的升高能提高有机物与·OH的反应速率，但同时会减弱对有机物和·OH的吸附作用。同时随着温度的升高，过氧化氢的分解速率加快，造成其浪费。因此，过高的反应温度反而会导致Fe/AC催化过氧化氢降解BPA的效果下降。

6.3.3 溶液pH值对催化降解BPA的影响

溶液pH值对Fe/AC催化过氧化氢降解BPA的影响较大，如图6.16所示，当4.0≤pH≤8.0时，Fe/AC催化过氧化氢降解BPA呈现最佳的降解率；当pH≤4.0或pH≥8.0时，BPA的降解率急剧下降。与Fenton反应类似，Fe/AC催化过氧化氢反应过程中，pH值过小可能会影响表面上Fe^{3+}、Fe^{2+}的平衡体系，从而影响·OH的生成，造成对BPA的降解作用的下降。当pH值过大时，碱性溶液中的OH^-会捕获液相体系中过氧化氢分解产生的·OH，从而使过氧化氢自身分解加快，这样也导致体系中·OH的量减少，使BPA的催化降解率下降。另外，由于BPA的pK_a范围在9.59～11.30之间，当pH＝10时BPA已经发生电离，生成离子态的BPA，与分子态的BPA相比较难被吸附，这也会影响催化剂界面对BPA的降解速率。传统的Fenton试剂处理难降解有机物过程中存在最佳的溶液pH值，一般在3.0左右，而且控制要求较严格，使其难于大规模应用。采用本工作制备的Fe/AC催化过氧化氢降解BPA，其溶液的较优pH值已大大扩展到4.0～8.0之间。较高的pH值和较宽的pH值范围，对于实际废水的

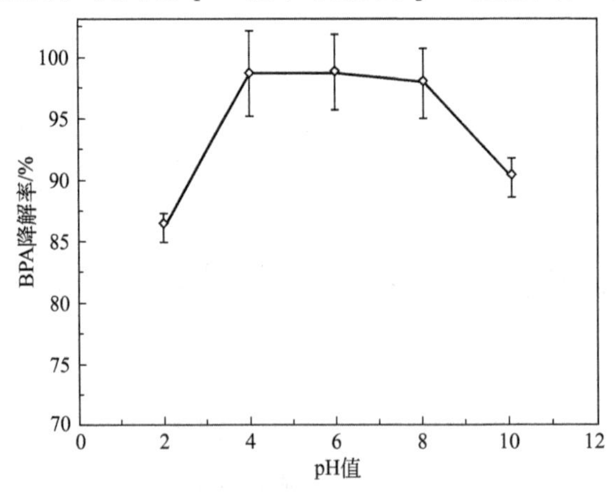

图6.16 溶液pH值对Fe/AC催化过氧化氢降解BPA的影响

（反应条件：反应时间60min；反应温度20℃；pH 7.0；H_2O_2 5mL/L；Fe/AC 5g/L）

处理具有十分重要的现实意义。

6.3.4 Fe^{3+}/H_2O_2摩尔比对催化降解 BPA 的影响

有研究表明，Fenton 反应中 H_2O_2与 Fe^{3+} 的摩尔比对有机物的催化降解效率有较大影响，且当 Fe^{3+}/H_2O_2 摩尔比≤0.007，增加反应体系中 Fe^{3+} 的量能有效提高对 BPA 的氧化去除率。在过氧化氢浓度为 5mL/L 时，通过加入不同量的 Fe/AC 催化剂，研究 AC 表面负载的 Fe^{3+} 与加入体系中的 H_2O_2之间的摩尔比对 BPA 降解率的影响，结果如图 6.17 所示。在此类 Fenton 反应体系中，Fe^{3+}/H_2O_2 摩尔比对 BPA 的降解也有明显影响。当 Fe^{3+}/H_2O_2摩尔比由 0.005 上升到 0.007 时，Fe/AC 对 BPA 的降解率迅速从 88.3%升高到 98.8%，当 Fe^{3+}/H_2O_2摩尔比由 0.007 继续增大到 0.012 时，BPA 降解率仅从 98.8%升高到了 99.7%。但是当 Fe^{3+}/H_2O_2摩尔比由 0.012 继续增大至 0.034 时，BPA 降解率几乎保持不变。由此看出，使用本类 Fenton 反应体系，Fe^{3+}/H_2O_2摩尔比应该控制在 0.007～0.012。

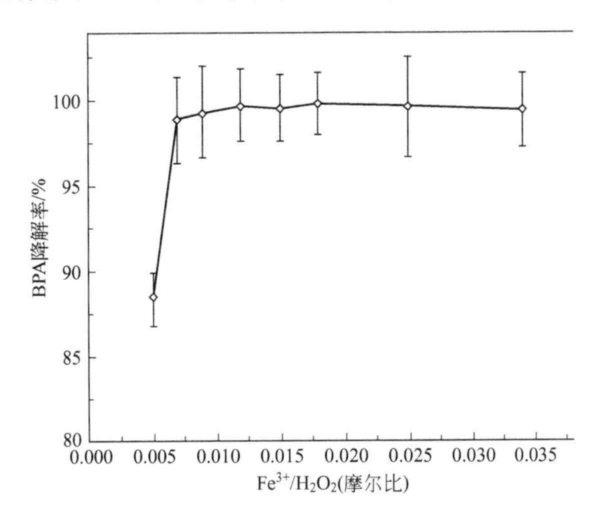

图 6.17　Fe^{3+}/H_2O_2 的摩尔比对催化降解 BPA 的影响

（反应条件：反应时间 60min；反应温度为 20℃；pH 7.0；H_2O_2 5mL/L）

6.3.5 过氧化氢用量对催化降解 BPA 的影响

在最佳 Fe^{3+}/H_2O_2摩尔比为 0.012 条件下，考察 H_2O_2用量对 BPA 降解的

影响。如图 6.18 所示，当 H_2O_2的量在 0.5～2mL/L 的范围内增加时，体系对 BPA 的降解率迅速升高。当 H_2O_2的量增加至≥ 2mL/L 时，体系对 BPA 的降解率几乎保持不变。反应体系中过氧化氢较高的用量可使其在溶液中形成更多的·OH，更能有效促进 BPA 的催化降解，但是，当过氧化氢的加入量过大时，将会造成大量过氧化氢的无效分解，从而导致过氧化氢的浪费。因此，可以总结出 BPA 对于 30%H_2O_2的最佳需要量为：0.04mL H_2O_2/mg BPA。

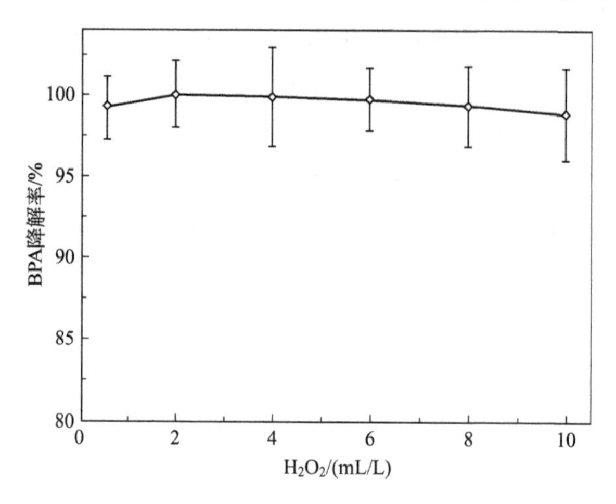

图 6.18 H_2O_2用量对 Fe/AC 催化降解 BPA 的影响

[反应条件：反应时间 60min；反应温度 20℃；pH 7.0；Fe^{3+}/H_2O_2（摩尔比）0.012]

6.3.6 Fe/AC 催化降解 BPA 的动力学过程

实验以 AC 作对照，选择优良 Fe/AC 催化材料，在较优工艺条件下研究了 Fe/AC 催化过氧化氢降解 BPA 的动力学过程，结果如图 6.19所示。AC 和 Fe/AC 对 BPA 均有较强的吸附作用，因此，Fe/AC 的吸附作用与催化降解 BPA 的过程密切相关。相关研究表明，AC 材料对 BPA 有强烈的吸附作用，在液相溶液中其吸附 BPA 的过程为一放热反应，且吉布斯自由能 $\Delta G<0$，吸附反应过程自发进行。同时，AC 材料对 BPA 的吸附动力学过程更加符合二级动力学方程，其 R^2 达 0.99。这说明 AC 材料对 BPA 的吸附作用并不是受物质传输步骤所控制，而是主要受化学作用控制。与 AC 材料相比，Fe/AC 在制备过程中虽然经过了表面酸性改性处理和载铁处理，表面含氧基团增加、化学性质发生变化，但是结构并没有发生本质变化，实验中对 BPA 表现出强烈的吸附作用。

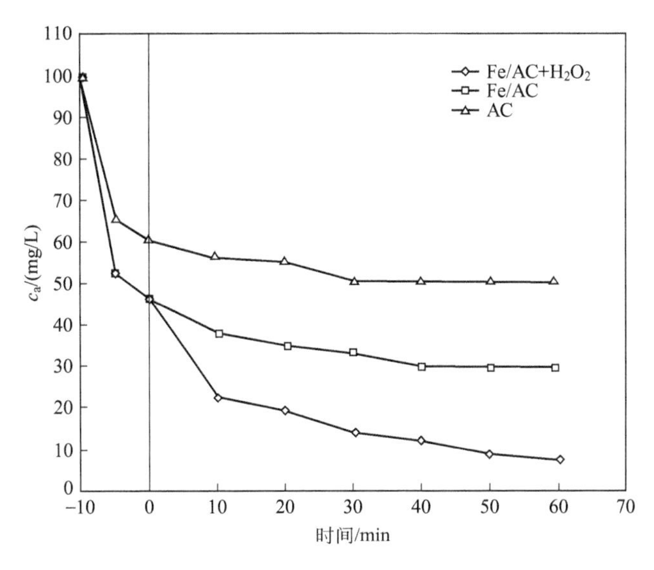

图 6.19　液相体系中 BPA 浓度的变化

在此基础上，对 Fe/AC 催化过氧化氢降解 BPA 的过程进行研究，如图 6.19 所示。随着反应的进行，溶液中的 BPA 的浓度持续下降。当反应结束时，溶液中 BPA 的浓度小于 10mg/L，且有继续下降的趋势。其对 BPA 的去除率与单独使用 Fe/AC 相比，提高 50%左右。

Fe/AC 催化过氧化氢降解 BPA 的过程，为典型的非均相催化反应。在反应过程中，将 60min 内 BPA 的浓度 c_t 的变化对反应时间 t 进行微积分处理，得到 n 级反应动力学方程，如式（6.4）所示。

$$r=-\frac{\mathrm{d}c_t}{\mathrm{d}t}=kc_t^n \Rightarrow -\int_{c_0}^{c_t}\frac{1}{c^n}\mathrm{d}c=k\int_0^t \mathrm{d}t=kt \tag{6.4}$$

所以当 $n=0$、1、2 时分别有以下动力学方程：

$$\begin{cases} c_0-c_t=kt & (n=0) \\ \ln\frac{c_t}{c_0}=kt & (n=1) \\ \frac{1}{c_t}-\frac{1}{c_0}=kt & (n=2) \end{cases} \tag{6.5}$$

将以上动力学方程分别对实验数据进行拟合，结果如图 6.20 和表 6.2 所示。其中一级动力学方程和二级动力学方程对实验数据的拟合性较好，其 R^2 值分别达到 0.8975 和 0.9926。Fe/AC 材料催化过氧化氢降解 BPA 的反

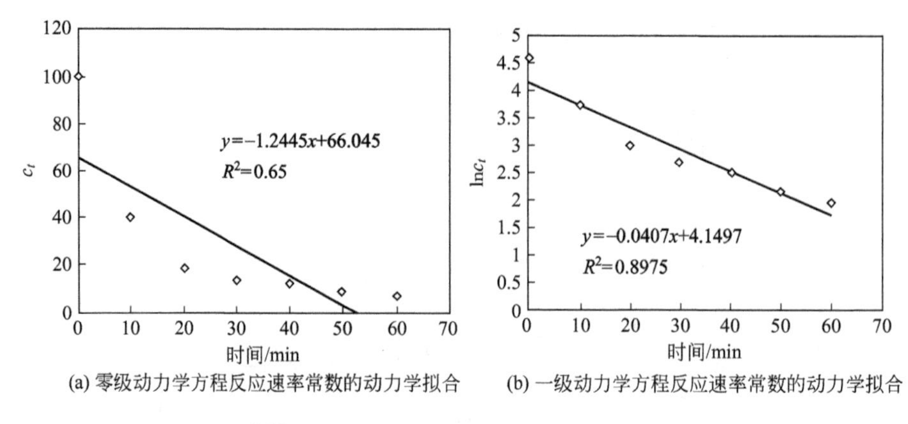

(a) 零级动力学方程反应速率常数的动力学拟合　　(b) 一级动力学方程反应速率常数的动力学拟合

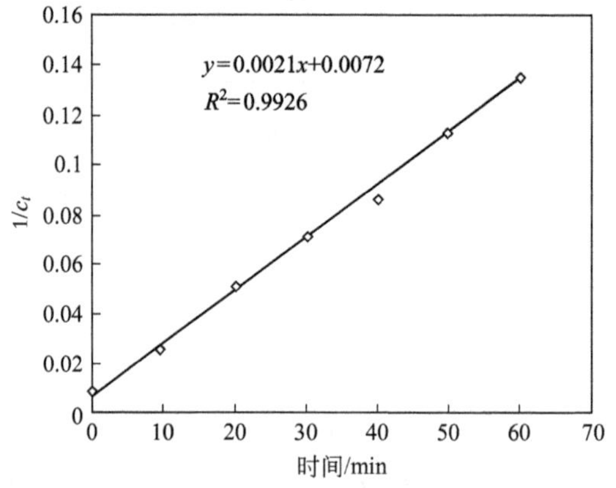

(c) 二级动力学方程反应速率常数的动力学拟合

图 6.20　动力学方程对实验数据的拟合

应动力学对二级动力学过程有更好的拟合性。相关研究表明，Fenton 氧化反应体系并非是单纯羟基自由基参与的氧化反应，同时还含有配合反应的机理，因而其反应过程的动力学并不能很好地符合一级反应动力学曲线。

表 6.2　各动力学方程系数

零级动力学方程		一级动力学方程		二级动力学方程	
k_0	R^2	k_1	R^2	k_2	R^2
−1.2445	0.65	−0.0407	0.8975	0.0021	0.9926

参　考　文　献

[1] Ioan I, Wilson S, Lundanes E, et al. Comparison of Fenton and sono-Fenton bisphenol a degradation [J]. Journal of Hazardous Materials, 2007, 142 (1-2): 559.

[2] Sajiki J, Yonekubo J. Inhibition of seawater on bisphenol a (bpa) degradation by fenton reagents [J]. Environment International, 2004, 30 (2): 145-150.

[3] Li Y H, Lee C W, Gullett B K. Importance of activated carbon's oxygen surface functional groups

on elemental mercury adsorption ☆ ☆ [J]. Fuel，2003，82 (4)：451-457.
[4] Kim B K，Ryu S K，Kim B J，et al. Adsorption behavior of propylamine on activated carbon fiber surfaces as induced by oxygen functional complexes [J]. Journal of Colloid & Interface Science，2006，302 (2)：695-697.
[5] Pal S，Lee K H，Kim J U，et al. Adsorption of cyanuric acid on activated carbon from aqueous solution：Effect of carbon surface modification and thermodynamic characteristics [J]. Journal of Colloid & Interface Science，2006，303 (1)：39.
[6] Wang J，Zhao F，Yongqi H U，et al. Modification of activated carbon fiber by loading metals and their performance on so removal [J]. 中国化学工程学报：英文版，2006，14 (4X)：478-485.
[7] Hussain S，Aziz H A，Isa M H，et al. Physico-chemical method for ammonia removal from synthetic wastewater using limestone and gac in batch and column studies [J]. Bioresource Technology，2007，98 (4)：874-880.
[8] 贾建国，李闯，朱春来，等．活性炭的硝酸表面改性及其吸附性能 [J]. 炭素技术，2009，28 (6)：11-15.
[9] 黄伟，孙盛凯，李玉杰，等．硝酸改性处理对活性炭性能的影响 [J]. 生物质化学工程，2006，40 (6)：17-21.
[10] 陈孝云，林秀兰，魏起华，等．活性炭表面化学改性及应用研究进展 [J]. 科学技术与工程，2008，8 (19)：5463-5467.
[11] 何纯，奚红霞，张娇，等．沸石和活性炭为载体的 Fe^{3+} 和 Cu^{2+} 型催化剂催化氧化苯酚的比较 [J]. 离子交换与吸附，2003，19 (4)：289-296.
[12] 严新焕，许丹倩，等．Fe/活性炭作催化剂湿式氧化降解对氨基苯酚废水 [J]. 染料与染色，2002，39 (3)：42-43.
[13] 李建旭，韩永忠，吴晓根，等．Fe^{2+}/活性炭非均相 Fenton 试剂氧化法降解苯酚 [J]. 化工环保，2011，31 (4)：361-364.
[14] 何立平，杨迎春，徐成华，等．Fe/活性炭多相类 Fenton 法湿式氧化罗丹明 B 废水的研究 [J]. 环境工程学报，2009，3 (8)：1433-1437.
[15] 曲振平，唐小兰，李新勇，等．磺化碳材料固载 Fe^{2+} 催化甲基橙降解反应 [J]. 催化学报，2009，30 (2)：142-146.
[16] Fan H J，Chen I W，Lee M H，et al. Using fegac/H_2O_2 process for landfill leachate treatment [J]. Chemosphere，2007，67 (8)：1647.
[17] He L. Degradation of rhodamine-b wastewater by heterogeneous fenton-like reaction using active carbon-fe [J]. Chinese Journal of Environmental Engineering，2009.
[18] Park S J，Jang Y S. Pore structure and surface properties of chemically modified activated carbons for adsorption mechanism and rate of Cr(Ⅵ) [J]. Journal of Colloid & Interface Science，2002，249 (2)：458-463.
[19] 杨会珠，刘志英，李磊，等．氧化、还原改性对活性炭吸附草甘膦的影响 [J]. 环境污染与防治，2009，31 (10)：10-14.
[20] Burg P，Fydrych P，Cagniant D，et al. The characterization of nitrogen-enriched activated carbons by IR，XPS and LSER methods [J]. Carbon，2002，40 (9)：1521-1531.
[21] Zhu J，Yang J，Deng B. Enhanced mercury ion adsorption by amine-modified activated carbon [J]. Journal of Hazardous Materials，2009，166 (2-3)：866-872.
[22] Zhang L，Chang X，Li Z，et al. Selective solid-phase extraction using oxidized activated carbon modified with triethylenetetramine for preconcentration of metal ions [J]. Journal of Molecular Structure，2010，964 (1)：58-62.
[23] Zhu J，Deng B，Yang J，et al. Modifying activated carbon with hybrid ligands for enhancing aqueous mercury removal [J]. Carbon，2009，47 (8)：2014-2025.
[24] Watanabe N，Horikoshi S，Kawabe H，et al. Photodegradation mechanism for bisphenol A at the TiO_2/H_2O interfaces [J]. Chemosphere，2003，52 (5)：851.
[25] Yap P S，Lim T T，Lim M，et al. Synthesis and characterization of nitrogen-doped TiO_2/AC composite for the adsorption-photocatalytic degradation of aqueous bisphenol-A using solar light [J]. Catalysis Today，2010，151 (1-2)：8-13.
[26] 姜成春，庞素艳，马军，等．钛盐光度法测定 Fenton 氧化中的过氧化氢 [J]. 中国给水排水，

2006，22（4）：88-91.
[27] Jou C J. Application of activated carbon in a microwave radiation field to treat trichloroethylene [J]. Carbon，1998，36（11）：1643-1648.
[28] 韩璐，王浩然，易小祺，等．粒状活性炭对水中双酚A吸附性能的研究 [J]. 沈阳师范大学学报（自然科学版），2010，28（4）：525-529.
[29] 北川浩．吸附的基础与设计 [M]. 北京：化学工业出版社，1983..
[30] Zazo J A，Casas J A，Mohedano A F，et al. Catalytic wet peroxide oxidation of phenol with a Fe/active carbon catalyst [J]. Applied Catalysis B Environmental，2006，65（3）：261-268.
[31] Rey A，Faraldos M，Casas J A，et al. Catalytic wet peroxide oxidation of phenol over Fe/AC catalysts：Influence of iron precursor and activated carbon surface [J]. Applied Catalysis B Environmental，2009，86（1-2）：69-77.
[32] Ehrburger P，Jr P L W. Carbon as a support for catalysts ：Ⅱ. Size distribution of platinum particles on carbons of different heterogeneity before and after sintering [J]. Journal of Catalysis，1978，55（1）：63-70.
[33] Zhang H，Choi H J，Canazo P，et al. Multivariate approach to the Fenton process for the treatment of landfill leachate [J]. Journal of Hazardous Materials，2009，161（2-3）：1306.
[34] Wu Y，Zhou S，Qin F，et al. Modeling physical and oxidative removal properties of Fenton process for treatment of landfill leachate using response surface methodology（RSM）[J]. Journal of Hazardous Materials，2010，180（1-3）：456-465.
[35] Kurniawan T A，Lo W H，Chan G Y S. Radicals-catalyzed oxidation reactions for degradation of recalcitrant compounds from landfill leachate [J]. Chemical Engineering Journal，2006，125（1）：35-57.
[36] Ho Y S，Mckay G. Pseudo-second order model for sorption processes [J]. Process Biochemistry，1999，34（5）：451-465.
[37] 雷乐成，何锋．均相Fenton氧化降解苯酚废水的反应机理探讨 [J]. 化工学报，2003，54（11）：1592-1597.
[38] 周文，程治良，全学军，等．Fe/AC催化过氧化氢降解双酚A [J]．化工学报，2013，64（3）：936-942.
[39] 周文．过氧化氢催化新材料的制备及其催化处理内分泌干扰物双酚A [D]. 重庆：重庆理工大学，2012.